高职高专规划教材

饮食文化

林胜华 主编

化学工业出版社
·北京·

中国饮食文化丰富多彩、博大精深。本教材对我国的饮食文化遗产进行了深入的编撰整理。它涉及“饮”与“食”两个方面。“饮”主要指分别代表酒精饮料和非酒精饮料的酒和茶；“食”则是我国长期形成的以五谷为主食，蔬菜、肉类为副食的传统饮食结构。本书内容包括饮食理论、饮食审美、饮食神髓、饮食风俗、饮食流通以及烹食历史、风味流派、传统特色、筵席文化、筷子文化、茶文化、酒文化等诸多方面的知识，进一步阐扬了中国饮食的优良传统和优势，有助于学生陶冶情操，激发对中华民族的热爱之情，扩大眼界，为学习专业课程、培养实践能力、创新意识和创新能力、培养高技能人才打下必要的理论基础。

本教材既作为公选课教材，又可作为职业院校旅游与酒店管理专业教材，也可作为饮食文化普及读物。

图书在版编目（CIP）数据

饮食文化/林胜华主编．—北京：化学工业出版社，2010.5（2024.6重印）
高职高专规划教材
ISBN 978-7-122-08066-0

Ⅰ．饮…　Ⅱ．林…　Ⅲ．饮食-文化-中国-高等学校：技术学院-教材　Ⅳ．TS971

中国版本图书馆CIP数据核字（2010）第051256号

责任编辑：李植峰　陆雄鹰　　　　装帧设计：刘丽华
责任校对：战河红

出版发行：化学工业出版社（北京市东城区青年湖南街13号　邮政编码100011）
印　　装：涿州市般润文化传播有限公司
720mm×1000mm　1/16　印张16¾　字数392千字　2024年6月北京第1版第14次印刷

购书咨询：010-64518888　　　　售后服务：010-64518899
网　　址：http：//www.cip.com.cn
凡购买本书，如有缺损质量问题，本社销售中心负责调换。

定　　价：38.00元　

《饮食文化》编写人员

主　编　林胜华
副 主 编　徐苏凌　周爱兰　郑丽华
参编人员　（按姓名汉语拼音排列）
林丹燕　林胜华　刘根华　徐苏凌
余丽霞　郑丽华　周爱兰

前　言

"饮食"看似简单，但它蕴藏着十分丰富的文化内涵。孙中山先生在《建国方略》中对中国食文化的博大精深和在人类文明中的地位作了充满激情和非常深刻的阐述，他说："单就饮食一道论之，中国之习尚，当超乎各国之上。此人生最重之事，而中国已无待于利诱胁迫，而能习之成自然，实为一大幸事，吾人当保守之而勿失，以世界人类之师导之。"他明确断言中国饮食之道，超乎各国之上，可以为"世界人类之师导"。曾有人说过，"中国的文明史，很大部分体现在饮食文化当中"。通过饮食文化这个窗口，可以窥见中国文化的今昔。

随着生活水平的提高，人们的饮食生活从质量到内涵都发生了前所未有的变化，人们的饮食行为不再仅仅是为了充饥果腹，这也正是中国经济大发展、人们的文化素质和审美情趣大提高、社会大进步的具体反映。中国饮食文化丰富多彩、博大精深，有数千年的文化积存，是由中国各地不同的食风、风格迥异的特色饮食及由来已久的我国岁时食俗和饮食礼仪等共同交织成的，这是中华民族的宝贵财产，也是人类文明史上光辉灿烂的文化瑰宝之一。中国饮食文化是既有技术性又有理论性，既有科学性又有艺术性，既涉及自然科学又涉及社会科学，既有专门性又有综合性的应用型学科。本教材对我国的饮食文化遗产进行了深入的编撰整理。它涉及"饮"与"食"两个方面。"饮"主要指代表酒精饮料和非酒精饮料的酒和茶；"食"则是我国长期形成的以五谷为主食，蔬菜、肉类为副食的传统饮食结构。本书内容包括饮食理论、饮食审美、饮食神髓、饮食风俗、饮食流通以及烹食历史、风味流派、传统特色、筵席文化、筷子文化、茶文化、酒文化等诸多方面的知识，进一步阐扬了中国饮食的优良传统和优势，有助于学生陶冶情操，激发对中华民族的热爱之情，扩大眼界，为学习专业课程、培养实践能力、创新意识和创新能力、培养高技能人才打下必要的理论基础。

本书既可作为公选课教材，又可作为中、高职旅游与酒店管理专业教材，也可作为饮食文化普及读物。

本教材在编写过程中参考和借鉴众多专家和学者的研究成果，在此表示感谢！限于本人学识，疏漏之处一定不少，衷心期待专家学者、广大同仁和读者批评指正，真诚期望本教材能把中国食文化宝库的丰富多彩和光辉灿烂充分揭示出来，为繁荣中华饮食文化作出贡献。

林胜华

2010 年 2 月于金华大黄山

目　录

上篇　饮食文化之史论与研究

下篇　饮食文化之阐扬与拓展

上篇

饮食文化之史论与研究

绪论

【饮食智言】

解放和发展文化生产力，是繁荣文化的必由之路。

——摘自“十七大”报告

在前几年中国热播的韩国青春励志电视连续剧《大长今》中，韩国美食料理诱人垂涎三尺，中药医学的养生之道令人称奇，剧中兼尚宫和御医为一身的长今经常把美食和中药结合，无论是正餐、配餐、主菜、小菜，每道菜都有它独特的药膳作用，这些给观众留下的印象非常深刻。众所周知，药膳源于中华文化，素有“药食同源”之说，它与中医药学密切相关。然而，韩国借助一部电视剧将源于中国的饮食文化表现得淋漓尽致，在传播和宣扬中推动了社会经济的蓬勃发展。

饮食，对于中国又是如何的呢？随着国民经济的发展、人民生活水平的提高以及国际间交流的增多，饮食产业愈发显示出它在繁荣市场经济、满足与方便人民生活、提高人们的生活质量、广开就业门路以及出口创汇等方面发挥的重要作用。一方面，饮食文化是一个充盈着中华民族几千年传统文化积淀的产业，且不论浩如烟海的食经膳谱、奇美多姿的烹具盛器、养生治病的食疗秘方、美馔佳肴的烹饪技艺、名菜名食的掌故趣闻，以及湮没在正书野史中的店招楹联、诗词文赋等，就连日常的经营谚语、服务方式、接待程序、规章制度，也无不渗透着熠熠生辉的中华民族传统文化。另一方面饮食文化的丰富和发展，不仅能扩大传统文化的内涵，而且也能给其他领域带来一定的影响。如“治大国若烹小鲜”、“嗟来之食”、“医食同源”、“以味说汤”、“周公吐哺”、“借箸代筹”、“举案齐眉”、“悬鱼守廉”、“陶母退鱼”、“文君当垆”、“张翰思鲈”等，这些有关饮食的典故、趣闻、轶事、传说，不仅丰富了传统文化，而且也对人们的思想情趣、品德才艺起着潜移默化的作用。

因此，今天把中国饮食文化中的优秀的部分集中起来加以发扬光大，发掘中国历史食文化中的瑰宝，并认真研究它在人类饮食文明发展中的地位和作用，赋予新的含意，不仅对于弘扬中国饮食文化历史具有重要历史意义，而且可以古为今用，发挥优势，推动当代中国饮食文化的发展。

第一节　饮食文化概述

现如今，文化研究成为热门话题，大到礼乐刑政，小到花鸟鱼虫，要想很快地被社会接受，最好是打上文化的标记。这种做法虽然不无趋时之嫌，但并非全无道理。一些非物质的观念形态自不必言，它们本来就是文化的产物，人类精神的花朵；即使一些物质的东西，只要它与人发生了联系，自然也就带有了文化色彩。饮食文化更是如此，它是兼具物质文化与精神文明双重特性的。

一、文化的涵义

1. “文化”的发端

人类从野蛮到文明，靠文化进步；从生物的人到社会的人，靠文化教化；人们的个性、气质、情操，靠文化培养；人们的崇高与渺小，靠文化赋予；人们各种各样的人生观、价值观，靠文化确立。那么，文化究竟是什么？“文化”一词在我国的出现，至迟可追溯到西汉。“文化”是一个含义极广的概念，由于其内涵和外延的不确定性，导致对这一概念所下的定义历来莫衷一是。当今世界关于文化的定义，据统计已经有 260 多种。迄今为止，“文化”仍是学术界众说纷纭的问题。实际上，文化是一个内涵丰富、外延宽广的多维概念。文化作为人类社会的现实存在，具有与人类自身同样长久的历史，一部人类史就是人的文化史，人类生活的方方面面，都与文化有着千丝万缕的联系。例如：作为浙江省三大传统地域文化之一的婺文化，包含着婺剧、婺州窑、名人文化、历史文化、民俗文化、婺州书画、婺学等，也就是说，文化是一个无所不包的概念。

2. “文化”的内涵

将“文化”作为一个内涵丰富、众多学科探究的对象，实际上发源于近代欧洲。当时，人们并没有专门为它下过定义，只是根据自己的需要和理解去使用它。“文化”一词，英文、法文都写作“culture”，它是从拉丁文中演化来的，拉丁文“cultura”含有耕种、居住、练习、留心或注意等意项。最早把“文化”作为专门术语来使用的是被称为“人类学之父”的英国人泰勒（E. B. Tylor），他在 1871 年发表的《原始文化》一书中给“文化”下了定义：文化是一个复杂的总体，包括知识、信仰、艺术、道德、法律、风俗，以及人类在社会里所得的一切能力与习惯。自此，不少西方学者纷纷给“文化”下过定义，以致形成了上千种关于“文化”的定义。

3. “文化”的理解

（1）老百姓的理解——这个人书读得多，这人就有文化。在中国，“文化”一词的含义十分广泛，读书写字、修养、文学、艺术、文博、图书、考古学、民俗、礼仪、民族、宗教等都可称做文化。归纳地说，即观念形态、精神产品、生活方式，包括人们的世界观、思维方式、宗教信仰、心理特征、价值观念、道德标准、认知能力；以及从形式上看是物质的东西，但透过物质形式能反映人们观念上的差异和变化的一切精神的物化产品。此外，“文化”也还包括人们的衣食住行、婚丧嫁娶、生老病死、家庭生活、社会生活等诸多方面的因素。

（2）权威的解释——据《辞海》：“文化，从广义来说，指人类社会历史实践过程中所创造的物质财富和精神财富的总和。”

二、“饮食文化”的内涵

1. 饮食的潜意识

中国“吃”的观念与西方完全不同。西方人对“吃”的理解非常简单，肚子饿了就吃饭，有什么吃什么。而中国人对吃则非常讲究，中国的政治、经济、军事、社交等一切事情，都跟“吃”有关系。“吃”对中国人的文化心理结构有着深刻的影响，“吃”（或文言文中的“食”）被赋予各种感情色彩。人们把很多原来跟吃没有什么关系的事情，都跟吃联系在了一起。例如：被冷落叫“吃闭门羹”，被人趋捧最棒叫“吃香”，一往无阻、非常走红叫“吃得开”；干工作不怕困难叫“吃苦”，受到损失叫“吃亏”，得到好处叫“吃到甜头”，衣食有余叫“吃着不尽”；承受祖宗余荫叫“食德”，把不讲信用叫“食言而肥”等。这说明了“吃”在生活中的地位和深层意识的影响，也反映了中国饮食心态与文化心态在其深层结构上是和谐一致的。在传统文化中，一句很重要的话叫“民以食为天”。所以要认识中华民族五千年的传统文化，就必须介绍饮食文化。

2.“饮食文化”的理解

什么是饮食文化？目前尚无一个明确的说法。

① 中国饮食文化著名学者季鸿昆教授的定义：饮食文化是人类社会发展过程中，人类关于食物需求、生产和消费方面的文化现象，既包括人与自然的关系，也包括食物与人类社会的关系。

② 广义的饮食文化是指人类社会整体文化的一部分，包括饮食科学技术、饮食艺术和狭义的饮食文化，如饮食风俗礼仪。

③ 中国饮食文化著名专家林乃乐认为：饮食文化是人类不断开拓食源和制造食品的各生产领域和从饮食实践中展开的各种社会生活，以及反映这两者的多种意识形态的总称。

④ 饮食文化作为一种综合性的文化现象，是关于一个国家或民族饮食活动的内容及表现形式的总称，主要包括饮食种类、原料生产、加工技艺，以及以饮食基础的民俗风情、宗教礼仪、伦理教化、人际交往。

⑤《中华膳海》中表述为：饮食文化指饮食、烹饪及食品加工技艺、饮食营养保健以及以饮食为基础的文化艺术、思想观念与哲学体系之总和。并且根据历史地理、经济结构、食物资源、宗教意识、文化传统、风俗习惯等各种因素的影响，将世界饮食文化主要分成三个自成体系的风味类群，即东方饮食文化、西方饮食文化、清真饮食文化。

⑥ 饮食文化是在特定的自然环境和历史人文环境的相互作用下，人们围绕饮食所产生的系列行为和规范。它包括与饮食有关的物质层面和精神层面的所有内容，前者主要表现为饮食来源、饮食加工、饮食结构、饮食器皿、饮食的色香味形，以及居住、保藏所反映的饮食团体、饮食方式等；后者集中体现在与饮食相关的政策、饮食观念、饮食卫生、饮食保健、饮食理论以及在宗教、祭祀、人生礼俗、人际交往、岁时节庆、艺术等方面所反映的饮食文化现象。

⑦ 著名饮食文化专家赵荣光先生将饮食文化定义为“指特定社会群体食物原料开发利用、食品制作和饮食消费过程中的技术、科学、艺术，以及以饮食为基础的习俗、传统、思想和哲学，即由人们食生产和食生活的方式、过程、功能等结构组合而成的全部食事的总和”，这种论述很有道理。因为饮食文化在学术上是一个大范畴，所以不应该仅仅将饮食文化的理解局限在饮食的文学或文学化的饮食上，这和中国社会生活中的真实饮食图像还是有相当距离的。像“西方文化是男女文化，中国文化是饮食文化”这种观点，似乎主观意识太强。

中国人的饮食追求，是“美味享受、饮食养生”。把饮食的味觉感受摆在首要的位置，注重饮食审美的艺术享受。中国的传统饮食观，不存在营养的概念，只讲饮食养生，把饮食作为一种艺术，以浪漫主义的态度追求饮食的精神享受。

总之，各学者从人地关系的角度、历史的角度、饮食文化功能的角度、哲学的角度、饮食行为的角度等对饮食文化的内涵进行了界定，虽然对饮食文化各自表述的角度和方式都有所不同，但有一个共同点就是强调饮食文化的内涵极为丰富，包括与饮食有关的物质层面和精神层面的所有内容。

3.“饮食文化”概念的最终确定

（1）饮食文化的科学界定　“饮食文化”一词，作为一个学科概念，最早出现在20世纪80年代初的大学课堂上。那时，它还是新奇生疏的，不仅对普通民众是如此，甚至对于一些社会科学的专长学者也很陌生。人们普遍以为：饮食不就是吃饭吗？还有什么“文化”可谈？这与中国民本、民生思想一向淡薄的传统有关，饮食是活命之需，是本能，似乎最低级不过，在人们观念中，它与“文化”距离甚为遥远。而“君子谋道不谋食”、“君子远庖厨”和耻于言“养小”的鄙视食事文化传统与知识分子传统心态，更将饮食排除在“学问”之外。于是，造成了历史上饮食文化研究成果的薄弱和思想的相对匮乏，同时造成了现实中人们对饮食文化理解的浅泛和偏颇。

自20世纪80年代以来，研究者和知识界普遍认同的理解，“饮食文化”学术概念的涵义是：“人们在食物原料开发利用、食品制作和饮食消费过程中的技术、科学、艺术，以及以饮食为基础的习俗、传统、思想和哲学，即由人们食生产和食生活的方式、过程、功能等结构组合而成的全部食事总和。”显然，这是一种比较宽泛的理解。它可以简略成如下表述：什么人，在什么条件下，吃什么，怎么吃，吃了以后怎样等事象、精神、规律的集合。“饮食文化”是人类的创造，它与时俱进，又因时、因地、因人而异。它绝不仅是果腹活命的低级生理活动，也远不是美食家或饕餮者的“福口”享乐。它是具体人群的，也是整个民族和全体人类的，它有食生产、食生活和广义的食事象三个基本的物质性基点，正是这三个基本的物质基点决定了某一具体人群或民族饮食文化的坚实架构；而精神领域的习俗、传统、心理、思想等诸范畴则组成它的血肉。饮食文化就是这样一种大众的生存文化，它是有生命的，不断在变化、更新和发展。正如人们很早就指出的那样：饮食文化是非常博复驳杂的人类社会生活现象，它同人类文化的任何门类几乎都有极密切的关系；从一定意义上讲，任何一个民族的文化同时是该民族的饮食文化，反过来说亦然。

（2）对饮食文化的曲解　如上所述，饮食文化是个新学科的新概念，人们对它有一个由不知到逐渐认知的不断加深的过程。上述理解的认同是逐渐和缓慢的，并且是伴随着深入讨论甚至激烈争论过程的。最初，人们并不认为人类的饮食活动之中有文化，同样也不认为烧饭煮菜的“烹饪”是一种文化。对于后者，一些人认为：中国几千年一贯传统的家中烧饭多是没有文化或一个大字也不识的妇女们负责的，即便是市肆餐馆的男性厨工，也基本上是社会底层没有什么文化或识字不多的人们充任的，因此，烹饪也就是简单的技术，谈不上文化，至少不算什么大雅一类的文化。但是，20世纪80年代以来，由于从中央到地方各级领导的大力支持揄扬，由于各种媒体的积极宣扬，也由于餐饮界的蓬勃张扬，“烹饪是一种文化、一种艺术”这种由20世纪中叶以前一些著名政治家、学者、文学家们最早提出的命题逐渐得到了当代社会的认可。

于是出现一种令海外学界感到颇为疑惑的现象：许多撰文言教者，开口闭口只讲“烹饪”，而很少言及或根本不谈“饮食”。似乎中国只有“烹饪文化”而没有“饮食文化”，至少后者是微不足道的，这显然是一种扭曲了的信号。因为国际学界通行的是 dietary culture——饮食文化，而非中国许多餐饮研究者所谓的“烹饪文化”，因为后者主要是厨工的事、厨房里的事、食品加工的事，在中国，则主要是指狭义的食品加工——“传统烹饪”，即传统工具工艺手工操作和传统食物品种的“中国烹饪”。在国际范围，也只有在具体操作的文化学意义上才谈 cookery culture——烹调的文化。而烹调或中国餐饮业习惯称谓的“烹饪文化”作为以加工者为主体的文化，只是以整个民族和全体人类为主体的饮食文化的组成部分之一。

20 世纪 80 年代中叶至 90 年代中叶的 10 余年时间里，正是上述以局部反括整体的信息扭曲最盛时期。一些来自或直接服务于餐饮业利益的撰文以热情的弘扬心态宣称：中国烹饪是自有人类以来最好的烹饪；中国文化就是烹饪文化；烹饪是文化、是科学、是艺术，而且是最高的，甚至是高不可攀的文化、科学、艺术；人类只有烹饪文化，不存在饮食文化，烹饪文化是厨师创造的，而“饮食”是任何动物都具有的本能等。上述种种偏执的意见虽然本不具有真理的说服力，不被冷静的思考者所接受，但却凭借特有的社会条件对广大餐饮业工作者的行业认识、技术观念、职业修养等产生了不小的影响。这些影响，就其负面来说，向人们灌输了一种烹饪唯一、唯尊、唯古，以及全部餐饮企业的经营管理似乎只是灶房与菜品的思想。这样，传统烹饪便被严格地“传统”了起来，严重地阻碍了中国烹饪科技现代化、历史文明时代化的发展，餐饮企业的饮食文化研究和企业文化建设事实上被人为地滞后了。

三、饮食文化的研究内容

饮食文化说起来似乎是无形的，实际是有形的，而且是有价的。

① 饮食文化是一个广泛的概念，有研究者笼统地认为：人们吃什么，怎么做，怎么吃，吃的目的，吃的效果，吃的观念，吃的情趣，吃的礼仪，都属于饮食文化范畴。它贯穿于餐饮企业经营和食事活动的全过程，体现在各个方面、各个环节之中。

菜文化，这是饮食文化的基础。人们享受饮食文化，要通过食物这个载体去实现。

小吃文化，这是最具民族特色和区域特色，最有食文化韵味的一种民族文化。人们通过小吃可以领略民间饮食的古朴淳厚的文化底蕴。

筵席宴会文化，这是一种社交文化，是饮食文化的综合体现。它的文化品位最高，文化含量最大，最能反映企业的文化档次。

餐厅文化，这是一种环境文化。餐厅的装饰、布置、风格、情调，都会给客人留下深刻印象，而且是第一印象。

服务文化，这是一种形象文化——人的形象文化。服务员是代表企业为客人服务的“大使”，她们的装束打扮、服务动作、神态气质，都反映企业的形象。

营销文化，这是一种企业文化。它体现企业的经营理念、宗旨、特点以及营销策略、方式等，是企业包装和推销自己、赢得市场的重要手段。

② 也有的认为：饮食文化学孕育出烹调学、食品制造学、食疗学、饮食民俗学、饮食用具学等科学。

③ 中国社会科学院文学研究所研究员王学泰认为：饮食文化主要指饮食与人、人群的关系及其所产生的社会意义。

④ 饮食文化是多学科交叉渗透研究的对象，它涉及中国历史学、民族学、人类学、

考古学、语言学、心理学、艺术学、地理学、管理学、经济学、应用语言学、植物学、食物营养、食物科技与发展、食物安全、食物成分的分解与解析、食物销售与管理、饮食文化礼仪与风俗、饮食文化的影响、饮食文化所反映的人与环境的关系等。

从以上几个领域就可以看出，饮食文化品位上去了，可以相应地甚至超额地提高产品和服务的附加值，为企业带来更大的效益。

第二节　饮食文化的研究

一、国内的中国饮食文化研究状况

中国人的饮食文化底蕴之深厚丰富，也许堪数全世界独一无二，历史上因它发生过的轶事、传说，著述成书，恐怕千百万字也难穷尽。孔老夫子说的“食不厌精，脍不厌细”，是中国饮食上升到文化层面最早的经典论述。中国文学艺术历来也不乏对吃文化的精心描写，如绘画有五代顾闳中的《韩熙载夜宴图》，文学有曹雪芹的《红楼梦》；20世纪80年代初陆文夫写了专门说“吃文化”的中篇小说《美食家》，后来又出现许多关于“饮食文化”的专门著作，还创作出好几部表现“饮食文化”的电视连续剧，最突出的是《神厨》，把做菜的厨子写得神化，把一道道“名菜”也写得神乎其神。

中国的饮食，在世界上是享有盛誉的，华侨和华裔外籍人在海外谋生，经营最为普遍的产业就是餐饮业。有华人处应有中国餐馆，中国的饮食可以说是“食”被天下。这一现象早在20世纪初时，就被革命的先行者孙中山先生敏锐地观察到了。孙中山先生在其《建国方略》一书中说：“我中国近代文明进化，事事皆落人之后，惟饮食一道之进步，至今尚为各国所不及。”与灿烂辉煌的中国饮食文化相比，中国饮食文化的研究却明显落后。中国饮食文化受儒家文化的影响极大。在儒家“君子食无求饱居无求安，敏于事而慎于言”以及“君子远庖厨”等重“有为”轻饮食思想的影响下，古代社会对饮食文化的研究，要么是御用文人为皇族达官们献媚邀功的产物，要么是失意文人的寄情抒怀，抑或文人们闲情逸致的生活感悟，深入地研究中国饮食文化是近代的事情。

中国饮食文化作为一门边缘性的学科，它的兴衰演变随着社会政治、军事、经济的状况及政府的政策而变化，时兴时衰。但总的来说，可以分为：1911～1949年的兴起阶段；1949～1979年缓慢发展阶段；特别是进入20世纪80年代，大陆的中国饮食文化研究开始进入繁荣阶段。20世纪80年代大陆的中国饮食文化研究，主要体现在对有关中国饮食文化的文献典籍进行注释、重印，编辑出版一些具有一定学术价值的中国饮食文化著作。

20世纪90年代以来，无论是研究的角度还是研究的深度，都远远超过80年代。人们的饮食消费观念已逐渐趋于成熟，以前的生猛海鲜横行大江南北，狂吃滥饮、比财斗富的场面已鲜见于茶楼酒馆。当人们从比财富、吃面子的狂躁虚荣中逐渐冷静下来，理性消费逐渐占了上风，返朴归真、追求精神层面的享受成了迫切的要求，注重人与自然的和谐相处，内在文化品味的凸现，要求有一批既对饮食文化有深入研究、又深谙饮食之道的专家。所以这个时期的中国饮食文化研究，具体体现在有关中国饮食文化研究的著作纷纷涌现，在研究力度和研究深度上都有了进一步的拓展。

二、饮食文化研究的目的意义及趋势

1. 研究饮食文化的目的意义

饮食是人类赖以生存和发展的第一要件。古人云："王者以民为天，而民以食为天"，"人民所重，莫食最急"。《尚书·洪范》提出的治国"八政"，即以"食"为先；史家所立《食货志》，也将"食"置于首位。古人对于饮食的这种朴素的认识，到了19世纪中叶被马克思、恩格斯提升为历史唯物主义的基本原理之一，"正像达尔文发现有机世界的发展规律一样，马克思发现了人类历史的发展规律，即历来为繁茂芜杂的意识形态所掩盖的一个简单事实：人们首先必须吃、喝、住、穿，然后才能从事政治、科学、艺术、宗教等。"因此，包括饮食在内的社会生活资料的生产"就是一切历史的第一个前提"，是人类"每日每时都要进行的（现在也和几千年前一样）一种历史活动，即一切历史的基本条件。"而在人类的衣、食、住、行等社会生活中，饮食又是最基本的、最重要的，人类社会生活的其他方面和领域也都是奠基于饮食生活之上的，都是由饮食生活所决定和制约的，莫不与饮食生活息息相关，互相联系。所谓"仓廪实，则知礼节；衣食足，则知荣辱"就是这个道理。所以研究文化史，必须首先研究饮食文化史，这是研究人类历史的"第一前提"的第一要务。

饮食文化是文化史的基石。它不仅是物质文化，也是精神文化，它不仅影响物质文化的发展，也影响精神文化的发展。人类最初的劳动就是从谋取食物开始的。在这个基础上人类不断丰富自己认识社会和自然的能力，从而创造出各种具体的科学文化。人类文明，源于饮食。饮食是社会生活的基础和核心，它决定或制约着、影响着社会生活的其他方面，不仅因为人类首先必须解决饮食这个首要问题，才能谈得到社会生活的其他方面；而且一个时代、一个地域的人们的饮食生活，对于其社会生活的各个方面均发生着深刻的影响和有着密切的互动关系，凡社会的礼仪、风俗、节日、庆典、婚丧嫁娶等，莫不以饮食作为重要的载体或表现形式。

饮食与物质文化、精神文化的密切关系表现在各个方面。例如，饮食与手工业和工艺的起源发展密切相关，如陶瓷的产生是因饮食的需要，它源于饮食，从而产生了陶瓷文化，反过来它又推动了饮食的发展。科学技术源于饮食，如医学与饮食关系密切，人类在饮食中发现何者有益何者有害，这就是最初的医学观念，在探索怎样吃对于身体有益或有害中积累了医学知识，故中国古代有"医食同源"的理念。化学源于饮食，是从食物的酿造中萌芽发展起来的，如腌制发酵食品、酿酒、酱、醋等。礼仪源于饮食，《礼记·礼运》："夫礼之初，始诸饮食。"原始礼仪是从人们的饮食行为习惯中开始并不断丰富起来的。文学艺术源于饮食，美学的产生与饮食有密切关系，人类最早的美的概念就是美味，《说文》："美，甘也，从羊大，羊在六畜主给膳也。美与善（膳）同意。"宗教从饮食中发展，早期宗教仪式主要是祭祀，以奉献饮食为其主要表达形式。

中国的饮食文化是世界上最发达、最精深的，这与中国古代的传统理念、文化特征有关。《孟子·告子》："食色，性也。"焦循《正义》曰："饮食男女，人之大欲存焉。"在这两种人类的生理需求方面中国人与西方人有所差异，中国人在性问题上形成保守的传统，而将人生的倾泻导向于饮食；西方在性问题上较为开放，在饮食上较为机械单调。于是，西方将性引入各种文化领域，而中国则将饮食引入、渗透于各种文化领域，其中最具特色者莫如把饮食引入政治方面。

把饮食与政治联系起来，是中国古代独特的饮食理念。《老子》曰："治大国若烹小鲜。"韩非子阐释道："烹小鲜而数挠之则贼其泽，治大国而数变法则民苦之，是以有道之君贵虚静而重变法，故曰：'治大国若烹小鲜'。"治理大国要十分小心谨慎，如同烹饪小鱼那样不可随便搅动之。在《论语》中，"食"字出现41次，"政"字41次，这种巧合说明在孔子看来饮食与政治具有同等重要地位。

饮食与政治的联系还表现在为官者与民众在饮食上的差别，为官者称为"肉食者"，平民为"蔬食者"、"藿食者"。春秋时"有东郭祖朝者，上书于晋献公曰：'愿请闻国家之计。'献公使人告之曰：'肉食者已虑之矣，藿食者尚何预焉?'"为官者可以享受"食肉之禄"，"在官治事，官皆给食"。而"古者，庶人粝食藜藿，非乡饮酒膢腊祭祀无酒肉"。就是说一年只有重大节日或祭祖祀神的时候，才能够吃肉。故将平民视为"蔬食者"、"藿食者"。在上述观念基础上又把饮食与教育联系起来。因为中国古代的教育是"学而优则仕"，于是形成了将勤学—从政—肉食联系起来的社会思想和教育观念。五代时魏州人刘赞，父为县令，每食，其父"自肉食，而别以蔬食食赞于床下，谓之曰：'肉食，君之禄也。尔欲之，则勤学问以干禄，吾肉非尔之食也。'""由是（刘）赞益力学，举进士。"社会上形成了"学业未成，不听食肉"的风气。

但是，对于如此丰富、发达的饮食文化，人们的研究却显得相对薄弱，尚未引起足够重视，还未给饮食文化以应有的学科地位。其原因之一是近代中西文化冲突的结果，是中国曾经完全接受了西方学术，首先是西方的学科分类体系，而这个体系是根据西方文化的实际情况构建的，这就使中国文化中许多西方文化所没有的内容、国粹，因为在西方的学术框架中无所归属，其学术地位难被承认，饮食文化即是如此。如前所述，西方人在饮食上十分机械，少有调和变化，对饮食没有像东方那样重视并提高到如此高度，因而西方在学科划分中将饮食烹饪附属于工业之类，这在目前的图书分类法中可以反映出来。这样就使国人也循着西方的眼光，将中国的饮食烹饪也视为一种食品工业，而不去探讨其中的文化内涵，同时也使一些古代的饮食典籍不能正确归类。也因为这个原因，使得学术界有些人把饮食文化视作雕虫小技，以为不如其他文化史重要和高雅，所以并不看重这个问题。

2. 饮食文化研究的趋势

人们研究中国古代饮食文化史是为了更好地总结我国饮食生活的经验教训，吸其精华，去其糟粕，为进一步提高与改进我国人民的饮食生活，为今天的物质文明和精神文明建设提供借鉴。一方面从传统饮食生活发展进程中，可以看到它有许多优良的传统，值得今天继承和发扬。另一方面对于我国传统的饮食生活，不能片面地颂扬和肯定，应当看到它所包含的糟粕部分，吸取教训，加以扬弃。

随着科技的迅速进步和经济的高度发展，人们的饮食观念也在随之变化，对自己的饮食生活提出更高的新要求。饮食文化呈现出前所未有的丰富、活跃、更新、发展的趋势，人们不仅希望吃到美味可口、营养丰富、快捷方便、风味多样、科学安全、功能有效的食品，而且对食生活开始重新审视。中国饮食文化研究的领域将不断拓宽犁深，既不会囿于某一或某些领域的事象层面，也不会仅仅局限于单纯的"弘扬"，一定会在人类饮食文明和民族饮食文化的历史存在与发展结构中透视和探究民族食生产、食生活、饮食文化的更丰富表象与更深刻内涵；不仅注视食事的昨天，更会注重今天和明天。例如四川烹饪高等专科学校教授、中国烹饪协会理事熊四智在上个世纪就提出"和谐社会的理想餐饮”的观点。具体如下。

环保餐饮。人是大自然的产物，是大自然的一部分，人的生存要与天地相应，通过人和自然的物质交换，通过饮食进行新陈代谢，以实现生命的全过程。人的自然属性决定了人体是一个开放系统，人的生存、健康与生态环境密切相关。餐饮追求环保，要抓菜点符合卫生，进餐环境和加工环节避免污染，原料选择无害生态，是必须要下功夫认真去做的；创建环保餐饮，在餐馆饭店内环境上减少乃至排除空气污染、噪声污染、水体污染、厨房环境污染，以及菜点在烹调、装盘、上桌过程中可能受到的生物污染等，都是应该十分关注的。

健身餐饮。世界卫生组织（WHO）1946年曾对健康下了个定义：“健康不仅是没有疾病和衰弱，而是保持身体、心理和社会适应上的美好状态（有的译为‘充满状态’）。”1992年又在《维多利亚宣言》中提出了文明健康生活方式的四句话“合理膳食，适量运动，戒烟戒酒，心理平衡”。“十六大”提出的全面建设更高水平的小康社会的具体目标中，就有“全民族思想道德素质、科学文化素质和健康素质明显提高”的要求。人们追求的健康应该是生理、心理、行为全面的健康。健身饮食，则是一切健康的基础。人们可以选择谷、蔬、果、肉等二十八类食品和数以万计的饭粥、菜肴、面点、糕团、饼饵、茶酒、饮料食用。但餐馆饭店给人们提供的食品，并不是样样都有益于健身。世界卫生组织近年就曾公布了全球十大“垃圾”食物，其中就有某些油炸食品、腌制食品、加工的肉食品、饼干类食品、汽水可乐食品、方便类食品、蜜饯类食品、烧烤食品、冷冻甜品类食品、罐头类食品，并指出了这些食品于健康的危害。所谓“垃圾”食物，是指仅仅提供一些热量，别无其他营养素的食品；或者是提供超过人体需求，变成多余成分的食品。每个人差不多都吃过油条、油炸饼、汽水、可乐、口香糖、炸薯条、洋芋片、香肠、烤鸭腿、蜜饯等“垃圾”食品。为了身体健康，似应该拒绝食用这些“垃圾”食品了。

延年餐饮。从理论上说，人的寿命是可以达到天年的。天年指的就是100岁到120岁。中国先哲先贤在《黄帝内经》、《庄子》、《尚书》等书中都有预测，现代科学按人的生长期、成熟期、细胞分裂次数计算，证实了古人对于自然赋予人生命天然之寿的预测。遗憾的是，古今中外，达到天年寿命的人实在是少之又少。

美乐餐饮。美质——菜点原料的良好品质，通过其组织结构机械特性、几何特性、触觉特性呈现。成菜点后最美好的品质，乃是脆、嫩、细、酥、软这五大类。美味——在食物原料天然本味的基础上，经过精心加工、精心烹调而成的各种可口的食品味道。没有美味为基础，就没有美食可言。美味的创制，古今的烹调都是按“有味使之出，无味使之入”的总原则行事。有了美质、美味的基础，人们就可以得到精细、适口，可以使人身心都获得愉悦的珍美食品。从消费者的角度说，感受美食最直接的办法就是用口感去体会。口感包括进食时食品赋予的味感、质感的丰（丰满、丰盈、丰富多彩）、腴（腴美、美善）、爽（爽口、爽快、爽气）、适（适口、适合、适意）、舒（舒坦、舒服、舒心）的心理感受。

美食还应有对形、色、名、器、境、情等多方面的美与和谐的感受。美形美色、美名美器、美境美情，与审美享受不可分割。以美境美情来说，把美食之品放在精心选择和巧妙布置陈设的进食环境，使本来不从属于美食个体的景物融汇于审美对象之中，让人得到更为广阔的审美享受，这就是餐饮企业为什么要选址、装修、陈设，还要讲究灯光、音响、色彩的原故。让消费者在进餐过程中感受到自然气氛、乡土气氛、新奇气氛、华彩气氛、感受到亲情、乡情、友情、人情等浓厚的情意，这就是餐馆饭店经营者营造的亲和力，展示以人为本的餐饮理念。

回顾一个世纪来中国饮食生活史研究的轨迹，可以清楚地看到它的曲折历程以及中国古代文化“发达的食文化，滞后的食研究”现象。当前对饮食文化的研究，从大的方向讲有以下两种趋势。

一种是习惯中被称作“饮食文化”者，把饮食文化当作一种文化现象进行剖析。它是从文化的角度研究饮食的历史、习俗及与其他文化的相关关系。从事这一部分的人员以文化学者为主，重视理论研究。

另一种习惯中被称作“烹饪技术”，以食生产为研究对象。它是研究烹饪技艺的创新和新款菜肴的制作，研究营养卫生，为人们提供健康饮食。从事这一部分研究的人员以工作在食生产第一线的饮食工作者以及最近几年在高校或科研院所中研究食物营养、卫生安全的科研人员为主，更加偏重实践操作，直接为人们生产生活服务。

第一章 饮食文化史略

【饮食智言】

"王者以民为天，而民以食为天。"

——《汉书·郦食其传》

民间有句俗话："民以食为天，食以味为先。"饮食是中国人生活中的重要内容，中国人从来都是把追求美味奉为进食的首要目的。由于中国人极端重视味道，以至中国的某些菜仅仅是味道的载体。这也反映在日常言谈之中，如家庭宴客，主人常自谦地说："菜烧得不好，不一定合您的口味。"中国一直是一个以农业为主要生产部门的国度。传统农业，靠天吃饭；小农经济，势单力薄；加上自然灾害频发，稳定地解决温饱问题殊属不易。在中国几千年历史上，对大多数中国人来说，吃饭不仅是第一需要，而且差不多是全部需要。吃成了中国改朝换代最直接、最普遍、最根本的原动力与导火线。对历朝统治者来说，这也是治国理政最重要的内容。

第一节 饮食文化理论的历史发掘

一、饮食文化理论的四大原则

（一）食医合一

食医合一是中国传统饮食文化四大基础理论之一，其形成标志是《神农本草经》、《黄帝内经·素问》。

1. 神农本草经

中国古代医学源于饮食。神话传说中，神农氏不仅是教人种庄稼、树百谷的农业之神，而且还是医药的发明者，是华夏民族的药王。《搜神记》、《淮南子》、《山海经》等均有关于神农氏的传说，虽带有一定的幻想色彩，却反映了中国医学的一个重要思路，即人们的吃饭果腹与治疗某种病症有着相当密切的联系。

《神农本草经》是现存最早的药物学专著，为我国早期临床用药经验的第一次系统总结，历代被誉为中药学经典著作。全书分三卷，载药365种（植物药252种，动物药67种，矿物药46种），分上、中、下三品，文字简练古朴，成为中药理论精髓。书中对每一味药的产地、性质、采集时间、入药部位和主治病症都有详细记载。对各种药物怎样相互配合应用，以及简单的制剂，都做了概述。书中很多内容涉及饮食，体现了医食同源的理念。

2.《黄帝内经》

《黄帝内经》是上古乃至太古时代中华民族的民族智慧在医学和养生学方面的总结

和体现，是一部极其罕见的医学养生学巨著，与《伏羲卦经》、《神农本草经》并列为“上古三坟”。它从饮食、起居、劳逸、寒温、七情、四时气候、昼夜明晦、日月星辰、地理环境、水土风雨等各个方面，确立了疾病的诊治之法，并详细地谈论了病因、病机、精气、藏象及全身经络的运行情况，是一部统领中国古代医药学和养生学的集大成之作，而且从医药学、农学、预测学、饮食养生等多方面对中国文化产生了巨大影响。

成书于2400多年前的中医典籍《黄帝内经·素问》已有“谷肉果菜，食养尽之，无使过之，伤其正也”的记载。“五谷为养”是指黍（黄米）、稷、菽（豆类总称）、麦，稻等谷物和豆类作为养育人体之主食；“五果为助”系指枣、李、杏、栗、桃等水果、坚果，有助养身和健身之功；“五畜为益”指牛、犬、羊、猪、鸡等禽畜肉食，对人体有补益作用，能增补五谷主食营养之不足，是平衡饮食食谱的主要辅食；“五菜为充”则指葵、韭、薤、藿、葱等蔬菜。唐代名医孙思邈在《千金方》中所说：“凡欲治疗，先以食疗，既食疗不愈，后乃用药尔。”

《黄帝内经》被称为“医家之宗”，对中国文化的影响也十分巨大，其理论所包含的人与自然、人身五脏六腑及各部位间互为依存的整体观念，以及阴阳理论、五行学说、精气学说、藏象学说和运气学说等，是中国文化不可或缺的重要组成部分，特别是贯穿始终的整体观念，迄今仍较西方医学有其独到之处。《黄帝内经》指出：“味归形，形归气，气归经，经归化”“五味入口，藏于肠胃，味有所藏，以养五气，气合而生，津液相成，神乃自主”，并且已认识到“五味所伤”、“五味所合”、“五味所宜”、“五味所禁”等。在几千年前就有“医食同源”和“药膳同功”的说法，即利用食物原料的药用价值，做成各种美味佳肴，达到防治某些疾病的目的。

3.《食疗本草》

我国古代众多的养生家中，有这么一个流派，他们既不主张呼吸吐纳、运动锻炼，也不主张悦意琴棋、服食药饵，他们提倡食疗。这一派人中有隋唐的陈士良、元代的忽思慧以及明代的卢和等，但其中最负盛名的要数唐代的著名医药学家孟诜了。孟诜（公元621～713年），唐汝州人，进士及第。垂拱（公元685～688年）初，升为凤阁舍人（中书省官员，掌管进奏、参议表章、起草诏书、劳问有功将帅、察天下冤狱等事）。青年时好医药、养生之术，与名医孙思邈过从甚密。

孟诜著有《食疗本草》、《必效方》、《补养方》各3卷，另撰《家》、《祭礼》各1卷，《丧服要》2卷。其中《食疗本草》的手抄本存于敦煌藏经洞中，被斯坦因盗往英国，后又辗转日本，我国卫生部从日本影印回国出版，并确定为世界上最早的食疗专著。它收集本草食物200余种，并分析食性，论述功用，记述禁忌，鉴别异同，其基本原理与现代营养学相一致，具有较高的价值。孟诜论述以食治病，所列食物多为人们常用的谷物、酱菜、果品和肉类等。孟诜还提出了以食养脏和以食解毒的问题。此外，他多次提到南北异地的人对食物的适应性不同，并经常提示小儿的饮食应有它的特殊之处，如“小儿不得与炒豆食之”等。

书中记载了许多常见的食疗物品，日常生活中的鸡、鸭、鱼、肉、水果、蔬菜无所不包，真可谓品种齐全，琳琅满目。在古代，药又被称作“毒”，这里的“毒”指的是药物的偏性，如寒热温凉、酸苦辛咸等，使用得好当然能治病，但若把握不好，反而伤身。因此，古代许多医学家都提倡“祛邪用药，补养用食”。五谷杂粮是人类在漫长的历史过程中，遴选出的性味最平和且具营养的“良药”，孟诜善于用日常食品养生、保健，既避免了药物的偏性，又使身体强健，这恐怕是每个人都向往的。所以有一句谚语“药补不如食补”一直广为流传。

综上所述，“食医合一”源于“医食同源”，是中医的一种习惯说法。意思是说，医药的知识和饮食的知识，来自同一个起源。原始人曾经历过渔猎时期、农耕时期。当时人们还不会培植各种有用的植物，也不会驯养各种有用的动物，所以只能吃自然界现成的食物。那时候的原始人，疾病是不少的，尤其是由于吃了不清洁、难以消化的食物而引起的疾病，如肠胃病等时有发生。然而，也就是在这个过程中，人们也发现了一些能治疗人体不适的食物。比如说，野葱、姜、蒜等，都是具有一定医疗作用的食物。葱白吃了会发汗，姜吃了能去受寒引起的疾病，像关节疼痛、胃痛、感冒等等。中医最常用的剂型是汤药，就是把几味中药放在水中熬，然后汤服。根据古代的传说，汤剂是伊尹首先应用的。如晋朝，皇甫谧的《甲乙经》记载伊尹采用神农本草以为汤液。伊尹是商朝汤王的臣子，专管厨房的烹调，他有一手好的烹调手艺。伊尹做的菜汤，既可做菜肴，也可充治病的汤药。也就是说，伊尹既是厨师，也是医师，集二职于一身，从他身上充分体现出“医食同源”的传说是可靠的。再如，张仲景的《伤寒杂病论》中的药方，桂枝汤中共五味药，即桂枝、白芍、生姜、大枣、甘草，其中三味都是厨房常用的调味品和食物。其他如川椒、茴香、酒等都是既可以调味，又可以入药的东西。有些既可在药店买到，又可以在食品店买到，如胡桃、桂圆、大枣、桂皮……人们很难严格将其区分为药物还是食物。

（二）饮食养生

饮食养生是中国传统饮食文化的四大基础理论之一，形成于先秦时期。饮食养生是食医合一理论与实践长期发展的结果，是旨在通过特定意义的饮食调理达到健康长寿目的的理论和实践。其思想体现在《神农本草经》、《黄帝内经·素问》等本草学文著中。

热爱生活，珍惜生命，是人类的本性。中国人很早就开始了对长寿秘诀的思考，并在春秋战国时期得出了健康生命极限“天年”——120岁的结论。文字记载表明，自古以来人们就没有停止过对长寿的理论和实践进行探索。3000多年来，无数的探索者们在历史上留下了许多行之有效的实践经验，其中合理饮食是活命养生的前提与基础，是最重要的长寿之道之一。

先秦时曾总结出了“遵时守节”、“戒厚烈味”、“口不可满”、“无饥无饱”为“五脏之葆”的“食之道”。在“医食同源”基础上很早便形成的“食医合一”传统，是中国本草学和后来的食疗、饮食养生的理论与实践基础。有“医圣”之称的孙思邈也以成功的饮食养生实践，享年逾百岁。我国历史上第一部营养学专著《饮膳正要》作者元代饮膳太医忽思慧曾提出过：无求好，勿过饱。著名爱国诗人陆游可以说是毕生身体力行了这六个字。“山深少盐酪，淡薄至味足。往往八十翁，登山逐奔鹿……是家吾所慕，食菜如食肉。”既是他理想饮食的模式，也是他生活水平的写实。尽管他忧国忧民、仕途蹭蹬，饱经风霜，且每有见肘断炊之苦，仍长寿至86岁。

《饮膳正要》是中国第一部有关食物营养、疗效食品、食物效法的专著，为元代蒙古族医学家忽思慧撰。初刻于至顺元年（1330年）。早年传往日本，明、清两代曾多次翻印，广为流传。忽思慧是元代皇帝的饮膳太医，主管宫廷饮膳烹调之事。他继承、整理古代医学理论，广泛收集蒙、回、维吾尔等民族的食疗方法，并根据自己的经验撰成此书。该书强调预防为主、食疗保健的主导思想，坚持不用矿物药和毒性药的原则，提倡选用无毒、无相反、可久食、补益的药物，从而达到防病保健的目的。全书分 3 卷。卷一阐述养生避忌、妊娠食忌、乳母食忌和饮酒避忌，选录了 100 多种历代所用的羹、汤、面、粥等食品，并附有疗效介绍。卷二精选各种中草药配制的疗效食品，有配方，也有主治功能。卷三附图论述 24 种谷物、39 种水果、46 种蔬菜、31 种家畜野兽、17 种家禽飞鸟、17 种鱼类、13 种药酒及 30 多种调味品的味（甘、辛、苦）、性（温、平、寒）、功能、主治病症、有无毒性等。

彭铿，上古传说人物，相传为上古五帝之一颛顼的后代。彭铿长烹饪，善养生，据《神仙传》载："彭铿常食桂芝，善导引气，生于夏代，活到殷代，享寿八百余岁。"彭铿在帝尧的时候，因为进献雉羹，尧便把彭城封给他，所以后世称他为彭祖。舜的时候，他从师尹寿子，学得真道，遂隐居武夷山。到商代末年，传说他已有 767 岁（或说有 800 余岁），可他仍不显衰老。他自幼喜好恬静，不追求名誉，不汲汲于世事，不刻意打扮自己，终日以养生修身为事。

我国爱国主义诗人屈原在《楚辞·天问》中写道："彭铿斟雉，帝何飨？受寿永多，夫何久长？"这艺术地反映了彭祖在推动我国饮食文化进步方面所作出的卓越贡献。汉代楚辞专家王逸注曰："彭铿，彭祖也。好和滋味，善斟雉羹，能事帝尧，帝尧美而飨食之也。"彭祖的"雉羹之道"逐步发展成为"烹饪之道"，雉羹是我国典籍中记载最早的名馔，被誉为"天下第一羹"。而彭祖则被誉为"我国第一位著名的职业厨师"，而且是"寿命最长的厨师"，至今被尊为厨行的祖师爷。

（三）本味主张

有人说，美国人用脑子吃饭，因为他们吃一个面包也要计算卡路里；日本人用眼睛吃饭，因为他们非常重视食品的色彩美；而中国菜被称为"舌头菜"，因为"只有中国人懂得用舌头吃饭"。注重原料的天然味性，讲求食物的隽美之味，是中华民族饮食文化很早就明确并不断丰富发展的一个原则。不同的食物有不同的性与味，性味不同，其功效作用亦不同，故饮食必须讲究食物的性味。古人曰："物天定味，适口者珍"；"食取称意，衣取适体"。

《说文》云："味，滋味也。""滋"是多的意思，滋味即多种味。"味"是指能溶于水的呈味物质作用于舌苔乳头味蕾所引起的知觉反应，俗称"味觉"。成人舌苔上有味蕾 2000 多个，多数集中在舌面，少数分布在软颚、会咽与咽喉。中国烹饪讲究一菜一格，百菜百味，既重视主配原料的本味，体现原汁原味，又重视调味品的应用，塑造新味。而且，中国的调味原料品种繁多，这些调味品经过复合、交叉运用后，在加热过程中又组合成新味。中国传统认为，基本味是酸、苦、辛、咸、甘五味。这些味再经复合、交叉后，出现的味别、味型更是数不胜数。这些味又因地域而变化，形成许多具有地方特色的风味，构成中国烹饪的风味体系，由此而出现了菜系、风味特色、流派和各具地方色彩的小吃。

战国时代的《黄帝内经·素问》中就已提出："五谷为养，五果为助，五畜为益，五菜为充，气味合而服之，以补精益气。"2000 余年来，它已成为中国烹饪所遵循的理论基础之一。据《吕氏春秋·本味》记载，黄帝时代已煮海为盐。到 3600 年前的商代，伊尹已经总结出五味及烹调运用之妙。《吕氏春秋·本味》记载了伊尹以至味说汤的故事，其中就描述了这种精妙高超的烹饪技巧："凡味之本，水最为始。五味（酸、苦、甘、辛、咸）三材（水、木、火），九沸九变，火为之纪。时疾时徐，灭腥去臊除膻，必以其胜，无失其理。调和之事，必以甘、酸、苦、辛、咸。先后多少，其齐（剂）甚微，皆有自起。鼎中之变，精妙微纤，口弗能言，志弗能喻。"并能做到"久而不弊，熟而不烂，甘而不浓，酸而不酷，咸而不减，辛而不烈，淡而不薄，肥而不厚"。

我国清代著名文学家、诗人、美食家袁枚称中国的饮食文化为"先知而先行"的"学问之道"，是一门"综合艺术"，这门综合艺术的核心是"味"。"味"为中国菜的"魂"。"凡物各有先天，如人各有资禀。人性下愚，虽孔、孟教之，无益也；物性不良，虽易牙烹之，亦无味也。""味太浓重者，只宜独用，不可搭配。如李赞皇、张江陵一流，须专用之，方尽其才。食物中，鳗也，鳖也，蟹也，鲥鱼也，牛羊也，皆宜独食，不可加搭配。"

（四）孔孟食道

孔孟食道是中国传统饮食文化的四大基础理论之一，形成于先秦时期。首先是孔子和孟子饮食观点、思想、理论及其食生活实践所体现的基本风格与原则性倾向，即孔子的"二不厌、三适度、十不食"和孟子的食志-食功-食德。

1. 孔子与孟子

孔子是我国古代一位伟大的政治家、思想家、教育家。虽然他没有对饮食问题发表过论著，但是他的饮食观仍然是显而易见的，特别是他最早提出了关于饮食卫生、饮食礼仪等内容，为中国烹饪观念的形成奠定了重要的理论基础，同时也客观地反映了春秋战国时期黄河流域已达到了较高的烹饪技术水平。孔子的饮食思想丰富而具体，并且与实践相结合。归纳起来主要有：主张饮食简朴，讲究饮食卫生，注重礼仪礼教。

孟子是战国时期思想家、教育家。与门徒公孙丑、万章等著书立说，提出"民贵君轻"口号，劝告统治者重视人民。他继承孔子学说，被尊为"亚圣"，在儒家中的地位仅次于孔子。孟子在饮食上提出了较多的见解，多被后人视为经典。他从仁爱的角度出发，说道："君子之于禽兽也，见其生，不忍见其死；闻其声，不忍食其肉，是以君子远庖厨也。"后人将"君子远庖厨"解为不近厨房，并作为孟子贱视烹饪的理论依据，这是不正确的。

2. 孔孟食道理解

(1)"孔孟食道"是2500～2300年前中国饮食文化理论的历史存在　所谓历史上的孔孟食道，严格说来，即春秋战国（公元前770～公元前221年）时代孔子（公元前552～公元前479年）和孟子（约公元前372～约公元前289年）两人的饮食观点、思想、理论及其食生活实践所体现的基本风格与原则性倾向。

孔、孟二人的食生活实践具有相当程度的相似性，而他们的思想则具有明显的师承关系和高度的一致性。事实上，毕生"乃所愿，则学孔子也"的孟子的一生经历、活动和遭遇都与孔子相似。他们的食生活消费水平基本是中下层的，这不仅是由于他们的消费能力，同时也是因为他们的食生活观念，而后者对他们彼此极为相似的食生活风格与原则性倾向来说更是具有决定意义的。

他们追求并安于食生活的养生为宗旨的淡泊简素，以此励志标操，提高人生品位，倾注激情和信念于自己弘道济世的伟大事业。他们反对厚养重味，摈弃愉悦口味的追求，他们实在没有多少兴趣去关心自己如何吃，似乎只以果腹不饥为满足。孔子认为人生的真正辉煌和崇高价值在于追求“道”，“君子食无求饱，居无求安”，“君子谋道不谋食……忧道不忧贫”则是他毕生实践的准则。

孟子以孔子的行为为规范，可以说是完全承袭并坚定地崇奉着孔子食生活的信念与准则，不仅如此，通过他的理解与实践，更使之深化完整为“食志—食功—食德”的坚定的食事理念和鲜明系统化的“孔孟食道”理论。他提出不碌碌无为白吃饭的“食志”原则，这一原则既适用于劳力者也适于劳心者。劳动者以自己有益于人的创造性劳动去换取养生之食是正大光明的：“梓匠轮舆，其志将以求食也；君子之为道也，其志亦将以求食与”，这就是“食志”。所谓“食功”，可以理解为以等值的劳动（劳心或劳力）成果换得来养生之食的过程，“士无事而食，不可也。”“食德”，则是指坚持吃正大清白之食和符合礼仪进食的原则。孟子言：“鱼我所欲也，熊掌亦我所欲也。二者不可得兼，舍鱼而取熊掌者也。生亦我所欲也，义亦我所欲也，二者不可得兼，舍生而取义者也。”孟子认为进食尊“礼”同样是关乎食德的重大原则问题，认为即便在“以礼食，则饥而死；不以礼食，则得食”的生死抉择面前，也应当毫不迟疑地守礼而死。

(2) 孔孟食道的食文化史地位及其认识　首先，长久以来“靠天吃饭”的小农经济薄弱的经济基础使中国人总是处于缺乏长远安全感的“朝不虑夕”心态中，历史上以土地为生的人“开源”是明显有限的，于是节欲崇俭、自觉抑制消费的“节流”便是希求长久避免饥寒的基本观念和食生活原则。“俭则固”，“勤俭持家”，是中国人数千年坚定不移的持家理财信念与准则。

其次，厉行了数千年的牢固的宗法观念，使中国人形成了包括财产积传在内的家庭乃至家族责任与意识。这种无可推卸的责任和强烈意识，便决定中国历史上的家庭都要为了子孙而在实践上奉行节欲崇俭的原则，万不能“坐吃山空”。

第三，崇俭是得到社会舆论和政府法令褒誉的占统治地位的意识形态，而食生活的节俭更是全社会倾心赞扬的美德。在中国历史上，对美味的淡泊和平，居食生活的简素，可使人赢得持家有方、家风纯正、品德高尚的美誉。

第四，以素淡粗粝之食励志洁身，或居高官约身率下以标风俗；或恪守法纪，清廉自重。中国历史上的著名清官明代琼山（今海南琼山）人海瑞（公元1514～1587年），居官“布袍脱粟，令老仆艺蔬自给”，逢“母寿”日始“市肉二斤”。

第五，模范“家训”、亲长“遗嘱”，清廉修身、勤俭持家总是必列要义。“国有国法”，“家有家规”，迄今流传下来的各类名目“家训”书，自南北朝至民国不下百余种，版本则更倍其数。北齐颜之推的《颜氏家训》为其典范：“唯在少欲知足，为立涯限尔”；“人生衣趣以覆寒露，食趣以塞饥乏”。总之，历代“家训”、“遗嘱”（家训的一特殊形式）均为家庭的传统社会礼法与道德建设的规范，扩而大之则为社会基础，推而广之则为社会舆论、风气、观念，影响巨大深远。

第六，在中国历史上，无论一个人有过何等辉煌的业绩和成就，也不管他的学识和修养有过怎样崇高的声誉，只要他曾耽欲过口腹，便将不可避免地为此受累；或生前受訾于当时，或辞世遭议于身后，总要落个大节有亏，或不伦不类的历史结论。

“孔孟食道”是春秋战国时代勿庸置疑的历史存在；在两千多年的中华民族食生活史上，它也事实上是被许多人自觉、被更多人自在地实践着的。可以毫不夸张地说：中国人健康食生活观念的坚实理论基础，中国民族食文化最光辉的思想结晶，就是“孔孟食道”。在科学和文明饮食观念已经成为全人类共识的今天，当人们以时代科学和文明的标准来认识“孔孟食道”及其思想影响下的食生活实践，不难发现，营养、健康、文明、科学的人类饮食原则，在两千多年时间间隔的前后竟然如此相似。其实，这丝毫不足为怪，因为伟人们的伟大，往往就在于他们的思想穿越时代文化屏障的力量，能经受住时间打磨的考验。

二、民族饮食文化的特性

中国饮食文化，由于特定的经济结构、思维方式与文化环境，形成了自身鲜明的特色，即艺术倾向，主要表现在以下五个方面。

（一）食物选材精良

选料，是中国厨师的首要技艺，是做好一品中国菜肴美食的基础，要具备丰富的知识和熟练运用的技巧。每种菜肴美食所取的原料，包括主料、配料、辅料、调料等，都有很多讲究和一定之规。概而言之，则是“精”、“细”二字，所谓孔子所说的“食不厌精，脍不厌细”也。所谓“精”，指所选取的原料，要考虑其品种、产地、季节、生长期等特点，以新鲜肥嫩、质料优良为佳。如北京烤鸭，选用北京产的“填鸭”，体重以2.5千克左右为优，过大则肉质老，过小则不肥美。有时还要根据菜肴风味，对选料进行特殊处理。如杭州名菜“西湖醋鱼”，用的是湖产活草鱼，虽鲜美，但肉质松散并带有泥土味，须装入特制竹笼，放人清水“饿养”2天，一待肉质结实，二待脱去泥土味，再加以烹调，便更为鲜嫩味美，且有蟹肉滋味。再如北京名菜涮羊肉，选用内蒙古当年产的小尾巴绵羊，且是阉割的公羊，体重20千克左右，宰杀后放在冰池里压埋2～3天，取出切片，才能色鲜、肉嫩、不膻。所谓“细”，指选用最佳部位的原料。如名菜“宫爆鸡丁”，就要选用当年笋鸡的鸡脯部位的嫩肉，才能保证肉味鲜嫩；“滑溜肉片”，必须选用猪的里脊部位的肉，方合标准，吃起来嫩滑味美；“荷叶粉蒸肉”，要选用五花肉，才能汁润不干，肉嫩清香。

精良是以丰富为基础的。中国饮食从种类上说无所不包，天上的、地下的、水中的、地底的、植物、动物，几乎无所不吃。如单从动物种类上看，除了鸡、马、牛、羊、猪、狗、驴等普通动物外，还有蚂蚁、鼠、蛇、猫，甚至蝎子、蛆（如所谓“肉牙菜”）都吃。不仅日常的鸡肠成为美食，动物身上几乎所有部位皆可食用，且越是离奇，就越成为独特的佳肴，如象鼻、猩唇、熊掌、鹿尾、蛇胆、猴脑，甚至连各种动物的生殖器也成为了壮阳补虚的美味佳肴，如鹿鞭、狗鞭、金钱肉、虎丹等。一些味道怪异的食品，也成为了美味，如酸菜、苦瓜，而大逆饮食之道的臭豆腐，闻着臭，吃着香。

造成食物原料选取的异常广泛性，究其原因有二：一方面由于中国幅员辽阔，物产丰饶；另一方面中国人在“吃”的压力和引力作用下对可食原料的开发极为广泛。总是把一切可以充饥、能够入馔的生物，甚至某些对人有害无益的非生物也相继成了中国人的腹中之物。一个民族食生活原料利用的文化特点，不仅决定于它生存环境中生物资源的存在状况，同时也取决于该民族生存需要的程度及利用、开发的方式。

（二）珍馐品种丰富

进食心理选择的丰富性表现在餐桌上，就是肴馔品种的多样性和多变性。

1. 上层社会饮食心理的多样和多变

上层饮食社会追求多样和多变的丰富心理，形成了中国饮食文化情调优雅，氛围艺术化，主要表现在美器、夸名、佳境三个方面。

（1）美器　袁枚在《随园食单》中引用古语云“美食不如美器”，是说食美器也美，美食要配美器，求美上加美的效果。中国饮食器具之美，美在质，美在形，美在装饰，美在与馔品的谐合。中国古代食具，主要包括陶器、瓷器、铜器、金银器、玉器、漆器、玻璃器几个大的类别。彩陶的粗犷之美，瓷器的清雅之美，铜器的庄重之美，漆器的透逸之美，金银器的辉煌之美，玻璃器的亮丽之美，都曾给使用它的人以美好的享受，而且是美食之外的又一种美的享受。

美器之美还不仅限于器物本身的质、形、饰，而且表现在它的组合之美，它与菜肴的匹配之美。周代的列鼎、汉代的套杯、孔府的满汉全席银餐具，都体现一种组合美。孔府专为举行高级筵宴的满汉全席银餐具，一套总数为404件，可上菜196道。这套餐具部分为仿古器皿，部分为仿食料形状的器皿。器皿的装饰也极考究，嵌镶有玉石、翡翠、玛瑙、珊瑚等，刻有各种花卉图案，有的还镌有诗词和吉言文字，更显高雅不凡。

孔府的满汉全席餐具，按照四四制格局设置，分小餐具、水餐具、火餐具、点心盒几个部分。美器与美食的谐合，是饮食美学的最高境界。杜甫《丽人行》中“紫驼之峰出翠釜，水晶之盘行素鳞；犀筯厌饫久未下，鸾刀缕切空纷纶”的诗句，同时吟咏了美食美器，烘托出食美器美的高雅境界。

（2）夸名　在中国人的餐桌上，没有无名的菜肴。一个美妙的菜肴命名，既是菜品生动的广告词，也是菜肴自身一个有机组成部分。菜名给人以美的享受，它通过听觉或视觉的感知传达给大脑，会产生一连串的心理效应，发挥出菜肴的色、形、味所发挥不出的作用。

（3）佳境　古人也注意追求饮食外在的环境美，饮食要有良好的环境气氛，可以增强人在进食时的愉悦感受，起到使美食锦上添花的效果。吉庆的筵席，必得设置一种喜气洋洋的环境，欢欢喜喜品尝美味。有时聚会虽未必全为了寻求愉悦的感受，说不定还要抒发别离的愁苦和相思的郁闷，那最妙处就该是古道长亭和孤灯月影了。作为饮食的环境气氛，以适度为美，以自然为美，以独到为美。在上流社会看来，奢华也是美，所以追求排场也被认为是一种美。

饮食佳境的获得，一在寻，二在造。寻自然之美，造铺设之美。天成也好，人工也罢，美是无处不在的，凭借寻觅和创造，便可获得最佳的饮食环境气氛。如：鬼斧神工的幽雅峻峭，司空见惯的柳下花前，小桥流水，芳草凄凄，自然之美，无处不在，佳境原本用不着寻觅。但追求自然之美，有时还得屈尊郊野，远足寻觅。把那盘盘盏盏的美酒佳肴，统统搬到郊野去享用，别有一种滋味和情趣。郊游野宴，自然以春季为佳，春日融融，和风习习，花红草青，气息清新，难怪唐人语：“握月担风且留后日，吞花卧酒不可过时。”

2. 庶民社会补充调剂的多样和多变

中国有句俗语叫“希罕吃穷人”，意思是未曾吃过的食品人们总愿意尝一尝，但希罕的食品太多，尝来尝去便把钱袋尝空了。可见，时潮食品和饮食文化是很能开拓市场的。任何一种未曾品尝过的食品，都极大地吸引中国人的食兴趣；每一种风味独特之馔，都鼓动中国人的染指之欲；中华民族的确是一个尚食而又永不满足于既有之食的民族。

（三）肴馔制作灵活

1. 刀工细巧

刀功，即厨师对原料进行刀法处理，使之成为烹调所需要的整齐一致的形态，以适应火候，受热均匀，便于入味，并保持一定的形态美，因而是烹调技术的关键之一。我国早在古代就重视刀法的运用，经过历代厨师的反复实践，创造了丰富的刀法，如直刀法、片刀法、斜刀法、剞刀法（在原料上划上刀纹而不切断）和雕刻刀法等，把原料加工成片、条、丝、块、丸、球、丁、粒、茸、泥等多种形态和麦穗花、荔子花、蓑衣花、兰花、菊花等多样花色，还可镂空成美丽的图案花纹，雕刻成“喜”、“寿”、“福”、“禄”字样，增添喜庆筵席的欢乐气氛。特别是刀技和拼摆手法相结合，把熟料和可食生料拼成艺术性强、形象逼真的鸟、兽、虫、鱼、花、草等花式拼盘，如“龙凤呈祥”、“孔雀开屏”、“喜鹊登梅”、“荷花仙鹤”、“花篮双凤”等。例如“孔雀开屏”，是用鸭肉、火腿、猪舌、鹌鹑蛋、蟹钳肉、黄瓜等十五种原料，经过二十二道精细刀技和拼摆工序才完成的。

古代文学家的笔下，常常奔涌出吟咏厨师精妙刀法的句子。《庄子·养生主》描述了解牛的庖丁，庖丁经三年苦练，达到“目无全牛”、“游刃有余”的境地，“手之所触，肩之所倚，足之所履，膝之所踦，砉然响然，奏刀騞然，莫不中音，合于《桑林》之舞，乃中《经首》之会。”观他解牛，如观古舞；闻其刀声，如闻古乐。由是观之，动刀解牛，也是艺术。唐代也确有以刀工进行艺术表演的，《酉阳杂俎》说“有南孝廉者善斫脍，縠薄丝缕，轻可吹起；操刀响捷，若合节奏。因会客炫技。”

描写古代刀工的优美文字，还可举出一些。

涔养之鱼，脍其鲤魴。分毫之割，纤如发芒；散如绝谷，积如委红。残芳异味，厥和不同。——傅毅《七激》

蝉翼之割，剖纤析微。累如叠谷，离若散雪。轻随风飞，刃不转切。——曹植《七启》

命支离，飞霜锷，红肌绮散，素肤雪落。娄子之毫不能厕其细，秋蝉之翼不足拟其薄。——张协《七命》

不仅仅文学家将精艺的刀工当做完美的艺术欣赏，普通的百姓也往往是一睹为快。为了开开眼界，古代有人专门组织过刀工表演，引起了轰动。南宋曾三异的《同话录》记载，有一年泰山举办绝活表演，“天下之精艺毕集”，自然也包括精于厨艺者。“有一庖人，令一人裸背俯伏于地，以其背为几，取肉一斤许，运刀细缕之。撤肉而试，兵背无丝毫之伤。”以人背为砧板，缕切肉丝而背不伤破，这一招不能不令人称绝。

2. 火候独到

火候，是形成菜肴美食的风味特色的关键之一。但火候瞬息万变，没有多年操作实践经验很难做到恰到好处。因而，掌握适当火候是我国厨师的一门绝技。我国厨师能精确鉴别旺火、中火、微火等不同火力，熟悉了解各种原料的耐热程度，熟练控制用火时间，善于掌握传热物体（油、水、气）的性能，还能根据原料的老嫩程度、水分多少、形态大小、整碎厚薄等，确定下锅的次序，加以灵活运用，使烹制出来的菜肴，要嫩则嫩，要酥则酥，要烂则烂。早在古代，我国厨师就对火候有过专门研究，并阐明火候变化规律及掌握要点："五味三材，九沸九变，必以其胜，无失其理。"（《吕氏春秋》）北宋大诗人苏轼不仅是位美食家，而且还是一位烹调家，创造出著名的"东坡肉"菜肴，这和他善于运用火候有密切关系，他还把这些经验写入炖肉诗中："慢着火，少着水，火候到时自然美。"后人运用他的经验，采用密封微火焖熟法，烧出的肉原汁原味，油润鲜红，烂而不碎，糯而不腻，酥软犹如豆腐，适口而风味突出。

火候是烹调中最重要的事，同时也是最难把握和说明的事，真可谓是"道可道，非常道"，而一位烹饪者能否成为名厨，火候乃其关键，所以中国饮食中的厨者在操作时，积一生之经验、悟己身之灵性，充分发挥自己细微的观察体验能力和丰富的想象能力，进行饮食艺术的创造。所谓运用之妙，存乎一心，真是"得失寸心知"了。

3. 技法各异

烹调技法，是我国厨师的又一门绝技。常用的技法有：炒、爆、炸、烹、溜、煎、贴、烩、扒、烧、炖、焖、氽、煮、酱、卤、蒸、烤、拌、炝、熏，以及甜菜的拔丝、蜜汁、挂霜等。不同技法具有不同的风味特色。每种技法都有几种乃至几十种名菜。著名"叫化鸡"，以泥烤技法，扬名四海。相传古代江苏常熟有一乞丐偷得一只鸡，因无炊具，把鸡宰杀后除去内脏，放入葱盐，加以缝合，糊以黄泥，架火烤烧，泥干鸡熟，敲土食之，肉质鲜嫩，香气四溢。后经厨师改进，配以多种调料，加以烤制，味道更美，遂成名菜。云南"过桥米线"，是氽的技法杰作。相传古代有位书生在书房中攻读，其妻为使他能吃上热汤热饭，便创造了这一氽法：将母鸡熬成沸热的鸡汤，配以切成细薄的鸡片、鱼片、虾片和米线，因面上浮油能起保温作用，并能氽熟上述食品，而且过桥后尚能保持热而鲜嫩。

自从人类发现和使用火以来，由于地理环境、食物结构、生活习俗等的差异，虽然许多民族都可以熟食，但仍然有一部分民族在进入文明社会后继续保持了其生食的习惯；而即使那些坚持熟食的民族，仍然有相当一部分长期食用冷食。只有以汉民族为主要代表的中国饮食，长期以来不仅坚持熟食，而且养成了热食的习惯，其可以说是迄今为止最系统、最久远地坚持熟食、热食的饮食文化体系。如果是生食，那么对食物的加工制作可能会简单化和单一化，而熟食和热食，就要求根据各种食物原料不同的性能、产地、特点以及不同的场合、对象等实施不同的制作方法，这样就使得中国饮食的制作方法复杂而又丰富多彩。

4. 五味调和

调味，也是烹调的一种重要技艺，所谓"五味调和百味香"。关于调味的作用，据烹饪界学者的研究，主要有以下几个：除去原料异味；无味者赋味；确定肴馔口味；增加食品香味；赋予菜肴色泽；可以杀菌消毒。

调味的方法也变化多样，主要有基本调味、定型调味和辅助调味三种，以定型调味方法运用最多。所谓定型调味，指原料加热过程中的调味，是为了确定菜肴的口味。基本调味在加热前进行，属预加工处理的调味。辅助调味则在加热后进行，或在进食时调味。

人们将肴馔的味型分为基本型和复合型两类。基本型大约可分为9种，即咸、甜、酸、辣、苦、鲜、香、麻、淡。复合型难以胜计，大体可归纳为以下50余种。

酸味型：酸辣味、酸甜味、姜醋味、茄汁味。

甜味型：甜香味、荔枝味、甜咸味。

咸味型：咸香味、咸酸味、咸辣味、咸甜味、酱香味、腐乳味、怪味。

辣味型：胡辣味、香辣味、芥末味、鱼香味、蒜泥味、家常味。

香味型：葱香味、酒香味、糟香味、蒜香味、椒香味、五香味、十香味、麻酱味、花香味、清香味、果香味、奶香味、烟香味、糊香味、腊香味、孜然味、陈皮味、咖喱味、姜汁味、芝麻味、冷香味、臭香味。

鲜味型：咸鲜味、蚝油味、蟹黄味、鲜香味。

麻味型：咸麻味、麻辣味。

苦味型：咸苦味、苦香味。

淡味型：淡香味、本味。

这么说来，所谓“五味调和”中的五味，是一种概略的指称。人们所享用的菜肴，一般都是具备两种以上滋味的复合味型，而且是多变的味型。《黄帝内经》云：“五味之美，不可胜极”；《文子》则说：“五味之美，不可胜尝也”，说的都是五味调和可以给人带来美好的享受。调味恰到好处与否，除了调料品种齐全、质地优良等物质条件以外，关键在于厨师调配得是否恰到好处。对调料的使用比例、下料次序、调料时间（烹前调、烹中调、烹后调）都有严格的要求。只有做到一丝不苟，才能使菜肴美食达到预定要求的风味。

中国的肴馔是手工经验操作的，不是通过严格定量由机械规范生产的产品，故一地厨师一个样，一个厨师一个样，一时厨师一个样；这种千个厨师同时操作千个样、一个厨师千时操作千个样的文化现象，正是中国肴馔手工经验操作的结果。正是这种灵活而非机械、模糊而非精确的随意性、调和观，方使中国食文化完成了从感性到理性的超越，使中国食文化充溢着丰富的想象力和巨大的创造性。也正是这种不循严格章法和不特别考虑烹饪技艺的亿万之家的烹调，反映了更广泛的千差万别性和每一次操作的特殊性，从而充分地体现了肴馔制作的灵活性。

（四）风味特色明显

1. 巨大的区域差异——我国南北文化差异

自然环境背景：大地是人类活动的大舞台，由于地理环境的影响，饮食上产生南、北两大风味，而在菜系上有四大帮派之说。南暖北寒，南湿北旱；西高东低，东邻大洋；自然灾害较多；自然环境对中华一统的影响；周边环境的相对封闭性和中原环境的相对完整性、易达性，有利于政治、经济、文化的一统趋势。

社会环境背景：北方多战事，战争加速人口流动，推进文化扩散；历史上，北方与南方发生战争数量的比例大致3∶1，其中河南、河北、陕西战事较多，河南位居榜首，占全国战事1/6。首都主要建于北方；东南一带经济比较发达，人口重心向东南偏移，农业发达，生产效率高，南方商品意识较强。

自然环境和社会背景的不同，造成我国各地方饮食的差异，风味特色明显。

2. 中西饮食文化比较

中西饮食文化的差异从下表可见一斑。

不同之处	中　国	西　方	不同之处	中　国	西　方
原料选择	珍奇	新鲜	上菜程序	先菜后汤	先汤后菜
烹调方式	综合	拼盘	菜肴数量	超量	适量
烹调标准	浮动	固定	餐饮习惯	合食	分食
菜肴温度	热菜	生冷	饮食用具	筷子	刀、叉

（五）区域文化融通

文化是只有一定的地域附着而没有或很少有十分严格的地理界限的，只要有人际往来，便有文化的交流。食文化因其核心与基础是关乎人们养生活命的基本物质需要，即以食物能食的实用性为全体人类所需要，因而便天然具有不同文化区域间的通融性。

食文化交流史上，无论时间发轫之早、范围之广、频率之高，还是渗透与习染能力之强，都是以商旅为最的。商旅活动之外，官吏的从宦、士子的游学、役丁的徭戍、军旅的驻屯、罪犯的流配、公私移民、慌乱逃迁，甚至战争，都是食料、食品通有无和食文化认识融会的渠道。而历史上的战争则往往能引起更大规模、更迅速、更积极、更广泛和深刻的食文化交流。中华民族的56个成员在数千年漫长的历史上始终生存在一个相互依存、互勉共进的文化环境之中，并且随着时间的延续而不断加深这种彼此依存的关系，而产生了“中华饮食文化圈”。

第二节　饮食文化区位的历史考述

一、“文化圈”与“饮食文化圈”

“文化圈”的理论，是德国人种学家首先提出的，其后不仅在地理学、历史学、文化学、社会学、民俗学，甚至在更广阔的学术领域为国际范围的学者们所认同。所谓“文化圈”，是指某一大的地区，该地区以某种特定民族的文化为母体文化，在此基础上不断创新、发展、衍生。也就是说，这一地区各国的文化虽然各具民族特色，但最初的文化源是相同的。具有一定文化差异的地理区域也常被一些学者称作“文化圈”，如著名历史学家李学勤先生综合文献和考古成果认为，东周时代大约存在“七个文化圈”：地处黄河中游的“中原文化圈”，营游牧生涯少数民族所属的北方的“北方文化圈”，今山东省范围内的“齐鲁文化圈”，以长江中游为主体的“楚文化圈”，长江下游和淮河流域的“吴越文化圈”，西南地区的“巴蜀滇文化圈”，西北地区的“秦文化圈”。人们也常将东亚和东南亚受中国文化影响地区称之为中国文化圈或汉文化圈。

中华文化圈的形成大体在隋唐时期，包括日本列岛、朝鲜半岛和东南亚广大地区，是东方文化中最大的一个文化圈。这个文化圈的共同特点是：①以儒学为核心的中国文化为基础，形成一种独特的文化取向和思维方式；②努力接受和传播中国式的佛教文化；③以中国的政治制度和社会模型为社会运行的基本机制；④接受或吸收汉语的文字范式而创造出本国或本地区的语言文字。这种文化共同体的出现，经历了长期的发展演变过程，大体从公元前 3 世纪即中国的战国时期开始涌动，至公元 7 世纪左右基本形成，对世界文化格局产生了较大的影响。

饮食文化圈是由于区域（最主要的）、民族、习俗、信仰等原因，历史地形成了具有独特风格的饮食文化区域。文化区又称作文化地理区，每一个饮食文化区可以理解为具有相同饮食文化属性的人所占有的地区。

二、中国饮食文化区位类型

（一）中国饮食文化是一种广视野、深层次、多角度、高品位的悠久区域文化

在中国传统文化教育中的阴阳五行哲学思想、儒家伦理道德观念、中医营养摄生学说，还有文化艺术成就、饮食审美风尚、民族性格特征诸多因素的影响下，创造出彪炳史册的中国烹饪技艺，形成博大精深的中国饮食文化。

从沿革看，中国饮食文化绵延 170 多万年，分为生食、熟食、自然烹饪、科学烹饪 4 个发展阶段，推出 6 万多种传统菜点、2 万多种工业食品、五光十色的筵宴和流光溢彩的风味流派，获得“烹饪王国”的美誉。

从内涵上看，中国饮食文化涉及到食源的开发与利用、食具的运用与创新、食品的生产与消费、餐饮的服务与接待、餐饮业与食品业的经营与管理，以及饮食与国泰民安、饮食与文学艺术、饮食与人生境界的关系等，深厚广博。

从外延看，中国饮食文化可以从时代与技法、地域与经济、民族与宗教、食品与食具、消费与层次、民俗与功能等多种角度进行分类，展示出不同的文化品味，体现出不同的使用价值，异彩纷呈。

从特质看，中国饮食文化突出养助益充的营卫论（素食为主，重视药膳和进补）、五味调和的境界说（风味鲜明，适口者珍，有“舌头菜”之誉）、奇正互变的烹调法（厨规为本，灵活变通）、畅神怡情的美食观（文质彬彬，寓教于食）等 4 大属性，有着不同于海外各国饮食文化的天生丽质。

从影响看，中国饮食文化直接影响到日本、蒙古国、朝鲜、韩国、泰国、新加坡等国家，是东方饮食文化圈的轴心；与此同时，它还间接影响到欧洲、美洲、非洲和大洋洲，像中国的素食文化、茶文化、酱醋、面食、药膳、陶瓷餐具等，都惠及全世界数十亿人。

（二）我国饮食文化存在地域差异

由于我国自然环境、气候条件、民族习俗等的地域差异，各地区和各民族在饮食结构上和饮食习惯上又有所不同，从而使我国的饮食文化呈现复杂的地域差异，体现了我国饮食文化的丰富内涵，充分说明了我国各族人民的智慧，正是辛勤的劳动人民创造了这丰富而神奇的饮食文化。

1. 具有东方型饮食特征

全球的饮食可分为东方型饮食和西方型饮食两大体系，东方型饮食以我国最为代表。它的发展历史、饮食结构、饮食方式，以及与之有关的民族风情等，同以欧美为代表的西方型饮食有很大差异。这是由我国地理环境、社会经济和文化的发展状况决定的。

我国饮食文化的历史起步较早，发展也很快。早在十万年前，我们的祖先已懂得烤吃食物。陶器等较为先进的储器或饮器问世后，人们能较为方便地煮、调拌和收藏食物，饮食习惯便进入了烹调阶段，足见我国的饮食文化源远流长，内容又相当丰富。我国的饮食结构复杂多样，以五谷为主食者最多，即吃面食或米食，并配以各种汤、粥。我国广大地区自然条件优越，尤其是东部广大平原地区适宜种植小麦、水稻等农作物，广大劳动人民在长期生产和生活中逐渐形成了自己的饮食习惯，大多地区习惯于早、中、晚一日三餐。我国的饮食调制方式各式各样，烹、炒、煮、炸、煎、涮、炖等，加之丰富的佐料如大葱、香菜、蒜、醋等，使我国的饮食和菜肴花样繁多，色香味俱全。这是西方型饮食所不能比的。

2. 存在明显的地域差异

在我国东部平原地区，大概以秦岭-淮河为界，以南为水田，种植水稻；以北为旱田，种植冬小麦或春小麦。南方人以大米为主食，而北方人则以小麦面粉为主食。在气候方面，北方的气温比南方低，尤其冬季十分寒冷，因此北方人的饮食中脂肪、蛋白质等食物所占比重较大，尤其在牧区，牧民的饮食以奶制品、肉类等为主。南方人饮食以植被类为主，居民有喝菜汤吃稀饭的习惯。而在高寒的青藏高原上，青稞是藏民主要种植的作物和主食，同时为了适应和抵御高寒的高原气候，具有增热活血功效的酥油和青稞酒，成为藏族人民生活中不可缺少的主要食用油和饮料。

我国在饮食习惯上有“南甜、北咸、东辣、西酸”之说，充分体现了我国饮食的地区差异。我国地域辽阔，饮食调制习俗、饮食风味也必然千差万别，最能反映这一特点的是我国的菜系。我国有八大菜系或十大菜系之分，各菜系的原料不同、工艺不同、风味不同。川菜以“辣”著称，调味多样，取材广泛，麻辣、三椒、怪味、黄香等自成体系，“江西不怕辣、湖南辣不怕、四川怕不辣”即突出反映了四川菜系辣的特点。川菜以辣为特色，与当地人抵御潮湿多雨的气候密切相关。粤菜汇古今中外烹饪技术于一炉，以海味为主，兼取猪、羊、鸡、蛇等，使粤菜以杂奇著称。而丰盛实惠、擅长调制禽畜味、工于火味的鲁菜，因黄河、黄海为它提供了丰富的原料，使它成为北方菜系的代表，以爆炒、烧炸、酱扒诸技艺见长，并保留山东人爱吃大葱的特点。此外，淮扬菜、北京菜、湘菜等各居一方，各具特色，充分显示了我国饮食体系因各地特产、气候、风土人情不同而形成的复杂性和地域性。

3. 各民族有差异

我国有56个民族，汉族主要居住在东部平原地区，众多的少数民族则分布在西北、东北、西南地区，地形和气候差异很大，更重要的是各民族在生产活动、民族信仰上都有各自民族的特点，在饮食上也形成了自己的民族特色，各民族之间的差异很大。

三、中国饮食文化区位形成的历史原因

中国拥有广袤的疆域，复杂的地质地貌环境和气候特征，为中国人民多样的饮食提供了坚实的物质基础。五千年不间断的文明史，孕育了优秀的中国文化并传承于中国人民的思想中，为中国人民多样的饮食提供精神基础。56个民族的多民族国家，各民族习俗各异，信仰不同，发展不均衡的经济等，都影响着中国饮食文化，使它呈现出多样化的发展趋势。中国饮食文化区位形成的历史原因是：地理环境、气候物产等地域因素；政治经济与饮食科技因素；民族、信仰与饮食习俗因素。

（一）中国是一个大国

1. 地域差异因素

我国的陆地面积约960万平方千米，约占世界陆地面积的6.4%，在世界各国中，仅次于俄罗斯和加拿大，居世界第三位。

① 我国领土南北相距5500千米，从最南端的南沙群岛的曾母暗沙（位于北纬4°）到最北端的黑龙江漠河以北53°31′，南北跨纬度50°，南北之间，太阳入射角大小和昼夜差别很大，自南向北逐渐形成五个气候带。东西地势高差达四五千米，气温、降水、地貌土壤条件等差别很大，使植物、动物种群分布具有明显的特点。地理环境不同，气候条件也不同，从而物产不同，食俗便相异。我国的植物品种多达470科，3万余种，占世界总数的1/10，动物种类为兽类占世界总数的11.2%，鸟类占世界总数的15.3%，两栖爬行类占世界总数的8%。

② 我国南北东西分为三级阶梯，青藏高原平均海拔4000米以上，是世界屋脊，由于海拔高，气压低，水的沸点低，煮东西熟的程度不及正常气压下的透熟，所以生活在这个地区的藏族等民族多喜欢吃焙炒青稞、碾为粉做的糌粑。

昆仑山-祁连山、横断山脉和大兴安岭-太行山-巫山-雪峰山之间是我国的第二阶梯，它平均海拔为1000～2000米之间，以山地、盆地居多，地势复杂，地貌多样。四川盆地位于其中，它群山环抱，土地肥沃，江河纵横，气候温和，雨水充沛，物产丰富，自古就有天府之国的美称。因当地冬季湿冷，霜驱湿御寒，夏季湿热，人出汗不畅，也需要驱湿，而四川又多产各种麻辣调味品，故当地人习惯以辣驱湿，辣也就成了川菜的一大特色。而贵州又因“地无之尺平，天无之日晴”的特殊环境，使当地民族喜欢吃酸食，并形成了“三天不吃酸，走路打转转”，“走不离弯，吃不离酸”的谚语。

大兴安岭-太行山-巫山-雪峰山以东是我国的第三阶层，这一地区同时也是我国先人开发最早、农业最早的发达的地区，形成众多菜系。

③ 我国是一个濒海的国家，有着18000千米的漫长海岸线（北起中朝边界的鸭绿江江口，南抵中越边境的北仑河河口），岛屿海岸线总长14000千米，并且东西时差达4小时以上（西起东经73°40′，位于新疆维吾尔自治区乌恰县西侧的帕米尔高原，东抵东经135°5′，位于黑龙江省抚远县以东乌苏里江入黑龙江处的耶字界碑东南，东西跨经度62°），其中乌鲁木齐是世界上距海最远的城市。东西降水分配不均，东部沿海地区盛产海产品，山东名产对虾、鲍鱼、海参、干贝配上当地产的章丘大葱、莱芜生姜、苍山大蒜形成口味鲜咸的鲁菜风味，而泸菜、淮菜、粤闽菜都有海鲜。而西北地区半干旱，不适合农作，是我国主要畜牧区，它们饮食也主要以奶、肉为主，古文献中曾说哈萨克族、蒙古族等游牧民族的饮食特点是“不粒食”，即饮食中没有粒粮食。现今在这两个民族的饮食中奶、肉还占较重的比例。

2. 民族差异因素

我国是一个多民族国家，我国有56个民族，汉族占总人口的90%以上，而占人口不足10%的少数民族却分布在我国约3/4的疆土，而且每个民族都有不同的饮食文化。

① 许多民族有在宴席上唱酒歌的饮食习俗。在饮食活动中因为没有什么东西待客而动用歌声来表示歉意，如华南歌仙刘三姐在招待客人时唱得“多谢了，多谢四方众乡来。我家没有好饭菜，只有山歌敬亲人”。而且客人也要唱歌表示感谢。按内容和作用

酒歌可分为敬酒歌、劝酒歌、谢酒歌、拒酒歌。敬酒歌多表达主人对客人的欢迎，对自己招待情况的客套及对客人的思念之情，如壮族的《敬酒歌》唱道“锡壶装酒白连连，酒到面前你莫嫌。我有真心敬贵客，敬你好比敬神仙。锡壶装酒白玉杯，酒到面前你莫推，酒虽不好人情酿，你是神仙饮半杯”。蒙古人在酒宴开始，要唱歌敬酒三巡，诚挚地请客人干杯。“饭养身，歌养心”是侗族的谚语。青海藏族招待客人是先饭后酒，开始喝酒时主人敬酒，敬酒时，主人站在客人面前，左手端酒，轻摆右臂，微微弓腰，左右扭动身体，用意想不到的高而尖细的声音唱酒歌。劝酒歌是客人表示不会喝酒或已喝够了，拒绝再喝，主人所唱的劝酒饮之歌，门巴族劝酒歌则盛赞酒具的难得和珍贵，以使客人受到感动而喝酒；水族酒歌中以“我心意已经溶在酒里”来劝客人喝酒。

② 舞蹈在少数民族中也是必不可少的，如哈尼族的“碗舞”、维吾尔族的“顶碗舞”、锡伯族的“烧茶舞”。苗族的“板凳舞”是在宴会中酒至半酣时，人们随手抄起身边的两个小板凳互相打出鼓舞的节奏，邀请客人所跳的舞蹈。蒙古族的“盅碗舞”起源于古代一次打打仗获胜后的庆典宴会，在宴会上人们拍掌击节，击打酒盅助兴。“筷子舞”是鄂尔多斯的蒙古族在节日喜庆的宴会上击打碗筷助兴而发展出来的舞蹈。西藏、云南西北、川西许多民族的“锅庄舞”是夜间围着“锅庄”（即火坑、火堆）舞蹈。

（二）中国是一个古国

1. 不同饮食文化观念的传承因素

我国有着五千年的文明史，是世界四大文明古国之一，并且是唯一一脉相承、有着不间断历史的古国。

(1) 史前时期　我国古人对饮食文化存在不同观念。商代的伊尹是中国历史上第一个记载的厨师，他善烹饪，以“鹄羹”等美味汤，有史书记载“伊尹割烹要汤，调和鼎鼐，有作盐梅”。中国最早的烹饪书《本味篇》相传就是伊尹初见商汤时的谈话内容。

(2) 春秋时期　孔子在《论语·乡党》中提出了“食不厌精，烩不厌细”的原则，并列举了13个不食：“食噎而渴，鱼馁而肉败不食，色恶不食，臭恶不食，失饪不食，不时不食，割不正不食，食不得其酱不食，肉虽多不使胜食气。唯酒无量，不及乱。沽酒，市脯不食，不撤姜食，不多食。祭肉不出三日，出三日不食之矣。”孔子的饮食观，有两方面内容。其一，要求卫生和有利于身体健康。其二，色恶不食是讲究菜肴的“色”，恶臭不食是讲求“香”，不得其酱不食是“味”，割不正不食是“形”。中国菜肴的色、香、味、形四项原则在孔子时期已经具备了。

(3) 宋代　苏轼以饕餮自居，并在《老饕赋》中公开宣称“盖聚物之夭美，以养吾之老饕”。他的《菜羹赋》把素食写得非常富于诗意，并把它与乐道联系起来，把素食吃蔬视为复归大自然的手段。《东坡羹颂》更明确地表示，“不用鱼肉五味，有自然之甘”。苏轼还主张对饮食要有所节制，“东坡居士自今日以往，早晚饮食，不过一爵一肉；有尊客盛馔，则三之，可损不可增；有召我者，预以此告之，主人不从而过是，乃止。一曰安分以养福，二曰宽胃以养气，三曰省费以养财。”（《节饮食说》）

(4) 明末清初　著名戏剧家李渔认为人应该取天地之有余，以补我之不足，绝不能“逞一己之聪明，导千万人之嗜欲”，那样不仅毁掉许多有益于人类的动物，而且还会危及人类自己。他还认为口腹之术在于美味，而美味的获得不一定非得食必五鼎，或食前方丈，在节约的生活中同样能求得肴馔的精美。他主张以素食为主，肉食为辅，其《闲情偶寄饮馔部》中的饮食思想可概括为，崇节俭，重素食，主清淡，忌肥腻，尚本味，讲洁美，慎杀生，求食益。

2. 食制对中国饮食文化的影响

中国古代的等级制度对中国饮食文化的影响甚大，早在商周时代，就形成了饮食上严格的等级礼仪。

①《周礼天官膳史》记载："凡王之馈，食用六牲，饮用六清，馐用百有二十品，珍用八物，酱用百有二十瓮。"《礼记·礼器》记载："天子之席五重，诸侯之席三重，大夫之席再重。"《礼记·内则》记载："大夫燕食，有脍无脯，有脯无脍，士不贰羹哉，庶人耆老不徒食。"《礼记·王制》记载："诸侯无故不杀牛，大夫无故不杀羊，士无故不杀犬豕，庶人无故不食珍。"在餐具陈列上，从天子九鼎到卿大夫的五鼎，无不反映着饮食等级的森严。

② 具有"天下第一家"的孔府的饮食是我国最早具有贵族特色的，其孔府菜已成为鲁菜的一大重要分支，遵循孔子"食不厌精，脍不厌细"的祖训，对于饮食肴馔精益求精，且非常讲究食道，和宫廷饮食一样重礼制，讲排场，豪奢侈，虚耗费。据孔府档案所载，清道光二年仅一年里孔府就用掉猪肉11530多斤，香油7980多斤。孔府的宴席有多种规格，最高级的称之为"孔府宴会燕菜全席"，又称"高摆酒席"，每次酒席上菜130余品，也有装饰性的带有祝福意义的看席。

3. 民族交融对中国饮食文化的影响

中国古代民族间的交往融汇及对外交流，改变了中国人的饮食结构，同时也影响了中国的饮食文化。战国时，秦始皇"驰道"沟通中原人南下、岭南人北上，自然促成了南北饮食文化的交流。外国人落籍广州，使粤菜增添了"洋味"。又如汉代闽越人入江淮，使苏菜具有一定闽菜风格。阿拉伯人大批进入我国南部及西北部，一方面形成回族及清真菜系，另一方面使我国各大地方菜系得到有益补充。

（三）中国是经济发展不平衡的发展中国家

饮食是人类社会赖以生存和发展的首要物质基础，饮食文化的核心是生存文化，是主体文化的首要的、稳定的体现者，饮食文化的多样性体现了人类文化的多样性。由于我国经济发展的不平衡，在新中国成立时采集经济、游牧社会、农业社会、工业社会这四种经济社会制度几乎在我国都能找到，其反映在饮食上，表现出不同的饮食文化。在云南贡山独龙族在20世纪50年代，仍处在刀耕火种的原始农业水平，在食物分配中仍实行平均分配的作法。处于游牧经济中的西北少数民族如哈萨克族日常饮食以肉食、奶食为主，米面居于次要地位，很少吃蔬菜。农业经济中人们大多数靠天吃饭，北方大多数农村冬季的蔬菜基本上是白菜和萝卜。处于工业社会中的人们的餐桌就丰富了许多，四季蔬菜和本地难以生长的蔬菜成为桌上菜，彻底改变了人们的季节性饮食结构的文化。

四、饮食文化区位概况

中国饮食文化是中华各族人民在100多万年的生产和生活实践中，在食源开发、食具研制、食品调理、营养保健和饮食审美等方面创造、积累并影响周边国家和世界的物质财富及精神财富。中国饮食文化研究所所长赵荣光先生认为：经过漫长历史过程的发生、发展、整合的不断运动，中国域内大致形成了12个饮食文化圈。即：东北饮食文化圈、京津饮食文化圈、黄河中游饮食文化圈、黄河下游饮食文化圈、长江中游饮食文化圈、长江下游饮食文化圈、中北饮食文化圈、西北饮食文化圈、西南饮食文化圈、东南饮食文化圈、青藏高原饮食文化圈、素食文化圈。而且，各饮食文化圈有重叠，表示彼此既相对独立，又相互渗透影响，中国饮食文化传播不受政区的限制，从这些饮食文化圈中可以看到区域饮食的文化差异和口味流变。

（一）东北地区饮食文化圈

东北地区包括辽宁、吉林、黑龙江3省，面积约82万平方千米，人口约1亿。东北物产丰富，烹调原料门类齐全。人们称它“北有粮仓，南有渔场，西有畜群，东有果园”，一年四季食不愁。该地区日习3餐，杂粮和米麦兼备，一“黏”二“凉”的黏豆包和高粱米饭最具特色。主食还爱吃窝窝头、虾馅饺子、蜂糕、冷面、药饭、豆粥和黑、白大面包；以饽饽和萨其玛为代表的满族茶点曾是《满汉菩翅烧烤全席》中的重要组成部分，名重一时。蔬菜则以白菜、黄瓜、番茄、土豆、粉条、菌耳为主，近年来大量引种和采购南北时令细菜，市场供应充裕。肉品中爱吃白肉、鱼虾蟹蚌和野味，嗜肥浓，喜腥鲜，口味重油偏咸。制菜习用豆油与葱蒜，或是紧烧、慢熬，用火很足，使其酥烂入味；或是盐渍、生拌，只调不烹，取其酸脆甘香。

这里土地肥沃，草场优良，平原广阔，五谷杂粮与山货水产都很丰富，冬季寒冷漫长，人口稀少。历史上这片土地长期生活着满族、蒙古族、鄂伦春族、朝鲜族等少数民族，游牧狩猎是他们的主要生活方式。人们好食炖菜，摄取高热量的动物脂肪，以御寒冬。由于缺少新鲜蔬菜，当地人有吃生肉、葱蒜、冻食和腌菜的习惯。吃生肉、冻菜、冻水果可帮助补充维生素，避免一味吃热食导致缺乏维生素而得坏血病，吃冷冻食品已发展成人们的一大嗜好。吃葱蒜可以消除吃生肉的不良后果，帮助杀菌。另外，因寒冷的气候使冬季缺少新鲜蔬菜，腌菜和泡菜占了很大比重，几乎每家都有大大小小的酱缸。酸菜腌渍时间长，新鲜度差，因而调味咸重，以压抑异味。自清代中叶以后，关内大量移民涌入东北开荒垦殖，农业取代游牧和采集业成为主要生产方式，东北的饮食方式亦随之发生了一些变化。

口味特点：咸重、（葱蒜的）辛辣、生食。

（二）京津地区饮食文化圈

自元、明、清以来，蒙古人、汉人、满人先后在北京建都，北京成为全国的政治、经济、文化中心。天津是漕运、盐务和商业发达的都会，与北京共构经济一体和京畿文化。京城聚集着诸多衙属官吏、庞大驻军以及乐医百工、普通市民，众多民族汇聚于此，形成了五方杂处的局面。饮食的层次性和变化性特别明显。从皇宫御膳、贵族府宴到市井小吃，形成了全国特有的层次性饮食文化。政治经济的影响超过了自然环境对饮食风格的影响，但食料还是以周边地区为主，兼辅以全国各地精华物产。北京菜品种复杂多元，以满汉全席达到极致。

口味特点：以咸香为主，兼容并蓄八方风味。

（三）中北地区饮食文化圈

该区主要集中在内蒙古，但在东北和西北地区都有较深的文化交叉，是典型的草原文化类型，以游牧和畜牧为主要生产方式。历史上这里曾生活着众多的游牧民族，战事不断，民族势力此消彼长，但社会生活与区域饮食文化总体上保恃着自己的草原特色。人们逐水草而居，擅长射猎，君王、百姓都爱咸食畜肉，热喝奶茶，畅饮烈酒。由于物产单一，粮食结构不够合理，人们普遍以各种肉食和奶制品为主，几乎不吃蔬菜。他们通过与中原民族交换或征掠来获得足够的盐、粮食和酒。自元帝国之后，一些地区发展屯田，汉文化的影响日愈明显。农区以粮食为主，奶食为辅；但牧区仍以牛羊和奶食为主，粮食、蔬菜为辅。

口味特点：以咸重为主。

（四）西北地区饮食文化圈

西北的饮食文化受自然环境和宗教因素的影响非常明显。西北地区有优良的天然草场，从西汉至清朝中叶，这里基本上以畜牧业为主，农业种植香辛料较多。食物结构较简单，过去基本不吃蔬菜，但人们爱吃烤肉，佐以孜然、辣椒粉等调味品，口味咸重。这里地广人稀，少数民族众多，又使西北的饮食文化增添了许多民族风情。伊斯兰教在唐末至北宋时期取代其他宗教成为西北地区的主要宗教，当地绝大部分少数民族都改信仰伊斯兰教，这对当地人的食物禁忌、进食礼仪等都产生了深刻的变化，具有鲜明的地域特色。新中国成立后，由于农业比重的增加，现在粮食蔬菜也成了日常食物，饮食结构发生了一些变化。

口味特点：以咸为主，辅以适当的干辣（椒）和香辛料。

（五）黄河中游地区饮食文化圈

这一地区历史文化十分灿烂，北宋以前这里一直是中国文化的中心地带，并且政治中心大致在西安-洛阳-开封一线上移动。这里农业开发最早，也最完善，各种牲畜和谷物都有，属于五谷杂粮并食区，家蔬野果等植物性食物也十分丰富。但由于这一地带的过度开发，土地承载力下降，加上各种灾害和战乱，使得这一地区的饮食文化除了少数上层社会的奢侈消费外，大多数黎民百姓保持着节俭朴素的生活传统。黄河中游地区的面点小吃很有特色，尤以陕西、山西最具代表性。陕西的小吃反映了关中人的厚道和豪放。比如油泼辣子、面条像腰带、烙饼像锅盖、羊肉泡馍的海碗如盆等。山西面食品种繁多，素有“一面百样吃”之誉，用料广泛，制法多样。黄河中游地区口味强调酸辣，味重，但又比东北和中北地区稍淡一点。

口味特点：酸辣，味稍重。

（六）黄河下游地区饮食文化圈

黄河下游地区属于齐鲁文化圈，有着丰富的历史文化积淀，以孔孟为代表的儒家思想对中国的传统文化影响至深，因而这一区域饮食的文化味较浓。讲究“平和正统”，大味必淡的至味境界，加之受海洋文化和京杭大运河的影响，这里成为南北饮食文化的交汇之地。山东菜在北方的影响很大。山东半岛食料广泛，水陆杂陈，五谷蔬果、鱼盐海味等都很丰富，为其成为四大菜系之一提供了基础。在山东下层百姓中，人们爱吃煎饼和玉米饼子，卷葱抹酱，或以蒜泥拌生菜，别有风味。山东大葱蘸酱的吃法后来也被上层社会和宫廷所接受。无论富贵贫贱之家，每饭必具葱蒜，具有典型的山东特色。

口味特点：咸鲜，味正，葱蒜的辛辣。

（七）长江中游地区饮食文化圈

长江穿越雄伟壮丽的三峡后，由东急折向南，就到了湖北宜昌，进入“极目楚天舒”的中游两湖平原，一直到江西鄱阳湖口，这便是长江中游区域，即洞庭湖平原和江汉平原，古人常说：“两湖熟，天下足”，主要指的就是这两大平原。在社会经济、文化方面，由于长江的纽带作用，流域内的文化、物质、信息交换比其他区域要频繁得多，这些都是长江流域不同于其他区域所特有的性质，而长江中游在这方面的优势也更为明显。长江中游是古代楚文化的发祥地，它与长江上游的巴蜀文化和处于长江下游的吴越文化是近邻，却异同互见，但又互相渗透、吸收，是具有高度亲和力的文化圈。长江中游地区以低山和平原为主，境内河网交织，湖泊密布，雨水充沛，四季分明，稻米、水产和畜禽、果蔬都很丰富。这里深受楚文化的影响，但经过两千多年的发展，其内部又形成了江汉文化和湖湘文化，表现在饮食文化上也略有侧重。湖南的口味偏重于酸辣，以辣为主，酸寓其中。湖南多山区和僻湿之地，常食酸辣之物有祛湿驱风、暖胃健脾之功效，而且，由于古代交通不方便，海盐难于运进内地山区，人们爱以酸辣之物来调味，因而养成了偏爱酸辣的饮食习俗。江西与湖南的饮食口味较为接近。而湖北“九省通衢”，淡水鱼虾资源丰富，形成了饭稻羹鱼的特色，口味也以咸鲜、微辣为主。平原地区吃辣程度不如山区强烈。

口味特点：酸辣和微辣，但辣的程度不如西南地区。

（八）长江下游地区饮食文化圈

从江西鄱阳湖口开始，长江便进入它的下游河段了，长江流域的饮食文化在此也有新的拓展。长江下游地势坦荡开阔，河道多分叉，形成许多江心洲。安徽大通以下，长江受海潮顶托的影响，水势大而和缓。到江苏江阴以下，长江便进入河口段，江面越来越开阔，呈喇叭口形入海。长江下游平原，包括苏皖平原和长江三角洲平原，是中国很富庶的地区。

沿江有安庆、铜陵、芜湖、马鞍山、南京、镇江、南通、上海等重要城市。长江三角洲的太湖平原，从古至今都是美丽富饶的同义语。这里土地肥沃，农业和航运事业特别发达，仅仅一条大运河，就串连了扬州、镇江、常州、无锡、苏州、杭州这些“人间天堂”般的城市。俗话说：“上有天堂，下有苏杭。”可以说，扬州、苏州、杭州等地的饮食，也是长江下游地区饮食的天堂。

吴国的疆域以太湖平原北部和宁镇丘陵为主体，扩展到皖南大部分丘陵、苏北的一部分平原，以及淮南的部分地方。越国的疆域以宁绍平原和太湖平原南部即杭嘉湖平原为主体，扩展到浙西、皖南的山地及淮南部分地方。吴越的地理环境、气候条件大体类似，由于历史上长江上游带来的大量泥沙，加上钱塘江北岸的部分沉积，使吴越的中心地区太湖流域形成水网交错、土壤肥沃的冲积型平原，整个地区地势平坦，以平原和丘陵为主，东面临海，江湖密布，这种地理环境为稻谷生长提供了十分优越的条件。

一般而言，稻谷可分为粳、籼、糯三大类，粳米性软味香，可煮干饭、稀饭；籼米性硬而耐饥，适于做干饭；糯米黏糯芳香，常用来制作糕点或酿制酒、醋，也可煮饭。在长江下游的饮食生活中，自古以来，糕点都占有十分重要的位置。在宋人周密的《武林旧事》中，就收录了南宋临安（杭州）市场上出售的“糖糕”、“蜜糕”、“糍糕”、“雪糕”、“花糕”、“乳糕”、“重阳糕”等近19个品种。但如果论制作工艺之精、品种之多、味道之美，则以苏州为上。

吴越地区将以糯米及其屑粉制作的熟食称为小食，方为糕，圆为团，扁为饼，尖为粽。吴中乡间有句俗谚："面黄昏，粥半夜，南瓜当顿饿一夜。"晚餐若以面食为之，到黄昏就要挨饿，因此，吴人若偶以面食为晚餐，则必有小食点心补之，这就使得吴地糕点制作特别发达。早在唐代时，白居易、皮日休等人的诗中就屡屡提到苏州的"粽子"，令人叹奇的是，一种名为"梅檀饵"的糕，它是用紫檀木的香水和米粉制作而成。宋人范成大《吴郡志》载，宋代苏州每一节日都有糕点，如上元的糖糯、重九的花糕之类。明清时，苏州的糕点品种更多，制作更为精巧，这在韩奕的的《易牙遗意》、袁枚的《随园食单》、顾铁卿《清嘉录》、《桐桥椅棹录》中都有不少记载。如今，苏州糕点已形成品种繁多、造型美观、色彩雅丽、气味芳香、味道佳美等特点。

在苏州糕点中，最为人称道的是苏式船点。船点是由古代太湖中餐船沿袭而来的，它在制作工艺上受到吴门画派清和淡逸、典雅秀美的风格影响，无论是制作鸟兽虫鱼、花卉瓜果，还是山水风景、人物形象，均能做到色彩鲜艳、惟妙惟肖、栩栩如生。再包上玫瑰、薄荷、豆沙等馅芯，更是鲜美可口，不仅给人以物质上的享受，还给人以精神上的美感，充分显示了吴地饮食具有高文化层次的特征。由此也可以看出，源远流长的吴越稻作生产对人民饮食生活结构与习俗的巨大影响。

经过长时期的历史发展，吴与越的文化特征也各自显现出来。春秋战国时期，公元前173年，越灭吴；公元前333年，楚灭越，越文化由此逐渐向东南沿海地区流播，其在新的历史背景下找到了崛起和传承的契机。两晋南朝，具有新特征的长江下游地区的吴文化迅速发展。唐宋时，中国经济的重心移往江南已成为不改之势。明清时，长江下游已成为全国最繁荣的地区。在这种历史背景下，古老的吴越饮食文化也因其地域不同而分成了淮扬、金陵、苏州、无锡、杭州等不同风味。这些不同地域的菜肴，虽有相通之处，但终究是自成一家，各具特色。

淮扬指江苏北部扬州、镇江、淮安等沿运河地区。但在古代，扬州却是个大区域概念，由淮及海是扬州，《尚书·禹贡》中的扬州还包括今苏南、皖南及浙、闽、赣大部分位置。隋代以后方定指今日之扬州，淮扬风味即发源于今之扬州等地。淮扬菜系为我国四大风味菜之一，又因其发源地江苏，故有以江苏菜取代淮扬菜者，它与浙皖等风味合称下江（长江）菜，与浙江风味合称江浙菜，其风味大同小异。淮扬菜的风味特点是清淡适口、主料突出、刀工精细、醇厚入味，制作的江鲜、鸡类都很著名，肉类菜肴名目之多居各地方菜之首。点心小吃制作精巧、品种繁多，食物造型清新，瓜果雕刻尤为擅长。苏州在长江以南，扬州在长江以北，一江之隔，两地菜肴的风味却不尽相同。因地理相近，为长江金三角之地，苏州菜与无锡、松沪等地风味一致，其风味特色是口味略甜，现在则趋清鲜。菜肴配色和谐，造型绚丽多彩，时令菜应时迭出，烹制的水鲜、蔬菜尤有特色，苏州糕点为全国第一。扬州与苏州"一江之隔味不同"，其原因在于扬州在地理上素为南北要冲，因此在肴馔的口味上也就容易吸取北咸南甜的特点，逐渐形成自己"咸甜适中"的特色。而苏州相对受北味影响较小，所以"趋甜"的特色也就保留下来了。

长江下游地区的著名风味还有徽菜，徽菜因起源于南宋时的徽州府（今皖南屯溪、歙县一带）而得名，以烹制山珍野味而著称全国。"一方水土养一方人"，同在长江流域而分处上游的巴蜀饮食文化、中游的荆楚饮食文化、下游的吴越饮食文化，由于地理环境的不同，其风味也各有特色，这深刻说明复杂多变的地理形势和气候环境是中华饮食文化多样化发展的空间条件和自然基础。

口味特点：咸甜适中、清淡，但食甜较其他地区突出。

（九）东南地区饮食文化圈

东南地区多丘陵，临海，雨水充沛。该地区以稻米为主食，蔬菜、水果、海产、畜禽都很丰饶。这一地区喜食稻米，重鲜活，尚茶饮，蔬果与海产比重高，俗尚食事。清末以来，政治经济都发生了很大的变化，无论闽粤还是客家，都有海外贸易经商的传统，这使东南地区的饮食文化也带有明显的商业性，讲求高档稀贵，爱食稀奇野味。由于岭南地区天气非常炎热，流汗多，人们爱喝汤滋身，口味强调清淡鲜美。高档的粤菜也成为我国四大菜系之一。香港、澳门、台湾等地长期受欧美食风的侵染，受西方饮食的影响较为明显。

口味特点：清淡，咸鲜。

（十）西南地区饮食文化圈

西南地区除了四川盆地等历史上开发较早的发达农业地区以外，大部分地区是高山峡谷，地域封闭，交通不便，不同地区的文化联系也很薄弱，中国有一半以上的少数民族都分布于此。西南山区土地贫瘠，产量较低，在坝区和河谷地带多种稻米，山上以玉米为主。由于种植业不发达，人们在食物原料上的禁忌很少，也吃一些昆虫。这里空气潮湿，瘴气四溢，为了散寒去湿、避辛解毒、调味通阳，西南地区的人们自古以来就爱饮酒和吃辛香刺激之物，如花椒、茱萸、生姜等，尤其是在辣椒传入西南地区后，这种嗜好迅速普及。

四川盆地自然环境较为独特，冬暖春早，物料丰富，巴蜀文化发达，川菜也是我国四大菜系之一。巴蜀“好滋味”，调味丰富；“尚辛香”，嗜好辛香刺激之味，这点与西南其他地区相似。历史上的湖广填四川促进了川菜的繁荣，尽管西南地区不同地方的饮食各有特点，但口味总体上以麻辣、酸辣为主。

口味特点：麻辣，酸辣。

（十一）青藏高原地区饮食文化圈

青藏高原地区为高寒地区，这里社会发展较慢，但到唐代的吐蕃王朝时，有了藏文字，形成了藏传佛教，藏民势力也覆盖到整个高原地区，成为一个独特的文化地理单元。独特的地域环境上的食料生产与佛教文化，决定了青藏高原饮食文化的基本内容和风格。这里以农牧业为主，广泛种植青稞、大麦等作物，蔬菜与水果的比重不大。主食料为糌粑、牛羊肉及各种面食，生冷食物的比重较高，因而人们酷爱喝酥油茶，以适应高原地区的寒冷。由于受宗教文化的影响，人们饮食有些特有的禁忌和仪式，比如不吃鱼、餐前颂经等。

口味特点：咸重，微辣，辛香。

（十二）素食文化圈

1. 素食

素菜是素食者的食谱，素菜在中国已经发展成为一个菜系，它的形成与发展，与历史上的素食主义者关系密切。目前作为一种健康时尚，已经被越来越多的人赏识与接受。

(1) 素食起源 关于素食素菜的起源，学术界意见不一。或以为与佛教传人有关，或又笼统地认为起源于史前社会。素食是一个非常模糊的概念。何谓素食？素食应该是相对肉食而言，是指完全以植物类原料制作的食品。唐代颜师古《匡谬正俗》对素食的解释是："谓但食菜果糗饵之属，无酒肉也。"无肉食的蔬食，是农耕民族的主要饮食方式。在古代，中国广大农民就是以蔬食为主，食肉的是达官贵人。但不能因此就说平民百姓就是素食主义者。他们并非甘心素食，而是处于一种被动素食状态。在我国古代确有一些真正的素食主义者，这里面既可看出佛教徒的慈悲之心，也可以看出山居高士的淡泊之志，当然也能看到脑满肠肥的贵族们吃腻了肉后的尝鲜之趣。

(2) 素食概念 素食原指禁用动物性原料及禁用五辛（即大蒜、葱、韭、薤、兴渠）的寺院菜和禁用五荤（即韭、薤、蒜、芸薹、胡荽）的道观菜，现主要指用蔬菜（含菌类）、果品和豆制品面筋等制作的素菜，善用竹笋、豆芽等吊制的素高汤增鲜。在现实生活中，有很多吃素的人，究其原因，无非有以下三点。

第一，因为信仰。很多宗教都有不准（或在某段时间里不准）吃荤的教义，例如佛教规定僧、尼姑绝对吃素，有些佛教的普通信徒也跟随吃素。他们的素食简单，青菜、豆腐、水果和粮食似乎就是全部了。

第二，为了健康。研究表明，素食对预防高血压、冠心病、肥胖、结石、糖尿病、肿瘤等似乎由营养过剩引起的所谓现代"富贵病"、"文明病"有重要作用。很多素食者认为与这些严重疾病的威胁相比，素食可能会导致营养不足的缺陷根本算不了什么。

第三，为了保护环境。吃素食可以节约大量能源，减轻环境污染，有利于保护环境。因为饲养肉食动物需要消耗大量能源（几乎是肉食本身可供能源的10倍）。另外，动物保护主义者认为，宰杀饲养的或野生的动物是残忍的暴行，与人类文明背道而驰。

(3) 素食的形成 中国素食的历史可追溯到西汉时期。相传西汉时期的淮南王刘安发明了豆腐，为素食的发展立下了汗马功劳。豆腐不仅是素菜的重要原料，也是素食中的优质蛋白。虽然素食有着久远的历史渊源，但作为一个菜系，当是在唐宋之际才开始形成的。

据考证，北魏的《齐民要术》中专列了素食一章提到了一些素菜的制作方法，介绍了11种素食，是我国目前发现的最早的素食谱。到了唐代就有了花样素食。北宋都市出现了市肆素食，有专营食素菜的店铺，仅《梦粱录》中记述的汴京素食即有上百种。

明清两代是素食素菜的发展时期。尤其是到清代时，素食已形成寺院素食、宫廷素食和民间素食三大支系，风格各不相同。清宫御膳房专设素局，可制作200多种美味素菜。寺院菜则或称佛菜、释菜、福菜，僧厨则称香积厨。民间素菜在各地市肆菜馆制作，各地都有著名的素菜馆，吸引着众多的食客。

(4) 素食特点 素菜以时鲜为主，清雅素净。花色品种多，工艺考究不亚于荤菜。中国现代素菜已发展到数千款之多，烹调技法极为高超。

素菜烹调技法大体可归三大类：一为"卷货"，即用油皮包馅卷紧，以淀粉勾芡，再烧制而成，名品有素鸡、素酱肉、素肘子、素火腿等；二是"卤货"，以面筋、香菇为主料制成，有素什锦、香菇面筋、酸辣片等；三是炸货，过油煎炸而成，有素虾、香醇鱼等。经过历代素菜荤做的技艺，到现代已发展到一种十分精美的程度。

需要特别提出的是，各地素菜所采用的主要主料均为豆腐和豆制品。豆腐菜被有人奉为“国菜”，这是因为豆腐不仅起源于中国，而且受到国人的普遍喜爱。以前在农村，红白宴请的主菜是“豆制品”。

豆腐在烹调中应用广泛，既可作主食，亦可作菜肴、小吃及馅料。有名的豆腐品种有南豆腐、北豆腐、冻豆腐、油豆腐、腐乳、臭豆腐、霉豆腐；豆制品有豆腐干、千张、豆腐皮、香干、油丝、卤干、豆泡、素什锦、素鸡、辣块儿、熏干、豆腐粉等。家常用和筵宴用的名菜有小葱拌豆腐、麻婆豆腐（四川）、镜箱豆腐（江苏）、炒豆腐松（上海）、锅塌豆腐（山东）、蚝油豆腐（广东）、豆腐饺子（山西）等。据统计，豆腐和豆制品为主料制作的素菜肴数以千计，有些烹调师还创制了丰富的豆腐宴。

素菜的独特风格产生了不少著名的素菜馆。如北京的“全素刘”，源自宫廷御膳房的素厨，全是素菜荤做，别具一格。上海玉佛寺的素斋，名菜有红梅虾仁、银菜鳝丝、韭翠蟹粉等，全采用素料，色味俱佳。重庆慈云寺素菜，以素托“荤”，所有热菜冷拼全取素料烹制，命以荤名，制作绝妙。

中国素食文化有着悠久的历史，其在花色品种、选料精细、制作考究及风格等方面，决不亚于荤菜。目前，亦有不少名素餐馆在我国各地不断涌现，推动着素餐热的火爆。

2. 斋食

佛教创始人释迦牟尼及其弟子在沿门托钵时，常常是遇荤食荤，遇素食素，并无什么禁忌。最早的佛教教义规定，特地为僧众杀生的种种肉不可吃，其他“净肉”、“借光”吃肉是允许的。在佛门首倡食素的是中国的梁武帝萧衍。在此之前流行的《梵纲经》就已明确规定“不得食一切众生肉，食肉得无量罪”，“不得食五辛：大蒜、葱、韭、薤、兴渠”，这是两条比较严格的戒律。佛教传入中国后，对素食的发展起了推波助澜的作用，但最早的素食却不源于佛教。

“吃斋”来源于吃素，中国的佛教徒吃素。印度的僧人不是素食者，来到中国弘法的印度高僧自然也是非素食者。所以，早先中国的僧人与他们来自印度的师父一样，都是非素食者。但是，佛教受儒家仁慈思想与孝道的影响很大，一些僧人如道安、慧远等出自个人的意愿，把蔬食看成是一种苦行而选择素食。后来，以菩萨思想慈悲为本的大乘佛教经典明文指出不得食一切众生肉，从因果转回的理论上阐明了食肉的过失。它指出，众生生生死死，轮转不息，曾经都是父母兄弟、男女眷属，乃至朋友亲戚，如何忍心取食而之。至此素食的经典理论根据被奠定。南朝梁武帝萧衍（公元 464～549 年）是一位非常虔诚的佛教徒，他积极提倡素食，天监十年，即公元 511 年，他曾召集全国僧侣研讨吃肉的害处，颁布《断酒肉文》，令天下所有僧尼不得食肉，斋食由此而生。从此，素食就成了中国僧人的一种优良传统与美德。很多人以为素食就是斋食，其实不然，斋食不准吃肉，还要戒“五荤”。“五荤”在道家被称为“五辛”，指的是薤、芸薹、胡荽、蒜、韭等，按照佛家说法，五荤“生食生瞋，熟食助淫”，吃了会破坏清静之心，影响修为。佛门追求清心寡欲，但在饮食方面却毫不含糊，用魔芋、豆腐、面筋做出来的仿荤菜肴堪称一绝，不仅形似，而且味真。

一般认为，中国素食有三大流派，两大方向。所谓三大流派是指宫廷素食、寺院素食和民间素食；所谓两大方向是指“全素派”和“以荤托素派”。全素派主要以寺院素菜为代表，不用鸡蛋和葱蒜等“五荤”。以荤托素派主要以民间素菜为代表，不忌“五荤”和蛋类，甚至用海产品及动物油脂、肉汤等。

寺院素食泛指佛家寺院和道家宫观中的素食佳肴，为中国素食的“全素派”。据记载少林寺曾用少林素食在寺中先后招待过唐太宗、元世祖、清高宗等20多位帝王。

宫廷素食来源于民间，发展于宫廷，最后亦流传于民间。因御厨最先选拔于民间，年老退休后也回到民间。如清朝的御厨年老要退休离宫，退休后他们也开饭馆或传艺他人，使御膳也流传于民间。辛亥革命后，清朝灭亡，更是有一批御膳房素局的名厨流落于民间，开创了各自的素菜事业。

民间素食是指民间的素菜馆和家常烹制的素菜，亦有自己的流派，如川菜素食等。

第三节　饮食文化层次的历史考略

一、文化层与饮食文化层

（一）文化层

辞海的解释是：文化层是考古术语，指由于古代人类活动而留下来的痕迹、遗物和有机物所形成的堆积层，每一层次代表一定的时期。根据文化层的包含物和叠压关系，可以确定遗址各层的文化内涵和相对年代。考古上，通常把含文化遗物的地层称为“文化层”，而把没有人类生活过、不存在任何文化遗物的地层称为“自然层”。一般来说，一个古文化遗址周围环境如果没有重大变化，古人类持续发展，就会在地层中留下连续的文化层。人类居住在一起一般都会在原来的天然堆积或沉积的生土上面堆积起一层熟土，这层熟土常夹杂着人类无意识遗留下来的或有意抛弃掉的器物，这种包含文化遗物的熟土层考古学上称为“文化层”。

古代遗址的文化层多保存在全新世或更新世晚期的覆盖层中，有时也有穿透至更早地层的。石器时代遗址的文化层中除石器外，晚期尚有陶器碎片。更晚的文化层则有铜器、铁器或一些建筑材料等。

（二）饮食文化层

中国饮食史上的层次性结构即饮食文化层（简称饮食层），是指在中国饮食史上，由于人们的经济、政治、文化地位的不同，而自然形成的饮食的不同的社会层次。

“民以食为天”，“人莫不饮食也”，几乎没有哪一种文化能像饮食这样与每一个个体如此紧密地相关，如此地具有个性特征。也就是说，饮食文化是人类文化中最具超民族普泛性、民族共性与个体独特性的一种文化。饮食文化也如同人类其他许多文化门类一样，它以自己的民族共性，浮现于芸芸的个体行为之上，并以此相互区别地存在于各自的空间。即饮食文化既超越每一个文化个体的微观之上，又独立于人类饮食文化时代总汇宏观之中，以各自的民族行为和事象在相互间的比较和联系之中区别地存在。

饮食生活的个体性很强，因经济实力、文化修养、观念区别、习惯差异、口味不同，甚至职业身份、行为活动等诸多因素的制约与影响，每个人的食生活行为均有相当的独立和独特性。这便决定了一个民族食文化结构繁复和认识、观念、思想以及理论庞杂的特点。对于中国来说，由于小农自然经济的分散独立性和大一统社会的严密等级差异，民族食文化的上述特点便尤为突出。中华民族饮食文化，仅自三代以来便经历了4000余年的重重历史积淀与传统绵延，是个庞驳的文化集合。长期以来，人们乐道着中国饮食文化的“博大精深”，一些研究者并从历史、哲学、思想、文化、科技等许多不同的角度和侧面做了富有启发意义的探索与理解。

中国的历史有多长，其饮食文化就有多悠久，既有孔圣人的“食不厌精，脍不厌细”、“一箪食，一瓢饮”的饮食观及安贫乐道之风，也有李太白斗酒诗成篇、无酒不成宴的豪气，一部《随园食单》解了无数饕餮客的千愁。但饮食文化层不能等同于社会等级，尽管饮食文化层的存在是阶级社会的一般历史现象，因为饮食层次上的区别毕竟不是直接和简单的政治、经济地位上的差异，仅仅是中国饮食史上明显存在着的基本的等级差异的一种概况。几千年来，中国的饮食文化形成的层次交相辉映，构成了永不落幕的饕餮盛宴。食色，性也，吃是人的天分，把吃的学问做到如此地步的只有中国，游走在浩浩荡荡数千年饮食盛宴里。

二、饮食文化层是阶级社会历史的产物

各个社会等级的政治、经济地位均不相同，相应地也决定了他们在社会精神、文化生活上地位的不同。反映在饮食生活中，各个等级之间在用料、技艺、排场、风格、基本的消费水平和总体的文化特征方面，存在着明显的差异。从饮食文化史的角度来说，这座等级层次的社会结构之塔，又大略可以看作是“食者结构”之塔，“饮食文化”之塔。关于阶级社会的等级结构及不同社会等级彼此间生活的社会性差异，古往今来的无数学士哲人都从不同的角度做了相当丰富的描述。中国饮食文化有着悠久的历史与丰富的内涵，但统治阶级一面享受着由这一文化创造出来的物质内容，另一面却把其看作“末技”、“贱业”而加以鄙视。《礼记》中“君子远庖厨，凡有血气之类，弗身践也”的记载，便是最好的例证。从理论上说，饮食文化是有层次结构之分的，不同的社会等级彼此间生活的社会性差异很大，这些都相应地表现在各自的饮食文化层次上。在饮食文化层次结构中，有关宫廷膳食方面，可在帝王起居录及历朝正史中见到记载，贵族及富家层次的史料却较为难觅。而最为罕见的则是广大最底层民众的饮食构成，他们饮食的用料、技艺、排场、风格、习俗以及基本消费水准等，几乎没有史料对其有完整的记载。

饮食文化是人类文明进步的结晶，是能够顺应人类社会发展规律，提示人类社会未来发展方向，为人类社会文明进步提供强有力的思想保证、精神动力和智力支持的文化。饮食文化是适应生产力发展要求、代表未来发展方向，并在诸多的文化较量中充分显示其科学性的文化。饮食文化是科学文化的重要组成部分，饮食文化层是阶段社会历史的产物。

三、历史上不同饮食文化层的概况

经济地位、社会生活、文化教养、宗教信仰对人们的饮食生活起着决定作用，因此，不同阶级、不同阶层的人们不仅食用的肴馔有所区别，更重要的是饮食生活中的文化精神需求有着更大的差异。

（一）果腹层饮食文化

1. 果腹层的构成及基本特点

吃的第一大境界当然是“果腹”，俗话说就是填饱肚子，就是一个“吃”字。“果腹”形式比较原始，只解决人的最基本的生理需要。这个境界的吃，不需要费心找地儿，各种商场的小吃城；街头的中式美食店和快餐店，如各式面馆、永和豆浆等；西式快餐的麦当劳、肯德基等都可列入其中。一盘宫保鸡丁，一盘白菜豆腐，外加一小碗汤，一碗主食足以。一个人，两个人，三五人均可。果腹层由广大最底层民众构成，其中以占全部人口绝大多数的农民为主体，也包括城镇低收入者。

果腹层是一个基础的层次，反映历史上中国人生活基本水平的层次。这个基本水准是经常在“果腹线”上下波动的。所谓“果腹线”，是指在自给自足自然经济条件下，生产（一般表现为简单再生产）和延续劳动力所必需的质量食物的社会性极限标准。果腹层的饮食生活，在很大程度上属于一种纯生理活动，还谈不上有多少文化创造。因为这种文化创造在很大意义上说来是个细加工的性质和过程，只有长期相对稳定地超出果腹性纯正生理活动线之上的饮食生活社会性水准（称之为“饮食文化创造线”），才能使文化创造具有充分保证。

果腹层作为民族饮食的基本群体，作为饮食文化之塔的基层，是最少“文化特征”的一个文化层次。这一层次的创造，多为自在的偶发行为，往往处于初步的和粗糙的“原始阶段”。

2. 乡村农民的饮食生活

占全社会人口主体的广大农民是构成果腹层的核心和主要成分，村野之民既是饮食文化创造和发展的基石，本身的饮食又最少具有文化特征，他们是果腹层的最好体现者。历史上乡村农民的饮食生活总体上表现为吃“粗”，主要有以下几个特点。

（1）原生态的烹食　中国广大农民长期处在自给自足的自然经济环境之中。新采刚挖的野菜、香菇、甘薯、花生、菱藕散发出诱人的清香，刚渔猎的山鸡、斑鸠、蛇、石蛙、活鱼等山珍河鲜现宰现烹或置于柴草上烧烤，浸透着、挥发出的是别致的山野之趣。当西天的晚霞渐渐退去，家家户户的屋顶升腾起一缕缕青烟，“遍地英雄下夕烟”之时，柴木燃烧后的香气和着新米饭的馨香，呈现出的是宁静的自然情调，浓浓的泥土芬芳之情。虽然饮食制品没有多少精细的花样，但主副食品足量、新鲜。村民们享受着用自己的汗水辛勤浇灌出来的饭菜时所产生的那种别有一番滋味在心头的香甜之感，是食不厌精的富商大贾和达官贵人所无法体味的。

（2）纯天然的饮食　村民的饮食是清苦的，仅果腹充饥而已。自种的五谷是他们的主要食物原料，很少有肉可食，其他副食也是单调的自种菜蔬。食品多来自各自的直接农事，并以一定数量的采集、渔猎食品作为补充和调剂。因此，他们的饮食生活基本上属于一种纯生理活动，还不具备充分体现饮食生活的文化、艺术、思想和哲学特征的物质和精神条件，缺乏对饮食文化的创造。在食品加工制作方面，一般奉行从简实惠的原则，与市井酒菜馆中的精心烹制尤其是达官巨贾家宴上那些奢侈阔的复杂烹制方法，恰成鲜明对比。不过，许多令人望而生畏的山珍海味、野菜山果正是经过劳苦大众大胆尝试之后，才发现其食用价值，流入市井，乃至登临高高的宫墙之中，成为豪门摆阔的象征。

（3）最真实的情趣　村夫所饮之酒虽没有市井酒之清醇，更无上层社会美酒之高贵，然而上流社会饮酒时有更多的弦外之音，往往有额外的精神负担和压力，远不及村夫饮酒之痛快淋漓、纯朴酣畅。文人的雅饮，往往是通过酒的刺激，搜索枯肠苦苦追示和捕捉瞬间闪现的灵感；侠客勇士的豪饮，往往是为了壮阳以增添几分豪气；而达官贵人的饮酒，往往是为了通过名酒、珍馐的摆列，炫耀财富，显示权势。村野之民饮酒旨在解乏，为节日或婚嫁寿庆助兴，并无文人们酒后冥思苦想佳句的精神负担，也无商贾酒后遭算计的担忧，更无侠士“舍命陪君子”的争强斗勇及酒后的拔刀争斗，有的只是酒后敞开肺腑话家常之痛快。因此，酒在乡村饮食文化中居一谷之下、万物之上的显赫地位，它可以给农民的精神生活抹上了一点亮色。如果说茶更多地作为中国中上层社会有闲阶层的清逸饮料的话，酒则在乡村饮食生活中扮演着极为重要的活跃气氛、温暖人们身心的角色。

（二）小康层饮食文化

1. 小康层的构成及基本特点

小康层大体上由城镇中的一般市民、农村中的中小地主、下级胥吏，以及经济、政治地位相应的其他民众所构成，又称之为市井饮食。他们的饮食构成要比果腹层的人们丰富，既可在年节喜庆时将饮食置办得丰富和讲究一点，也可在日常生活中经常“改善”和调剂，已经有了较多的文化色彩。

2. 普通市民的饮食生活

城镇普通市民是小康层的重要构成类群，是小康层的典型代表，其饮食总体表现为“俗”，吃“实在”。这从《水浒传》、《金瓶梅》、《东京梦华录》中的食俗可以得到了解。如从《水浒传》中看到梁山好汉们到酒楼饭馆吃喝，总是“大碗斟酒，大块切肉”，考究一点的，吃的也不过是些时新果品、鲜鱼、嫩鸡、肥鲊、煎肉、鱼羹、熟鹅、酸辣鱼羹之类。但这也反映了两宋时期市井饮食文化的发展达到高峰，其特点是食品质朴可口、制作简便易行。这一时期的市民饮食在整个中国饮食文化中起着承上启下的桥梁作用，表现出饮食店铺众多、分类细、服务面广；饮食行业增添了文化色彩；饮食行业的肴馔代表了当时烹调的最高水平。

市井饮食是随城市贸易的发展而发展的，所以其首先是在城市、州府、商埠以及各水陆交通要道发展起来的，这些地方发达的经济、便利的交通、云集的商贾、众多的市民，以及南来北往的食物原料、四通八达的信息交流，都为市井饮食的发展提供了充分的条件。如唐代的洛阳和长安、两宋的汴京和临安、清代的北京，都汇集了当时的饮食精品。

市井是与商人贾贩相联系的，商人来去匆匆，行迹不定，小吃、点心最合乎他们的需要。因为小吃多为成品，随来随吃，携带也很方便。古之酒楼客栈，今之宾馆饭店，其主要消费对象是商贾之流。一个时代的兴盛主要在于商贾的多少，商贾多了，商业贸易就会繁荣，商务消费也就必不可少，酒楼茶肆就成了最好的谈判、宴请之所。在这方面，现代的商贾和古代的商贾似乎没有太大的差别，只是内容稍微丰富了。其中最典型还要数以茶馆遍布的成都，有人形容，成都的商人把办公桌搬到了茶楼上，正事办了，也要安逸了，一举两得，何乐而不为呢？还有就是酒楼茶肆是最江湖的地方，中国人心中的江湖大多可以在这里坐着的人身上找到些踪迹。

市井文化的主要代表是家常菜及小吃。人难离五谷杂粮、柴米油盐，这家常菜，发源于家中灶台、巧妇之手，带着浓郁的家庭主妇味道登堂入室，吃起来贴心贴肺，既填饱了肚子，又解了馋，还省去了不少银两。家常菜后来也演绎成了一些当街小铺，更多地满足于常年奔波在外、难在家吃上饭的人们。平常百姓对家常菜是难以释怀的，当然也由于他们没有更多的机会进高档酒楼吃山珍海味，家庭主妇们更是热衷于家常厨艺的交流。说到小吃，林林总总不下数千种，不胜枚举，且各有特色，地方风情浓郁。各种小吃培养了一群衷爱它的人，也成就了小吃的兴荣，它的最大特点就是好吃且便宜，故而倍受人们的喜欢。

市井饮食技法各样，品种繁多，如《梦粱录》中记有南宋临安当时的各种熟食839种。而烹饪方法上，仅《梦粱录》所录就有蒸、煮、熬、酿、煎、炸、焙、炒等十九类，而每一类下又有若干种。当时饮食不仅满足不同阶层人士的饮食需要，还考虑到不同时间的饮食需要。因为市井饮食的对象主要是当时的坐贾行商、贩夫走卒，而这些人来去匆匆，行止不定，小吃、点心最合乎他们的需要，所以随来随吃、携带方便的各种大众化小吃便极受欢迎。

中国老百姓日常家居所烹饪的肴馔，即民间菜是中国饮食文化的渊源，多少豪宴盛馔，如追本溯源，当初皆源于民间菜肴。民间饮食首先是取材方便随意。或入山林采鲜菇嫩叶、捕飞禽走兽，或就河湖网鱼鳖蟹虾、捞莲子菱藕，或居家烹宰牛羊猪狗鸡鹅鸭，或下地择禾黍麦粱野菜地瓜，随见随取，随食随用。选材的方便随意，必然带来制作方法的简单易行。一般是因材施烹，煎炒蒸煮、烧烩拌泡、脯腊渍炖，皆因时因地。如北方常见的玉米，成熟后可以磨成面粉，烙成饼、蒸成馍、压成面、熬成粥、糁成饭，也可以用整颗粒的炒了吃，也可以连棒煮食、烤食。民间菜的日常食用性和各地口味的差异性，决定了民间菜的味道以适口实惠、朴实无华为特点，任何菜肴，只要首先能够满足人生理的需要，就成为了“美味佳肴”。清代郑板桥在其家书中描绘了自己对日常饮食的感悟：“天寒冰冻时，穷亲戚朋友到门，先泡一大碗炒米送手中，佐以酱姜一小碟，最是暖老温贫之具。暇日咽碎米饼，煮糊涂粥，双手捧碗，缩颈而啜之，霜晨雪早，得此周身俱暖。嗟乎！嗟呼！吾其长为农夫以没世乎！”如此寒酸清苦的饮食，竟如此美妙，就是因为它能够满足人的基本需求。

（三）富家层饮食文化

富家层大体上由中等仕宦、富商和其他殷富之家构成，他们有明显的经济、政治、文化上的优势，有较充足的条件去讲究吃喝，而且都由家厨或仆人专司。而以士大夫的饮食生活为富家层饮食文化的典型代表，通常把士大夫的饮食称之为文人菜。世界上只有中国有文人菜，这是一种独特的饮食文化现象。

南北朝以前，“士大夫”指中下层贵族。隋唐以后，随着庶族出身的知识分子走向政治舞台，这个词便逐渐成为一般知识分子的代称。知识分子的经济地位、生活水平与贵族无法比拟，但大多也衣食不愁，有充裕的精力和时间研究生活艺术。他们有较高的文化教养和敏锐的审美感受，并对丰富的精神生活有所追求，这也反映在他们的饮食生活中。他们注重饮馔的精致卫生，喜欢素食，讲究滋味，注重鲜味和进餐时的环境氛围，但不主张奢侈糜费。可以说士大夫的饮食文化是中国饮食文化精华之所在。

不管街头小吃，还是家庭聚会，文人要在一起读文、弄诗作赋，很难离开酒和菜这两样东西。酒和菜只是形式，在哪都成，实在不行，像袁枚一样，赴宴的时候就干脆把厨子带上，看到有好吃的就学回去自己做来吃。《随园食单》也正是四处搜集和品评后留下的墨宝，文人菜也就出现了。

文人菜至少要具备两个条件：一是由文人动手制作，或者文人设计方案指导厨师制作出来的菜肴；二是制作的菜肴要有独创性和一定的文化品位。中国的文人热衷于做菜，与中国“以食为天”的基本国策有密不可分的关系。从某种意义上可以说，西方把饮食看成为一门科学，中国则把饮食当作是一门艺术。而中国的文人，又对文学艺术有广泛的兴趣和爱好，有些文人就难免会自觉不自觉地涉足饮食烹饪这个艺术领域了。另外，中国文人的那种传统的士大夫趣味，那种豁达率性的人生态度，那种自得其乐的生活方式，也使一些文人把下厨做菜作为一种娱乐消遣方式，当作一种积极的休息。

文人菜的一个突出特点，是它的思想性。一般动物的吃只是一种纯粹的生理行为，仅仅是为了生存活命。而人类的吃则是一种社会行为，除了生存活命的目的，还有许多其他的意义。各种社会观念必然要渗透到吃里来，通过饮食的形式来表现它。

文人菜是对腐朽落后的饮食观的反叛。文人菜大多都是不依规矩，不守程序。通过饮食去追求人性的解放、个性的舒展。苏东坡的一首《猪肉颂》：“净洗铛，少着水，柴头罨烟焰不起。待他自熟莫催他，火候足时他自美。黄州好猪肉，价贱如泥土。贵者不肯吃，贫者不解煮。早晨起来打两碗，饱得自家君莫管。”还有陆游的一首《食荠》：“小著盐醯和滋味，微加姜桂助精神。风炉歙钵穷家活，妙诀何曾肯受人。”就是生动的写照。

文人菜一般都有很高的文化品位，经得起文化的咀嚼。专业厨师和家庭主妇做菜，是一种一遍又一遍的重复劳动。而文人做菜，则是以一种自由的心态，带着一种新鲜感，怀着一种创造欲，去进行的一种艺术创作。他们把做菜升华到一种情趣、一个文化课题、一种创造生活美的过程。文人们都有很高的文化素养，不仅能对烹调的机理机制作充分的推敲，而且能够把自己对艺术的种种真知灼见融入菜肴中去。这样，就很容易取得文化层面上的突破，达到文化上出奇制胜的效果。

文人菜一般都是以简取胜，以偏概全。用料不求高贵，加工不尚繁复，简而能精，以简单的形式包含丰富的内涵，而且还能化俗为雅。这往往和文人们在诗词书画中表现出来的自然真切、化通俗为奇崛的风格相一致。

文人菜是一个整体概念。具体到每一个人，又有各自不同的风格。苏东坡是一位少有的极为可爱的文人，才气横溢，性格率真，豪放旷达。不仅他的诗词书画令后世的人心追手摹，神往不已，他的烹饪饮食也堪称一绝。他创制的东坡肉、东坡肘子、东坡豆腐至今还是许多餐馆的招牌菜。苏东坡创制的菜肴，一是用料都极普通，这当然是由于他喜欢通俗平易，但与他一生坎坷、屡遭谪贬、经常穷困潦倒、购买力一直不强也不无关系；二是制作方法都不太复杂，这与他在为诗为文为画时吝惜笔墨、追求简洁明快的风格是同一种类型的手法；三是给人的感觉绝无半点小家子气，豪迈、大气，和他率真、豪放、旷达而又不失幽默的性格极相吻合，可谓“菜如其人”。每一次品尝东坡肉、东坡肘子，都会不由自主地使人联想起他“大江东去，浪淘尽，千古风流人物”的大气磅礴的诗句。

（四）贵族层饮食文化

这种饮食方式似乎要追溯到封建时代的王公贵族和高官大臣们身上了，典型的就是如《红楼梦》、《韩熙载夜宴图》所展现的场景和孔府菜、谭家菜等。古时候的官府人家和宫廷都是锦衣玉食，他们有条件也有必须要那么一个排场，这种饮食文化是整个封建社会饮食文化的主流，而且以奢华著称。曹丕《典论》中云："一世长者知居处，三世长者知服食。"后来这句话演化为"三辈子做官，方懂得穿衣吃饭"。也就是说饮食肴馔的精美要经过几代的积累。贵族家庭没有宫廷那么多的禁忌和礼数，又有很充足的经济来源，再加上世代对于烹调经验的总结，确实能创造出许多珍馐美味来。今天，随着高档餐饮消费的平民化，这种官府饮食文化基本已消失，不过作为旧时官府和宫廷的饮食代表——谭家菜和公馆菜已改良走向百姓，不失为一种继承和发扬，算是与民同乐吧。官府贵族饮食虽没有宫廷饮食的铺张、刻板和奢侈，但也是竞相斗富，多有讲究"芳饪标奇"、"庖膳穷水陆之珍"的特点。

① 孔府宴。孔府历代都设有专门的内厨和外厨。在长期的发展过程中，其形成了饮食精美、注重营养、风味独特的饮食菜肴。这无异是受孔老夫子"食不厌精，脍不厌细"祖训的影响。孔府宴的另一个特点是无论菜名还是食器都具有浓郁的文化气息。如"玉带虾仁"表明了孔府地位的尊荣。在食器上，除了特意制作了一些富于艺术造型的食具外，还镌刻了与器形相应的古诗句，如在琵琶形碗上镌有"碧纱待月春调珍，红袖添香夜读书"。所有这些，都传达了天下第一食府饮食的文化品位。

② 谭家菜。谭家祖籍广东，又久居北京，故其肴馔集南北烹饪之大成，既属广东系列，又有浓郁的北京风味，在清末民初的北京享有很高声誉。谭家菜的主要特点是选材用料范围广泛，制作技艺奇异巧妙，而尤以烹饪各种海味为著。谭家菜的主要制作要领是调味讲究原料的原汁原味，以甜提鲜，以咸引香；讲究下料狠，火候足，故菜肴烹时易于软烂，入口口感好，易于消化；选料加工比较精细，烹饪方法上常用烧、㸆、烩、焖、蒸、扒、煎、烤诸法，以烹调燕窝、鱼翅、海参、熊掌这类名贵却无特别鲜香之味的山珍海鲜见长。贵族饮食在长期的发展中形成了各自独特的风格和极具个性化的制作方法。

（五）宫廷层饮食文化

1. 宫廷饮食文化层的基本特点

作为统治阶级，封建帝王不仅将自己的意识形态强加于其统治下的臣民，以示自己的至高无上，而且同时还要将自己的日常生活行为方式标新立异，以示自己的绝对权威。这些饮食行为也就无不渗透着统治者的思想和意识，表现出其修养和爱好，这样，就形成了具有独特特点的宫廷饮食。

首先，宫廷饮食的特点是选料严格、用料严格。普天之下，莫非王土；率土之滨，莫非王臣。帝王权力的无限扩大，使其荟萃了天下技艺高超的厨师，也拥有了人间所有的珍稀原料。如早在周代，帝王宫廷就已有职责分得细密而又繁琐的专人负责皇帝的饮食。《周礼注疏・天官冢宰》中主有"膳夫、庖人、外饔、亨人、甸师、兽人、渔人、腊人、食医、疾医、疡医、酒正、酒人、凌人、笾人、醢人、盐人"等条目，目下分述职掌范围。这么多的专职人员，可以想见当时饮食选材备料的严格。不仅选料严格，而且用料精细。早在周代，统治者就食用"八珍"，而越到后来，统治者的饮食越精细、珍贵。如信修明在《宫廷琐记》中记录的慈禧太后的一个食单，其中仅燕窝的菜肴就有六味：燕窝鸡皮鱼丸子、燕窝万字全银鸭子、燕窝寿字五柳鸡丝、燕窝无字白鸭丝、燕窝疆字口蘑鸭汤、燕窝炒炉鸡丝。

其次，烹饪精细。一统天下的政治势力为统治者提供了享用各种珍美饮食的可能性，也要求宫廷饮食在烹饪上要尽量精细；而单调无聊的宫廷生活又使历代帝王多数都比较体弱，这就又要求其在饮食的加工制作上更加精细。如清宫中的“清汤虎丹”，原料要求选用小兴安岭雄虎的睾丸，其状有小碗口大小，制作时先在微开不沸的鸡汤中煮三个小时，然后小心地剥皮去膜，将其放入调有佐料的汁水中腌渍透彻，再用专门特制的钢刀、银刀平片成纸一样的薄片，在盘中摆成牡丹花的形状，佐以蒜泥、香菜末而食。由此可见烹饪的精细。

第三，花色品种繁杂多样。慈禧的“女官”德龄所著的《御香飘渺录》中说，慈禧仅在从北京至奉天的火车上，临时的“御膳房”就占四节车箱，上有“炉灶五十座”、“厨子下手五十人”，每餐“共备正菜一百种”，同时还要供“糕点、水果、粮食、干果等亦一百种”，因为“太后或皇后每一次正餐必须齐齐整整地端上一百碗不同的菜来”。除了正餐，“还有两次小吃”，“每次小吃，至少也有二十碗菜，平常总在四五十碗左右”，而所有这些菜肴，都是不能重复的，由此可以想象宫廷饮食花色品种的繁多。

宫廷饮食规模的庞大、种类的繁杂、选料的珍贵及厨役的众多，必然带来人力、物力和财力上极大的铺张浪费。

宫廷饮食文化层是以御膳为重心和代表的一个饮食文化层面，包括整个皇家禁苑中数以万计的庞大食者群的饮食生活，以及由国家膳食机构或以国家名义进行的饮食生活。

《诗经》中讲：“普天之下，莫非王土。率土之滨，莫非王臣。”在中国阶级社会中，国家就是帝王的家天下。在长达两千余年的中国封建社会里，身居于巍峨的皇宫和瑰丽的皇家花园之中的帝王，不仅在政治上拥有至高无上的权力，在饮食的占有上也凌驾于万万人之上。因此，帝王拥有最大的物质享受。他们可以在全国范围内役使天下名厨，集聚天下美味。宫廷饮膳凭借御内最精美珍奇的上乘原料，运用当时最好的烹调条件，在悦目、福口、怡神、示尊、健身、益寿原则指导下，创造了无与伦比的精美肴馔，充分显示了中国饮食文化的科技水准和文化色彩，体现了帝王饮食的富丽典雅而含蓄凝重、华贵尊荣而精细真实、程仪庄严而气势恢弘、外形美与内在美高度统一的风格，使饮食活动成了物质和精神、科学与艺术高度统一的过程。

2. 清宫御膳的饮食文化特征

清朝是中国历史上最后一个封建王朝，它继承并推进了中国古代高度发展的封建经济，总结并汲取了中国饮食文化的光辉成就，尤其宫廷筵宴规模不断扩大，烹调技艺水平不断提高，把中国古代皇室宫廷饮食发展到了登峰造极、叹为观止的地步。

清宫的饮食档案详细记载着筵宴名称、饮食人员、时间、地点、食品种类、座次排列、餐桌餐具、桌张规格、席间音乐、进餐程序，以及饮食品种来源、流水帐目、食品赏赐、赴宴衣着等项，内容十分丰富。透过这浩繁的史料可以使人们对清代宫廷宴有个大致了解。

(1) 种类繁多，名目不一　清宫筵宴种类繁多，各有名目，并非随意举行。除了日常生活饮食之外，都有各自的目的和筵宴名称。清朝是以满族贵族集团为统治核心的封建王朝，清入关前，其先世盛行“牛头宴”、“渔猎宴”，这些宴会具有浓厚的民族色彩，表现出强烈的渔猎生活特色。入关后，清朝统治者在学习汉制、沿用明代宫廷宴例之时，又将本民族的筵宴形式融于其中。因而，清代宫廷宴既是中国二千余年封建宫廷宴在十七至二十世纪初叶的延续，其中又闪现着关外满族饮宴的影子。

(2) 菜品繁多，琳琅满目　一次宫廷宴，实际上就是一次人间美味的盛展。宫廷宴伊始，手棒着一道道佳肴妙馔的侍膳太监从各路鱼贯而来，汇集到筵宴大殿，将美馔摆在千百张筵桌上，宛若天女散花，蔚为壮观！

乾隆朝时，在皇帝的金龙大宴桌上，摆满汉族南北名肴和满、蒙、维、回美食。燕窝口蘑锅烧鸡、红白鸭子、鹿筋拆肉、脍银丝是汉族北方名菜；酒炖八宝鸭子、冬笋口蘑鸡、龙须馓子、苏州糕等为汉族江南菜点；鹿尾酱、烧狍肉、敖尔布哈（奶饼）、塞勒卷（脊骨面食）等为满洲肴馔；额思克森、乌珠穆泌全羊、喀尔喀烧羊、西尔占（肉糜）等是蒙古名食；谷伦杞、滴非雅则、萨拉克里也等是维吾尔族名菜，粗略统计，品种竟达上千种。

道光以后，清宫宴汉菜日渐增多，且席面上多有吉祥字样的拼摆。光绪皇帝大婚时，宴席上已见“龙凤呈祥”字样。慈禧过寿，席面上出现“万寿无疆”字样。清宫的元旦宴，席面上可见“三阳开泰”字样。这些字是以一丝丝莹洁名贵的燕窝拼摆而成，可谓豪华至极！

(3) 等级森严，礼节繁缛　封建社会严格的等级制在清代宫廷宴中也鲜明地体现出来。在森严的礼仪制度下，饮宴进餐过程十分严格有序。就位进茶、音乐起奏、展揭宴幕、举爵进酒、进馔赏赐等，都是在固定的程式中进行的。

根据文献记载，宫中大宴所用宴桌，式样，桌面摆设，点心、果盒、群膳、冷膳、热膳等数量，所用餐具形状、名称，均有严格规制和区别。皇帝用金龙大宴桌，皇帝座位两边，分摆头桌、二桌、三桌等，左尊右卑，皇后、妃嫔或王子、贝勒等均按地位和身份依次入座。皇帝入座、出座，进汤膳，进酒膳，均有音乐伴奏；仪式十分隆重，庄严肃穆；礼节相当烦琐，处处体现君尊臣卑的“帝道”、“君道”与“官道”。

宴桌上的餐具和肴馔也因人而异。满族贵族入关前就与蒙古贵族有着婚缘关系，皇太极的五个后妃皆是蒙古人氏，而且同一个姓，均为蒙古名门之闺。因而在清代宫廷宴上，蒙古王公皆蒙一等饭菜之优遇，额驸台吉等则受次等饭菜之待。一等饭菜由御膳房制作，每桌有羊西尔占（肉糜）一碗、烧羊肉一碗、鹅一碗、奶子饭一碗、盘肉三盘、蒸食一盘、炉食一盘、螺蛳盒小菜二碟、羊肉丝汤一碗。次等饭菜由外膳房制作，菜点花样比一等饭菜略少，品种上的变化是：鹅一碗换成了奶子饭一碗，奶子饭则换成了狍子肉。

人们常说：“旗人礼多”，这一点在清宫宴中也可看出，赴宴众人向皇帝跪叩谢恩，是清宫宴礼节繁缛的突出一例。一俟皇帝入座，漫无休止的跪叩即行开始。诸如皇帝赐茶，众人要跪叩；司仪授茶，众人要一叩；将茶饮毕，众人要跪叩；大臣至御前祝酒，要三跪九叩；其他如斟酒、回位、饮毕、乐舞起上等，皆要跪叩。宴会完毕，众人要跪叩谢恩以待皇帝还宫。整个宴会，众人要跪三十三次，叩九十九回，可谓抻筋练腰劳脖颈！

(4) 匠厨奇累，耗费惊人　清宫宴庞大的规模、重叠的肴馔和过长的宴时，使得其在人力、物力和财力上出现惊人的耗费。

皇子娶福晋（妻子），在福晋家所设之定礼宴就需摆下饽饽桌五十张，酒宴五十席，用羊四十九只。成婚宴又要摆下饽饽桌四十张，酒宴六十席，用羊五十九只，黄酒六十瓶。

公主下嫁，皇帝面前要设定礼宴六十席，用羊三十六只，乳酒和黄酒七十瓶。皇太后宫内也要摆下三十桌筵席，用羊十八只，备乳酒和黄酒二十瓶。

每年殿宴蒙古王公，要设饽饽桌九十张，备酒四十瓶，兽肉五十斤。大宴还要用宴花五百枝作艺术点缀。

清代皇帝及其皇室成员在进行筵宴时，不仅精于美食，而且重视美器，通过精美的食品和精巧的食器，来体现政治上的至尊至荣地位，以及“举世无双”的显赫权势。所用食器多为金银、玉石、象牙器皿，并由专门的工匠精工制作。瓷器则有江西景德镇“官窑”烧造，再由专门派遣之官送到紫禁城。这些食器上一般都有专名，如“大金盘”、“青白玉无盖花盒”、“双凤金碗盖”、“绿龙白竹金碗盖”、“大紫龙碟金盖”。可以说，每一件餐具都从外形到内观充分体现出皇家的“尊”、“荣”、“富”、“贵”、“典”、“威”等独有的气派和权势。

宴会进行前，工匠要将筵宴大殿油饰一新，使其更加富丽堂皇。养心殿造办处的木工匠们，为大宴赶造食盒、酒盘、茶桌和菜板；铁匠们为大宴赶铸蒸锅、炒勺、连环灶；专门烧造御用瓷器的景德镇等各地官窑，为大宴赶烧五福捧寿珐琅彩等各色纹饰的盘、碟、碗、池。

烹制佳肴所需要的原料，随着皇帝大宴旨意的下传而源源不断地从水陆运来：蒙古草原上优良的乌珠穆泌羊群，伴随着牧羊人的驼铃淌过清水河涌进京城；金色甜美的新疆哈密瓜漫过丝绸之路，经过长达四个多月的风沙洗礼而呈进皇宫；关外的关东鸭、野鸡、狍鹿等来自满族发祥地的珍食，越过天下第一关而到达京城；裹着明黄锦缎、系着大红绣带的福建、广东的金丝官燕，顺着大运河直上京都，到通州码头转抵京城；镇江鲥鱼、苏州糟鹅、金陵板鸭、金华火腿、常熟皮蛋、西湖龙井、信阳毛尖等各地名产，也沿着驿路贡抵京城。例如，清代王室爱吃富春江的鲫鱼，从杭州到北京的驿道每30里挖一个水塘，每年鲫鱼季节（春末夏初），塘边竖起旗杆，晚上点着灯笼，等候日夜兼程的贡鱼濡湿保鲜，动用快马3000多匹、民夫数千人专送。真是“金樽美酒千人血，桌上佳肴万姓膏”！

不难看出，每一次盛宴，都是一次能工巧匠展示技艺的良机；每一次盛宴，都是一次名品宝器的盛展；每一次盛宴，都是一次四海时鲜在京都的荟萃；每一次盛宴，都是一次御厨名师的精彩表演。但是，每一次的盛宴，也是清代劳动人民的一次灾难。据清宫内务府档案《御茶膳房簿册》（中国第一档案馆藏）记载，千叟宴席上的耗费是相当可观的，乾隆五十年的千叟宴，一等饭菜和次等饭菜共八百桌。再据清宫内务府档案《奏销档》记载，千叟宴席每桌用玉泉酒8两，800席共用玉泉酒400斤（16两为1斤）。为举办一次千叟宴，内务府荤局还要烧用柴3848斤、炭412斤、煤300斤。由此可见，至高无上的皇帝和严格的封建等级制度，为通过饮膳、饮宴活动而体现出的“官道”时所耗费的巨大财力、物力和人力了。光绪朝时，山西、陕西、河南等省贫苦农民因饥饿而死的达一百三十万人，而光绪帝的大婚宴等项开支却耗费白银五百五十多万两。

尽管清代宫廷与节日筵宴的名目繁多，仪式繁缛，但它却有明显的政治目的，是直接服务于清代的封建统治的，也是清王朝最高统治者致力于维护多民族封建国家巩固统一而采用的一个十分奏效的手段与方式。

（5）满汉全席　满汉全席起兴于清代，是集满族与汉族菜点之精华而形成的历史上最著名的中华大宴。乾隆甲申年间李斗所著《扬州书舫录》中记有一份满汉全席食单，是关于满汉全席的最早记载。满汉全席是我国一种具有浓郁民族特色的巨型宴席。既有宫廷菜肴之特色，又有地方风味之精华，菜点精美，礼仪讲究，形成了引人注目的独特风格。满汉全席原是官场中举办宴会时满人和汉人合坐的一种全席。满汉全席上菜一般起码一百零八种，分三天吃完。满汉全席取材广泛，用料精细，山珍海味无所不包；烹饪技艺精湛，富有地方特色；突出满族菜点特殊风味，烧烤、火锅、涮锅为几乎不可缺少的菜点；同时又展示了汉族烹调的特色，扒、炸、炒、熘、烧等兼备，实乃中华菜系文化的瑰宝。

第二章 传统食俗概览

【饮食智言】

春城无处不飞花，寒食东风御柳斜。

——唐代诗人韩翃

在中华民族的饮食生活习俗中，文化内涵很多，集中表现在岁时节令和婚丧嫁娶中，这些活动几乎都离不开饮食。之所以如此，是基于中国人的饮食思想。古代中国，把祭祀视为生活中大事，特别重视祭天、祭地、祭祖先。因为古人认为天、地、祖给人食物，人类才得以繁衍下来。为此，北京有祭天之天坛、祭地之地坛、祭祖之太庙。古人云："凡祭，皆祭所造食者"，说明古人对创造食物的人很尊敬。这与中国成为饮食大国不无关系。正月初一即春节，是中国人极为重视的岁时节令，饮食生活习俗表现也最突出。中国人对节日有着自己的理念："宁省一年，不省一节。"这主要指节日里要准备丰盛的食品。

习俗的变迁体现在饮食方面的变迁，其具体体现在以下几个方面。

① 饮食方式的改变。如在传统中高山族和藏族吃食物时候大多是以手抓为住，但伴随旅游业的发展，高山族和藏族也开始学会使用汉族的筷子等饮食器具。

② 饮食制作方式的改变。如在新中国成立以前，藏族地区由于海拔过高，气压一般比较底，因此少有煮的食物，但现在由于旅游业的发展，为满足不同游客需求，高压锅等现代饮食器具在这些地方得以出现。再如现在许多旅游地，为了适应外国旅游者需要，引进了西方量化的烹调技术，同时由于这些技术的先进性和节省成本性等原因，很多地方在中餐的烹饪中也借鉴了西方的烹饪技术。

③ 饮食观念的改变。伴随旅游发展和经济水平的提高，人们由过去注重饮食的价格、数量，转入注重营养和质量；从单一、吃精、吃细向多元、粗粮细做、科学搭配上转变。绿色食品、科学饮食、合理膳食、吃出健康、吃出美丽已成了人们饮食的新时尚。

④ 饮食阶级性的消逝。如藏族的酥油茶过去只有上层阶层才得以享用，但是现在成了大众消费品，同时成为吸引旅游者的重要因素。很多旅游地为了吸引游客的光顾，也大力发展当地的传统饮食，尤其是古代达官贵人和皇宫内院才得以享用的食物，使饮食文化真正地大众化，当然这与我国经济发展和人民消费能力的提高不无关系。

第一节 居家食俗

一、民俗及饮食民俗

1. 民俗

民俗即民间风俗，指一个国家或民族中广大民众所创造、享用和传承的生活文化。

它起源于人类社会群体生活的需要，在特定的民族、时代和地域中不断形成、扩大和演变，为民众的日常生活服务。

民俗是人民传承文化中最贴切身心和生活的一种文化——劳动时有生产劳动的民俗，日常生活中有日常生活的民俗，传统节日中有传统节日的民俗，社会组织有组社会组织民俗，人生成长的各个阶段也需要民俗进行规范和求得社会认同。民俗是一种来自于人民，传承于人民，规范人民，又深藏在人民的行为、语言和心理中的基本力量。民俗涉及的内容很多，直至今日它所研究的领域仍在不断的拓展，就今日民俗学界公认的范畴而言，民俗包含以下几大部分：生产劳动民俗、日常生活民俗、社会组织民俗、岁时节日民俗、人生仪礼、游艺民俗、民间观念、民间文学。民俗现象虽然千差万别、种类繁多，但是它也并非无所不包。民俗，正如它的名字，它深植于集体，在时间上，人们一代代传承它；在空间上，它由一个地域向另一个地域扩布。

2. 饮食民俗

饮食的民族性表现在各个民族不同的生活习惯上。我国北方，包括西北、东北等，一些民族由于狩猎发达，畜牧经济比重较大，且居住于寒带，往往以肉食为主，或肉食的比重较大。南方汉族则以稻米为主食，也喜欢吃鱼、肉。一些节日，均有糯米制成的食物，如糍粑、粽子；比较讲究菜的烹调。川菜、苏菜、扬菜都很有特色。北方汉族则以面食为主，白面、荞面、玉米面等，以面条、烙饼、饺子等为喜爱的食物。

饮食民俗是指人们在筛选食特原料，加工、烹制和食用食物的过程中，即民族食事活动中积久形成并传承不息的风俗习惯，也称饮食风俗、食俗。它是人类维持基本的生活必需和日常生活的行为方式。通俗地讲，它有饮和食两大部分，而食又可分为饭食和菜肴。中国饮食的特点与民族、地区有关，与岁时节日相联。食俗一般包括日常食俗、年节食俗、人生仪礼食俗、宗教信仰食俗、少数民族食俗等内容。

(1) 日常生活的饮食惯制　这是从人体的生理出发，为恢复体力、维持生命的目的而形成的习惯。它包括饮食的次数、主副食量的分配，以及饮食时间的规定。我国秦汉以前基本是一日早晚两餐制，汉朝开始才普遍实行一日三餐制。由于各地生产季节的差异，有些地区以两餐制和三餐制交互使用，在主副食搭配上也有不同。如游牧民族常以米面为主食，辅之以奶制品和肉；平原地区的农耕居户往往以大米、白面为主食，辅以蔬菜和少量的鱼肉。

(2) 节日礼仪的饮食惯制　这是人们受到自然季节和社会关系影响确立的习俗。其内容相当复杂。在节日方面，如正月十五吃元宵，寒食清明食冷饭糕饼，五月端阳吃粽子和雄黄酒，八月中秋食月饼和黄酒，腊八食腊八粥，大年三十吃饺子等。在礼仪方面，如婚嫁的食品、酒类、礼品与婚礼中的“交杯酒”，宴会上的座次、上菜的顺序、劝酒敬酒的礼节，食物、礼品的馈赠往来等，各地千姿百态。

(3) 信仰上的饮食惯制　这是民间信仰和宗教仪式在我国人民饮食生活中形成的惯制。大体上分为两个方面。一是供奉食品，如“血祭”、“祭酒”、“供果”等，表示对鬼神的祭祀和宗教信仰；而民间给亡人供饭、酒、菜，则反映了追悼亡灵的民间信仰。二是禁忌食品，如生产前后的饮食禁忌，怀孕期禁食兔肉（以免生下的孩子兔唇），孕妇禁食鲜姜（唯恐生下的孩子六指），迷信成份浓重。

3. 年节的产生

岁时节日由来已久，我们的祖先早在以采集和渔猎为生的旧石器时代，就对寒来暑往的变化、月亮的圆缺、万物生长和成熟的季节，逐渐有了一定的认识。到了新石器时代，中国进入了原始农业社会，人们为了掌握耕作时节、不误农时，在长期的生产实践中根据星象循环的规律，发现了春夏秋冬四季交替的周期；这对于农作物的种植、管理和收获起了重要作用。同时也结束了人们盲目度日的状况，开始有计划地安排自己的生活了。人类在漫长的蒙昧时代，没有时间概念，过着“山中无历日，寒暑不知年”的生活；随着生产的发展和人类生活的需要，逐渐从天象和实践活动中总结出了一套测定和计算时间的方法。

岁时源于古代历法，节日源于古代季节气候，简单地说是由年月日与气候变化相结合排定的节气时令。年，既是时间概念，也是计时单位。年节无疑起源于计时单位的年。在《说文解字》中，最早对年的解释是“谷熟也!”《谷梁传》记载：“五谷皆熟为年，五谷皆大熟为大有年。”这里所谓“有年”指的是农业有收成；“大有年”指的是农业大丰收。在“大有年”的时候，人们一定要“庆丰收”。据记载，早在西周初年人们就开始了一年一度的庆丰收活动。

年节的真正形成开始于汉代，经过了春秋战国以后的秦统一，到了汉代初年，由于“休养生息”政策的推行，社会生产的发展导致社会经济日趋繁荣，社会秩序比较稳定，人们的生活情趣日益丰富，形成年节风俗活动的历史条件成熟了。年节是有固定或不完全固定的活动时间，有特定的主题和活动方式，约定俗成并世代传承的社会活动日。

二、主要传统年节食俗

自远古时期开始，中国各民族就都喜欢把美食与节庆、礼仪活动结合在一起。年节、生丧婚寿的祭典和宴请活动是表现食俗文化风格最集中、最有特色、最富情趣的活动。年节起源与历法、重大历史事件和历史传说有关，有固定的庆贺日期，有特定的主题和众多人参加。在节日里，通过相应的食俗活动加强亲族联系，调剂生活节律，表现人们的追求、期望等心理、文化需求和审美意识。

1. 春节

农历正月初一是春节，又叫阴历（农历）年，俗称“过年”，是中国农历的新年。在中国的传统节日中，这是一个最重要、最热闹的节日。因为过农历新年的时候正是冬末春初，所以人们也把这个节日叫“春节”。中国人过春节有很多传统习俗。从腊月二十三起，人们就开始准备过年了。在这段时间里，家家户户要大扫除、买年货、贴窗花、挂年画、写春联、蒸年糕、放爆竹、守岁、拜年，做好各种食品，准备辞旧迎新。

2. 元宵节

元宵节，中国人有赏灯和吃元宵的习俗。俗话说“正月十五闹花灯”，因此，元宵节也叫灯节。元宵节赏灯的习俗到现在已经有 2000 多年的历史。元宵节这天，到处张灯结彩，热闹非常。夜晚一到，人们就成群结队地去观赏花灯。五光十色的宫灯、壁灯、人物灯、花卉灯、走马灯、动物灯、玩具灯……汇成一片灯海。有的花灯上还写有谜语，引得观灯人争先恐后地去猜。元宵节吃元宵，元宵是一种用糯米粉做成的小圆球，里面包着用糖和各种果仁做成的馅，煮熟后，吃起来香甜可口，早在 1000 多年前的宋朝，就有这种食品了。因为这种食品是在元宵节这天吃，后来人们就把它叫做元宵了。中国人希望诸事圆满，在一年开始的第一个月圆之夜吃元宵，就是希望家人团圆、和睦、幸福、圆圆满满。

3. 清明节

清明是中国的二十四节气之一，也是中国一个古老的传统节日。清明节在农历三月(公历4月5日左右)，此时正是春光明媚、空气洁净的季节，因此这个节日叫做“清明节”。清明节人们有扫墓祭祖和踏青插柳的习俗。中国人有敬老的传统美德，对去世的先人更是缅怀和崇敬。因此，每到清明节这天，家家户户都要到郊外去祭扫祖先的坟墓。人们为坟墓除去杂草，添加新土，在坟前点上香，摆上食物和纸钱，表示对祖先的思念和敬意。这叫上坟，也叫扫墓。古人有到郊外散步的习俗，这叫“踏青”；还要折根柳枝戴在头上，叫“插柳”。据说插柳可以驱除鬼怪和灾难，所以人们纷纷插戴柳枝，祈求平安幸福。

4. 端午节

农历五月初五，是中国民间传统的端午节，也叫“五月节”。过端午节时，人们要吃粽子，赛龙舟。据说，举行这些活动是为了纪念中国古代伟大的爱国诗人屈原。屈原是战国时期楚国人。战国时的齐、楚、燕、韩、赵、魏、秦七国中，秦国最强，总想吞并其他六国，称霸天下。屈原是楚国的大夫，很有才能。他主张改革楚国政治，联合各国，共同抵抗秦国。但是，屈原的主张遭到了坏人的反对。楚王听信了这些坏人的话，不但不采纳屈原的主张，还把他赶出了楚国的国都。屈原离开国都后，仍然关心祖国的命运。后来，他听到楚国被秦国打败的消息，非常悲痛，感到自己已经没有力量拯救祖国，就跳进汨罗江自杀了。这一天正是公元前278年农历的五月初五。人们听到屈原跳江的消息后，都划着船赶来打捞他的尸体，但始终没有找到。为了不让鱼虾吃掉屈原的身体，百姓们就把食物仍进江中喂鱼。以后，每年五月初五人们都要这样做。久而久之，人们又改为用芦苇的叶子把糯米包成粽子仍进江里。于是。就形成了端午节吃粽子、赛龙舟的习俗。

5. 七夕节

在我国，农历七月初七的夜晚，天气温暖，草木飘香，这就是人们俗称的七夕节，也有人称之为“乞巧节”或“女儿节”，这是中国传统节日中最具浪漫色彩的一个节日，也是过去姑娘们最为重视的日子。在晴朗的夏秋之夜，天上繁星闪耀，一道白茫茫的银河横贯南北，银河的东西两岸各有一颗闪亮的星星，隔河相望，遥遥相对，那就是牵牛星和织女星。七夕坐看牵牛织女星，是民间的习俗。相传，在每年的这个夜晚，是天上织女与牛郎在鹊桥相会之时。女孩们在这个充满浪漫气息的晚上，对着天空的朗朗明月，摆上时令瓜果，朝天祭拜，乞求天上的女神能赋予她们聪慧的心灵和灵巧的双手，让自己的针织女红技法娴熟，更乞求爱情婚姻的姻缘巧配，所以七月初七也被称为“乞巧节”。过去婚姻对于女性来说是决定一生幸福与否的终身大事，所以，世间无数的有情男女都会在这个晚上，夜静人深时刻，对着星空祈祷自己的姻缘美满。

6. 中秋节

农历八月十五，是中国的传统节日中秋节。按照中国的历法，农历七八九三个月是秋季。八月是秋季中间的一个月，八月十五又是八月中间的一天，所以这个节日叫“中秋节”。中秋节这天，中国人有赏月和吃月饼的习俗。秋季，天气晴朗、凉爽，天上很少出现浮云，夜空中的月亮也显得特别明亮。八月十五的晚上是月圆之夜，成了人们赏月的最好时光。人们把圆月看作团圆美满的象征，所以中秋节又叫“团圆节”。按照传统习惯，中国人在赏月时，还要摆出瓜果和月饼等食物，一边赏月一边吃。因为月饼是圆的，象征着团圆，有的地方也叫它“团圆饼”。中国月饼的品种很多，各地的制法也不相同。月饼馅有甜的、咸的、荤的、素的，月饼上面还各种花纹和字样，真是又好看、又好吃。

7. 重阳节

农历九月初九是重阳节。这是一个很古老的节日，距今已有1700多年的历史。在中国数字中，一、三、五、七、九为阳数，二、四、六、八为阴数。因此，九月初九被称作重阳或重九。中国古代，重阳节是一个重要的节日，这一天要举行各种活动，如登高、赏菊、插茱萸、吃重阳糕等。

8. 冬至节

冬至，是我国农历中一个非常重要的节气，也是一个传统节日，至今仍有不少地方有过冬至节的习俗。冬至俗称“冬节”、“长至节”、“亚岁”等。早在二千五百多年前的春秋时代，我国已经用土圭观测太阳并测定出了冬至，它是二十四节气中最早制订出的一个。时间在每年的阳历12月22日或者23日之间。在我国古代对冬至很重视，冬至被当作一个较大节日，曾有“冬至大如年”的说法，而且有观察庆贺冬至的习俗。

9. 腊八节

农历十二月初八为腊八节。古代腊日没有定期，到了晋代以后，都以十二月为腊月，所以，十二月初八称为腊八。传说佛祖释迦牟尼于这天成道。为了纪念释迦牟尼，北宋东京（开封）各大寺庙都在这天举行浴佛会，做七宝五味粥，这种粥叫腊八粥，又叫佛粥。后来民间也做腊八粥，甚至朝廷也做腊八粥，以赠百官。腊八粥用多八种粮食和果品制作，其中必定有枣，象征吉祥。腊八粥的枣是“早”，栗是“力”，就是早下力气，争取明年五谷丰收。要把腊八粥做得稠一些，黏糊糊的，黏是“连”的谐音，意味着连年丰收。腊八日用黄米、红枣制糕，名为“吃碗糕”。腊八节作为农家的节日，据说取自“七人八谷”，是对谷的纪念。

10. 送灶节

每年的农历十二月二十三送灶神是中国的古老习俗，也有二十四日送的，也有“民三、官四”之说，到三十日晚再迎接灶神回来。灶神又称“司命”，形象风流，故忌女人敬灶。传说灶神从十二月三十日晚起到玉帝那里汇报主人一年的好歹，所以在司命画像的左右写上“上天言好事，下凡降吉祥”；也有写成“人间好事要多说，明年下界降吉祥”的。人们怕他上玉帝那里“打小报告”，常在这天沐浴斋戒，以斋粑、甜酒、甜果饯行。平日灶忌甚多：女人烧火时不能正对灶门，更不能以脚踩灶；牛肉、狗肉、蛇肉不能放灶上烹煮；女裤不能放灶上烘烤。在灶神离开期间，主人免去对灶的许多禁忌，并趁机扫潮末（扬尘），搞厨房清洁卫生，拆灶修灶。

三、居家日常食俗

1. 餐制

中国饮食，随着生产的发展、社会的进步，人们生活条件的改善越来越好，食品的供应也越来越丰富。古远人类穴居野处，茹毛饮血。相传燧人氏、伏羲氏、神农氏、黄帝等人，相继发明钻木取火、农耕及包烤，人类开始由生食转向熟食，渐而开始有烹调技艺的出现。至东周时期，百姓的饮食遵循“日出而作，日入而息”的规律，将原来的一日两餐制，改为一日早午晚三餐制，这是饮食文化的一大进步。早期饮食单纯以五谷杂粮作为主食，后再配以五畜、五禽等各类食物，及至酒、茶的出现，饮食日渐丰富。此后随着农产品及原料的加工和研制、食具炊具的变革、调味酱料的制作及贮藏食物技术的改进，再后更有西方烹饪的引进，中国饮食迈进了全新的纪元。各地一日三餐中主食、菜肴、饮料的搭配方式，既具有一定的共同性，又因不同的地理气候环境、经济发展水平、生产生活条件等原因，形成一系列的具体特点。

在阶级社会里，由于贫富的悬殊，饮食有很大的差异。春秋时，按照王室的规定：被称为大牢的牛肉仅供天子的御宴；被称为小牢的羊专供诸侯食用；而猪则供大夫；犬供士食用；那些兔、鱼、鸟、野牛、野猪、野菜等则供平民食用。富贵人家则享用大杯酒、大块肉，食“九大簋”，盛的是山珍海味、驼峰熊掌，或颇具地方特色的“三蛇羹”、“龙虎会”。中等人家平时佐膳的多是鱼肉青菜，逢年过节时则享受“三碗硬”（烧猪肉、白切鸡、烧鸭）。穷困人家佐膳的则是面豉酱、咸菜、油炸豆腐等，或到茶楼酒馆买些鱼骨、鸡鸭下脚料回家，或者买两三个铜钱的“菜脚”回来搞“大杂烩”。而那些乞丐则靠乞得一些“冷饭菜汁”度日。故坊间流传以前仁寿寺收容的落难文人过年时所写的一幅对联：“小碟残羹寻旧岁，大煲冷饭过新年”。

2. 饮食特点

（1）以植物性食料为主　主食是五谷，辅食是蔬菜，外加少量肉食。形成这一习俗的主要原因是中原地区以农业生产为主要的经济生产方式。但在不同阶层中，食物的配置比例不尽相同。因此古代有称在位者为“肉食者”。

（2）以热食、熟食为主　这也是中国人饮食习俗的一大特点。这和中国文明开化较早和烹调技术的发达有关。中国古人认为：“水居者腥，肉臊，草食即膻。”热食、熟食可以“灭腥去臊除膻”（《吕氏春秋·本味》）。中国人的饮食历来以食谱广泛、烹调技术的精致而闻名于世。史书载，南北朝时，梁武帝萧衍的厨师能将一个瓜做出十种式样，能将一个菜做出几十种味道，烹调技术的高超令人惊叹。

（3）在饮食方式上喜好聚食制　聚食制的起源很早，从许多地下文化遗存的发掘中可见，古代炊间和聚食的地方是统一的，炊间在住宅的中央，上有天窗出烟，下有篝，在火上做炊，就食者围火聚食。这种聚食古俗一直传至后世。聚食制的长期流传是中国重视血缘亲属关系和家族、家庭观念在饮食方式上的反映。

（4）在食具方面使用筷子　筷子，古代叫箸，在中国有悠久的历史。《礼记》中曾说：“饭黍无以箸。”可见至少在殷商时代，已经使用筷子进食。筷子一般以竹制成，一双在手，运用自如，即简单经济又很方便。许多欧美人看到东方人使用筷子，叹为观止，赞为一种艺术创造。实际上，东方各国使用筷子其源多出自中国。中国人的祖先发明筷子确实是对人类文明的一大贡献。

四、人生仪礼食俗

人是社会的人，民俗在个人与社会、个人与群体的关系之中起着重要的连接与沟通作用，个人以不同的身份、角色进入社会，都是通过人生之中的各种礼仪实现的。

礼仪是一种象征，一种认同，也“是一种交流的媒介”。人是社会中的人，群体与社会正是通过这种礼仪对新的成员予以接纳与承认。如梁漱溟先生所讲：“礼的要义，礼的真意，就是在社会人生各种节目上要沉着、郑重、认真其事，而莫轻浮随便苟且出之。”人生礼仪指的是每个人从出生到死亡各个重要人生阶段的礼仪，主要包括诞生、成年、婚嫁、寿礼与丧礼等几个人生阶段的礼仪习俗。

1. 诞生礼食俗

出生是人生历程的第一步。婴儿降生，脱离母体来到世间，这是一个具有特殊意义的时刻。每个人都不会忘记自己的生日，它标志着一个新的成员加入到社会中来，其所表示的重要性被人类学家称之为“人生关口”。在传统的农业社会中，新生婴儿生在什么地方、什么样的家庭和社会环境中，是豪门之家还是寒门茅舍，这在很大程度上已经确定了他（她）的先赋性的社会角色，将直接影响到他（她）整个人生选择。诞生礼又称人生开端礼或童礼，它是指从求子、保胎到临产、三朝、满月、百禄，直至周岁的整个阶段内的一系列仪礼。诞生礼起源于古代的“生命轮回说”，中国古代生命观中重生轻死，因此把人的诞生视为人生的第一大礼，以各种不同的仪礼来庆祝，由此形成许多特殊的饮食习俗。

2. 婚事食俗

婚嫁是家族延续的重要环节，古人十分重视，礼仪甚繁，有纳彩、问名、纳吉、纳徵、请期、迎亲 6 礼。旧时婚嫁逐渐演化为订亲、择期、迎亲几个步骤。

迎亲，民间也叫“过期”。迎亲前一日设宴待客，男方称“暖郎酒”，女方叫“梳头酒”。迎娶之日，新郎衣冠齐楚，披红挂彩，坐轿或骑马，领着花轿迎亲。一路上鞭炮锣鼓声不断。至女家，祭拜女方祖先。新娘戴凤冠，顶头盖，红袄罗裙，拜别祖先后上花轿，由兄弟或侄辈男丁相送，叫做“发亲”。然后，新郎轿（马）前导，新娘花轿及嫁妆后随，锣鼓鞭炮迎至男家。落轿后，由牵亲娘子搀扶新娘下轿升堂，和新郎拜天地、拜高堂、入洞房喝交怀酒。当天“闹房”，客人、表兄弟和伯叔都可参加，谓“三天无大小”。其间大宴宾客，谓“喝喜酒”。凡送礼亲友都在宴请之列。娘家送亲的必坐首席、上席，吃完酒席当即回家。第三天，新娘的兄弟或侄辈来迎新婚夫妇至娘家，谓“回门”。酒饭后即返回男家，谓“三天不空房”。在整个迎亲过程中，还有许多琐碎的象征性研究。如洞房床上撒放花生、板栗、红枣，即“早立子”（枣栗子）和生花胎（交替生儿生女）的吉兆。

3. 寿庆食俗

庆祝生辰，俗称“过生”或“做生”。儿童生日吃长寿面，穿新衣，长辈赠送玩具、文具或吃食。老人 50 岁、60 岁、70 岁生日较为隆重，多由晚辈操持，亲友祝贺，送寿联、寿匾或其他礼物，主人置酒款待。

4. 丧事食俗

旧时兴土葬，对棺木（也称寿木）特别讲究，多用杉、柏、楸等上等优质木材制作，内装裱，外雕镂，反复油漆。人死后，洗身、穿寿衣、放入棺内，名曰“入殓”。灵柩放入灵堂“停灵”，夜间由死者亲人陪伴，停灵 3 天。然后由孝子孝孙送至墓地掩埋。

第二节 宗教食俗

一、宗教、宗教信仰及宗教食俗

1. 宗教

中国是个多宗教的国家，宗教徒信奉的主要有佛教、道教、伊斯兰教、天主教和基督教。宗教与迷信有着显著的区别。迷信泛指对人或事物的盲目信仰或崇拜。在我国历史上长期活动的卜筮、相术、风水、算命、拆字、召魂、圆梦等大多产生或流行于封建社会，习惯上称为封建迷信。宗教信仰与迷信从认识论上的确有共同之处，它们都相信和崇拜神灵或超自然力量。但是迷信不属于宗教范畴，其区别在于以下几方面。

第一，宗教是一种社会意识形态，是人类社会发展到一定阶段的历史现象，有其发生、发展和消亡的客观规律。宗教在适应人类社会长期发展过程中形成了特有宗教信仰、宗教感情和与此种信仰相适应的宗教理论、教义教规，有严格的宗教仪式，有相对固定的宗教活动场所，有严密的宗教组织和宗教制度。而迷信既没有共同一致的崇拜物，也没有既定的宗旨、规定或仪式，也不会有共同的活动场所。迷信的对象可能是神仙鬼怪，也可能是山川树木。迷信一般是指神汉、巫婆和迷信职业者以巫术所进行的看相、算命、卜卦、抽签、拆字、圆梦、降仙、看风水等活动。人们去看相只是为了预卜前途命运，并不是把它作为自己的世界观；迷信职业者不过是利用这些活动骗人钱财，作为一种谋生的手段。

第二，宗教是一种文化现象。宗教在其形成和发展过程中不断吸收人类的各种思想文化，与政治、哲学、法律、文化包括文学、诗歌、建筑、艺术、绘画、雕塑、音乐、道德等意识形式相互渗透、相互包容，成为世界丰富文化的成份，迷信不具有这些特点。

第三，宗教有依法成立的社会组织，依法进行管理，开展规范的宗教活动。在国家法律范围内，宗教组织正常的宗教活动和社会公益事业都受到保护。我国的宗教政策鼓励宗教发扬各自的优良传统和积极因素，与社会主义社会相适应。而迷信只是少数迷信职业者图财的骗术，某些迷信组织更是藏污纳垢、残害群众，甚至进行违法犯罪活动。

我国对待宗教信仰和迷信有明确的政策界限。我国实行宗教信仰自由政策，保障一切正常的宗教活动，坚决打击一切利用宗教进行的违法犯罪活动，以及各种不属于宗教范围的、危害国家利益和人民生命财产的迷信活动。

宗教是人类社会发展一定阶段的历史现象，它既不是从来就有的、也不是永恒的，而是有它发生、发展和消亡的过程。宗教不仅是主观的观念，而且是客观存在的社会事实；宗教不仅是个人对某种超自然力量的信仰，而且是某种与社会结构密切相关的非常现实的社会力量。

2. 宗教信仰

宗教信仰是历史上形成的一种意识形态，它作为一个种精神风俗，是极其复杂的，一方面与民间的生产、生活各个方面发生千丝万缕的联系，另一方面夹杂着大量的封建迷信内容。如广西的少数民族除回族信仰伊斯兰教，具有严格的宗教意义外，其他少数民族没有形成统一的宗教，宗教信仰多属原始宗教的自然崇拜和祖先崇拜，信奉万物有灵，同时又受道教、佛教的影响，使多种信仰交融并存，并形成了崇拜-祭祀-禁忌的信仰风格。许多少数民族地区至今仍保存各种寺庙，如大王庙、土地庙、龙王庙、观音庙等，供奉各路神仙，壮族、侗族等一些民族还在家里设神龛，供奉祖先。各种神职人员或称“道公”、“师公”，或称“社老”、“庙老”等，各司其职，但一般不脱产。每遇上久旱未雨，便要到龙王庙祭拜龙王爷早日普降甘雨；村里或家里有异样事情发生，都要求神向鬼，举行宗教仪式活动；青年人谈婚论嫁，要先请算命先生算命合婚，择吉日良辰婚嫁；老人死了要请道公超度，选择风水宝地下葬等多种信仰风俗。

3. 宗教食俗

宗教是一种社会意识形态，也是一种社会历史现象。原始宗教以自然物和自然力为崇拜对象，相信“万物有灵”。现代宗教是阶级社会的产物，世界三大宗教——佛教、基督教和伊斯兰教以及中国的道教都是现代宗教。宗教的社会影响力是难以估量的，其教义、教规中有大量食规、食戒，这些不仅是教徒的饮食规范，同时对整个社会的饮食习俗也影响很大。

宗教饮食文化有其共同的基本特性，主要表现在饮食活动的群体性、心甘情愿的自觉性、斋戒禁欲的忌讳性、盲目膜拜的神秘性、信仰追求的功利性、食欲成因的复杂性等方面。

宗教礼宴是指在某些宗教的教义或戒律制约下形成的社交宴席。这些筵宴的基本特征是“忌”、“宜”二字，即应该吃什么，不应该吃什么；应该怎样吃，不应该怎样吃，都有“说法”。

二、佛教食俗

1. 佛教的食制

佛教产生于二千五百多年前的古印度，它作为一种宗教的哲学体系，对人的食欲以及饮食与修行、传教的关系有着许多独到的研究和规定。佛陀为沙弥说十数法，第一句即“一切众生皆依食住”。住有生存、安住之义，也就是说，一切众生必需依食而得生存。佛教将食从欲望、摄取、执着的角度分为四种。

① 段食，指人体由对食物营养及色香味的生理需求而进行的摄取行为，由于饮食有粗细、餐次的不同，因而名为段食。

② 触食，众生以眼、耳、鼻、舌、身、意六种官能（六根）去接触色、声、香、味、触、法六种境界（六尘），由于根、境、识结合而生起欲乐、适意的感觉，即为触食。

③ 思食，即各种思虑、思考、意欲，使意识活动得以进行，是为思食。

④ 识食，与爱欲相应，执着身心为我的潜意识活动，即为识食。

这四种食一个比一个“细”，后三种食基本属于精神活动范畴。佛教通过这种划分，将“食”的概念扩展到精神领域，认为一切能满足人的物质需要和精神需求的东西都可称为“食”，它直接增益着有情众生的现前生命，同时关系着未来生命的再创。显然，佛教对四食的划分是出于修行的需要，是为了彻底解脱对“食”的渴求，但客观上深化和丰富了饮食理论，实际上也是十分科学的。

佛教认为“食”是众生生死症结的根本所在，若调适不当则不能与道相应。当年释迦牟尼佛在雪山修苦行六年，有时一日仅食一粟一麦，饿得骨瘦如柴，却始终未能与解脱境界相应。于是放弃苦行，接受牧牛女供养的奶酪，身体得到资益，于菩提树下很快进入禅定境界，相传在腊月初八日晨睹明星而悟道，可见适当的食物和营养对禅修的重要性。后世佛教徒为了纪念释迦佛的成道日，每年腊月初八都要熬粥供众，称为腊八粥。千百年来吃“腊八粥”已成为我国民间的一种习俗。

人的身体作为一种活的物质存在形式，离不开饮食的滋养、能量的补充。因此佛教将饮食列为必备的四种供养之一（其余三种为衣服、卧具、汤药）。不过佛教不是把饮食当作目的，而是当作一种手段，所谓借假以修真。佛教在饮食问题上奉行中道哲学，既不自苦也不纵欲。因此在我国的寺院常可听见“法轮未转，食轮先转”、“身安则道隆”的说法。

佛教作为一种宗教，有着庞大的僧团组织，为了修行自律、传教度人，释迦牟尼佛根据当时的环境和修行的需要，相应地制定了许多饮食仪轨和戒律，主要表现在以下几个方面。

(1) 托钵乞食制度　这基本上沿袭了当时印度出家隐修者的习惯，不过在其目的及某些要求上有些不同，主要是为了便于专心修行，磨练身心，要求不择贫富、好坏，与施者结缘，使施者得种福田。这种制度不符合我国国情，基本未得到实行，转而形成了我国独具特色的农禅并重的佛寺传统。

(2) 过午不食戒　佛教认为，早晨为天人食时，中午为法食时，下午为畜生食时，夜晚为鬼神食时。因而规定日过正午即不许进食，仅可饮水或浆，称之为持午或吃斋。从修行角度看，这既可避免过于扰民，以节制食欲，又有利于节省时间，有助于禅修。它被列为最基本的十种戒规之一，过去一般都得到遵行。近代我国佛寺事务较忙，此戒稍见松弛。

(3) 素食规定　这分为两种情况，一种是禁断五辛，如葱、蒜、韭、薤、兴渠。佛教认为这五种辛臭植物熟食生淫、生食发嗔，不利修行，因而禁食；另一种则是基于佛教的慈悲教义，禁食各种动物之肉。在一些佛教国家，由于实行托钵乞食制度，施主给什么就吃什么，因而仅仅要求食三种净肉，即未见到屠宰、未听见惨叫且不是专为自己宰杀的动物之肉。但在我国汉族地区，由于奉行大乘教义，自梁武帝大力倡导素食之后，僧人均忌食一切形式的肉食和五辛，影响至今，成为汉传佛教的一大特色。

(4) 酒戒　酒能令人乱性丧智，危害社会，更是修行之大忌。传说佛陀时代有一位具神通的弟子因误饮酒，醉卧于途，神通尽失，威仪扫地，佛陀当即率众弟子现场说法，制定了酒戒。此戒被列为出家和在家佛教弟子的五大戒之一，可见其重视程度。不过若因病需饮酒也是可以的。

(5) 进食仪轨　佛教将进食视为一种重要的修行方便，各地僧团或佛寺根据有关戒规制定了相应的仪轨，并衍为每日的一大佛事活动：每日早晨和午前进食时，全体僧众闻号令穿袍搭衣齐集斋堂，奉诵偈咒，先奉请十方诸佛、菩萨临斋；其次取出少许食物，通过念诵变食真言等施予“大鹏金翅鸟”、“罗刹鬼子母”及旷野鬼神众；然后食存五观、进食，用斋毕还须为施主回向祈福。若逢佛、菩萨圣诞和大的节日，还须到佛祖像前举行上供仪式。值得一提的是，在进食的过程中根据戒律还须遵行一定的规矩。这在 250 条比丘戒（比丘尼戒 348 条）中都有着很具体的规定。著名的《百丈清规》在“日用规范”篇中说：“吃食之法，不得将口就食，不得将食就口，取钵放钵，并匙箸不得有声。不得咳嗽，不得搐鼻喷嚏，若自喷嚏，当以衣袖掩鼻。不得抓头，恐风屑落邻单钵中。不得以手挑牙，不得嚼饭啜羹作声。不得钵中央挑饭，不得大抟食，不得张口待食，不得遗落饭食，不得手把散饭。食如有菜滓，安钵后屏处……不得将头钵盛湿食，不得将羹汁放头钵内淘饭吃，不得挑菜头钵内和饭吃。食时须看上下肩，不得太缓。”规定可谓仔细入微。宋明理学家常憧憬一种约束身心、进退有序而生机盎然的“礼乐”生活，而当他们到禅堂参观僧人的“过堂”（即就餐）等仪式后，竟也由衷地称赞说：“三代礼乐，尽在其中”，悲叹“儒门淡泊，收拾不住，尽归佛门”。由此可见佛教饮食文化的作用与影响。

2. 佛教的食文化

(1) 饮食的理论、观念、道德修养

① 佛教认为，一切有益于人、能令人生起执著、意乐的对象皆可名为食，并将它分为段食、触食、思食、识食四类；同时指出，一切形式的生命无不依食而生存。这在我国是前所未有的，因而扩大和深化了我国对"食"的认识。

② 佛教要求僧人在进食前作五种观想：计功多少，量彼来处；忖己德行，全缺应供；防心离过，贪等为宗；正事良药，为疗形枯；为成道业，应受此食。这较好地反映了佛教对饮食的态度及对饮食的作用与目的的看法。宋代著名学者黄庭坚有鉴于此撰写了《士大夫食时五观》，将佛教的上述思想融入到儒家的理念之中，表明它对于世人反省自律，养成珍视他人劳动、爱惜粮食的习惯，增进道德，有着启发、借鉴的作用。

③ 佛教关于进食方面的戒规、仪轨拓展丰富了我国饮食行为方面的功能作用，即除了通常的疗饥、求营养、求滋味、交谊应酬、养生之外，还被赋予了祭祀、修心养性及教化的功能，文化韵味浓厚。

(2) 饮食的结构和风俗习惯

① 关于素食。苏东坡曾撰有《菜羹赋》，把吃素食与安贫乐道、好仁不杀及向大自然回归联系起来，极力提倡。一般来说，素食清淡、鲜美，营养丰富，不易伤脾胃，的确是一类有益健康、长寿的理想食品。目前我国的素菜已发展到数千种，成为了人民群众饮食中的一个重要组成部分。正是由于佛教对素食的提倡与需要，才使中华素食体系得以形成并大放异彩。

② 关于茶。茶早在我国的周代即已出现，不过在晋代以前多用作药品或煮茶粥。魏晋以后，一些佛教禅师发现茶有提神、益思、解乏的作用，正好解决因午后不食及夜晚参禅出现的精力不够、又乏又困的问题，因而多方搜求或四处种植，大量饮用，推动了社会上饮茶风气的形成。尤其在唐代禅宗创立之后，许多禅寺奉行农禅并重，种植、培育、制作了一些茶叶精品，久而久之成为了名茶。由于佛教戒酒，因此茶就成为了佛寺最重要的饮料。佛寺对茶的提倡、种植和需求，自然也影响到广大在家信众及各界人士，在长期的品茗、交流过程中，人们发现茶还能预防或治疗许多疾病，能生津止渴，解酒去腻，利多弊少，老少咸宜，于是争相饮用，创造出丰富多采的茶文化，使茶成为了老百姓家中的必备饮料。

3. 佛教的主要节日

佛教节日中，除释迦牟尼佛的出生、成道、涅盘为历史事实外，其余的如弥勒圣诞，观世音菩萨圣诞皆乃是祖师大德所定，并非出自佛经，此即是表法，是古来祖师大德借此方便接引众生，以入佛正见。

弥勒菩萨圣诞为正月初一日；释迦牟尼出家日为二月初八日；释迦牟尼涅盘为二月十五日；观音菩萨圣诞为二月十九日；普贤菩萨圣诞为二月二十一日；文殊菩萨圣诞为四月初四日；释迦牟尼圣诞为四月初八日，又名浴佛节和佛诞节；药王菩萨圣诞为四月二十八日；迦蓝菩萨圣诞为五月十二日；韦驮菩萨圣诞为六月初三日；观音菩萨成道日为六月十九日；大势至菩萨圣诞为七月十三日；佛欢喜日为七月十五日，又名盂兰盆节；地藏王菩萨圣诞为七月三十日；观音菩萨出家日为九月十九日；药师佛圣诞为九月三十日；阿弥陀佛圣诞为十一月十七日；释迦牟尼佛成道日为十二月初八日，又名腊八节或佛成道节。

4. 佛教的礼仪

(1) 入寺　入寺门后，不宜中央直走，进退俱当顺着个人的左臂迤边行走；入殿门里，帽及手杖须自提携，或寄放为佳，万不可向佛案及佛座上安放。

(2) 拜佛　大殿中央拜垫是寺主用的，不可在上礼拜，宜用两旁的垫凳，分男左女右拜用，凡有人礼拜时，不可在他的头前行走。

(3) 阅经　寺中若有公开阅览的经典，方可随便坐看，须先净手，放案上平看，不可握着一卷，或放在膝上；衣帽等物尤不可加在经上。

(4) 拜僧　见面称法师，或称大和尚，忌直称为“出家人”、“和尚”。与僧人见面常见的行礼方式为两手合一，微微低头，表示恭敬，忌握手、拥抱、摸僧人头等不当礼节。凡人礼佛、坐禅、诵经、饮食、睡眠、经行、入厕的时候，俱不可向他礼拜。

(5) 法器　寺中钟鼓鱼磬，不可擅敲；锡杖衣钵等物，不可戏动。

(6) 听经　随众礼拜入座，如已后到，法师已经升座，须向佛顶礼毕，向后倒退一步，再向法师顶礼，入座后，不向熟人招呼，不得坐起不定、咳嗽谈话；如不能听毕，向法师行一合十，肃静退出，不得招手他人使退。

5. 佛教的世界五大圣地

古佛经中记载的世界五大佛教圣地：尼泊尔迦毗罗卫、尼泊尔蓝毗尼园、印度鹿野苑、印度菩提伽耶、印度拘尸那迦。

(1) 蓝毗尼园　蓝毗尼园亦称蓝毗尼花园，面积8平方公里，如今仍有参天大树、茂密的苇荡和建筑物地基的遗迹。这里曾经有3座佛塔、2个寺院和1座摩耶庙。近年在摩耶庙大殿的佛像下1米深处挖掘出一块石板，据考证，该石板所在地方正是佛祖诞生的具体位置。摩耶庙虽已拆掉，但摩耶夫人生太子的石刻像等珍贵文物存放在附近的一个寺庙里。石像面积不到1平方米，上刻摩耶夫人手扶树枝，小太子朝六个方向各行七步，手指上天，口说“天上地下，惟我独尊”的情景。摩耶夫人洗澡的圣池也保存完好，旁边竖牌标明：“摩耶夫人生佛之前，曾在此处沐浴。”

该寺遗址北面不远处，还有一个著名古迹，即“阿育王柱”。阿育王是公元前3世纪统一印度的著名君王，对弘扬佛教功勋卓著。此柱是他前来朝拜佛陀诞生地时所立的。

(2) 鹿野苑　位于印度宗教名城瓦腊纳西以北10公里处的鹿野苑，由于这里是当年佛祖释迦牟尼成佛之后第一次说法收徒的地方，史称“初转法轮”，因此一直以来，鹿野苑在佛教历史上占据着特殊而重要地位。

(3) 拘尸那迦　公元前486年，80岁高龄的释迦牟尼于传教途中涅盘于末罗国(印度境内）的拘尸那迦城外的娑罗双树林。

(4) 菩提伽耶　菩提伽耶又称菩提道场、佛陀伽耶，是印度佛教的圣地，位于印度东北部恒河支流帕尔古河岸，格雅城南11公里处，东距加尔各答约150公里。因相传这里是佛祖释迦牟尼成佛之地，故这座小城遂成了佛教信徒心目中的圣地。

(5) 迦毗罗卫　迦毗罗卫位于尼泊尔南部提罗拉科特附近，是佛祖释迦牟尼的家族释迦族的集居地。

三、伊斯兰教食俗

伊斯兰教是世界性的宗教之一，与佛教、基督教并称为世界三大宗教。截止到2009年底，世界约68亿人口中，穆斯林总人数是15.7亿，占23%，分布在204个国家和地区。《古兰经》是伊斯兰教的根本经典，也是伊斯兰教最根本的立法依据。伊斯兰教饮食思想是伊斯兰文化的组成部分，是以《古兰经》、《圣训》为依据，结合历代教法学家对现实生活的需要而提出的一系列饮食理论和原则。伊斯兰教饮食思想是以清洁卫生、维护健康为基本原则，提倡人们享用大地上丰富而佳美的食物，意义在于"为保持一种心灵上的纯朴洁净、保持思想的健康理智，为滋养一种热诚的精神……同时也是一种有效的防病措施。坚持贯彻，则有益于个人与民族的身心健康"。伊斯兰教有诸多饮食之道，如虽为可食之物，亦不可毫无节制，饕餮而食；饭前饭后要洗手；不可站着吃喝，站着吃喝不利卫生，有损健康；不可浪费食物；严禁饮酒等。

四、基督教食俗

基督教创始于公元1世纪，创始人是耶稣，地点在当时罗马帝国统治下的巴勒斯坦地区。基督教是以信仰耶稣基督为救主的宗教。唐太宗贞观九年（公元635年），基督教开始传入中国。基督教在饮食上没有太多禁忌，只是在节日时对饮食有一些规定。

不吃血可以说是基督教信徒生活中一个比较明显的禁忌。不能把动物的血作为食物，其原因是，血象征生命，是旧约献祭礼仪上一项重要的内容。

勒死的牲畜也在基督教禁食之物之列，这与禁食动物血的禁忌是一脉相承的。因为勒死（包括病死或其他非宰杀原因死）的动物的血液未流出，已被吸收于肉中，故不食为妙，当然也包含卫生的因素。

将饮酒作为禁忌，《圣经》中有不少有关酒的教导。吸烟问题虽然没有《圣经》的明训，但大部分基督徒对吸烟持反对态度。不过，在教会聚会和崇拜活动中禁止吸烟。

五、道教食俗

道教是中国固有的一种宗教，距今已有1800余年的历史。道教的名称来源，一则起于古代之神道；二则起于《老子》的道论，首见于《老子想尔注》。道家的最早起源可追溯到老庄，故道教奉老子为教主。但是，一般学术界认为，道教的第一部正式经典是《太平经》，完成于东汉，因此将东汉时期视作道教的初创时期。道教正式有道教实体活动是在东汉末年太平道和五斗米道的出现，而《太平经》、《周易参同契》、《老子想尔注》三书是道教信仰和理论形成的标志。

道教既是一种宗教又是一种文化，道教文化是中华民族传统文化的重要组成部分，道教生活乃道教文化的生动体现，二者相辅相成、密不可分。道教徒的生活主题不外乎是学道、修道、鸿道；换言之，道教徒的一切生活行为都是为了实现其教旨——得道成仙、济世利人。全真道士的主要饮食习俗是食素。道士（这里主要指全真派道士）食素，其原因主要有两点。一是持戒。《积功归根五戒》第一戒不得杀生；第二戒不得荤酒。为了持此二戒，所以必须食素。道教认为：一切众生，含气以生，蜩飞蠕动之类，皆不得杀。蠕动之类无不乐生，自蚊蚁蜒蚰咸知避死。因此，应戒杀。戒荤就是戒杀的延伸。二是道教认为素食有利于健康长寿，换言之，道士食素是为了养生的需要。因为道士出家修道的主要目的，就是追求长生成仙。

第三节　传统食礼

一、中国食礼概述

任何一个民族都有着自己富有特点的饮食礼俗，发达的程度也各不相同。中国人的饮食礼仪是比较发达的，也是比较完善的，而且有着从上到下一以贯通的特点。古籍《礼记・礼运》就有说："夫礼之初，始诸饮食。"

距今一万年前，人类进入新石器时代。进入全新世以后，地球的气温逐渐变暖，人类渐渐走出山区，移向平原地区活动。为了适应新的环境，人们选择了邻近水源的地点聚族而居，建造房屋，发明了陶器，出现了原始农业，开始了定居生活。磨制和钻孔技术的普及，使各种石质工具的制作趋于规范、定型，更适合各种不同的用途。考古学家经过长期探索、研究，发现中国在新石器时代的遗址分布，与当代中国的人口布局十分相似，相对集中于河网密布的东半部。人们的食物结构也是南方种植水稻、北方种植粟稷。远古时代的祭礼，是人类文明发轫最早的礼。在远古的祭祀鬼神的过程中，还不存在食礼，食物在那里还只是一种物质凭借，是祭礼演示过程的道具和信物。漫长的采集渔猎阶段，甚至直到文字历史以前，很难发现早期人类或先民们食礼文化的明显的历史痕迹。食礼的最初形态，应当源于先民们的共食生活实践，并无疑受到祭祀礼仪的启示。只有等到对鬼神的敬畏和人们头脑中那许多神祇威力的等级差异转移到人群中来，并且成为食生活的必要的区别时；也就是等到集体或社会成员之间财产和地位的区别，进而是观念的认可已经到了一定程度时，共食或聚餐场合的讲究才成为客观需要，也只有到这时，严格意义的食礼才可能出现。食礼表达的过程，是以食物这种物质为基础和凭借的文化演示，但这种文化演示的宗旨和目标不是鬼神而是演示者自身，是他们自己进食过程中的生理需要与心理活动、感情交流与交际关系的表达和体现，是人们在共餐场合的礼节或特有仪式，它们体现为群体和大众因风俗习惯而成彼此认同的行为准则、道德规范和制度规定。据文献记载，中国至迟在周代时，饮食礼仪已形成一套相当完善的制度。"食礼"系饮食礼义、饮食礼制、饮食礼仪、饮食礼俗、饮食礼貌、饮食礼节等概念的通称。其中，饮食礼义是人们在饮食活动中应当遵循的社会规范与道德规范；饮食礼制是被国家礼法所肯定的饮食典章制度和重要经籍；饮食礼仪是筵席时为表示某种敬意而隆重举行的各种仪式；饮食礼俗是与礼义、礼制、礼仪相关并且在民间流传已久的饮食风习；饮食礼貌是餐饮活动中表示敬重与友情的日常行为规范；饮食礼节是饮食礼仪的节度和饮食礼貌的综合评价。总之，作为"礼"的一个重要组成部分，食礼是饮膳宴筵方面的社会规范与典章制度，是餐饮活动中的文明教养与交际准则，是赴宴人和东道主的仪表、风度、神态、气质的生动体现。

食礼诞生后，为了使它更好地发挥"经国家、定社稷、序人民、利后嗣"的作用，周公首先对其神学观念加以修正，提出"明德"、"敬德"的主张，通过"制礼作乐"对皇家和诸侯的礼宴作出了若干具体的规定。接着，儒家学派的三大宗师——孔子、孟子、荀子，又继续对食礼加以规范，补充进仁、义、礼、法等内涵，将其拓展成人与人的伦理关系，"以礼定分"，消患除灾。他们的学生还对先师的理论加以阐述、充实，最后形成《周礼》、《仪礼》、《礼记》三部经典著作，使之成为数千年封建宗法制度的核心与灵魂。由于强调“人无礼不生、事无礼不成、国无礼则不宁”，食礼与其他的礼，就成为奴隶社会和封建社会贵族等级制度的社会规范及道德规范，维系压迫、剥削制度的思想工具。不过，古代食礼中也有一部分积极健康的内容，这就是人与人之间的行为准则和筵席、餐饮上的礼尚往来。在长期的流传过程中，它被广大劳动人民群众所接受，演变成各种合理的饮食礼仪与礼俗，成为中华民族优秀的文化传统之一。

礼产生于饮食，同时又严格约束饮食活动，不仅讲求饮食规格，而且连菜肴的摆设也有规则。《礼记·曲礼》说：“凡逆食之礼，左肴右胾，食居人之左，羹居人之右。”就是说，凡是陈设便餐，带骨的菜肴放在左边，切的纯肉放在右边；干的食品菜肴靠着人的左手方，羹汤放在靠右手方。这套规则在《礼记·少仪》中更有详细的记载，上菜时，要用右手握持，而托捧于左手上。在中国古代，在饭、菜的食用上都有严格的食礼要求。《礼记·曲礼》中就详细谈到：如果和别人一起吃饭，就要检查手的清洁；不要用手搓饭团，不要把多余的饭放进锅中；不要喝得满嘴淋漓，不要吃得啧啧作声；不要啃骨头，不要把咬过的鱼肉又放回盘碗里，不要把肉骨头扔给狗；不可以大口囫囵地喝汤，也不要当着主人的面调和菜汤；不要当众剔牙齿，也不要喝腌渍的肉酱；如果有客人在调和菜汤，主人就要道歉，说是烹调得不好；湿软的肉可以用牙齿咬断，干肉就得用手分食。如果是与长者一起吃饭，则更要注意规矩，要先奉尊长，然后自已再吃，要等尊长吃完了才可以停止，不要落得满桌是饭，流得满桌是汤，要小口地吃，快点吞下，咀嚼要快，不要把饭留在颊间咀嚼。

我国的一整套饮食礼仪的宗旨，是培养人们“尊让契敬”的精神，它要求社会不同阶层的人们都遵照礼的规定有秩序地从事饮食活动，以保证上下有礼，从而达到“贵贱不相逾”的生活方式。这套饮食礼仪对后世产生了极大的影响。由于日常生活和交际的需要，饮食生活中的礼仪进一步固定下来，至今仍在沿袭。清代时西餐已传入，西餐食礼也随着传入，这对我国固有的饮食礼俗带来了一些冲击。东西方文化有异也有同，饮食文化亦不例外。西餐传入后，它的合理卫生的食法已被引入到中餐宴会中。例如分食共餐制，在中餐中较高等级的宴会上已广为采用。虽然这种饮食礼制在中国古代就很盛行，但人们现在的做法确实是受到了西餐的启发，中西饮食文化的交流，于此得到最好的体现。

旧时饮食礼仪越在社会上层，越是苛细烦琐，它反映了我国古代社会等级制度十分严格，饮食是一项受严格的社会规范支配的活动。随着历史的发展，有些礼仪被淘汰了，有些则被更新了，但总的看来，我国的饮食礼仪仍然十分讲究，这里面当然有一些繁文缛节的弊病。但是，人们今天仍然要讲究饮食礼仪，革除烦琐礼节，实行与社会精神文明相应的饮食礼仪是完全必要的，也是要大力提倡的。这也是一个人、一个民族乃至一个国家文明程度的一个侧面反映，并且是一个非常重要的侧面。

食礼的涵盖面很广，可按多种方法进行分类。按时代划分，有原始社会食礼、奴隶社会食礼、封建社会食礼、资本主义社会食礼和社会主义社会食礼；按民族划分，有汉族食礼和少数民族食礼；按阶层划分，有宫廷皇家食礼、官府缙绅食礼、军营将士食礼、学院士子食礼、市场商贾食礼、行帮工匠食礼、城镇居民食礼和乡村农夫食礼；按地域划分，有东北地区食礼、华北地区食礼、西北地区食礼、华东地区食礼、中南地区食礼和西南地区食礼；按用途划分，有祭神祀祖食礼、重教尊师食礼、敬贤养老食礼、生寿婚丧食礼、贺年馈节食礼、接风饯行食礼、诗文欢会食礼、社交游乐食礼、百业帮会食礼和民间应酬食礼种种，形式和内容丰富多彩。上自帝王将相，下至黎民百姓，无不与之发生广泛的联系，无不倚靠它进行社会交际。

二、封建社会时代的食礼

中华饮食源远流长，在这自古为礼仪之邦、讲究民以食为天的国度里，饮食礼仪自然成为饮食文化的一个重要部分。

中国的饮宴礼仪号称始于周公，经千百年的演进，终于形成今天大家普遍接受的一套？饮食进餐礼仪，是古代饮食礼制的继承和发展。

饮食礼仪因宴席的性质、目的而不同，不同的地区也是千差万别。古代的饮食礼仪是按阶层划分：宫廷、官府、行帮、民间等。

1. 分餐与合食

在中外许多人看来，中国传统筵宴为多人共享一席的合食制，其实，中国自原始社会至汉唐一直盛行分餐制。分餐制并非外国人的“专利”和舶来品，而是土生土长的中国货。据姚伟钧先生考证，宴席由分食制向合食制的转变，大约始于唐代中期以后，至宋代逐渐普及开来。

从古代文献资料中，可以找到我国古代分餐制的充分证据。据《史记·孟尝君列传》记载，孟尝君广招天下宾客，他礼贤下士，对前来投奔他的数千名食客，不论贵贱，一视同仁，而且和自己吃同样的馔食。一天夜晚，孟尝君宴请新来投奔的侠士。宴会中，有一侍从无意中挡住了灯光，一侠士认为这里面大有文章，一定是自己吃的膳食与孟尝君的不一样，不然侍从何以要遮住灯光呢？于是此人怒气冲天，放下筷子，欲离席而去。孟尝君为说明真相，亲自端起自己的饭菜给侠士看，以示大家用的是同样膳食。真相大白后，侠士羞愧难当，遂拔剑自刎以谢罪。如果当时实行的是合餐制，该侠士就不会产生这样的怀疑了。

另一个有力的证据是南朝时期的事例。据《陈书·徐孝克传》记载，国子祭酒徐孝克在陪侍陈宣帝宴饮时，对摆在自己案前的馔食，一口未吃，可是当散席后，他面前的馔食，却明显减少了。原来，徐孝克将一些馔食悄悄带回家孝敬老母了。这使皇帝很感动，并下令以后参加御宴，凡是摆在徐孝克案前的馔食，他都可以堂而皇之地带一些回家。这也说明，当时实行的是一人一份的分餐制。

从古代的绘画资料和考古发掘中，也可找到我国隋唐以前实行分餐制的实证。从出土的汉墓壁画、画像石和画像砖中，均可见到席地而坐、一人一案的宴饮场景，却未见多人围桌欢宴的“合餐”画面。从出土的实物中，也有一张张低矮的小食案，分餐时一人一案。如在河南密县打虎亭一号汉墓内画像石的饮宴图上，主人席地坐在方形大帐内，其面前设一长方形大案，案上有一大托盘，托盘内放满杯盘。主人席地的两侧各有一排宾客席。《史记·项羽本纪》中的鸿门宴也实行的是分食制，在宴会上，项王、项伯、范增、刘邦、张良一人一案，分餐而食。

据王仁湘《饮食与中国文化》记载，我国从唐代由分餐制又演变为合餐的会食制，其重要原因是由于高桌大椅的出现。周秦汉晋时代实行“分餐制”应用小食案进食是个重要因素。自从公元5世纪至6世纪新的高足坐具和大桌出现后，人们已基本上抛弃了席地而坐的方式，从而也直接影响了进食方式的变化。用高桌大椅合餐进食，在唐代已习以为常。从敦煌一七三窟唐代宴饮的壁画中，已可见到众人围坐在一起合餐“会食”

的场景了。当然，我国由分餐制转变为会食制，这中间还有个发展过程。起初，人们虽然围坐在一桌合餐，但馔食仍是一人一份。

2. 宴客的宴请礼仪与请柬

中国历来崇尚礼仪，素有“礼仪之邦”的美誉。设宴请客，是“礼”的重要组成部分。《礼记·礼运》说：“夫礼之初，始于饮食……犹若可以致于鬼神。”上古时代，最原始最简陋的礼仪始于饮食，始于对鬼神的祭祀。所以，后世有“设宴请客起于祭祀鬼神”的说法。

早在《礼祀》中就有着宴会食序的记载，先是饮酒，再吃肉菜，而后吃饭的程序和现在大致一样。在有十六种菜肴的宴会上，菜肴分别排成四行，每行四个。带骨的肴放在主桌的左边，切的纯肉放在右边。饭食靠在食者左方，羹汤则放在右方。切细的和烧烤的肉类放远些，醋和酱类放近些。蒜葱等佐料放在旁边。酒浆等饮料和羹汤放在同一方向。如果陈设肉干、牛脯等，那就弯曲的在左，挺直的在右。

宴会有献宾之礼。先由主人取酒爵到宾客席前请敬，称为“献”；次由宾客还敬，称为“酢”；再由主人把酒注入觯后，先自饮而后劝宾客随着饮，称“酬”，这么合起来叫作“一献之礼”。如今，请客宴会也叫酬酢，其本身就是强调礼仪。

到了周代，宴请礼仪开始制度化，并形成一个基本的格局，对后世产生了不可估量的重大影响。但我国地大物博、人口众多、历史悠久。由于时代、民族、阶层、地区、季节、场合、对象，以及其他条件的不同，宴客礼俗也随之千变万化。

邀客用请柬，请柬是邀请客人的通知书，以示对客人的尊敬。明顾起元《客座赘语·南都旧日宴集》写明代中期请柬的格式云：“先日用一帖，帖阔上寸三四分，长可五寸，阔二寸，方书眷生或侍生某拜。”其实，请柬的格式在不断变化。现在发请柬之俗尚存，且有越来越华美之势。

3. 宴席坐次

中华饮食文化博大精深、源远流长，在世界上享有很高的声誉。宴席借吃的形式表达一种丰富的心理内涵，吃的文化已经超越“吃”本身。饮食礼仪因宴席的性质、目的而不同，不同的地区也千差万别。其中“排座次”是整个中国饮食礼仪中最重要的一部分。

(1) 桌次　通常，桌次地位的高低以距主桌位置的远近而定。即：以主人的桌为基准，右高、左低，近高、远低。

(2) 座次　就用餐者的座次高低而言，其含义如下。

右高左低：当两人一同并排就座时，通常以右为上座，以左为下座。这是因为中餐上菜时多以顺时针为上菜方向，居右者因此比居左者优先受到照顾。

中座为尊：三人一同就餐时，居中坐者在位次上要高于在其两侧就座之人。

面门为上：倘若用餐时，有人面对正门而坐，有人背对正门而坐，依照礼仪惯例则应以面对正门者为上坐，以背对正门者为下座。

观景为佳：如用餐时在其室内外有优美的景致或高雅的演出，可供用餐者观赏，此时应以观赏角度最佳处为上座。

临墙为好：用餐时，为了防止过往侍者和食客的干扰，通常以靠墙之位为上座，靠过道之位为下座。

各桌同向：如果是宴会场所，各桌子上的主宾位都要与主桌主位保持同一方向。

以远为上：当桌子纵向排列时，以距离宴会厅正门的远近为准，距门越远，位次越高贵。

4. 进食礼仪

饮食活动本身，由于参与者是独立的个人，所以表现出较多的个体特征，各个人都可能有自己长期生活中形成的不同习惯。但是，饮食活动又表现出很强的群体意识，它往往是在一定的群体范围内进行的，在家庭内或在某一社会团体内，所以还得用社会认可的礼仪来约束每一个人，使各个个体的行为都纳入到正轨之中。

进食礼仪，按《礼记·曲礼》所述，先秦时已有了非常严格的要求，在此条陈如下。

“虚坐尽后，食坐尽前。”在一般情况下，要坐得比尊者、长者靠后一些，以示谦恭；“食坐尽前”，是指进食时要尽量坐得靠前一些，靠近摆放馔品的食案，以免不慎掉落的食物弄脏了座席。

“食至起，上客起，让食不唾。”宴饮开始，馔品端上来时，作客人的要起立；在有贵客到来时，其他客人都要起立，以示恭敬。主人让食，要热情取用，不可置之不理。

“客若降等，执食兴辞。主人兴辞于客，然后客坐。”如果来宾地位低于主人，必须双手端起食物面向主人道身，等主人寒暄完毕之后，客人方可人席落座。

“主人延客祭，祭食，祭所先进，殽之序，遍祭之。”进食之前，等馔品摆好之后，主人引导客人行祭。食祭于案，酒祭于地，先吃什么就先用什么行祭，按进食的顺序遍祭。

“三饭，主人延客食，然后辨殽，客不虚口。”所谓“三饭”，指一般的客人吃三小碗饭后便说饱了，须主人劝让才开始吃肉。

宴饮将近结束，主人不能先吃完而撇下客人，要等客人食毕才停止进食。如果主人进食未毕，“客不虚口”，“虚口”指以酒浆荡口，使清洁安食。主人尚在进食而客自虚口，便是不恭。

“卒食，客自前跪，彻饭齐以授相者。主人兴辞于客，然后客坐。”宴饮完毕，客人自己须跪立在食案前，整理好自己所用的餐具及剩下的食物，交给主人的仆从。待主人说不必客人亲自动手，客人才住手，复又坐下。

“共食不饱”，同别人一起进食，不能吃得过饱，要注意谦让。“共饭不泽手”，指同器食饭，不可用手，食饭本来一般用匙。

三、近代中国上层社会宴席礼仪

1. 宴饮之礼

有主有宾的宴饮，是一种社会活动。为使这种社会活动有秩序有条理地进行，达到预定的目的，必须有一定的礼仪规范来指导和约束。每个民族在长期的实践中都有自己的一套规范化的饮食礼仪，作为每个社会成员的行为准则。

维吾尔族待客，请客人坐在上席，摆上馕、糕点、冰糖，夏日还要加上水果，给客人先斟上茶水或奶茶。吃抓饭前，要提一壶水为客人净手。共盘抓饭，不能将已抓起的饭粒再放回盘中。饭毕，待主人收拾好食具后，客人才可离席。蒙古族认为马奶酒是圣洁的饮料，用它款待贵客。宴客时很讲究仪节。吃手抓羊肉，要将羊琵琶骨带肉配四条长肋献给客人。招待客人最隆重的是全羊宴，将全羊各部位一起入锅煮熟，开宴时将羊肉块盛入大盘，尾巴朝外。主人请客人切羊荐骨，或由长者动刀，宾主同餐。

汉族传统的宴饮礼仪的一般的程序是：主人折柬相邀，到期迎客于门外；客至，至致问候，延入客厅小坐，敬以茶点；导客入席，以右为上，是为首席。席中座次，以右为首座，相对者为二座，首座之下为三座，二座之下为四座。客人坐定，由主人敬酒让菜，客人以礼相谢。宴毕，导客入客厅小坐，上茶，直至辞别。席间斟酒上菜，也有一定的规程。现代的标准规程是：斟酒由宾客右侧进行，先主宾，后主人；先女宾，后男宾。酒斟八分，不得过满。上菜先冷后热，热菜应从主宾对面席位的左侧上；上单份菜或配菜席点和小吃先宾后主；上全鸡、金鸭、全鱼等整形菜，不能把头尾朝向正主位。

2. 待客之礼

首先，安排筵席时，肴馔的摆放位置要按规定进行，要遵循一些固定的法则。详见前文所述这些规定都是从用餐实际出发的，并不是虚礼，主要还是为了取食方便。

其次，食器饮器的摆放、仆从端菜的姿式、重点菜肴的位置，也都有规定。仆从摆放酒壶、酒樽，要将壶嘴面向贵客；端菜上席时，不能面向客人和菜肴大口喘气，如果此时客人正巧有问话，必须将脸侧向一边，避免呼气和唾沫溅到盘中或客人脸上。上整尾鱼肴时，一定要使鱼尾指向客人，因为鲜鱼肉由尾部易与骨刺剥离；上干鱼则正好相反，要将鱼头对着客人，干鱼由头端更易于剥离；冬天的鱼腹部肥美，摆放时鱼腹向右，便于取食；夏天则背鳍部较肥，所以将鱼背朝右。主人的情意，就是要由这细微之处体现出来，仆人若是不知事理，免不了会闹出不愉快来。

再次，待客宴饮，并不是等仆从将酒肴摆满就完事了，主人还有一个很重要的事情要做，要作引导，要作陪伴，主客必须共餐。尤其是老幼尊卑共席，那麻烦就多了。陪伴长者饮酒时，酌酒时须起立，离开座席面向长者拜而受之。长者表示不必如此，少者才返还入座而饮。如果长者举杯一饮未尽，少者不得先干。长者如有酒食赐于少者和僮仆等低贱者，他们不必辞谢，地位差别太大，连道谢的资格也没有。

四、现代宴席礼仪

不管是中餐还是西餐，无非是两方面的礼仪，一是来自自身的礼仪规范，比如说餐饮适量、举止文雅；另一个是就餐时自身之外的礼仪规范，比如说菜单、音乐、环境等。

中餐礼仪，是中华饮食文化的重要组成部分。学习中餐礼仪，主要需注意掌握用餐方式、时间地点的选择、菜单安排、席位排列、餐具使用、用餐举止等六个方面的规则和技巧。

1. 宴会

通常指的是以用餐为形式的社交聚会。可以分为正式宴会和非正式宴会两种类型。正式宴会是一种隆重而正规的宴请。它往往是为宴请专人而精心安排的，在比较高档的饭店或是其他特定的地点举行的，讲究排场、气氛的大型聚餐活动。对于到场人数、穿着打扮、席位排列、菜肴数目、音乐演奏、宾主致词等，往往都有十分严谨的要求和讲究。非正式宴会也称为便宴，也适用于正式的人际交往，但多见于日常交往。它的形式从简，偏重于人际交往，而不注重规模、档次。一般来说，它只安排相关人员参加，不邀请配偶，对穿着打扮、席位排列、菜肴数目往往不作过高要求，而且也不安排音乐演奏和宾主致词。

2. 家宴

相对于正式宴会而言，家宴最重要的是要制造亲切、友好、自然的气氛，使赴宴的宾主双方轻松、自然、随意，彼此增进交流，加深了解，促进信任。

通常，家宴在礼仪上往往不作特殊要求。为了使来宾感受到主人的重视和友好，基本上要由女主人亲自下厨烹饪，男主人充当服务员；或男主人下厨，女主人充当服务员，来共同招待客人，使客人产生宾至如归的感觉。

如果要参加宴会，客人首先必须把自己打扮得整齐大方，这是对别人也是对自己的尊重。还要按主人邀请的时间准时赴宴。除酒会外，一般宴会都请客人提前半小时到达。如因故在宴会开始前几分钟到达，不算失礼。但迟到就显得对主人不够尊敬，非常失礼了。当走进主人家或宴会厅时，应首先跟主人打招呼。同时。对其他客人，不管认不认识，都要微笑点头示意或握手问好；对长者要主动起立，让座问安；对女宾举止庄重，彬彬有礼。

入席时，客人的座位应听从主人或招待人员的安排，因为有的宴会主人早就安排好座位了。如果座位没定，应注意正对门口的座位是上座，背对门的座位是下座。应让身份高者、年长者以及女士先入座，自己再找适当的座位坐下。

入座后坐姿端正，脚踏在本人座位下，不要任意伸直或两腿不停摇晃，手肘不得靠桌沿，或将手放在邻座椅背上。入座后，不要旁若无人，也不要眼睛直盯盘中菜肴，显出迫不及待的样子。可以和同席客人简单交谈。

用餐时应该着正装，不要脱外衣，更不要中途脱外衣。一般是主人示意开始后再就餐。就餐的动作要文雅，夹菜动作要轻，而且要把菜先放到自己的小盘里，然后再用筷子夹起放进嘴。送食物进嘴时，要小口进食，两肘，不要向两边张开，以免碰到邻座。不要在吃饭、喝饮料、喝汤时发出声响。用餐时，如要用摆在同桌其他客人面前的调味品，先向别人打个招呼再拿；如果太远，要客气地请人代劳。如在用餐时非得需要剔牙，要用左手或手帕遮掩，右手用牙签轻轻剔牙。

喝酒的时候，一味地给别人劝酒、灌酒，吆五喝六，特别是给不胜酒力的人劝酒、灌酒，都是失礼的表现。

如果宴会没有结束，但你已用好餐，不要随意离席，要等主人和主宾餐毕先起身离席，其他客人才能依次离席。

3. 便餐

便餐也就是家常便饭。用便餐的地点往往不同，礼仪讲究也最少。只要用餐者讲究公德，注意卫生、环境和秩序，在其他方面就不用介意过多。

4. 工作餐

这是指在商务交往中具有业务关系的合作伙伴，为进行接触、保持联系、交换信息或洽谈生意而用就餐的形式进行的商务聚会。它不同于正式宴会和亲友们的会餐。它重在一种氛围，意在以餐会友，创造出有利于进一步进行接触的轻松、愉快、和睦、融洽的氛围。工作餐一般规模较小，通常在中午举行，主人不用发正式请柬，客人不用提前向主人正式进行答复，时间、地点可以临时选择。出于卫生方面的考虑，最好采取分餐制或公筷制的方式。在用工作餐的时候，还会继续商务上的交谈。但需要注意的是，这种情况下不要像在会议室一样进行录音、录像，或是安排专人进行记录。如有必要进行记录的时候，应先获得对方首肯。千万不要随意自行其事，好像对对方不信任似的；发现对方对此表示不满的时候，更不可以坚持这么做。工作餐是主客双方“商务洽谈餐”，所以不适合有主题之外的人加入。如果正好遇到熟人，可以打个招呼，或是将其与同桌的人互作一下简略的介绍。但不要擅作主张，将朋友留下。万一有不识相的人“赖着”不走，可以委婉地下逐客令，如“您很忙，我就不再占用您宝贵时间了”，或是“我们明天再联系，我会主动打电话给您”。

5. 自助餐

这是近年来借鉴西方的现代用餐方式。它不排席位，也不安排统一的菜单，是把能提供的全部主食、菜肴、酒水陈列在一起，根据用餐者的个人爱好，自己选择、加工、享用。

采取这种方式，可以节省费用，而且礼仪讲究不多，宾主都方便；用餐的时候每个人都可以悉听尊便。在举行大型活动、招待为数众多的来宾时，这样安排用餐也是最明智的选择。

中篇 饮食文化之传承与发展

第三章 烹食的发展历史

【饮食智言】

人莫不饮食也，鲜能知味也。

——《中庸》

第一节　烹食的渊源

一、烹食的含义

我们伟大的祖国是人类文明的发祥地之一，60 万年前北京猿人学会用火，揭开了中国烹食的序幕。中国烹食是中华民族优秀文化中的重要组成部分，有着悠久的历史和丰富的内涵。

人，要靠摄取食物来维持生命，这就产生了人类的饮食活动。人类随着文明程度的提高，其饮食活动也日益进步，其首要的表现便是使自然状态的食物原料，经过各种各样的熟化加工，以适应人类的生理需要和心理需要。对这种熟化的饮食生活，中国传统上称之为“烹食”。烹食，即“烹调食物”，也称为“烹饪”。《辞海》解释为“烹调食物”，《辞源》释为“煮熟食物”，《现代汉语词典》释为“做饭做菜”。

“烹食”，最早在 2700 年前的《周易·鼎》中：“以木馔火，亨饪也。”这里的“木”指树枝柴草；“馔”的原意是风，此处引申为顺风点火；“亨”即烹，是煮的意思；“饪”指食物成熟，又指生熟的程度，为熟食的通称；大意是在鼎下架起木柴通风起火，煮熟食物。先秦其他古籍也有类似记载，如《诗经·小雅·瓠叶》：“采之亨之。”《笺》：“亨，熟也。”《诗经·小雅·楚茨》：“或剥或亨。”《传》：“亨，饪之也。”这些解释均指原始烹食，只“烹”，没有“调”。古代早期的文献之中，曾用“庖厨之事”、“调和之事”概括烹食；《易传》之后的文献中，曾用“烹调”、“料理”概括过烹食。

烹调是烹食发展到一定阶段，即调味品出现后才有的。按照烹食发展的历史逻辑，先有烹食，后有烹调。“烹调”一词约出现在宋代。在熟化加工中，必须使食品合乎人们在卫生与安全方面的需要，并具备丰富的有益于健康的营养物质，还要在色、香、味、形、质、意诸方面给人以美的享受。也就是说，在烹食过程中，要使食物在卫生、营养、美感三方面高度统一，即需对烹食过程进行有目的的控制，对此，习惯上称之为“烹调”。烹是加热，调是配味，通过加热、配味将生的原料制成熟的菜品，就是烹调技术。烹调技术的积累、提炼和升华，便形成有原则、有规律、有程序、有标准的烹饪工艺了。

随着时代的发展，吃，更加超越了生理性的需求而成为一种综合的人生享受。人类认识方法上的综合化，人类社会的综合化趋向，必然影响人们的审美观，形成新的价值趋向和审美趋向。这也就不能不给日常的饮食生活带来一定的改变。随着社会经济的发展和消费水平的提高，对于饮食的功利性，即果腹的需求必然会越来越淡化。这种变化会给烹食带来其他方面的要求，使之向综合化的方向发展。例如，对于菜肴食品，人们关心的除了口味的好坏外，逐步注重菜肴食品的内在营养、外观的悦目怡人和卫生、方便，以及用餐环境、服务水平等非味觉因素。

在现代社会，烹食所包含的文化意蕴是十分丰富的。如果说在历史上，吃的文化主要体现在社会的上层圈子里，对更多的人来说吃只是为了维持生存而已；那么今天，饮食文化已渗透进大部分人的生活内容，成为一种十分普遍的社会现象。这种改变最终带来的不仅是饮食方式的变化，而且是整个生活方式的渐变。

狭义的烹食是指人类为了满足生理和心理的需求而把可食原料用适当的方法加工成可以直接食用的成品的活动。而广义的理解，烹食则被赋予广泛的内容，包含烹调生产及烹调所制作的各类食品、饮食消费、饮食养生，以及由烹调和饮食所产生的众多现象及其联系的总合。与其他国家的饮食相比，中国烹食色彩强烈，民族特质浓郁，文化风貌鲜明，具备以下六大特色。

选配的科学性——选料审慎，拼配科学，重视菜点的营养调剂和食疗效用，应时当令，体现饮食保健的原则。

造型的工艺性——刀技高超，形态逼真，餐具雅致，配套成龙，色泽艳丽，诱发食欲，具有工艺观赏价值。

烹制的技巧性——调味精深，火候神妙，技法细腻复杂，工艺规程严格，一菜一法，百菜百味，形成了独特的食品工艺体系。

命名的文采性——菜名简洁典雅，融注诗情画意和典故传说，陶冶性灵，寓教于食，符合饮馔美学的法则。

菜式的丰富性——品类繁多，流派各别，地方特色鲜明，乡情风味浓郁，筵宴与礼仪文明相结合，格式多，铺陈美，造诣深。

师承的民族性——广收薄采，源远流长，熔56个民族饮食精粹于一炉，古为今用，洋为中用，不断地推陈布新。

二、烹食的本质属性

烹食是饮食消费资料的生产，是科学，是文化，是艺术，是祖国文化宝库中的瑰宝，是人类劳动创造的文化成果。

烹食是生产。烹食，无论是手工方式，还是机械方式；不管是宾馆饭店的珍馐美味，还是家庭小灶的粗茶淡饭，都是一种生产。烹食属生产，食品是产品，饮食属消费。有什么样的生产，就有什么样的消费；相反的，消费的不同要求，也促进烹食生产的不同发展。因此广义上的烹食应该是：利用广泛的原料，通过技术和艺术的综合创造，为人类提供生存、发展和享受所需的饮食消费资料的生产。

烹食是科学。烹食中所涉及的现象和问题都可以用科学知识来解释。自古以来，中国烹食以味为核心，以养为目的，饮食养生和饮食疗法一直为人们所接受。就中国烹食的整个工艺流程来看，从选择调配料、洗净、切配，到调味烹调乃至装盘上桌，都是物理化学变化过程，与基础科学密不可分；从中国烹食在社会生活中的作用来看，与衣、住、行同属生活科学，或说应用科学；从中国烹食品尝后果来看，与医学、优生学关系至为密切，所以也属于生命科学的一部分。实际上，中国烹食是一门综合性很强的边缘科学，它几乎涉及到基础科学的所有领域，诸如物理学、化学、生物学、营养学、医学等。从广义的中国烹食来看，还涉及到历史、文学、美学、心理学、民俗学等社会科学，当然还要牵涉到哲学等。

烹食是文化、是艺术。文化，指人类社会历史实践过程中所创造的物质财富与精神财富的总和。在讲述中国烹食文化时，应既考虑到烹食生产文化，又考虑到烹食产品文化，以形成完整的文化概念。烹食属于文化范畴，饮馔是一种文明，菜点反映工艺水平，中国烹食是中华民族的优秀文化遗产。工艺是人类在生产劳动中利用一定的物资手段，把原材料加工成消费品或生产资料的方法与过程；烹食工艺是人们有目的、有计划、有程序地利用炊制工具和炉灶设备，对烹调原料进行切割、组配、调味、烹制与美化，成为能满足食炊需要的菜点的一种手工操作技术。烹食在选料与组配、刀工与造型、施水与调味、加热与烹制等环节上既各有所本，又互相依存，因此，烹食工艺中有特殊的法则与规律，包含着许多人文科学和自然科学的道理，充满了唯物辩证法。中国烹食是科学和艺术高度结合的产物，既是科学性很强的产物，又是艺术性很强的产物，是中华民族物质文明与精神文明的光辉结晶之一，它属于文化范畴。中国是人类饮食文化遗产最为丰富的国家，历代食经、食典数量之多是世所罕见的。我国历代文豪大师留下了数量可观的专写烹食的诗词歌赋和文稿。至于在著作中涉及烹食的，更是比比皆是。品味方式多种多样，各种宴会是这种饮食文明的集中反映。中国最早讲究饮食礼仪，而这种饮食礼仪，除了有部分封建糟粕以外，其他方面则是感情交流所必需的，或者是饮食卫生所必需的，是社会进步的表现。中国还是最早讲究饮食情趣的国家，美食与美器相结合，美食与美景良辰相结合，宴饮与赏心乐事相结合，饮食与欣赏美术、音乐、舞蹈、戏剧等相结合，既是一种美好的物质享受，也是一种高尚的精神享受，应该说，这是民族文化的一种表现。

艺术，是通过塑造形象具体地反映社会生活，表现作者思想感情的一种社会意识形态。中国烹食能够巧妙地体现这一种形态，因为它是多种艺术的综合体。在享用烹食成果时，人们往往与表现艺术相结合，载歌载舞；烹食成品上桌，其精美的造型艺术无疑给人一种美的享受；有的菜点名称就包含有高超的语言艺术；至于五味调和百味香，则同三元色、五线谱变幻声色一样，更能给人以回味无穷的精神享受。

第二节 烹食的发展

饮食是动物生存的基本条件，寻找食物则是动物的本能。人类正是在寻找食物的漫长岁月中，逐渐脱离动物界（低等动物）而成其为人（高等动物）的。早期的直立人已能制作简单的石器，晚期的直立人则已能开始用火。到了早期智人阶段，发明了人工取火技术，熟食的比重逐渐增加，火熟的方式由简单向复杂演进，烹食技艺也逐步发展和完善，加之陶器（主要是烹食器具）的发明，使人类最终告别了“茹毛饮血”的原始方式，步入了饮食文明阶段，极大地改善了人类的体质，提高了人类的健康水平。可以说，人类远古文化的产生和发展，主要是表现在饮食上，亦即食物的生产和烹食上。人类的创造和发明，大都是围绕饮食生活展开的，这是史前时代社会发展的固定法则之一。

一、历朝历代的烹食发展

（一）先秦时期

这是指秦朝以前的历史时期，即从烹食诞生之日起，到公元前 221 年秦始皇统一中国止，共约 7800 年。此乃中国烹食的初创时期，其中包括新石器时代（约 6000 年）、夏商周（约 1300 年）、春秋战国（约 500 年）三个各有特色的发展阶段。

1. 新石器时代的烹食

新石器时代由于没有文字，烹食演变的概况只能依靠出土文物、神话传说以及后世史籍的追记进行推断。它的大致轮廓如下。

① 食物原料多系渔猎的水鲜和野兽，间有驯化的禽畜、采集的草果、试种的五谷，不很充裕。调味品主要是粗盐，也用梅子、苦果、香草和野蜜，各地食源不同。

② 炊具是陶制的鼎、甑、鬲、釜、罐和地灶、砖灶、石灶；燃料仍系柴草；还有粗制的钵、碗、盘、盆作为食具，烹调方法是火炙、石燔、汽蒸并重，较为粗放。至于菜品，也相当简陋，最好的美味也不过是传说中的彭祖（彭铿）为尧帝烧制的“雉羹”（野鸡汤）。

③ 此时，先民进行烹调仅仅出自求生需要；关于食饮和健康的关系，他们的认识是朦胧的。但是，从燧人氏教民用火、有巢氏教民筑房、伏羲氏教民驯兽、神农氏教民务农、轩辕氏教民文化等神话传说来看，先民烹食活动具有文明启迪的性质。

④ 在食礼方面，祭祀频繁，常常以饮食取悦于鬼神，求其荫庇。开始有了原始的饮食审美意识，如食器的美化、欢宴时的歌呼跳跃等。这是后世筵宴的前驱，也是当时人们社交娱乐生活的重要组成部分。总之，新石器时代的烹食好似初出娘胎的婴儿，既虚弱、幼稚，又充满生命活力，为夏商周三代饮食文明的兴盛奠定了良好的基石。

2. 夏商周时期

夏商周在社会发展史中属于奴隶制社会，也系中国烹食发展史上的“初潮”。它在许多方面都有突破，对后世影响深远。

① 烹调原料显著增加，习惯于以“五”命名。如“五谷”（稷、黍、麦、菽、麻籽），“五菜”（葵、藿、头、葱、韭），“五畜”（牛、羊、猪、犬、鸡），“五果”（枣、李、栗、杏、桃），“五味”（米醋、米酒、饴糖、姜、盐）之类。“五谷”有时又写成“六谷”、“百谷”。总之，原料能够以“五”命名，说明了当时食物资源已比较丰富，人工栽培的原料成了主体，在选料方面也积累了一些经验。

② 炊饮器皿革新，轻薄精巧的青铜食具登上了烹食舞台。我国现已出土的商周青铜器物有 4000 余件，其中多为炊餐具。青铜食器的问世，不仅擅于传热，提高了烹食工效和菜品质量，还显示礼仪，装饰筵席，展现出奴隶主贵族饮食文化的特殊气质。

③ 菜品质量飞速提高，推出著名的“周代八珍”。由于原料充实和炊具改进，这时的烹调技术有了长足进步。一方面，饭、粥、糕、点等饭食品种初风雏型，肉酱制品和羹汤菜品多达百种，花色品种大大增加；另一方面，可以较好地运用烘、煨、烤、烧、煮、蒸、渍糟等 10 多种方法，烹出熊掌、乳猪、大龟、天鹅之类高档菜式，产生影响深远的“周代八珍”。“周代八珍”又叫“珍用八物”，是专为周天子准备的宴饮美食。它由 2 饭 6 菜组成，具体名称是：“淳熬”（肉酱油浇大米饭）、“淳母”（肉酱油浇黍米

饭）、“炮豚”（煨烤炸炖乳猪）、“炮牂”（煨烤炸炖母羊羔）、“捣珍”（合烧牛、羊、鹿的里脊肉）、“渍”（酒糟牛羊肉）、“熬”（类似五香牛肉干）、“肝”（肉油包烤狗肝）。“周代八珍”推出后，历代争相仿效。元代的“迤北（即塞北）八珍”和“天厨八珍”，明清的“参翅八珍”和“烧烤八珍”，还有“山八珍”、“水八珍”、“禽八珍”、“草八珍”（主要是指名贵的食用菌）、“上八珍”、“中八珍”、“下八珍”、“素八珍”、“清真八真”、“琼林八珍”（科举考试中的美宴）、“如意八珍”等，都由此而来。

④ 在饮食制度等方面也有新的建树。如从夏朝起，宫中首设食官，配置御厨，迈出食医结合的第一步，重视帝后的饮食保健，这一制度一直沿续到清末。再如筵宴，也按尊算分级划类。此外，在民间，屠宰、酿造、炊制相结合的早期饮食业也应运而生，大粱、燕城、邯郸、咸阳、临淄、郢都等都邑的酒肆兴盛。

所以，夏商周三代在中国烹食史上开了一个好头，后人有“百世相传三代艺，烹坛奠基开新篇”的评语。

3. 春秋战国时期

春秋战国是我国奴隶制社会向封建制社会过渡的动荡时期。连年征战，群雄并立。战争造成人口频繁迁徙，刺激农业生产技术迅速发展，学术思想异常活跃。此时烹食中也出现了许多新的元素，为后世所瞩目。

① 以人工培育的农产品为主要食源。这时由于大量垦荒，兴修水利，使用牛耕和铁制农具，农产品的数量增多，质量也提高了。不仅家畜野味共登盘餐，蔬果五谷俱列食谱，而且注意水产资源的开发，在南方的许多地区鱼虾龟蚌与猪狗牛羊同处于重要的位置，这是前所未有的。

② 在一些经济发达地区，铁质锅釜（古炊具，敛口圆底带二耳，置于灶上，上放蒸笼，用于蒸或煮）崭露头角。它较之青铜炊具更为先进，为油烹法的问世准备了条件。与此同时，动物性油脂（猪油、牛油、羊油、狗油、鸡油、鱼油等）和调味品（主要是肉酱和米醋）也日渐风行，花椒、生姜、桂皮、小蒜运用普遍，菜肴制法和味型也有新的变化，并且出现了简单的冷饮制品和蜜渍、油炸点心。

③ 继周天子食单之后，又推出新颖的楚宫筵席，形成南北争辉的局面。据《楚辞》中的记载，楚宫宴包括主食（4～7种）、肴（8～18种）、点心（2～4种）、饮料（3～4种）四大类别。其中的煨牛筋、烧羊羔、焖大龟、烩天鹅、烹野鸭、油卤鸡、炖甲鱼和蒸青鱼，都达到了较高的水平；而且在原料组配、上菜程序、接待礼仪上均有创新，为后世酒筵提供了蓝本。

④ 出现南北风味的分野，地方菜种初露苗头。其中的北菜，以现今的豫、秦、晋、鲁一带为中心，活跃在黄河流域，它以猪犬牛羊为主料，注重烧烤煮烩，崇尚鲜咸，汤汁醇浓。其中的南菜，以现今的鄂、湘、浙、苏一带为中心，遍及长江中下游，它是淡水鱼鲜辅以野味，鲜蔬拼配佳果，注重蒸酿煨炖，酸辣中调以滑甘，还喜爱冷食。这一分野到汉魏六朝时继续演进，由二变四，逐步显示出四大菜系的雏型。

⑤ 烹食理论初有建树，推出《吕览本味》和《黄帝内经》。《吕览本味》被后世尊为“厨艺界的圣经”，战国末年秦国相国吕不韦组织门客编著。其贡献主要是：正确指出动物原料的性味与其生活环境和食源相关；强调火候和调味在制菜中的作用，并介绍了一些方法；归纳出菜点质量检测的8条标准，并主张“适口者珍”；开列出当时各地著名的土特原料，以供厨师择用。《黄帝内经》是这时期的医家总结劳动人民同疾病作

斗争的经验，托名黄帝与歧伯臣之间的对话而陆续写成的。它由《素问》和《灵枢》组成，共18卷，162篇。该书除了系统阐述中医学术理论，从阴阳五行、脏腑（中医对人体内部器官的总称），经络（人体内气血运行通路的主干和分支）、病因、病机（疾病发生和变化的机理）、预防、治则（治病的基本法则）等方面论述人体生理活动以及病理变化规律外，还依据自然环境与健康的关系，提出了“六淫”（中医指风、寒、暑、湿、燥、火等六种气候太过，使人致病）、“七情”（中医指喜、怒、忧、恩、悲、恐、惊等七种情志）、饮食不当、劳倦内伤等病因说，告诫人们注意饮膳和生理功能的自我调适。这两部著述的起点均高，在2200年前可以列为“世界级”的科研成果，它们为先秦时期的烹食画上了圆满的句号。

（二）秦汉魏晋南北朝

秦汉魏晋南北朝起自公元前221年秦始皇吞并六国，止于公元589年隋文帝统一南北，共810年。这一时期是我国封建社会的早期，农业、手工业、商业和城镇都有较大的发展。民族之间的沟通与对外交往也日益频繁。在专制主义中央集权的封建国家里，烹食文化不断出现新的特色。这一时期的后半段，战争频繁，诸候割据，改朝换代快，统治阶级醉生梦死，奢侈腐化，在饮食中寻求新奇的刺激。由此，烹食就在这种社会大变革中演化，博采各地区各民族饮馔的精华，蓄势待变，焕发出新的生机。

1. 烹调原料的扩充

在先秦五谷、五畜、五菜、五果、五味的基础上，汉魏六朝的食料进一步扩充。张赛通西域后，相继从阿拉伯等地引进了茄子、大蒜、西瓜、黄瓜、扁豆、刀豆等新蔬菜，增加了素食的品种。《盐铁论》说，西汉时的冬季，市场上仍有葵菜、韭黄、簟菜、紫苏、木子耳、辛菜等供应，而且货源充足。《齐民要术》记载了黄河流域的31种蔬菜，以及小盆温室育幼苗和韭菜挑根复土等生产技术。杨雄的《蜀都赋》中还介绍了天府之国出产的菱根、茱萸、竹笋、莲藕、瓜、瓠、椒、茄，以及果品中的枇杷、樱梅、甜柿与榛仁。有“植物肉”之誉的豆腐，相传也出自汉代，是淮南王刘安的方士发明的。随后，豆腐干、腐竹、千张、豆腐乳等也相继问世。

这时的调味品生产规模扩大，《史记》记述了汉代大商人酿制酒、醋、豆腐各1000多缸的盛况。《齐民要术》还汇集了黑饴糖稀、煮脯、作饴等糖制品的生产方法。特别重要的是，从西域引进芝麻后，人们学会了用它榨油。从此，植物油（包括稍后出现的豆油、菜油等）便登上中国烹食的大舞台，促使油烹法的诞生。当时植物油的产量很大，不仅供食用，还作为军需。有文章介绍说，在赤壁之战中，芝麻油曾发挥出神威。

在动物原料方面，这时猪的饲养量已占世界首位，取代牛、羊、狗的位置而成为肉食品中的主角。其他肉食品利用率也在提高，如牛奶，就可提炼出酪、生酥、熟酥和醍醐（从酥酪中提制的奶油）。汉武帝在长安挖昆明池养鱼，周长达20公里，水产品上市量很多。再如岭南的蛇虫、江浙的虾蟹、西南的山鸡、东北的熊鹿，都摆上餐桌。《齐民要术》记载的肉酱品，就分别是用牛、羊、獐、兔、鱼、虾、蚌、蟹等10多种原料制成的。

此外，在主食中，由于水稻跃居粮食作物的首位，米制品开始多于面制品。菌耳、花卉、药材、香料、蜜饯等也都引起厨师的重视。

2. 筵席格局的变化

汉魏六朝，筵宴昌盛。《史记》中的鸿门宴，《汉书》中的游猎宴，都写得有声有色。特别是枚乘在《七发》中为“生病的楚太子”设计的一桌精美的宴席达到了相当高的水平：“煮熟小牛腹部的嫩肉，加上笋蒲；用肥狗肉烧羹，盖上石花菜；熊掌炖得烂烂的，调点芍药酱；鹿的里脊肉切得薄薄的，用小火烤着吃；取鲜活的鲤鱼制鱼片，配上紫苏和鲜菜；兰花酒上席，再加上野鸡和豹胎。”它与战国时的《楚宫宴》相比，在原料选配、烹调技法与上菜程序上，都有长足的进步。

至于汉高祖刘邦的《大风宴》、东汉大臣李膺的《龙门宴》、吴王孙权的《钓台宴》、魏王曹操的《求贤宴》、诗人曹植的《平乐宴》、名士阮籍的《竹林宴》、大将军桓温的《龙山宴》、梁元帝萧绎的《明月宴》、梁简文帝萧纲的《曲水宴》、乡老的《籍野宴》等，在格局和编排上都不无新意。其中最突出的是，突出筵席主旨，因时因地因人因事而设，重视环境气氛的烘托。这些后来都成为中国筵宴的指导思想，并被发扬光大。

3. 炊饮器皿的鼎新

炊饮器皿的鼎新突出表现是，锅釜由厚重趋向轻薄。战国以来，铁的开采和冶炼技术逐步推广，铁制工具应用到社会生活的各个方面。西汉实行盐铁专卖，说明盐与铁同国计民生关系密切。铁比铜价贱，耐烧，传热快，更便于制菜，因此，铁制锅釜此时推广开来，如可供煎炒的小釜、多种用途的“五熟釜”及“造饭少倾即熟”的“诸葛亮锅”（类似后来的行军灶，相传是诸葛亮发明的），都系锅具中的新秀，深受好评。与此同时，还广泛使用锋利轻巧的铁质刀具，改进了刀工刀法，使菜形日趋美观。

汉魏的炉灶系台灶，烟囱已由垂直向上改为“深曲（即烟道曲长）通火”，并逐步使用煤炭窑，有得利于掌握火候。河南唐县石灰窑画像石墓中的陶灶，河南洛阳烘沟出土的“铁炭炉”，以及内蒙古新店子汉墓壁画中的6个厨灶，都有较大改进，有“一灶五突，分烟者众，烹食十倍”（意思是一台炉灶有5个火眼和许多排烟孔，可以提高烹食工效十倍）的褒词。

这时的厨师还有紧身的“褠衣”，“犊鼻”式的围裙（即现今厨师所用的围裙，因形似牛鼻而得名），劳动保护观念增强了。

4. 饮食市场的活跃

西汉经过“文景之治”，经济发展，府库充盈，民间较为富足，为饮食市场注入了活力，形成了“熟食遍列，肴旅城市”的红火景象，并开始呈现以下三个特色。

一是饮食相关网点设置有相对集中的趋势。如北魏的洛阳大市分为八里，东市的“通商”、“达货”二里，“里内之人，尽皆工巧，屠贩为生”；西市的“延酤”、“治觞”二里，“里内之人，多酿酒为业”。长安、邯郸、临淄、成都、江陵、合肥、番禺的情况也类似。

二是公务人员的食宿多由驿馆提供。像云梦睡地虎出土的秦简上规定，御史的从卒出差，每餐供应半升稗米（糙米）和四分之一升酱料，还有菜羹和韭葱；大夫等官吏出差，则按爵位高低分别提高标准。汉魏仍承此制。所以驿馆实际上是官办的伙食服务业。

三是出现了一些专为权贵报务的特供店。像北魏都城洛阳永桥以南的“四夷区”，专住“外宾”。这一带的餐馆主营精美的鱼菜，有“洛（河）鲤伊（水）鲂，贵于牛羊”之说。汉代长安城外的“五陵区”（先皇的墓葬区），专住王公大臣，这里有许多胡人办的“胡姬（西域的少女）酒店”，以“异域情调”吸引白马金冠的“公子王孙”。

由于饮食市场的兴盛，地方风味也得以发展，随着经济、政治、文化、军事中心的更移，先秦时的“北菜”转以秦、豫为主，并充实进“胡食”（西域一带的饭菜）。“南菜”逐步一分为三，西南和中南以荆、湘、巴、蜀为主导；华东一带淮扬菜和金陵菜有较大影响；岭南地区则是粤、闽菜品渐占优越。至此，黄河、长江、珠江三大流域的肴馔差异已经很明显了，它说明鲁、苏、川、粤四大菜系正在酝酿发育之中。

5. 烹调技法的长进

秦汉时期出现了两次厨务大分工，首先是红白两案的分工，接着是炉与案的分工。这有利于厨师集中精力专攻一行，提高技术。

在烹调技法上，也比先秦精细。据《齐民要术》记载，当时的烹调有齑（用酱拌和细切的菜肉）、鲊（用盐与米粉腌鱼）、脯腊（腌熏腊禽畜肉）、羹肤肤（将肉制成羹）、蒸（蒸与煮）煎消（烧烩煎炒之类）、菹绿（泡酸菜）、炙（烤）、奥糟苞（翁腌、酒醉或用泥封腌）、饧脯（熬糖与做甜菜）等大类；每大类又有若干小类，合计近百种，这是一大进步。特别是在铁刀、铁锅、大炉灶、优质煤、众多植物油等五大要素激活下，油烹法颖脱而出，制出不少名菜、使中国烹食更上层楼。现今常用的 30 多种烹调法中，油烹法约占 60%以上；从中不难看出，汉魏六朝发明油烹，其影响是何等深远。

尤为可取的是，这时兴用栀子花和苏木汁染色，用枣、桂添香，用蜂蜜助味，用牛奶与芝麻油和面，用蛋黄上浆挂糊，用蛋雕及酥雕造型，菜品的色、香、味、形，都跃上了新的高度。

我国自古就有素食的传统，但未形成专门的菜品。汉魏六朝佛、道两教大兴，风姿特异的素菜这时才应运而生。素菜的基地是寺观，早期以羹汤为主，辅以面点，是款待施主的小吃，后来充实菜品，才形成阵容。《齐民要术》有“素食”一章，介绍了 11 个品种，但不少仍杂有荤腥料物，属于“花素”，乃素菜的早期形式。到梁武帝时，“南朝四百八十寺”，素菜更为活跃，有关记载增多。

此时的面点工艺亦是成就巨大。其表现是：面点品种增多，技法迅速发展，出现专门著作。如《饼赋》对面点有生动的描述。我国的市食面点、年节面点、民族面点、筵会面点、馈赠面点等，都是在这一时期初奠基石的。特别是“胡饼”（即今烧饼），流传千载仍有活力。

6. 烹食理论的收获

① 食疗肇始。这时出现了张仲景、淳于意、华佗、王叔和等名医，推出《神农本草经》、《伤寒病杂论》、《脉经》等新著，总结出脏腑经络学说，奠定了辩证论治（中医指根据病因、症状、脉向等全面分析，判断病情，进行治疗）的理论基础，传统医学体系初步形成。在药物运用上，强调“君臣佐使”（中医方剂的比拟词，“君”指起主要作用的药，“臣”指发挥功效的药，“佐”指辅佐作用的药，“使”指直达病区的主药和辅药）、“七情和合”和“四性五味”，并且试图用阴阳五行观解释食饮与健康的关系，使“医食同源”的理论进一步得到验证。像淳于意的“火剂粥”，华佗用葱姜酱醋合剂治疗寄生虫病，都可视作食疗的开端。

② 系统食书问世。如《淮南王食经》、《太官食方》、《食珍录》、《四时食利》、《安平公食学》、《食论》等，它们为后世菜谱的编写提供了借鉴。尤其是北魏贾思勰所著的《齐民要术》，是中国烹食理论演进史上一座丰碑。该书 10 卷 92 篇，涉猎面甚宽，容量远远超过前代的农书和食书。它是公元 6 世纪以前黄河中下游地区农业生产经验和食品

加工技术的全面总结，其主要贡献是：较多地介绍了主要农作物的品种、性能、产地和养殖方法，初具烹食原料学的雏型；广泛收集调味品生产的传统工艺，对食品酿造技术进行了总结，并有发展；汇集了众多菜谱，分析了不少技法，保留了珍贵的饮馔资料，堪称我国最早的菜品大全。这本书上起夏禹，下及六朝，思路贯通 10 多个朝代，健笔纵述 2000 余年。引用了古籍 150 余种，包容百川。对横向知识也很重视，虽然主要介绍齐鲁燕赵，但对荆湘吴越和秦陇（指甘肃一带）川粤亦有反映。作者力争列全主食、副食、荤菜、素菜和外域菜，以及原料、异馔、炊具、储藏知识等。

总之，汉魏六朝上承先秦，下启唐宋，是中国烹食发展史上重要的过渡时期。引进了众多外来原料，提高了农副产品的养殖技术，食源进一步扩大，改进了炉灶和炊具，以漆器为代表的餐具轻盈秀美；调味品显著增加，开始使用植物油，油煎法问世；菜肴花色品种增多，质量有所提高，素菜发展较快，“胡风烹食”（西域一带的烹食技艺）独树一帜；出现不少面点小吃新品种，节令食品与乡风民俗逐步融合；筵宴升级，重视情味；饮食市场兴隆，菜系正在孕育之中；医学理论逐步形成，膳补食疗渐受重视；出现了一批食书，《齐民要术》贡献卓著。

（三）隋唐宋元时期

中国烹食发展的第三阶段是隋唐五代宋金元，它起自公元 589 年隋朝统一全国，止于公元 1368 年元朝灭亡，共 779 年。这一时期属于中国封建社会的中期，先后经历过隋、唐、五代十国、北宋、辽、西夏、南宋、金、元等 20 多个朝代，统一局面长，分裂时间短，政局较稳定，经济发展快，饮食文化成就斐然，是中国烹食发展史上的第二个高潮。

隋与秦相似，立国时间不长，但为唐朝的发展开了一个好头。李渊父子建立唐朝后，推行均田制、租庸调制、府兵制和科举制，经济振兴，国库充实，诗歌、绘画、书法等领域都有巨大成就。加之建立安西、渤海等都护府，扶持南诏政权，文成公主入藏，疆域空前辽阔，成为中国封建社会发展过程中最强大的王朝。同时又开辟丝绸之路，派玄奘到印度取经，同日本、朝鲜保持睦邻友好关系，使长安成为亚洲经济文化交流中心。这一切都为烹食的发展开创了有利局面。

经动乱的五代十国，赵匡胤建立了北宋。宋初，比较注意休养生息，经济逐步回升。特别是采煤、冶铁、制瓷的兴盛，带动了商业贸易的发展，出现不少繁华都市，饮食市场空前活跃。后来，女真人崛起，出现隔江对峙的两个政权。此时尽管战事不断，经济并未停顿，还出现了一批对文化贡献突出的人物。特别是南宋时期，生产工具改进大，对外贸易份额高，首都临安相当繁华。南宋君臣的醉生梦死，刺激着超级大宴频频升级。同时饮食市场上的激烈竞争，又使一批以地方风味命名的餐馆问世。

当宋辽金在中原大地争战不息的时候，北方的蒙古族迅速崛起。不久，成吉思汗及其继承人便统一了中国，建立了元朝。元代，注重屯田开荒和兴修水利，粮食大面积增产，官办的手工业发展很快，农学、医学、交通、外贸也超出前代水平。加之元代倚重回族、维吾尔族等少数民族，对各种宗教实行宽容利用的政策，积极开展对外经济文化交流，所以饮食文化呈现出多元化的色彩，比唐宋时期显得丰满，并有特异的情韵。

1. 食源继续扩充

隋唐宋元时期，烹食原料进一步增加，通过陆上丝绸之路和水上丝绸之路，从西域和南洋引进一批新的蔬菜，如菠菜、莴苣、胡萝卜、丝瓜、菜豆等。还由于近海捕捞业的昌盛，海蜇、乌贼、鱼唇、鱼肚、玳瑁、对虾、海蟹相继入馔，大大提高了海产品的利用率。另据《新唐书·地理志》记载，各地向朝廷进贡的食品多得难以数计，其中，香粳、白麦、荜豆、蕃荭、葛粉、文蛤、糟白鱼、橄榄、槟榔、酸枣仁、高良姜、白蜜、生春酒和茶，都为食中上品。

此时厨师选料，仍以家禽、家畜、粮豆、蔬果为大宗，也不乏蜜饯、花卉，以及象鼻、蚁卵、黄鼠、蝗虫之类的“特味原料”。同一原料中还有不同的品种可供选择，如鸡，便有骁勇狠斗的竞技鸡、蹄声宏亮的司晨鸡、专制汤菜的肉用鸡，以及形貌怪诞、可治女科杂症与风湿诸病的乌骨鸡等。

在油、茶、酒方面，也是琳琅满目。如唐代的植物油，有芝麻油、豆油、菜籽油、茶油等类别；宋代的茶，有石乳、胜雪、蜜云龙、石岩白、御苑报春等珍品；而元代的酒，则包括阿刺吉酒、金澜酒、羊羔酒、米酒、葡萄酒、香药酒、马奶酒、蜂蜜酒等数十种。

由于生产发展和生活提高，这时烹调原料的需求量更大，《东京梦华录》介绍，北宋的汴京（今河南开封），从南熏门进猪，“每群万数”，从新郑门等处进鱼，“常达千担”。元代，为了满足大都（今北京市）的粮食供应，海运、漕运（旧时指国家从内河水道运输粮食，供应京城和接济军需）每年两次，有时国内基本种原料不足，还需进口。北宋有种“香料胡椒船”，就是专门到印度尼西亚等地运载辛香类调料和其他物品的。与元代有贸易关系的国家和地区有140余个，进口货物220余种，其中最多的是胡椒、茴香、豆蔻、丁香等。

因为原料品种多，研究者也多，《禾谱》、《糖霜谱》、《菌谱》、《笋谱》、《荔枝谱》、《鱼经》、《酒经》等书籍在理论上支持着烹食的发展。

2. 炊饮器具进步

从燃料看，这时较多使用煤炭，部分地区还使用天然气和石油；有了耐烧的“金刚炭”（焦煤）、类似蜂窝煤的“黑太阳”，以及相当于火柴的“火寸”。还认识到“温酒及炙肉用石炭”；“柴火、竹火、草火、麻核火气味各不同”。隋唐宋元的火功菜甚多，与能较好地掌握不同燃料的性能有直接关系。

炉和灶也有变化，当时流行泥风灶、小缸炉和小红炉。还发明了一种“镣炉”。它是在小炉外镶上框架，能够自由移动，利用炉门拔风，火力很旺。河南偃师出土的宋代妇女切脍画像砖上，便绘有此炉。因其别致，《中国烹食》创刊号即以之作为封面。

这时还有六格大蒸笼、精致铜火锅及与现代锅近似的金代双耳铁锅。尤为引人注目的是，《资暇录》中介绍了“刀机”，《辍耕录》中介绍了“机磨”，这都是我国较早的食品加工机械。此外唐代还出现专门记载刀工刀法的《斫脍书》，这说明刀功经验也较成熟了。

北宋初年，八仙桌问世，《通俗篇》有所记载。从此，我国的筵宴就由3～4人一桌演化成6～8人一桌。这对宴会格局的编排和菜点份量的掌握影响很大，也直接制约着接待服务程序。

在餐具中，最主要的是风姿特异的瓷质餐具逐步取代了陶质、铜铁质和漆质餐具。唐代有邢窑白瓷和越窑青瓷。宋代，北方有定窑刻花印花白瓷、官窑纹片青釉细瓷，钧窑黑釉白花斑瓷、海棠红瓷，以及独树一帜的汝窑瓷、耀州瓷、磁州瓷；南方有越窑和龙泉窑刻花印花青瓷，景德镇窑影青瓷，哥窑水裂纹黑胎青瓷，以及吉州窑和建窑黑釉瓷。元代，式样新颖的釉里红瓷驰誉中原，釉下彩瓷和青花瓷名播江南。其中，青花瓷700多年来一直被当作高级餐具使用；1949年后国宴上使用的“建国瓷”就是在它的基础上改进的。

宋代的高级酒楼——“正店”，还习惯于使用全套的银质餐具；而帝王之家和官宦富豪，仍是看金玉制品。

3. 工艺菜式勃兴

在烹调技法方面，隋唐宋元的突出成就是工艺菜式（包括食雕冷拼和造型大菜）的勃兴。

中国的食品雕刻技术源于先秦的“雕卵”（鸡蛋），到了汉魏有“雕酥油”。进入唐宋则是雕瓜果、雕蜜饯。还有用金纸刻出龙凤盖在醉蟹上的“镂金龙凤蟹”。尤其是雕花蜜乌，12色一组，用于盛筵，相当漂亮。

食雕的发展，推动了冷菜造型。拼碟的前身是商周时祭祖所用的“钉”（整齐堆成图案的祭神食品），后来演化成将五色小饼做成花果、禽兽、珍宝的形状，在盘中摆作图案。唐宋的冷拼又进一步，先用荤素原料镶摆，如“五生盘”、“九霄云外食”之类，刀工精妙。特别是比丘尼梵正创制的“辋川小样”，更系一绝。这种大型组合式风景冷盘，依照唐代诗人王维所画的《辋川图二十景》仿制而成；用料为脯、酱瓜、蔬笋之类，每客一份，一份一景，如果满20人，便合成《辋川图全景》。

造型热菜亦多。如用鱼片拼作牡丹花蒸制的“玲珑牡丹”，红烧甲鱼上面装饰鸭蛋黄和羊网油的“遍地锦装鳖”，一尺多长的“羊皮花丝”，点缀蛋花的“汤浴绣丸”等。至于鱼白做的“凤凰胎”、青蛙做的“雪婴儿”、鹌鹑做的“箸头春”、鳜鱼做的“白龙”、鹿血与鹿肉做的“热洛河”、兔肉做的“拨霞供”、鳝鱼做的“软钉雪笼”，无不造型艳丽，说明隋唐宋元的烹调工艺已有全新的突破。

这一时期还创造出不少奇绝的食品。陶谷《清异录》所载的“建康（南京的古称）七妙”即为一例：捣烂的酸腌菜，平得像镜子可以照见人影；馄饨汤清彻明净，可以磨墨写字；春饼薄如蝉翼，能够映出字影；饭粒油糯光滑，落在桌上不沾；面条柔韧像裙带，可以打成结子；陈醋醇美香浓，能当酒喝；馓子焦脆酥香，嚼起来声响惊动数里。其中虽有夸饰之词，但不完全失真。此时还值得一提的是名厨辈出，如谢讽、膳祖、张手美、刘娘子、王立、宋五嫂等。《江行杂录》中介绍了一位自由应聘的厨娘。她的厨具多为白金所制，有五、七十两（折合为1500～2200克），做一道菜的酬金是绢帛数十匹。身价如此之高，其技艺不难想见。

4. 风味大宴纷呈

隋唐元筵宴水平甚高。其菜点之精、名目之巧、规模之大、铺陈之美，远远超过汉魏六朝，现能见到的唐代《烧尾宴》菜单中主要菜点就有58道，大臣张俊接待宋高宗时菜品竟有250款，元太宗窝阔台在和林大宴群臣时，酒水与奶汁都由特制的银树喷泉喷出。

地方风味演化到唐宋，也初现花蕾。不少餐馆首次挂出胡食、北食、南食、川味、素食的招牌，供应相应的名馔。其中，胡食主要指西北等地的少数民族菜品和阿拉伯菜品，与现今的清真菜有一定的渊源关系。北食主要指豫、鲁菜，雄居中原。南食主要指苏、杭菜，活跃在长江中下游。川味主要指巴蜀菜，波及云贵。素食主要指佛、道斋菜，逐步由“花素”向“清素”过渡。这些菜式，在《食经》、《酉阳杂俎》、《中馈妇女主持家政之意录》、《山家清供》、《饮膳正要》、《居家必用事类全集》、《本心斋蔬食谱》和《云林堂饮食制度集》中，均见记载。

5. 饮食市场繁华

唐宋的饮食市场，已经相当完善。它具有六大特色，基本上刻画出封建时代餐饮业经营方式的轮廓。

① 饮食网点相对集中，名牌酒楼多在闹市。唐代长安有 108 坊，呈棋盘式布局。各坊经营项目大体上有分工，如长兴坊卖包子之类的食品，辅兴坊卖胡饼，胜业坊卖蒸糕，长安坊卖稠酒（米酒）。北宋汴京的名店多集中在御待街两侧和大相国寺一带，饮食茶果“虽三五百份，莫不咄嗟而办”。再如，“胡风烹食”主要在游人如织的长安曲江风景区，而历史名店“樊楼”则在汴京的闹市东华门。

② 茶楼酒肆分级划类，高低贵贱应客所需。像宋代的高级酒楼叫“正店”，中小型酒家叫“柏户”或“分茶”，建筑格局与布置装潢差别明显，价格亦分档次。血羹之类每份 10～20 文，羊羔酒之类每杯 72～81 文，名菜每盘少则几钱银子，多则数十两。在“胡风烹食”和“樊楼”中，经常是 10 多担谷“不足供一筵”，“一饭千金”也不是稀罕的事。

③ 适应城镇起居特点，早市夜市买卖兴隆。饮食业的早市，古已有之；夜市普遍开放，则是宋太祖撤消宵禁之后。如汴京，“夜市直至三更尽，才五更又复开张，如要闹去处（热闹地方），通宵不绝。”夜市以名店为主，众多食摊参加，好似长藤牵瓜，遍及大街小巷。其特点是规模大、时间长、摊点多、品类全，以大众化食品为主，并且送货上门，可以记帐、预约。

④ 同行之间竞争激烈，名牌食品层出不穷。许多店家为了能在市场上争得一席之地，在招聘名师、装修门面、更新餐具、改进技艺、推出新菜、招徕顾客方面，无不大用心计。还据《武林旧事》等书的统计，当时临安（今浙江杭州）市场可供应宫廷名菜 50 余种，南北名菜 200 余种，风味小吃 300 余种。其中的宋五嫂鱼羹、曹婆婆肉饼、王楼包子、梅家鹅鸭，名闻全国。

⑤ 接待顾客礼貌周全，主动承揽服务项目。唐宋酒楼的服务人员众多，态度谦恭，技艺精熟。那时还有承办筵席的机构“四司六局”。四司即“帐设司、茶酒司、厨司、台盘司”；六局即“果子局、蜜煎局、蔬菜局、油烛局、香药局、排办局”。

⑥ 食贩挑担深入街巷，居民购食方便迅速。当时是“市食点心，四时皆有，任便索唤，不误主顾”。食贩很会做生意；以儿童的零食为主体；节令食品提前推销；不分冷热晴雨，全天叫卖；态度热情主动，不辞辛劳。《梦粱录》说，临安的男女食贩都是高声吟叫，唱着小曲，戴着面具跳舞，并且“装饰车担盘盒器皿，新洁精巧，以耀人耳目”，可谓心思用尽。

6. 烹食著述丰收

由隋至元，烹食研究亦有新的收获。

① 在食疗补治方面，巢元方的《诸病源程序侯论》论及到与食医的关系。“药王”孙思邈的《千金食治》，收集药用食物 150 种，逐一详加阐述。他的另一著述《养老食疗》，设计出长寿食方 17 组，开老年医学中食物疗法的先河，对摄生学（保养身体的科学）也有建树。

此外，昝殷的《食医心鉴》、孟诜的《食疗本草》、陈士良的《食性本草》都辑录了众多的饮食偏方及四时调养方法，如紫苏粥治腹痛、鲤鱼脍治痔疮等，皆有确效。金元四大医圣刘完素、张从正、李杲、朱震亨积极探讨饮食宜忌，深化了食物补治理论。宋人陈直的《奉亲养老书》还列出饮食调节和老人备用急方 233 个，邹鋐的《寿亲养老新书》附有妇女和儿童食方 256 个，很受时人重视。元末的贾铭在《饮食须知》中，专选历史本草中 360 多种食物的相反相忌，附载食物中毒解救法，又是一个发展。

特别是元代饮膳太医忽思慧，集毕生精力写成了我国第一部较为系统的饮食营养学专著——《饮膳正要》。该书将历朝宫中的奇珍异馔、汤膏煎造、诸家村草（中药材）、名医方术、日常食料汇集起来，重点论述了饮食避忌和进补、食疗偏方及卫生、原料性能与药理等问题。其主要贡献有：总结前代饮食养生经验，强调“药补不如食补”，重视粗茶淡饭的滋养调节；从平衡膳食的角度提出健身益寿原则，主张饮食季节化和多样化；重视原料药用性能的鉴别，防止食物中毒；倡导“食饮有节（节制），起居有常（规律），不妄作劳（不要过度的玩乐和劳累）”，“薄滋味（不追求华美的饭食），省思虑，节嗜欲，戒喜怒”的养生观；要求培养良好的卫生习惯，如“早刷牙不如晚刷牙”、“酒要少饮为佳”、“莫吃空心茶”；汇集了众多宫廷食谱，保留了许多少数民族饮食资料，可供后人研究。

② 在食书方面，这时有 10 多部专著问世。其中，欧阳询等到人奉唐高祖之命编撰的《艺文类聚》，专设“饮馔部”，共 72 卷，分为食、饼、肉、脯等类，汇集了 1300 年前的众多烹食资料。李昉等到人奉宋太祖之命编撰的《太平御览》，也设有“饮食部”，共 25 卷，分为酒、茶、馔、酱等 70 多类，对古菜品（如脍、脯）的来龙去脉进行了翔实考证，很有参阅价值。再如林洪的《山家清供》，记录了两宋江浙名食 102 种，山林风味浓，乡土气息重，颇具特色。其中的“拨霞供”（涮兔肉）、“蟹酿橙”、“水晶脍”（鲤鱼鳞、猪皮、琼脂等煮成浓汁，冷凝后切丝）、“琥珀蜜”，一直被后世称道。而出现在元末的《居家必用事类全集·饮食类》，又载有“回回食品”（即清真菜）、“女真（满族的祖先）食品”、“酥乳酪品”、“造诸粉品”等北味美食，影响深远，被日本尊为《食经》。还有段文昌的《邹平公食宪章》、杨晔的《膳夫手录》、段成式的《酉阳杂俎》、陶谷的《清异录》、虞棕的《食珍录》、郑望的《膳夫录》、司膳内人的《玉食批》、陈达叟的《本心斋蔬食谱》、赵希鹄的《调变类编》、倪瓒的《云林堂饮食制度集》等，都引人注目。

总之，隋唐五代宋金元时期，扩大了食源，山珍与海鲜增多，出现一批烹调原料专著；燃料质量提高，革新了炉灶炊具，推出食品加工机械，瓷质餐具风姿绰约，金银玉牙制品完美；食品雕刻和花碟拼摆突飞猛进，造型热菜日见发展，涌现出一批名厨；菜式花色丰富，小吃精品层出不穷，首次出现地方风味的正式提法，菜系正在孕育之中，筵宴升级，铺陈华美，展示出封建文化的丰采；饮食市场活跃，总结出不少生财之道；烹食著述丰收，《饮膳正要》和《千金食治》建树卓著。

（四）明清时期

从公元 1368 年明朝立国起，到 1911 年辛亥革命推翻清朝止，共 543 年。这一阶段属于中国封建社会的晚期，仅经历两朝，政局稳定，经济上升，物资充裕，饮食文化发达，是中国烹食史上第三个高潮，硕果累累。

朱元璋称帝后，加强了中央集权，到永乐年间，国力相当雄厚。郑和七下西洋，同30多个国家建立友好联系，中外文化的交流使食源更为充沛。明中叶后，朝纲不振，经过万历年间的整治，商品经济得以发展，资本主义生产关系在江南手工业部门中萌芽。《本草纲目》、《天工开物》和《家政全书》相继刊行，中国烹食的研究继续深入。

清初的顺治、康熙、雍正、乾隆四朝，政策较为开明，经济迅速复苏，农业、手工业和商业均创造出封建社会的最好成绩，饮食文化也如鱼得水，生机旺盛。清朝后期，社会统治日见衰朽，由于帝国主义的侵扰，中国被套上了半封建半殖民地的枷锁。统治阶级骄奢淫逸，贪求无厌，烹食迅猛发展，宫廷菜和官府菜大盛。以“满汉全席”为标志的超级大宴活跃在南北，中国饮膳结出硕大的花蕾，达到了古代社会的最高水平，中国获得“烹食王国”的美誉。

1. 飞潜动植争相入馔

明人宋诩记载，弘治年间可上食谱的原料已近千种；到了清末，现在能吃的飞潜动植大都得到了利用。据《农业政全书》记载，此时又从国外引起笋瓜、洋葱、四季豆、苦瓜、甘蓝、油果花生、马铃薯、玉米、蕃薯等，蔬菜已达100种以上，并且全面掌握露地种植、保护地种植、沙田种植以及利用真菌寄生培植茭白的技术。进入清代后又引进辣椒、番茄、芦笋、花菜、凤尾菇、朝鲜蓟、西兰花、抱子甘蓝等，蔬菜品种达到130种左右，创造出许多新菜式，而且对5省1州（云、贵、川、湘、鄂和吉林延边）的食风影响很大。还有番茄，也为夏季的食谱增添了花色。

在动物原料方面，养猪业和养鸡业更为发达。九斤黄鸡和狼山鸡出口欧美，华南猪引种到英国。而且海产原料进一步开发，燕窝、鱼翅、海参、鱼肚也上了餐桌。当时还能“炎天冰雪护江船”，“三千里路到长安”，在北京可以吃到用冰船送来的江南鲜鲥鱼。与此同时，满、蒙、维、藏等民族地区的特异原料，也被介绍到内地，如林硅、黄鼠、雪鸡、虫草等。

由于食源充裕，人们将同类原料的精品筛选出来，借用古时“八珍”一词，分别归类命名。如“山八珍”为熊掌、鹿茸、犀牛鼻、驼峰、果子狸、豹胎、狮乳、猴脑；“水八珍”为鱼翅、鲍鱼、鱼唇（鲨鱼唇或大黄鱼唇）、海参、鳖裙、干贝、鱼脆（鲟鳇鱼的鼻骨）、蛤士蟆（雌性林蛙卵巢及其四周的黄色油膜）；“禽八珍”为红燕、飞龙（榛鸡）、鹌鹑、天鹅、鹧鸪、云雀、斑鸠、红头鹰；“草八珍”为猴头蘑、银耳、竹荪、驴窝菌、羊肚菌、花菇、黄花菜、云香信等，精品原料已系列化。

2. 全席餐具流光溢彩

瓷质餐具仍占绝对优势。明朝的宣（德）、成（化）、嘉（靖）、万（历）窑器，有白釉、彩瓷、青花、红釉等精品，成龙配套，富丽堂皇。《明史·食货篇》记载，皇帝专用的餐具就有307000多件。当时有御窑58座，日夜开工，专烧宫瓷；以制瓷为主业的景德镇，一跃而成为“天下四大镇”之一。清瓷更上一层楼。像康熙年间的郎窑瓷，型制多样，并有多色混合的“窑变”（指在窑炉的高温中釉彩产生的奇妙变化），亦是一奇。

可以与细瓷媲美的是宜兴工艺陶。名匠供春制作的茶壶，设计古朴，盛茶不馊，海内珍之，价同金璧，名公巨卿无不争相购求。

明清的金银玉牙餐具更为豪奢。奸臣严嵩家中，仅金盘一项，即有49件，其中的金鲤跃龙门盘、金飞鹤壁虎盘、金八仙庆寿酒盘、金松竹梅大葵花盘、金草兽松鹿花长盘，无不栩栩如生。慈禧太后宁寿宫膳房里，有金银餐具1500多件。1771年，乾隆之女嫁给孔子72代孙子孔宪培。嫁奁中有套“满汉宴银质点铜锡仿古象形水火餐具”，共404件，可上196道菜品。它再现了先秦时青铜餐具的雄浑风姿，模拟飞潜动杆，镶嵌玉石珍宝，刻琢诗文书画，有很高艺术观赏价值，为我国古食器的杰作。

3. 工艺规程日益规范

明清500多年间，菜点制作经验经过积累、提炼和升华，已形成比较规范的烹食工艺。李调元在《醒园录》中总结了川菜烹调规程，蒲松龄的《饮食章》对鲁菜工艺亦有评述。特别是袁枚在《随园食单》的“须知单”和“戒单”里，对工艺规程提出具体要求。如“凡物各有先天，如人各有资禀”，“物性不良，虽易牙（先秦名厨，善于调味）烹之亦无味也”，因此选料要切合“四时之序”，专料专用，不可暴殄。袁枚还提倡“清者配清，浓者配浓，柔者配柔，刚者配刚”。只有求其一致，方成“和合之妙”。他亦主张火候应因菜而异，“有须武火者，煎炒是也，火弱则物疲矣；有须文火者，煨煮是也，火猛则物枯矣；有先用武火而后用文火者，收汤之物是也，性急则皮焦而里不熟矣”。另外，调味要“相物而施”，“一物各施一性，一碗各成一味”，调料“俱宜选择上品”，“纤（芡）必恰当”。“味要浓厚不可油腻，味要清鲜不可淡薄”，只有“咸淡合宜，老嫩如式”，方能称作调鼎高手。袁枚还提出烹食中的六戒：一戒“外加油”，二戒“同锅熟”，三戒“穿凿”，四戒“走油”，五戒“混浊”，六戒“苟且（敷衍了事）”。凡此种种，都使烹食工艺跃升到新的高度。后来的李渔在《闲情偶寄·饮馔部》里，还提出纯净、俭朴、自然、天成的饮食观，尤为重视原料质地和菜品风味的检测。如他评价蔬菜之美，是“一清、二洁、三芳馥、四松脆”，其所以胜过肉品，“忝在一字之鲜”。他认为“蟹之为物至美”，“鲜而肥，甘而腻，白似玉而黄似金，已造色、香、味三者之至极，更无一物可以上之。”他还主张，“食鱼者首重在鲜，次则及肥，肥而且鲜，鱼之能事毕矣。”

4. 名厨巧师灿若群星

工艺是劳动的结晶，它来自于名厨巧师的辛勤创造。明代，御厨、官厨、肆厨（酒楼餐馆的厨师）、俗厨（民间厨师）、家厨和僧厨众多，并且常见记述。《宋氏养生部》是一部重要的官府食书。其作者宋诩回忆说：他的母亲从小到老跟着当官的外祖父和父亲到过许多地方，学会不少名菜，特别会做烤鸭。她将一身的厨艺传给儿子，宋诩整理出1010种菜品。再如南通的抗倭英雄曹顶，原系白案师傅，在刀切面上有一手绝活。湖南还有位能写的名师潘清渠，他将412种名菜编成了《饕餮谱》一书。

清初名厨更多。其中有菜谱茶经“莫不通晓”的董小宛，推为“天厨星”的董桃媚，“遂将食品擅千秋”的萧美人，“什景点心”压倒天下的陶方伯夫人，五色脍“妙不可及”的余媚娘，嘉兴美馔“芙蓉蟹”的创始人朱二嫂，川味名珍“麻婆豆腐”的创始人陈麻婆，撰写《中馈录》的才女曾懿等。此外，《扬州画舫录》等书还介绍过众多名厨，如做“十样猪头”的江郑堂，做“梨丝炒肉”的施胖子，做“什锦豆腐羹”的文思和尚，做“马鞍桥”（鳝鱼菜）的小山和尚等。

江南名厨王小余，曾在烹食鉴赏家袁枚家中掌厨近10年。他选料“必亲市场”，掌火时“雀立不转目”，调味“未尝见染指之试”（即不用手指去尝）。他有一名“作厨如作医”名言，认真做到了“谨审其水火之齐”（准确地掌握施水量与加热量），“万口之甘如一口”，深得袁枚的器重。他死后，袁枚思念不已，“每食必为之泣”，写下情深意长的《厨者王小余传》，这也是古代留下的唯一的厨师传记。

到了晚清，又涌现出“狗不理包子”创始人高贵友，“佛跳墙”创始人郑春发，“叫化鸡”创始人米阿二，“义兴张烧鸡”创始人张炳，“散烩八宝”创始人肖代，“皮条鳝鱼”创始人曾永海，“早堂面”创始人余四方，“什锦饭过桥”创始人詹阿定，以及“抓炒王”王玉山，鲁菜大师周进臣、刘桂祥，川菜大师关正兴、黄晋龄，粤菜大师梁贤，苏菜大师孙春阳，京菜大师刘海泉、赵润斋等。

5. 名菜美点五光十色

丰富的陆海原料和调味品，成龙配套的全席餐具，变化万千的烹调技法，勇于创新的名厨巧师，带来了佳肴丰收的金秋。在鱼肉禽蛋方面，这时推出水晶肴蹄、蟹粉狮子头、五元神鸡、钟祥蟠龙、软熘黄河鲤鱼焙面、李鸿章杂烩等名特大菜。在山珍海鲜方面，有龙虎斗、蜗牛脍、飞龙汤、炸全蝎、雪梨果子狸、一品燕菜等奇馔异食。在宫廷珍肴方面，有八宝奶猪火锅、燕窝炒炉鸭丝等营养美味。在民间欢宴方面，有台鲞煨肉、云南鸡棕等风味名食。在寺观斋菜方面，有桑门香（酥炸桑叶）、萝卜丸、魔芋豆腐、金针银耳神仙汤等到清素精品，还有别出心裁的“五套禽”、香飘仙界的“罗汉斋”、工艺奇巧的“换心蛋”、形态肖似的“松鼠鱼”、疗效显著的“虫草金龟”、享誉海内外的“烤鸭”等。

至于点心小吃，也以精奇取胜，注重审美情趣。如淮扬的富春包子、苏锡的糕团、闽粤的鱼片粥、湘鄂的豆皮、巴蜀的红油水饺、云贵的乳扇（用牛奶发酵后加工制成，呈半透明状，油润，形似扇子）、松沪的南翔馒头（此处指包子）、齐鲁的伊府顶（蛋液和于面团中制成）、辽吉的薰肉大饼、京津的狗不理包子、秦晋的牛羊肉泡馍、冀豫的四批油条（因炸制时 4 个油条面坯重叠在一起而得名）、甘宁的泡儿油糕、蒙新的奶茶等。

其中，成就最为突出的是宫廷菜、官府菜、寺观菜和市场菜。从宫廷菜看，明代是汉菜为主，偏于苏皖风味；清代是满汉合璧，偏重于京辽风味。尤其是清宫菜，选料精，规法严，厨务分工精细，盛器华美珍贵，堪称“中菜的骄子”。从官府菜看，有宫保（丁宝桢）菜、鸿章（李鸿章）菜、梁家（梁启超）菜、谭家（谭宗浚）菜等，以孔府菜最为知名。其取料以山东特产为主，海陆珍品并容；其菜式以齐鲁风味为主，兼收各地之长；其情韵以儒家文化为主，广泛反映清代的社会岁月风貌，故有“圣人菜”之称。从寺观菜看，分为大乘佛教菜和全真道观菜两支，大同小异，调制精细。从市场菜看，这时已形成风味流派。鲁、苏、川、粤四大菜系已成气候；古老的鄂、京、徽、豫、闽、浙、滇诸菜稳步发展；新兴的满族菜、朝鲜族菜、蒙古族菜和回族菜等，也纷纷打入市场，出现“百花齐放”的局面。

6. 华美大宴推陈出新

筵宴发展到明清，已日趋成熟，展示出中国封建社会晚期的饮食民俗风情。

① 餐室富丽堂皇，环境雅致舒适。红木家具问世后，八仙桌、大圆台、太师椅、鼓形凳，都被用到酒席上来。桌披椅套讲究，多用锦绣成。为了便于调排菜点、宾主攀谈和祝酒布菜，此时多为 6～10 人席的格局。席位讲究，明代有对号入座的“席图”，设席地点大多是“春在花榭、夏在乔林、秋在高阁、冬在温室”，追求“开琼筵以坐花，飞羽觞而醉月”的情趣。在台面装饰上，已由摆设饰物发展成为“看席”（专供观赏的花台）。

② 筵席设计注重套路、气势和命名。明代的乡试（在省城选拔举人的考试）大典，席面分为“上马宴”和“下马宴”，各有上、中、下之别。清宫光禄寺置办的酒筵，有祀席、奠席、燕席、围席四类，每类再分若干等级。市场筵宴亦以碗碟之多少区分档次，各有例则。在筵宴结构上，一般分作酒水冷碟、热炒大菜、饭点茶果三大层次，统由头菜率领；头菜是何规格，筵宴便是何等档次。命名亦巧。如《盖州（今辽宁盖县一带）三套碗》、《三蒸九扣席》、《五福六寿席》之类，寄寓诗情画意。

③ 各式全席颖脱而出，制作工艺美仑美奂。全席包括主料全席（如全藕席）、系列原料全席（如野味全席）、技法全席（如烧烤全席）、风味全席（如谭家菜席）四类；具体有全龙席（多指蛇席、鱼席、白马席之类）、全凤席（多指鸡席、鸭席、鹌鹑席等）、全麟席（指全鹿席）、全虎席（指全猪席）、全羊席、全牛席、全鱼席、全蛋席、全鸭席、全素席等。其中，全羊席誉满南北，满汉全席被称为“无上上品”。前者用羊20头左右，可以制出108道食馔；后者以燕窝、鱼翅、烧猪、烤鸭四大名珍领衔，汇集四方异馔和各族美味，菜式多达一两百道，一般要分三日九餐吃完。因其技法偏重烧烤，主要由满族茶点与汉族大菜组成，因此又叫“大烧烤席”或“满汉燕翅烧烤全席”。

④ 少数民族酒筵发展，呈现不同礼俗。仅据《清稗类钞》所载，就有满、蒙、回、藏等族的特色席面10余种；如果加上有关笔记的记录，则可多达50余例。其中，《满洲贵家大祭食肉会》、《蒙人宴会带福还家》、《西藏噶信纸卜（西藏郡主，即地方政府长官）乡宴》、《青海番族（藏族）宴会》等，都是研究民族史、宗都史、饮食史、礼俗史、筵宴史和烹食史的珍贵资料。

7. 饮食市场红火兴盛

依循唐宋饮食网点相对集中的老例，明清的茶楼酒肆进一步向水陆码头、繁华闹市和风景胜迹区集中，逐步形成各有特色的食街，如北京大栅栏、上海城隍庙、南京夫子庙、苏州玄妙观、杭州西湖、汉口汉正街、重庆朝天门、西安钟鼓楼、广州珠江岸、开封相国寺等。这些地段，“酒商食凤，蜂攒蚁聚，茶楼饭庄，栉次鳞比”；“迟日芳樽开槛畔，月明灯火照街头”；“一客已开十丈筵，客客对列成肆市”，生意红火，财宝盈门。

这时的饮食市场还出现不少新招式。《大政记》载：“（明太祖）以海内太平，思欲与民偕乐，乃命工部作十楼于江东诸门之外（指南京秦淮河一带），令民设酒肆其间，以接四方宾旅。”这些酒楼是官办民营性质，主要用于网络人才。《溉堂前集》说：“润州（镇江）郊外，有卖酒者，设女剧（女艺人）待客，时值五月，看场颇宽，列座千人。庖厨器用，亦复不恶（不差），计一日可收钱十万。”这是酒楼兼作剧场，餐饮与娱乐结合。苏州小河上还有流动的餐船，以及旺季开业、淡季停业的旅游餐厅。与此同时，沿海一些城市还经营西餐，推销法、俄、美、日等国食馔。

8. 烹食研究成果突出

明清两朝大量刊印膳补食疗著述。如《日用本草》、《救荒本草》、《食物八类本草》、《食鉴本草》、《遵生八·四时调摄》、《养生食忌》、《调疾饮食辨录》、《养生随笔》、《随息居饮食谱》、《沈氏养生书》等，弘扬了医食同源传统。

各类医籍中，影响最大的是李时珍的《本草纲目》。此书52卷，190万字，分作16部、60类，收药1892种，载方11096个，附图1110幅。它系统总结了我国16世纪以前药物学的成就，是古代最完备的药物学专著。它还集保健食品之大成，是古代最好的食疗著述，也可作为烹调原料纲目使用。现今人们研究豆腐、酒品和不少烹调方法、食治方法的源流，常以此书作为依据。

这500多年间，烹食研究更重在突破，古典烹食学体系基本形成。关于珍馔佳肴的介绍，有《群物奇制》和《天厨聚珍妙馔集》；关于地方风味的汇编，有《养小录》和《清稗类钞·饮食》；关于居家饮膳的指导，有《醒园录》和《中馈录》；关于养生之道的研究，有《遵生八笺》和《素食说略》。还有《宋氏养生部》、《易牙遗意》、《食宪鸿秘》、《海味索隐》、《成都通览·饮食》及《粥谱》等书作为调鼎指南。此时出现袁枚、李渔两位烹食评论家，以及《调鼎集》这部集古食珍之大成的辉煌巨著。

总之，明清两朝的烹食成就可以归纳为：努力开辟新食源，引进辣椒和土豆，扩大肴馔品种；炉灶、燃料、炊具均较前代先进，出现成龙配套的全席餐具；烹调术语增加，工艺规程严格，烹调技术升华；名厨巧师如林，一批以名师命名的美食广为流传；珍馐佳肴丰收，清宫菜和孔府菜影响深远；四大菜系形成，地方风味蓬勃发展；大宴华美、礼仪隆重，全羊席和满汉全席破土而出；饮食市场蒸蒸日上，出现繁华的食街，经营方式灵活多样；普遍重视养生食疗，《本草纲目》成就巨大；烹食理论有重大突破，产生了烹食评论家李渔和袁枚，编出古食珍大全《调鼎集》。

（五）中华民国时期

中国烹饪的昌盛系指当代，即1911年起至今，包括中华民国和中华人民共和国两个时期，各有不同的社会背景与表现形式。

中华民国时期是指1911年至1949年间，共38年。这一时期，中国处在帝国主义、封建主义、官僚资本主义统治下的半封建半殖民地社会，百业凋弊；与此同时，中国共产党人领导劳苦大众进行新民主主义革命，浴血抗争。总的来看，这38年间工农业发展缓慢，人民生活困苦，市场亦不活跃，烹食演进速度不快，突出成就不甚明显；但是，由于世界经济危机的影响，日、美等国纷纷在中国抢占市场，加上战事频繁的刺激，局部地区的烹食也出现了一些新因素，并产生深远影响。

1. 引进新食料和西餐

20世纪以来，帝国主义列强大量向中国倾销商品，牟取暴利。其中就有机械加工生产的新食料，如味精、果酱、鱼露、蛇油、咖哩、芥末、可可、咖啡、啤酒、奶油、苏打粉、香精、人工合成色素等。这些食料引进后，逐步在食品工业和餐饮业中得到应用，使一些食品风味有所变化，质量有所提高，这在沿海大中城市更为明显。新食料的引进，对传统烹调工艺产生了“撞击”（如味精逐步取代用鸡、鸭、肉、骨等料精心滤熬而成的高汤），有些制菜规程相应也有改变。

与此同时，在广州、上海、青岛、大连、长春、哈尔滨、北京、武汉、南京、成都等城市，由于外国侵略者和外籍侨民的不断增加，英法式、苏俄式、德意式、日韩式菜点被介绍进来，出现《造洋饭书》，创设了西餐馆和“东洋料理店”。中国厨师吸收西餐洋食的某些技法，由仿制外国菜进而创制“中式西菜”或“西式中菜”。这类新菜，原料多取自国内，调味料用进口的，工艺主要是中式的，筵宴又袭用欧美程式，品尝起来，别具风味。内地厨师向沿海学习，将这类新菜再加移植，于是由炸牛排演化出炸猪排、炸鱼排，由烤面包片演化出秋叶吐司、鱼茸吐司，还有各种番茄汤、土豆菜，增加了中菜品种，丰富了筵席款式，使一些地方菜熏染上几分“洋味”。那些既爱中菜又不能完全适应中菜的外国人，对这种“杂交菜”反而比较欣赏；中国食客对它亦感兴趣，所以这些菜品能站住脚，并延续下来。

2. 仿膳菜和仿古宴肇始

所谓仿膳菜，就是仿制的清宫菜，或称因时而变的御膳菜，出现在20世纪20年代。辛亥革命后，数百名御厨被遣散出宫。为了谋生，许多人重操旧业，或在权贵之家卖艺，或去市场经营餐馆。1925年，留京的10多名御厨，在北海公园挂出“仿膳饭庄”的招牌；从此，以宫廷风味为特色的仿膳菜便风靡不时，历经近百年，现今在北京仍有很大吸引力。

仿膳菜虽然直接来源于清宫菜，又有别于清宫菜，妙就妙在这“似与不似之间”。似者，是它的气质、文采、风韵、基本用科和基本技法，仿膳菜一上桌，就有一股皇家饮撰的华贵气息扑面而来；不似者，毕竟时代不同，服务对象不同，它在承继清宫菜传统的前提下，一方面扬弃形式主义的成分（如用料苛刻、筵席芜杂之类），一方面又赋予新的内容（如变换名称、增加掌故），使之符合社会需求。它的最早食客是怀古恋旧的八旗后裔和情满志得的军阀政客，后来拓展到中上层文化界人士和小康市民，其活动区间仅限在北京。

仿膳菜推出后，有的是零菜，有的是整桌的仿古席，以后仿膳菜又常与清宫庆典挂勾，推出仿拟的《千秋（帝王生日）宴》、《大婚（帝王纳后）宴》、《九白宴》（清代蒙古部落向朝廷进贡一匹白骆驼和八匹白马后被赏赐的御宴）、《木兰宴》（清代帝王秋季在木兰围场打猎后举办的庆筵）等，更受欢迎。仿膳菜和仿古宴的最大贡献，就是将绵延5000余年的宫廷饮食文化继承起来，使它走出戒备森严的宫墙，以新的风貌为平民服务。

3. 川苏风味萌芽和沪菜兴盛

旧中国的上海，号称“十里洋场”、“冒险家的乐园”，是座典型的半殖民地都市。蒋介石政府上台后，上海又成为四大家族的巢穴，控制全国的财政经济命脉。因此，商业贸易畸形繁荣，灯红酒绿，光怪陆离。在这种特殊背景下，从前名不见经传的沪菜得以迅猛地发展。从鸦片战争开始，经过百余年的孕育，上海本帮菜吸收北京、山东、四川、广东、湖南、湖北、江苏、浙江、河南、福建等众多流派之长，借鉴西餐某些技法，逐步形成自成一体的年轻菜系。由于它师承多家，摹仿性强，又注重形格，独创新意，故而朝气蓬勃，大有后来者居上之势。现今，文化科技含量高的沪菜势头劲猛，在海内外享有很高声誉，也与民国时期打下的坚实基础有关。

沪菜由八个分支构成，其中之一便是“海派四川风味”。所谓“海派四川风味”，实乃四川、江苏风味相结合的结晶，它的基地是上海的梅龙镇酒家。川苏风味酝酿在抗日战争时期。先是江浙财团和苏杭名厨内迁重庆，后是接收大员和巴蜀巧师飞回上海，其间8年反复磨合，使得长江上、下游的菜肴风味逐步融合，形成一个新菜种。由于是“远缘杂交”，它具有许多的遗传优势，又由于“同饮一江水”之故，海派川菜适应性强，生命力旺盛，在食界评价甚高。

4. 川菜革新和走出天府之国

工艺精良、味型多变的川菜，最早是以成都风味为主，由高级筵席菜、三蒸九扣菜、大众便餐菜、家常风味菜和民间小吃菜组成，款式多，变化巧，擅长调治禽畜蔬果，以麻辣香浓的韵味独树一帜。过去，“蜀道之难难于上青天”，川菜与兄弟菜种交流的机会较少。1911年的“保路运动”之后，四川与外地交往增多，川菜渐有变化。特别是在抗战时期，重庆成为陪都，党政要人和社会名流汇集，各地名厨也辗转来此。由于菜式的陈旧和口味的偏辣，老川菜一时适应不了新的形势。面临服务对象（主要是江浙人和京津人）的剧变，又有外地名厨竞争，自强不息的川厨“以变应变”，进行革新，在不长时间内便推出一批新川菜，控制了重庆市场的主动权。

川菜革新主要表现在四个方面：增加大量山珍海鲜菜式，提高经营档次；发展小炒、小煎、干烧、干煸工艺，急火快翻，一气呵成，注重菜品的鲜嫩；清鲜醇浓并重，以清鲜为主，保持鱼香、麻辣的特色，又有主次之分和轻重之别；充分发掘、利用天府之国调味品的优势，使味型变化更为精细。经过这番变革，川菜更趋完美。抗战胜利后，创新川菜随着返乡的外地人的足迹向华北、东北、东南和华南传播，在一些都会相继设点，扎根开花。现今各省市川菜名店的历史，有相当一部分要追溯到这一时期。

5. 粤菜走红和星期美点问世

20 世纪初的羊城一度是中国的政治文化中心。特别是 1929～1937 年间，由于世界金融中心转向香港和国内战事的影响，广东经济得到较大地发展。加之临近港澳和东南亚，商贾云集，饮食业进入空前未有的黄金时代。仅广州，就有著名的中餐店、茶室、酒家、面包馆、西餐厅 200 余家。有的经营正宗的凤城（广东顺德县大良镇的美称）小炒、柱侯食品（130 多年前佛山市三品楼名厨梁柱侯创制的一批美食，如柱侯酱、柱侯乳鸽）、东江名菜（以惠州菜为代表）和潮州美食；有的专卖京都风味（这里指南京菜）、姑苏佳肴、扬州珍撰和欧美大菜。许多名店都有“拳头产品”，其中，贵联升的“满汉全筵”，南阳堂的“一品锅”，蛇王满的“龙虎烩”，旺记的“烤乳猪”，西园的“鼎湖上素”，六国的“太爷鸡”，陆羽居的“白云猪手”，金陵的“片皮鸭”，太平馆的“西汁乳鸽”，都是饮誉岭南乃至全国的佳肴。广州名师梁贤代表中国参加巴拿马国际烹饪赛会，荣获“世界厨王”称号。这是粤菜的首次走红，它为 50 年后“港派粤菜”风靡全国打下坚实的基础。

为了适应岭南人“三餐两茶”的生活习惯，招引顾客，20 世纪 20～30 年代，广州的陆羽居茶楼率先推出“星期美点”，即是将一月更换一次点心品种的期限缩短为一周，很快赢得顾客的赞赏。接着，福来居、金轮、陶陶居、金菊园等名店竟相仿效，形成一股风潮。其形式是：依照不同的季节、货源和场所，每周轮换一次品种（包括汤点、饭点、茶点），少则 6 咸 6 甜，多则 12 咸 12 甜，均以“五”宇命名，前后不许重复。这样一来，促使店家在变化品种花色上狠下功夫，以新擅名，以巧取胜。不长时间内，广式点心便增加近千种款式，为全国同行所钦佩。现在“羊城早茶”风行各地，也是 30 年代的种苗结出的硕果。

6. 中餐随着华侨的足迹走向世界

鸦片战争以后，帝国主义列强残酷掠夺劳工，使数百万华人背井离乡，流散海外。民国年间，通过外交、贸易、宗教、军事、文化等渠道，出国的人更多了。这些侨胞中约有 1/3（估计数为 800 万～1000 万）的人以经营小型的家庭式中餐馆为生，并且世代相传。他们把中国烹饪介绍给各国，使中餐大规模地进入了国际市场。

中餐出国后，一部分保持原有的风貌，仍是正宗的粤味、闽味或其他风味，主要食客为华侨和留学生；一部分受原料限制和当地食俗影响，变成“中西合璧”的“混血儿”，食客既有中国侨民，也有外国人；还有一部分“中名西实”，这乃外国食商照猫画虎，其食客多是慕中餐之名而不求中餐之实的外国人。不论中菜如何变化，在国外均普遍受到欢迎。20世纪初叶，伦敦、纽约、巴黎、马德里、莫斯科、悉尼、米兰、利马、东京、马尼拉、新加坡、仰光、雅加达、曼谷、汉城等地都有相当数量的中餐馆，总数不下数十万家。尤其是华侨聚居的唐人街，酒楼鳞次栉比，菜品济楚细腻，店堂古色古香，成为一大景观。孙中山先生在《建国方略》和《三民主义》中，多处提及这种盛况："近年华侨所到之地，则中国饮食之风盛传"；"凡美国城市，几无一无中国菜馆者。美人之嗜中国味者，举国若狂"；"中国烹调之术不独遍传于美洲，而欧洲各国之大都会亦渐有中国菜馆矣"；"日本自维新以后，习尚多采西风，而独于烹调一道就嗜中国之味，故东京中国菜馆亦林立焉"；"昔日中西未通市以前，西人只知烹调一道法国为世界之冠，及一尝中国之味，莫不以中国为冠也"。

（六）中华人民共和国成立以后

1949年10月1日中华人民共和国成立后，人民当家作主，解放了生产力，也极大调动了广大厨师的积极性和创造性。由于国民经济复苏振兴，工农业产值成倍增长，奠定了餐饮业发展的物质基础，饮食市场也空前活跃。再加上科学技术进步，文化教育普及，有利于烹饪理论研究的开展和新型厨师的培养。而人民生活水平提高，国际交往频繁，第三产业兴盛，又赋于烹食以新的活力。这都说明，中国烹食发展史上的第四次高潮正在来临。

新中国成立后，烹饪的发展也不是一帆风顺的。它大体上可以分作三个阶段，各有不同的特点。第一阶段是1949年至1956年，属于复苏时期。由于政局稳定，经济回升，烹食逐步恢复了历史上一些好的传统，这一阶段走的是上坡路，各方面初见成效，奠定了大发展的基础。第二阶段是1957年至1976年，属于动荡时期。由于政治运动频繁和自然灾害不断，经济停滞，烹食发展受到挫折，在这20年间又跌入低谷，元气大伤。第三阶段是1977年至今，属于跃升时期。党的十一届三中全会召开后，随着改革开放，经济迅猛增长，"旧貌换新颜"，中国烹食迎来了黄金之春，30余年的巨大成就超过了历史上的100年。从目前趋势看，它仍处于加速运转的良好状态中，会育出更加肥硕的花蕾。新中国烹食成就，可以从八个方面概括。

1. 建立管理机构，抢救文化遗产

几千年来，中国只有经办御膳的食官，从无管理全国餐饮业的行政机构，厨师如同散兵游勇，无人过问。新中国成立以后，从中央到地方，逐级成立饮食服务公司，配备得力干部，保证了餐饮业健康发展。必要时国家还在财力上给予扶持，开展技术交流，评定技术职称，检查服务质量，推广创新品种，解决劳保福利等问题，真正使厨师成为国家职工，当家做了主人。

改革开放以后，尽管餐饮业形成国营、私营、三资经营的三足鼎立局面，但国家对厨师的管理并未放松，只是方法不同而已。厨师不论在何种性质的餐馆工作，个人合法权益都有相关的政策保护。这一点不仅是史无前例，而且在海外许多发达国家中都难以办到。它体现出社会主义制度的优越性，体现出中国共产党对劳动人民的关怀，体现出中国厨师的政治地位和经济地位的提高。

在建立管理机构的同时，国家大力抢救烹食文化遗产。组织众多人力，出版烹食书刊，如《调鼎集》、《宋氏养生部》、《齐民要术》、《饮膳正要》等古籍相继整理出版；楚国冰盏、汉代漆器、唐朝金杯、宋代名瓷等餐具也得到了发掘、研究；还有不少名师的技艺录像得以保留；众多饮食文化专题列入国家科研项目。这都证明国家对中国烹食文化的重视。

2. 开办烹食院校，培训技术人才

从夏到民国，厨工的培养一直是以师带徒的方式。解放以后，国家在鼓励名师传艺、进行文化补课的同时，还多层次、多渠道地兴办烹食教育事业。其表现形式有：原国内贸易部在武汉、烟台、沈阳、重庆、南京、福州、西安等地设立了10多个烹食培训中心，专门培训在职的中高级厨师，目前已有数万人拿到了结业证书；各省、市、地、县自办培训点，培训当地厨师；在全国的职业中学中开设了数百个烹食班，培训出几十万新厨工；在全国的劳动技校、商业技校或普通中专、职业中专中已有百余所学校设置了烹食专业，培养了数十万厨师后备人才；在数十所普通高校和职业高校中，设置了烹食、餐饮管理、旅游服务等专业，已培养新型的中级烹食人才数万名；举办烹食函授大专班和烹食成人大专班，培训在职青年厨师；高等学校已培养了烹食硕士生；选送优秀留学生出国学习饭店管理等，为新中国烹食事业的振兴提供了充裕的人力资源。

3. 制定职称标准，表彰名厨巧师

从20世纪60年代起，商业部多次制定饮食业技术职称评定标准，对全行业职工分期分批进行考核、定级。1963年全国有109人获得特级厨师称号，1982年有800余人达到这一标准，90年代获此殊荣的有数万名。1993年8月16日，国家颁布《劳动部关于颁发饮食服务业中式烹调师等八个通用工种的国家职业技能标准的通知》（劳部发[1993] 183号），统一制定全国职业技能标准，餐饮业职工分为中式烹调师、中式面点师、西式烹调师、西式面点师、餐厅服务员等五种类型；技能标准包括初级工、中级工、高级工、技师、高级技师五级，更为规范。这一举措，深入人心，调动了广大厨师学理论、钻技术的积极性，许多后起之秀脱颖而出，群星璀璨。

解放前，厨师不受尊重，沦入社会底层。现今厨师成了光荣的职业，烹食属于永恒的事业。名厨在社会上供不应求，不少术有专攻、技有专长、厨德好、贡献大的名师，或被选为人民代表、政协委员、劳动模范、先进工作者，或被聘为教授、研究员、高级实验师、技术顾问，或荣获“新长征突击手”、“巾帼英雄”、“服务标兵”等称号和“五一劳动奖章”，或走上领导岗位，或著书立说和出国讲学。《中华饮食文库》中的《中国名厨大典》，已将数千名名厨收录入传，目的是表彰先进，教育后辈。

4. 采用先进工艺，创新花色品种

新中国成立以来，国家一手抓优秀烹食遗产的继承，一手抓花色品种的创新，成绩斐然。

① 开发新食源。除了充分利用现有原料，增加产量，提高质量外，并继续引进新食料，如牛蛙、孔雀、驼鸟、袋鼠、海狸、王鸽、芦笋、腰豆、玉米笋、夏威夷果、泰国米、绿花菜等。与此同时，还在开发海底牧场、人工试管造肉、繁殖食用昆虫、提取植物蛋白、利用野生草木、推广强化食品等方面开展科研，成果显著。

② 炊饮器皿逐步现代化。许多餐厅的厨房设备已大为改观，普遍使用冰柜、煤气炉、红外线烤箱、微波炉、炒冰机、紫外线消毒柜、自动洗碗机、不锈钢工作台、自动刀具、新型模具和其他饮食机械设备。因此工作环境清洁、污染减少，劳动强度下降，工作效率提高。

③ 注重营养配膳。现在做菜讲究膳食结构合理和营养平衡，强调三低两高（低糖、低盐、低脂肪、高蛋白质、高纤维素），历史上留下来的大鱼大肉、厚油浓汤食风正在

改变。鸡鸭鱼鲜和蔬菜水果利用率提高，破坏营养素和有损健康的技法减少，推出不少营养菜谱、食疗菜谱、健美菜谱、养生菜谱和优育菜谱。

④ 重视造型艺术。食雕、冷拼、围边和热菜装饰技术发展很快，从立意、命名到定型、敷色，都注意表现时代精神和民族风格。而且还努力运用美学原理，借鉴实用工艺美术的表现手法，赋于菜品新的情韵，提高艺术审美价值。同时在餐具上也有很大革新，流行明净的新工艺瓷，使美食、美器相辅相成。

⑤ 烹调工艺逐步规范化。特别重视菜品研究，对名菜点的每道工序、各种用料的比例都注意分析，并用菜谱或录像方式记录下来。名菜谱由名师和专家逐一试制、审核，要求定性、定质、定量，操作规范，文字准确。

⑥ 积极进行筵席改革。它从国宴开始，渐及各种礼宴、喜宴、家宴。总的趋向是"小"（规模与格局）、"精"（菜点数量与质量）、"全"（营养配伍）、"特"（地方风情和民族特色）、"雅"（讲究卫生，注重礼仪，陶冶情操，净化心灵）。现在推出的新式筵席不下 1000 种，大都具有上述"五优"的属性。

由于采取了种种措施，现代中国烹饪呈现出"四名"（名店多、名师多、名菜多、名点多）、"四美"（选料美、工艺美、风味美、餐具美）、"四新"（厨师文化素质新、店堂装璜设计新、经营管理模式新、筵席编排格调新）、"四快"（科技成果应用快、流行菜式转换快、服务方式改进快、筵间娱乐变化快）的特色，受到市场欢迎。

5. 组织观摩比赛，提高服务水平

从 1983 年起组织特大规模的技术比赛，还多次组团出国参加世界烹食奥林匹克大赛。据不完全统计，这些比赛的参赛选手多，参赛菜点不计其数，社会反响强烈，并且转化为经济效益，不仅掀起厨艺界的学艺热潮，也震惊世界食坛。连法国和日本也不得不承认："烹饪王国，名不虚传"。由于市场竞争激烈，近年来许多宾馆、饭店、酒楼、茶社，更加注重服务质量。他们采用许多促销策略（如筵席预约、上门服务、列队迎宾、微笑接待、价格优惠、赠送礼品、剩菜打包、信息反馈等），将顾客当做"上帝"，生意越做越活。特别是不少大店、名店放下架子，面向工薪阶层，在小吃上巧作文章，获得好评。

6. 开展科学研究，建立学科体系

新中国成立前，烹食方面的科研基本上是块空白。新中国成立后，国内贸易部和中国烹食协会等部门联手抓了此项工作，推出了"五大工程"，成果累累。

注释出版《中国烹食古籍丛刊》，现已出书数十种，如《宋氏养生部》、《调鼎集》等。

编辑出版《中国烹食辞典》，前后历时 10 年，有数百名专家、学者参加，填补了一项空白。

编辑出版《中国烹食百科全书》，这是中国大百科全书的卷外卷，反映甚好。

编辑出版《中华饮食文库》，这是个跨世纪的宏伟学术工程。

编辑出版《中国食经》，此乃"中国传统文化五经"之一，颇受台湾、香港和外国学者重视。

与此同时，孔府菜、仿唐菜、仿宋菜、红楼宴、东坡宴等，均列于各地科研项目，通过了专家鉴定。还召开过中国烹食学术研讨会、快餐学术研讨会、饮食业术语规范学术研讨会、海峡两岸饮食文化研讨会、亚太地区保健营养美食学术研讨会、饮食文化国际研讨会等重要学术会议，在海内外影响深远。

7. 派遣技师出国，大振中菜雄风

新中国成立以来，中国烹食在旅游观光和国际交往中做出巨大贡献，而且还向五大洲的100多个国家和地区派遣烹调技师。这些烹食专家出国后，有的主持烹食学校，有的经办中式餐馆，有的参加食品节表演，有的讲学，有的传艺，有的在大使馆或经贸团工作，有的受雇于外国老板，有的与外国同行同台献艺。不少大使风趣地说："厨师和翻译是我的左膀右臂"。还有些经贸团队的负责人讲："中餐的雄风使谈判势如破竹。"与此同时，一些文化名城、烹食高校和著名餐馆，都与国外的友好城市和对口单位签订技艺交流合同，或互派名厨访问，或委托培训学员，或交流烹食书刊，或馈赠名特原料，彼此关系融洽，为中外饮食文化的交流开辟出许多"民间通道"。

二、烹食各历史发展时期的特点

（一）中国烹食的产生与起步时期

中国烹食的产生与起步时期是指原始社会阶段的烹食时期。一般认为，人类学会用火对食物加热，使之变成熟食，是烹食产生的标志。至迟在距今50多万年的时候，中国烹食就产生了。

从加工物获取热量的不同方式上，划分为火烹、石烹（包括包烹）、陶烹等三个阶段：

火烹——直接用火对食物进行加工，不经过中间介质。

石烹——经过中间介质的热加工，古书上记载的"石上燔谷"就是石烹的例子。

陶烹——是烹食史上的一个飞跃，严格意义上的"煮"和中国特有的"蒸"产生了。

一般认为，食物的调味出现在陶烹阶段。此时，人们学会用酸梅、蜂蜜等调味，用盐调味已属经常。酿酒除了直接饮用外，也作为调味品，我国烹食进入烹调阶段。据《周礼》、《礼记》等记载，我国原始社会后期的父系氏族社会时期，传说中的尧舜时代，出现了原始的宴会，也有了主要为部落首领服务的专职人员——庖人、庖丁等。

综观整个中国烹食生产起步时期，有以下几个主要特点。

① 所经历的时间非常漫长，从50万年前开始到距今约4000年前结束，占全部烹食历史时间的99.2%以上。说明生产力发展越缓慢，烹食发展变革所需的时间就越长。

② 原料获得难，烹食方法原始，器具类型少，调味简单，卫生条件差，谈不上火候和营养。

③ 开创人类烹食新纪元，对社会文明进步起促进作用。

（二）中国烹食的奠基时期

中国烹食的奠基时期是指夏至战国时期的烹食。夏至战国时期共约1800多年，是我国奴隶社会确定、发展，向封建社会过渡的时期。这一时期我国烹食所取得的成就表现在以下方面。

① 烹食原料范围不断扩大，对原料的选择上升到理论的高度进行认识。

② 青铜烹食工具的出现，为烹食工艺的改进提供了物质条件。青铜器可以弥补陶器传热缓慢的缺憾，"火候"至此才提到议事日程上，煎、炸等方法才有了产生的物质

基础，青铜刀具使原料加工技艺至此才能谈“刀工”二字。

③ 烹调工艺出现了飞跃。羹法、齑（碎切）法、菹（腌渍）法、脯腊法、醢（肉酱）法、醉法、脍法、煎法、卤法、红烧法等相继出现；藏冰技术的进步，出现了食品饮料的冷制法。烹调工艺的飞跃体现在以下四个方面：火候的掌握和理论总结达到了相当高的水平；调和工艺精妙，理论概括有辨证思想的因素；油烹法和滫瀡法（即勾欠上浆）产生；刀工技艺达到相当水平。

④ 饮食品种类空前丰富，地域风格有所体现。《周礼》、《吕氏春秋》等记录的是以黄河流域为中心的北方风味饮食，原料多用牛、羊、猪肉和北方产蔬菜，水产中很少或没有海味；《楚辞》等记录的是以长江流域为中心的南方风味饮食，原料多用南方所产的禽、畜、水产类。

⑤ 烹食行业、烹食名家出现。市面上出现了食店、酒店、脯店、“担粥”等。据《周礼》记载，宫廷的膳食制度已很完善，如专门为王室服务的采购、保藏、烹调、奉食等人员达21类之多。

⑥ 广泛总结经验，产生了初期烹食理论。

a. 原料选择与原料加工。对烹食原料的种类、产地、质量，原料加工中的刀工等归纳总结出了一定的法则。

b. 原料的搭配和养生结合在一起，总结出了一些原则性的理论。

c. 烹调方法对火候、调味原理的概括达到了精深的程度。

d. 对食品、饮食心理、环境等卫生归纳了一些法则。

e. 饮食养生理论初步形成。《黄帝内经·素问》拟构了一个“五谷为养，五果为助，五畜为益，五菜为充”的模式，奠定了我国传统饮食营养结构的框架系统。

（三）中国烹食的大发展时期

中国烹食的大发展时期是指秦汉隋唐时期的烹食。这期间发展所体现的内容如下。

① 铁制烹食工具的普及，以及其他烹食工具的改良和创新，为烹食工艺准备了大发展的手段。

② 新增烹食原料空前丰富，主要有植物油，如麻油、豆油等；海产品；调味品种类增多（如胡椒、胡荽、胡蒜、姜等），且新品种增加（如酱、醋、盐、酒等）；域外原料；豆腐；茶。

③ 烹食工艺继承创新，全面发展。炒法这种旺火速成的方法出现，促成了我国烹调工艺的又一次飞跃；面点加工发酵法也是重大发明。寺院素食在南北朝出现并迅速发展，素食烹食工艺也成为新的一系。出版了我国第一部刀工专著《砍脍法》。

④ 美食名食数量多，呈百花齐放趋势；风味流派继续发展，呈现基本特征。长沙马王堆一号汉墓出土文物上记录的菜肴有100多种。南北朝时《齐民要术》所记载菜肴达200多种，面点近20种。《食经》、《烧尾宴食单》各收录53种和58种菜肴，其他资料中收录的皇家、寺院、民间、边远地区和少数民族的名食也相当多。《岭表异录》中的蚁卵酱、虾生、炸乌贼、炸水母、炸蜂子，是广东一带的名食；面点中包子、饺子、春茧等是唐代新出现的。

风味流派在上一时期基础上有所发展，表现为：地域特色继续增强，南北方各以其地所产原料为主烹制出很多具有地方特色的名食，在口味上初步有北方咸鲜、蜀地辛香、荆吴甜酸的分野；南朝梁时寺院素菜出现；少数民族风味继续发展，并与中原交流；市肆饮食发展。

⑤ 著名饮食市场出现，烹食行业空前繁荣，烹食名家辈出。饮食市场“熟食遍列，肴旅成市”（西汉）；唐代出现了很多著名消费城市，如“扬一益二”，扬州和成都被排为一、二名。唐代是宴会大发展时期，功能显示完全，种类齐备；公宴有制度、定例可循，其原因可以是祝捷、庆功、贺喜、节日、外交等公务需要，如殿试后宴新科进士的“琼林宴”，乡试后宴新举人的“鹿鸣宴”，官员升迁向皇帝献食的“烧尾宴”。私宴形式更多，从皇家至平民，可因团圆、喜庆、节日、赏乐等举行宴会；官员、文人、社会各行各业人员等可以因社交需要举行宴会，如唐玄宗正月十五的“临光宴”、长安富人的“避暑宴”、新进士相聚的“樱桃宴”。宴会性质既定，也可因地点、场所特征、突出物品等命名，如公私各种宴会均选的曲江宴、旅游船上的船宴、荔枝尝鲜的“红云宴”等。

⑥ 烹食专著大量涌现，有关烹食的资料空前丰富，饮食医疗保健理论体系臻于形成。据《隋书·艺文志》所录，西汉至隋的烹食专著共 28 种；据《新唐书·艺文志》所录唐代的烹食专著共 10 种，加上曹操的《四时食制》，这一时期烹食专著几乎达 40 种，如以《千金要方·食治》为代表的食疗著作、以《茶经》为代表的茶专著、以《齐民要术》为代表的农学著作中的有关部分。在有关食疗的著作中，东汉张仲景的《金匮要略》突出探讨了“所食之味，有与病相宜，有与身为害，若得宜则益体，害则成疾”的道理。孙思邈的《食治》在对 100 种食物原料进行食疗作用分析的同时，根据中国传统医学中阴阳五行、辨证施治的基本理论，归纳食物味性、时序和人体健康之间的联系，探讨通过饮食达到保健、治疗疾病的目的，从而总结形成了食疗保健理论体系。

（四）中国烹食的成熟时期

中国烹食的成熟时期是指宋元明清时期的烹食。以传统烹食、风味流派和传统烹食理论三大体系的确立标志着我国烹食已臻成熟。

1. 中国传统烹食体系完全确立

① 原料系统。综合南北西东、山林河海所产，包括五谷杂粮、果蔬菌藻、山珍水鲜、飞禽走兽。

② 工艺系统。宋代增加了炉焙、涮、冻、制火腿、提清汁（吊清汤）等方法，“炒”发展到“爆”，少数民族的地坑式烘烤方法传入内地，烧酒的制作开始在民间普及，明代的焖炉烤鸭、皮蛋制作方法成熟。

③ 工具系统。与上述两系统相适应的工具产生。

2. 传统风味流派体系完全确立

宋代有了进一步的川菜、川食、南食、北食等之分，也出现了北方少数民族的“虏食”之说。

元明时，有汉食、回回饮食、畏兀儿饮食、土蕃饮食、女直（真）饮食、蒙古饮食之分，高丽饮食和西天（天竺）茶饭也传入中原。元代的寺院斋堂素食和市肆素食界限分明，不相混淆。

明代的《易牙遗意》所收以苏菜为主；《宋氏养生部》以北京菜、浙江菜为主，兼有广东菜、四川菜、湖北菜；《闽中海错疏》以福建海产入著；《鱼品》专录江南鱼类。

川、浙、苏、粤、鄂、闽、京等地方风味特点进一步明朗化，明代官府菜因刻意发展而尤以炒爆突出，市肆菜质量大有提高，出现了专门的素食、清真餐馆。

清代，鲁、川、淮扬、粤“四大帮口”为主的地方风味菜系最终形成。

至清末，地方风味流派、民族风味流派、医疗保健功能风味流派等从宫廷到官府、民间、市肆、寺院等风味流派完全形成。

3. 传统烹食理论体系完全确立

南宋林洪的《山家清供》明确记录了“涮”的方法。

元明的《饮膳正要》收录了近250种主要是宫廷的食疗方，还有一些少数民族地区的菜点；《云林堂饮食制度》主要收录无锡菜肴中的名品，从中可知元代我国就能生产花茶；《易牙遗意》以收录菜肴精细，注意到一些新产生的烹调法；《宋氏养生部》收录菜点制法、食品加工、贮藏法等。

至清代中期，我国烹食的发展臻于成熟。以《随园食单》的出现为标志，中国传统烹食理论体系建立了。清代烹食专著在10多部以上，且都保存到现在。《随园食单》是袁枚用了40多年时间写成的专著。

（五）中国烹食的创新开拓时期

中国烹食的创新开拓时期是指现代的中国烹食。现代时期的我国烹食和传统中国烹食有着很大的不同，现代中国烹食的主要特色有以下几点。

① 引入现代新方法，为我国烹食的研究提供了科学手段。从近代开始，我国烹食向西方学习实验分析，建立基础学科和交叉学科，从而构成体系的方法。民国初年的《清稗类钞》中，“饮食之研究”、“饮食之卫生”、“饮食以气候为标准”、“我国与欧美、日本饮食之比较”等项目，开以西学研究中国烹食之先例，这种研究从20世纪初到20世纪50年代前，出版著作近百种，有《食品化学》、《食品成分表》、《饮食与健康》、《实用饮食学》、《商品微生物学》等学科性质的专著。1950年至改革开放之后，出版了关于烹食的原料、原料加工、食品、工艺、营养卫生、烹食化学、美学、心理学、民俗学、史学、食疗保健、古籍整理，以及烹食学、烹食概论等方面专门的著述和教科书。

② 现代中国烹食体系开始建立。现代科学的中国烹食体系以广义的烹食科学为总目，第一类包括烹食生产消费的原料、原料加工、工艺、食品、营养、卫生、市场营销等学科；第二类包括烹食与自然科学形成的烹食化学、物理、医疗保健、生物等交叉学科，以及与社会科学形成的历史、心理、美学、文学、艺术、民俗、语言、政治、体育、军事、教育培训等交叉学科；第三类包括烹食研究方法的谱系、比较、分类等学科。

③ 现代烹食实践的新发展。科学技术的巨大进步，给我国烹食实践新发展创造了条件，其集中表现在原料、工具、加工工艺等方面都出现了与传统不同的新元素，将传统中国烹食转变为现代中国烹食。

④ 现代风味流派出现了新的内容与组合。现代中国烹食的风味流派有：地方风味流派，有山东、江苏、四川、广东、浙江、安徽、湖南、陕西、河南、辽宁、北京、上海等；民族风味，56个民族有56种风味流派；社会和家庭风味流派，前者包括机关食堂、招待所、宾馆和餐馆风味等；美容、保健、医疗等风味流派；荤食和素食风味流

派；仿宫廷、官府、唐、宋、红楼等风味。

⑤ 全社会重视烹食。现代社会重视烹食和传统的重食观念截然不同。首先，传统观念中以烹食为“贱业”，是“屑小之人为之”的意识被逐渐否定，烹食作为生活科学、创造饮食艺术的学科观念逐渐为全社会所接受和认同；其次，烹食作为和社会其他生产行业相同的行业受到全社会重视，其从业人员受到社会尊重；再次，烹食作为一种文化，承担着与世界各国人民交流任务的性质得到全社会的承认。

三、烹食的传承与变异

中国菜自诞生之日起，一直处于发展变化中。从纵的方面看，它前后承接、前后递进、前后更新，是一种继承与创新的关系；从横的力一面看，它互相学习、互相引进、互相改造，是一种借鉴与移植的关系。研究中国菜的传承与变异，可以掌握烹食演变的规律，总结发展烹食的经验，指导厨师提高技艺。

（一）烹食的继承与创新

中国菜的演变有近万年历史，总的趋势是由少到多，由简到繁，由拙到巧，由粗到精。先秦的烹食古拙简朴，千载传诵的“周代八珍”仅只相当于明清的中档肴撰。其菜式主要为肉块羹汤，造型也不大讲究，只能说是有了一个菜的雏型。汉魏六朝进了一步，原料有荤有索，组配渐趋合理，菜形注意修饰，并能调出复合美味；铁制炊具和植物油的广泛使用，四方食撰交流；这时的“糖醉蟹”和“金善玉脍”就较前精细多了。唐宋金元，食源扩大，炉灶更新，孕育出刀工精美的花色拼盘和独树一帜的“胡风烹食”，乡土食味有较大发展，推出“拨霞供”、“云林鹅”等名食，烹食档次更上一层楼。降及明清，烹食仪态万方。丰盛的原料、优质的调味品、精湛的工艺、繁荣的饮食市场，都使烹食的发展如龙归海、似鸟投林。现今流传的千余种名菜，大都出自这五百年间，著名的“满汉全席”则成为名菜美点的汇展橱窗。这说明中国烹食是在继承中发展，在发展中革故取新的。

名菜的承袭还有其自身规律。这就是：①烹食的延续主要靠自身的师承。从先秦的“炮豚”、“蛇肴”，到近代的“金龙脆皮乳猪”、“三蛇龙虎凤大会”，无不存在遗传“基因”，这突出反映在基本用料、主要工艺和特有风味的保留上。②名菜的发展经受了物料筛选和舆论认同的考验，顺应时代潮流者生存，违背者消亡。象“乳蒸豚”等菜风行一时便销声匿迹，“胡麻烧饼”历经百代而不衰，即为明证。③名菜的演化受社会因素制约，上层人士的喜恶常常支配其发展方向。“烤鸭”的日臻完美，“小窝头”保留至今，均系如此。④名菜的审定是随着科学技术的发展和文化水平的提高而逐渐准确的。古代一些怪菜（如“虎丹”、“狮乳”）如今不再擅名，食治与补养功效兼备的“三仙猴头”、“虫草金龟”仍为时人所珍视，都说明这一道理。

同时，佳肴的创新也有一些基本方法。这里面包括古谱新曲、同中见异（如北京烤鸭）；触类旁通，举一反三（如珊瑚鳊鱼）；改头换面，推陈出新（如香肠）；因袭旧制，移花接木（如竹香青鱼）；匠心独运，巧辟新径（如松仁鱼米）；力保名牌、精益求精（如东坡肉）等技巧。此外，中菜西做，西菜中做（如“玉米羹”、“炸猪排”）；南料北烹，北料南烹（如回锅羊肉）；东味西调，西味东调（如海派川菜、新疆的扬菜）；点心变菜、菜变点心（如“鱼皮馄饨”、“散烩八宝”）；两系融合，一菜中出（如谭家菜、宫保菜)；冷热易换，料同味别（如“凉拌海参”、“什锦果羹”）等手法，也常在菜肴创新时运用。

熟悉烹食的承袭规律和创新手法，可以开拓思路，启迪智慧，有利于中菜花色品种多样化，推动烹食技术进步。

（二）烹食的借鉴与移植

烹食借鉴与移植都有原因和依据。它们之所以要借鉴，是为了求发展，寻找生机；为竞争、控制市场互通有无，彼此满足。它们之所以能移植，取决于名菜的吸引性、启发性、可塑性、亲缘性与适应性。这是因为：①凡被移植者儿乎都是好菜，其工艺中有许多可资借鉴的成分；②它们既然是厨师创造的劳动成果，无疑也可按人的意愿变换“形象”；③菜与菜之间有“亲缘”关系，可以进行“杂交”，只要适应异地的乡风食欲，自然就能成活。烹食的借鉴移植在中国烹食史上屡见不鲜，如北宋时的“南食”北上，南宋时的“北食”南下，还如现今的四川火锅风行东南，粤式早茶流传西北，以及全国各地儿乎都卖麻婆豆腐、糖醋鲤鱼、烤羊肉串、韭菜饺子等。

烹食的借鉴与移植通常在以下三个方面进行。

第一，民族烹食的借鉴移植。在中菜发展过程中，汉族菜进人过少数民族地区，少数民族菜也进入过汉族地区。前者明显，不再赘述；这里只说后者。象北方的烧饼、南方的八宝饭，都源自西北地区少数民族的古代食撰；广东人嗜好猫、狗、蛇、虫等，也直接受到壮、傣等民族食风的影响；还有朝鲜族的冷面、打糕，现已风靡东北三省；满族的白肉和茶点，在华北地区扎下深根。至于各少数民族之间，其肴馔也彼此渗透。维吾尔族、哈萨克族、塔吉克族、塔塔尔族、乌兹别克族、柯尔克孜族与回族食风相近，烹食亲缘关系也密切；苗族、侗族、傣族、壮族、彝族、白族与土家族嗜好接近，烹食的互相传播就相当明显。

第二，地方烹食的借鉴移植。如果对照一下各省、市、自治区的菜谱，常会发现许多烹食之间存在着“似是非似”的现象。“似是”者，是亲缘关系；“非似”者，是乡土风味。因此，编写全国性菜谱时经常会遇到“多重省籍”的菜归属划分的问题。象“烤乳猪”，算鲁菜还是算粤菜？“龙园豆腐”，算川菜还是算沪菜？一款“东坡肉”，有鄂、浙、苏、赣、川、粤 6 地为之“立传”；“宫保鸡丁”的归属，牵涉到鲁、川、黔 3 省；至于“红烧甲鱼”、“三鲜海参”、“油爆双脆”、“八宝全鸡”，许多地力一的菜谱都写，但其“籍贯”谁也考证不清。凡此种种，都是借鉴移植造成的。借鉴移植菜的出现，不仅繁荣了饮食市场，满足广大食客的需求，还为这些菜提供广阔的天地，使之生命力更旺盛。象“麻婆豆腐”、“油爆大虾”这类菜，尽管大半个中国都在供应，谁都知道它们并非是一个模子铸成的。

第三，中外烹食的借鉴移植。这也比比皆是。如中国面点传到意大利和日本，菜肴传到欧美和东南亚；西餐西点传入中国东南，清真食品影响到中国西北等。这一借鉴，由于风俗食性的差异，困难往往很多；但是因为它属于“远缘移植”，一旦成功，优势便更为显著。中外烹食的借鉴移植，应当强调四点：①尊重食客食性，食性不同，移植对象也应不同；②分清风味特色，特色不同，借取的侧重点亦应区别；③选准试验烹食，可塑性更大一些，努力提高“成活率”；④定好试验场所，一般来说，经济特区和大中城市较为理想，边远乡镇则不适宜。

第三节　食文化演变

一、熟食文化——人类文明的开端

人类学会了火的利用以后，从茹毛饮血吃生食转而吃熟食，这是人类伟大的进步，也是食文化的起点，它为人类的健康、繁衍、进化开辟了划时代的新纪元。

从熟食开始，人类开拓了食源。人们在早先采集野生植物、猎取动物为食物的基础上，创造了养殖业、种植业、食用菌业……

熟食使人类得到了味的享受。同时，食物经过加热，变得更加适合于人体的消化吸收，从而大大改善了人类的营养状况，促进了人类的健康，使人类疾病减少，人脑及其他器官日益发达，人的体质和智力得到增强，加快了人类的进化。

中华民族的祖先很早就开始利用火，并将火用于熟食。在迄今 170 万年以前的云南“元谋人”的化石层里，考古学家发现了未燃尽的木炭屑，说明那时的中国猿人已开始了火的利用，这是中国发现的人类对能源最早的利用。在北京周口店发现的“北京人”的遗址内发现了木炭灰和被火燃裂了的兽骨，由此证明，那时中国猿人已进入能够控制火源、保留火种的时代。据考证，那时距今约 50～20 多万年。我国古书《韩非子·五蠹》里也有燧人氏“钻燧取火，以化腥臊”的记载。从熟食开始，人类进入了一个崭新的发展阶段。

熟食，从根本上改变了人类的命运，成为人类进化之源；熟食文化，不仅是食文化的起源，也是人类文化的起源，是人类文明的开端。

二、陶器文化——人类食文化发展史上的重要里程碑

在我国万年仙人洞、徐水南庄头等地，发现了距今 10500 年以前的陶器。这说明早在 1 万年以前，我国就发明了陶器。陶器的出现，是人类在制造史上的一项重大突破，它是人类自行制造的第一种物质，即最初的人造物质。陶器同精制石器的产生，是人类从旧石器时代进入新石器时代的重要标志。

人类掌握了陶器制造技术后，出现了最原始的炊具——陶锅。陶制炊具、餐具的出现，使人类的饮食方式从单一的烧烤步入多元化烹食的轨道，成为烹食文化的一个重要里程碑。从此，有了煮、蒸等新的烹食方法，人们将植物的籽粒制成羹和粥，扩大了食源。此外，还出现了陶刀、陶锉等工具，在农业生产上发挥了重要作用，促进了人类由采集业向耕种业的转变。

在陶器的基础上，我国又在世界上最早发明了瓷器。商周时代，出现了原始瓷器，这是一种青瓷器。那时的青瓷器已有许多种用品，如樽、碗、瓶、罐等，它的质地坚硬而有光泽。到了东汉，有了真正的瓷器。唐宋代，造瓷技术进入成熟期，在制造过程中出现各工种的明晰分工，从而促进了专门技术的发展。

随着陶瓷制作技术的进步，陶瓷应用范围不断扩大，唐代以后，中国的日用陶瓷每年大量销往海外；宋代我国造瓷技术传到波斯，后来传到阿拉伯、土耳其；明代又传到意大利。经过近千年的发展与交流，已逐渐普及于全世界。

由此可见，陶瓷文化是人类食文化发展史上的重要里程碑；它疏通了早期中外交流

与贸易往来的渠道；它为人类进入农耕时代起到了积极的促进作用。

三、食具食器文化——对人类文明的又一贡献

中国人历来多方位追求美的享受，讲究美食同美器的完美结合。在发明了陶瓷之后，创造了锡、铜、银等金属冶炼，又在世界上最早发明了漆器。

早在新石器时代，黄河和长江下游的先民们已普遍用鼎、鬲烹食，周朝开始用釜，殷代有了汽锅，火锅源于商周。各种不同材质、不同用途的炊具、食器的早期发明，为中国烹食文化的发展开辟了广阔的天地。

漆器与陶瓷一样，同是我国古代在化学工艺和工艺美术方面的重要发明。史料研究认为，漆器起源于4000年前的虞夏时期。战国时期成书的《韩非子·十过篇》中记载着："尧禅天下，虞舜受之，作为食器……流漆墨其上"，"舜禅天下而传之于禹，禹作为祭器，墨染其外，而朱画其内"。《禹贡·夏书》中更把漆列为贡品之一："济河惟兖州……厥贡漆丝。"这就是说，在新石器时代晚期，从氏族公社解体到奴隶社会兴起之时，我国已有了把漆用在食器、祭器上的记载。汉、唐、宋时期，漆器和油漆技术从我国传向亚洲各国，从而使漆器后来发展成为亚洲地区一门独特的手工艺行业，以后又传向欧洲。与此同时，中国的食具食器文化也得到了广泛的传播。

在漆器出现前后，颇具工艺水平和观赏价值的锡、铜、金、银、竹、木等多种多样的餐饮器具也先后问世。这些材质和形状各异的食器具与食礼结合起来，更促进了其发展。历代发明的餐饮器具，从镜鸣鼎食、炉锅鏊壶，到碗瓢盆碟、樽盏杯盅、筷叉勺匙，不胜枚举。唐宋时代，中国人漆器、铁锅与陶瓷同样成为独点世界市场的大宗出口商品。

中华民族对筷子的发明和使用是个创举，筷子连同筷子文化现已被世界上四分之一以上的人口所接受。中国人用筷子和匙吃饭的习惯在3000多年以前就已养成，对周边国家影响深远，后来越南、朝鲜半岛、日本等地的人们也逐渐形成了使用筷子的习惯。现在，世界上已有15亿人口在用筷子就餐。

四、农耕文化——开拓了人类的食源

中国是世界上最重要的农作物起源中心之一。在历史上，中国农业（大农业概念包括农、林、牧、渔各业）起步甚早，农耕文化源远流长，对人类食源的开发和农耕文化的发展做出了重大贡献。在当代，中国以世界7%的耕地养育着世界22%的人口，仍在为人类做出新的贡献。

在距今7000多年前的河姆渡远古居民遗址内，人们挖掘出农用器具和大量的碳化稻谷。考古学家和历史家研究认为，在新石器时代，我国已产生了畜牧业与种植业结合的原始农业，开拓了人类新的食源，形成了农耕文化。

我国先民很早就对植物进行物种驯化。7000多年前，我们的祖先已在黄河流域种植粟等农作物，在长江流域种植水稻。稻、禾、稷、粟、麦等农作物不但很早生长在中国大地上，而且见之于3000多年前殷代的甲骨文记载。在3000多年前的周代，我国的农业已经达到相当高的水平。那时，我国的水稻就已传向国外，而如今，水稻已成为人类共享的食物。我国早先种植的大豆，也为当今世界提供了优质营养源。

我们的祖先在培育畜禽良种方面曾对人类做出贡献。在河姆渡遗址内就已发现有陶

猪、陶羊工艺品。当今欧美的猪、鸡、鸭具有中国同类畜禽的血缘。

我国蔬菜、水果资源丰富，品种繁多。7000年前蔬菜种子的发现，足以证明中国蔬菜种植历史悠久。温室种菜，在汉代史籍上已有记载。我国是柑橘橙柚的发源地。我国的诸多特产，如枸杞、猕猴桃、沙棘、魔芋，在国际市场上广受青睐。

农机具的发明创造，推动了农业的发展和人类文明，促进了人类社会的变革。

我国早在3000多年以前的殷商时期就有了铜犁，周代采用了铁犁和畜力结合的农耕方式，它标志着人类改造自然的能力达到了一个新的水平。从山东、河南、陕西等地出土文物中发掘出汉代铁犁，这象征着耕犁的又一重大发展。西汉创造了三脚耧，实现了铁质农具的配套，这是我国古代在农机具方面的一项重大发明。东汉末年发明了灌溉机械，起初是以人力转动轮轴灌水，后来发明了以畜力、风力、水力作为动力的龙骨水车。

为了使农业稳步发展，几千年前，古人便开始修建水利工程。历代水利工程的修建，都对农业生产发挥了巨大的作用。

战国时代兴建了一系列大型水利工程，最具有代表性的是举世闻名的四川都江堰；秦统一六国后，兴建了著名的运河——广西灵渠。1000多年前兴修的南北运河，经过唐、宋、元代的增修，形成世界上开凿最早、规模最大的运河。这些大规模的水利工程，标志着当时我国水利水文科学的发展已经达到相当高的水平。迄今，这些水利工程一直发挥着重要作用。

种植业的发展促进了蜜蜂事业的产生与发展。同时，蜜蜂通过传播花粉，又大大促进了农作物的增产。我们的祖先从采食天然蜂产品中认识了蜜蜂，进而发展到饲养蜜蜂，加工和利用蜂产品。于是，中国古老而灿烂的蜜蜂文化便由此产生了。

早在3世纪皇甫谧的《高士传》中就有关于养蜂的记载：元末列基的《郁离子·灵丘丈人》中还提出了具体的养蜂技术规范，它比被认为是世界养蜂大师的波兰的齐从(J. Dzierzon，1811～1906年）提出养蜂原则还早约500年。秦汉时期的《神农本草经》、北魏的《齐民要术》、元代的《饮膳正要》、明代的《本草纲目》等均对蜂产品的性能与应用有过精辟的论述，这些著作形成了一套较为完整的利用蜂产品进行食疗保健的理论，对人类保健起到了重要的指导作用，促进了蜂产品的应用和推广。长期以来，蜂产品被用作药品、食品、保健品、化妆品等。

在食用菌（包括药用菌）的食用与栽培方面，中国也是世界上最早的。世界上人工栽培的四大菇类中，有三种即木耳、香菇、草菇均起源于中国。

在2000多年前的史籍中已有对木耳的记载，北魏的《齐民要术》上有关于木耳的烹调方法；宋、元时代，香菇栽培已初具规模；草菇的栽培也已有200多年的历史。如今，我国可食用性食用菌已有700多种，其中有的品种，如松茸、竹荪，被世人视为珍品，灵芝、茯苓被加工成多种保健食品和药品。

食用菌现在已成为人类重要的食物来源，成为人类膳食结构中不可缺少的组成部分。它富有营养，有食疗保健作用，而且其栽培成本低，易操作，可以利用农副产品和林业剩余物大量栽培，在林区和草原还有着大量的菌类野生资源。因此，食用菌作为一种适合大量栽培的经济作物，越来越被人类青睐，成为颇有价值的新营养源。在许多国家的人们日益追求天然、健康的当今世界，科学家们正致力于食用菌的开发与研究。未来，食用菌必将对人类发挥更大的作用。

在漫长的历史长河中，中华民族的祖先在艰辛的生息、劳作过程中，以他们的聪明才智不断发现、认识、总结、提高，经历了无数的实践—认识—再实践—再认识的过程，形成了较为完整的古代农业技术理论，为后人留下了很有价值的农业学专著，成为人类宝贵的文化遗产。

据不完全统计，2000多年来，我国留下古农书总计376种，包括综合性农书和专业农书。2000年前的《吕氏春秋》中有部分篇幅专讲农业，其中提出的重农理论和政策，影响极其深远，直到今天，以农为本仍是我国的基本国策，农业仍是受到各国重视的基础产业；《吕氏春秋》中对农业生产经验的总结，体现了春秋战国时期我国农业科学技术的水平，其中还蕴含着先进了哲学思想。西汉的《汜胜之书》，列举了许多种粮、油、菜、瓜作物的种植方法，从选种、播种，到收获、储种，都有所阐述，包含着许多科学道理。如其中提到瓜类和豆类间作的种植办法，为后人广泛采用。北魏贾思勰撰著的《齐民要术》，是一部博大精深的古代农业科学著作，也是世界上第一部论述食品加工的经典。它全面总结汇集了当时农业、养殖业、食品加工方面的知识和技术，以其高度的科学性和实用性为世代各阶层人士广泛采用。它跨越时空，伴随人类近1500年，至今仍为人类所借鉴。《齐民要术》被达尔文称之为“中国百科全书”，并在他的进化论中引用了其中的论点。

在农业的发展过程中产生了中国历法，即农历。中国历法起源于4000多年前的新石器时代晚期。从史料记载看，在4000多年前已经开始以“春分、夏至、秋分、冬至”的时刻，作为划分四季的标准。春秋战国时期，创立四分制，历代改进，形成了中国特有的历法体系。它将一年分为24个节气，指导农业生产，这是世界各国所不及的。

五、烹食文化——从中国走向世界

一位美国学者曾说烹食是“北京人”早已发明的一种伟大技能。这一说法不无道理。“北京人”用火把生食做成熟食，从此便诞生了烹食技术。

中华民族的祖先早期对于火的利用、陶的发明、农业的开发以及膳食与养生文化的产生和发展，均为中国烹食的诞生与发展奠定了得天独厚的基础。在这个基础之上，中华民族建立起被誉为“四大国粹”的中国烹食体系，创造出独具特色的中国烹食文化，使中国成为世界公认的“烹食王国”。

中国烹食技艺经历了火燔、石烹、陶煮、铜煎、铁炒等历史阶段，不断发展和升华，形成广采博取、刀工细腻、讲究火候、善于调和的独特风格。中国烹食常采用的原料约3000种，采用的刀工技法数十种，烹调方法上百种，调味料近500种，由此制成的美食佳肴精美绝伦，变化无穷，备受中外食客崇尚。正如孙中山先生所言：“中国烹食之妙，亦是表明进化之深也，西人一尝中国之味，莫不以中国为冠矣。”法国名厨大师也承认，“中国是一个伟大的国家，中国菜有许多深奥的学问”。这门学问是人类的宝贵财富。

中国菜肴讲究色、形、香、味、滋、养。六者结合，组成视觉、嗅觉、味觉、触觉的综合艺术享受。在中国烹食中，味占十分重要的地位，是中国美食的核心所在。如俗话所说，“食无定味，适口者珍”；“五味调和百味香”。

中华民族对于味的发明、追求、享受、升华过程，贯穿于食文化之中。历代先民对味的追求，不仅是口味的享受，还蕴含着养生的内涵。如阴阳五行之说，五味入五脏，五味调和，这些学说都是把饮食与养生统一起来。古人早就在探索烹与调、食与味、食与时、食与健的辩证关系。这也构成中国烹食的一大特色。

中国的烹调技艺，在广大家庭中普及，在宫廷官府中提高，经过餐馆、酒楼走向社会，20 世纪从中国走向世界的五大洲。据不完全统计，海外有中餐馆近 40 万家之多。中国的烹食文化能够在如此广大的范围内普及，这不能不说是中华民族对人类的一大贡献。

六、食品文化——不断融合与升华

农业的发展，为人类提供了丰富的食物资源，要把食物变成对人体最适宜的食品，就要进行调制和加工。于是，食品加工应运而生，形成了食品文化。

中国的食品加工工业和食品文化是在古老的农业基础上产生和发展起来的。中国的食品文化犹如一条古老而漫长的母亲河，通过条条支流，流向八方大地，滋润着这块中华民族祖祖辈辈生息繁衍的沃土，从中培育出五彩斑斓的花朵。中国食品文化颇具代表性并对人类产生重大影响的有粮油食品文化、酒文化、茶文化、盐文化等。地方范围食品文化和少数民族食品文化也如同朵朵奇葩，争奇斗艳，使中国食品文化更加绚丽多姿。中国食品及其文化经过数千年的演变与发展，不仅在神州大地根深叶茂，而且已广泛传播到海外。

早在商周时期，我国就有了关于糕点的记载，迄今已有 4000 多年的历史。早期的糕点是用自然干燥的果实和种子为原料的。夏商时期，人们将粮食去皮壳，制成粉、粒。商周已有了饴糖，汉代有了液体油、蔗糖，为面制品加工提供了更丰富的原料。《汉书·宣帝传》里描绘了汉宣帝买饼的经过。东汉时期，人们就已食用面条，并将其作为祭品。华夏的面条是中唐时期传入东瀛的，已成为世界各地人们常用的食品。冰食、冰饮早在殷商就已出现，唐宋时期已商品化。北宋时，粽子、油条、春卷、月饼已大量上市，并开创了用曲发面制食品之先河，为世界面食加工谱写了光辉的一页。

豆腐是中国人的发明创造。我国豆类加工始于周代，汉代完成了豆腐的制作，在唐代豆腐传入日本。当今，豆腐已成为许多国家各种肤色人种的盘中佳肴，还有豆腐派生出的各种营养美味的豆制品。

酒文化的形成与发展是人类生产力水平与文明程度的一项标志。中国是世界三大酒系的发源地之一。由此形成的中华酒文化在世界文化中占有重要的地位。它的发展对人类文明产生了重要的影响。

中国是酒的故乡，也是酒的生产大国和消费大国。历代人们以酒满足生理的需要和心理的需要；把饮酒作为艺术的享受；人们用酒增香调味，治病健身，娱乐消愁；也把酒视为社会交往、沟通思想、融洽情感、显示性格和发挥智慧的“灵性之物”。唐代酒圣李白就“斗酒诗百篇”，历代文人都为酒留下千古绝句，为世人所称道。

中国一万多年前陶的发明和古老而发达的农业，为酿酒提供了必要的原料和器具，为中国酒文化的产生和发展提供了得天独厚的条件，使中国成为孕育世界早期酒文化的摇篮。

20 世纪 80 年代前期，我国在陕西省眉县出土了一套 6000 多年前的陶制酒具，此外，还在其他多处新石器时期的遗址中发掘出陶制酒具，这说明我们的祖先很早就尝到了美酒的芳香。历史学家考证认为，中国的酒曲和中国果酒（包括葡萄酒）均起源于六七千年以前，黄酒起源约在五六千年以前。中国是用谷物酿酒最早的国家，也是用酒曲最早的国家，中国人最早将微生物应用于食品制造，中国酒的发展史也是早期人类微生物的应用史。中国历代古书中多有对制曲酿酒的阐述，从而使这一传统食品加工技艺在实践中不断总结提高。如北魏的《齐民要求》、宋代的《北山海经》等著作中都有关于酿酒的科学而系统的论述。

酒曲的制作与应用是人类文明史上的一项发明，它体现了先民的早期对微生物的认识和应用，它不仅开辟了酿酒业的新纪元，也带动了豆豉、腐乳、酱、酱油、醋、酱菜等我国传统酿造食品业的兴起。在这些发酵食品中，最有代表性的是酱类食品。汉代以前的酱是以肉和鱼为原料，渗入盐、曲和酒使之发酵而成。后来，人们以大豆和谷类替代了肉酱和鱼酱中的动物性原料，制成了谷类酱。谷酱产生于汉代，后来传入朝鲜、日本等国，并作为一种营养型调味品一直食用到今。如今，这种利用制曲发酵的方法酿制食品的古老工艺和技术，已经发展成为具有东亚特色的食品加工技术。我国传统的酿造业，已经发展成为一个独具特色的酿造食品工业体系，它的产品已经为世界上许多国家和地区的人民所喜爱和享用。

中国也是茶的故乡，种茶、采茶、制茶、用茶均源于中国，中国是世界茶文化的发祥地。中国的茶文化，连同烹食文化、酿酒文化、食具文化并驾齐驱，被誉为中华食文化的“四大天王”。

早在100万年以前，野生茶就生长在我国云、贵、川一带。传说“神农尝百草，日遇十二毒，得茶而解之”，这是人类用茶之始。茶开始作药用，以后发展为药、食、饮三用并行。早先人们曾嚼茶食用，周朝以茶为贡，汉朝用其作饮料，晋代饮茶成风，唐代饮茶习俗广为流传。明代改饼茶为散茶，简化了泡茶的工序，使饮茶行为走出宫廷、官府、寺院，普及于民间。唐代陆羽的著作《茶经》，是世界第一部关于茶学的经典著作。它对茶的产地、种植、制作、应用等作了系统的论述，也为中国茶道奠定了基础。唐代茶文化的兴盛是茶文化史上的里程碑。历代的诗词赋中，也常见有对茶的咏叹。

古人在漫长的饮茶历史中，形成了中国茶道。中国茶道在茶文化史上占有重要的地位。它融煮茶的技艺和规范的品茶方式以及富有哲理、体现人类文明的思想内涵于一体，将社会倡导的道德和行为规范也寓于饮茶活动之中，引导人们陶冶情操、走向文明。中国茶道是人类真善美的和谐统一。

茶作为一种理想的饮品，除具有清凉解渴作用外，还有调节神经、调整血管等多种功能，已发展成为一种世界性的饮料。长期以来，茶文化在世界范围内广泛传播。目前，世界上主要产茶国的茶种都是从中国传去的。世界上现已有50余个国家种茶，170多个国家和地区的占世界人口五分之四的人们在饮用茶。当代世界饮茶之风仍方兴未艾，茶可以称得上是世界第一饮料。

盐是人类赖以生存的四大物质（食、火、水、盐）之一。然而它与其他三种物质的不同之处在于自然界盐的量及分布地域是有限的，因而决定了它在人类历史上所处的特殊而又重要的地位。考古证实，无论在史前文化时期，还是在有史文化时期，人类的活动无不与盐有着千丝万缕的联系。人类社会里，盐在政权、经济、社会、军事、科技等的形成与发展中起着重要的作用。盐是人类第一调味品，是商品交换中的最早的商品之一，是国家实行官管的第一物品，又是第一税源。由此可见，盐的治理事关重大。

中国古代盐业发达，制盐历史悠久，堪称世界之最。从春秋时代管仲推行“管山海”，到汉代的“盐专卖”、唐代的“榨盐制”、宋代的“析中法”、明代的“纲盐法”，直到清朝的“废纲行”等各种控制盐的法则，足以见得中国治盐有方，非同一般。

在将盐用于食品加工方面，除了用于调味、提味以外，很早以前，人们就用它进行食物保鲜，以延长食用期限。如用盐腌渍各种蔬菜、水产、肉、蛋以及制作薰腊食品和酿制各种调味品等。

在拥有960万平方公里国土的中国大地上，56个民族在这里生息繁衍，56个民族的食品精华和各种特色的传统风味食品在这里荟萃，展示出多姿多彩的美食世界。中国有上万种传统食品和各民族的名食、特产，有的不仅在国内遍地开花，而且远渡重洋，享誉世界。它们在各自的发展与交融中，形成了丰富的食文化，这种文化已打破国界，广为传播。

七、膳食文化——食物结构科学、合理

在漫长的生活实践中，中华民族祖祖辈辈以他们辛勤的劳动和丰富的智慧，缔造了人类科学的膳食结构，受到世人的重视和承认。美国康奈尔大学营养学家曾对6500名中国人进行膳食追踪调查，经过对比分析后，认为中国的膳食结构合理，曾向美国参议院建议仿效。另外，美国《健康》杂志以《世界上最益健康的饮食》为题指出，在世界范围内，中国人的饮食最益于健康，称赞中国人膳食结构的合理性。

中国人的这种膳食结构是在中国的自然环境和社会、经济发展中以及在中国传统哲学思想的指导下，从长期形成的饮食习惯中演变而来的。实践证明，它具有很强的科学性，对人类有较为普遍的借鉴意义。

这种膳食结构的具体内容是：①以植物食物为主的杂食，荤素结合；②主食与副食搭配，即饭、菜、佐料合理配合；③日常饮食和节日筵席的调剂，达到调补的目的。

现代营养学讲究膳食中营养素的平衡。在战国时期问世的世界第一部医学理论专著《黄帝内经》中，就已体现了这种思想，其中对膳食结构作了精辟的论述，提出：“五谷为养，五果为助，五畜为益，五菜为充”，在世界上最早提出了科学合理的人类膳食结构。以现代营养学的观点审视这种膳食结构，它是符合营养平衡原则的，它适合人体生理的需要，有益于增进人体健康和人的聪明才智。

中国的膳食文化不仅回答了人类“吃什么好”的难题，还在食品卫生学方面颇有建树。

据史料记载，周代宫廷里已有“食医”指导膳食。《周礼·天官》在谈到食医时说：“食医掌和王之六食、六饮、六膳、百馐、百酱、八珍之齐。”由此可见，当时中国人已相当重视膳食的营养卫生。

关于在膳食中怎样才能吃得卫生、吃得健康，中国自古以来，这方面的理论很多。如唐代孙思邈在《千金要方》中有记述：“勿强饮食，勿强饮酒”；“勿食生菜、生米、小豆、陈臭之物。勿饮浊酒。面食塞气孔，勿食。生肉伤胃，勿食。凡肉须煮烂，停冷食之。食毕，当漱口数过，使人之牙齿口香不败”；“饱食而卧，乃百病生”。这些思想与现代营养卫生学的基本观点相一致。《黄帝内经》中对膳食养生也有许多论述，如其中提到“食饮有节，谨和五味”、“谷肉果菜，食养尽之，无使过之，伤其正也”、“食味偏元，伤及五脏”，这些内容阐明了膳食平衡的理论，其思想寓意精深，蕴含哲理，富有指导性，为后人普遍接受。元代饮膳太医忽思慧著的《饮膳正要》一书，对膳食营

养、食品卫生亦作过空前详尽的论述。

八、养生保健文化——饮食适时、适量、营养平衡

中国养生保健文化历史悠久，历代都有发展，形成独具特色的理论，可以说是一门新的学科——中华食疗养生学。这是中国对人类的重大贡献之一。

中国食养食冶的理论，即使在科学技术高度发达的今天，仍在世界处于领先地位。日本曾有学者指出："中国人的食养与食治是世界营养学的鼻祖。"

养生保健理论，贯穿于原料构成、膳食结构、饮食制度、饮食方法、烹食技艺、烹调技法以及各类食品之中，指导着人们的生产与生活，使人们健康地生存。它的以食强身、以食增智、以食美容、以食益寿的理论学说，历代都得到发展。正如孙中山先生在《建国方略》中指出的，"中国的饮食习尚暗合乎科学性，尤为各国一般人所望尘不及也"。

药食同源理论是中国的中医药学和养生学、营养学的理论基础，经过历代的发展，不断提高和完善。《周礼·天官·疾医》中有"以五味、五谷、五药养其疾"之说。古往今来，人们遵循着"无病食养，有病食治，食治无效，再用药理"的养生之道。从秦汉时期的《神农本草经》，到唐代的《新修本草经》和明代的《本草纲目》，对成千种食物和药物的成分、性、味、功能都有详细的论述。这是凭借人的感官进行判断、识别的结果，是我们的祖先长期经验的积累和智慧的结晶。

古人对膳食养生的建树，至今仍为中外人士所仰慕，并遵其而行。唐代是我国历史上食养食疗发展的重要阶段。唐代药王孙思邈所著《千金要方》是体现中国膳食养生文化的一部代表作，也是世界上第一部全面科学系统地阐述养生保健理论的经典著作，对食养、食疗、食生、食忌、美容等都有论述。《千金要方》与元代的《饮馔正要》均对人类食疗养生具有重要的指导价值，同为人类宝贵的文化遗产。

我国古老的食疗养生文化发展到当代，在不断汲取近代科学的同时，正在走向世界，日益为越来越多的人们所接受，必将造福于整个人类。近些年来，科学日趋发达，各种化学品、医药品广为采用，人类生存环境受到污染，药源性疾病增多。于是，许多国家越来越多的学者对中国的食疗养生文化产生兴趣，他们潜心研究东方饮食文化，汲取中国膳食养生文化之精华，应用现代科学手段剖析食物中的保健功能因子，不断开发出各种有益于人体健康的功能性食品。当前，在世界范围内正在掀起一个崇尚天然、营养、保健食品的浪潮。随着这一浪潮的兴起，中国的食疗养生文化将会对人类产生更为深远的影响。

第四章
烹食的风味流派

【饮食智言】

鼎中之变，精妙微纤，口弗能言，志不能喻。

——《吕氏春秋》

中国烹食形成各具特点的菜肴、面点、小吃等流派，构建了饮食风味体系。饮食风味概括了一个特定范围里（如地域、生产、消费主体或对象等）包括菜肴、面点、小吃等在内的食品及其制作总的风格特点。“风”有沿习承袭、流行之义，“味”是中国传统对饮食品的指代性称呼（包括其制作特点）；“风味流派”指在某一特定范围沿承流行的具有特定风格的饮食派别。

第一节　烹食风味流派的形成与划分

中国是一个地域辽阔、民族众多的国家。由于地理、气候、物质、经济、文化、信仰以及烹调技法的差异，菜肴的风味差别很大，形成众多的流派。这些风味流派过去习惯上称作“帮”或“帮口”，并多冠以地名。各帮口之间互相渗透，产生若干相同或近似之处，于是又形成较大的帮口或流派。到了20世纪50年代，出现了“菜系”一词，并且逐渐代替了“帮”的称谓。简而言之，菜系，是指具有明显地区特色的肴撰体系。它有着不同于其他菜系的烹调方法、调味手段、风味菜式、辐射区域，并且在国内外有相当的影响。并不是按行政区划每个省市都有一个菜系。黄河流域的鲁菜、长江上游的川菜、长江下游的苏菜（过去多称淮扬菜）、珠江流域的粤菜，是大家公认的具有鲜明特色的四大菜系。

一、中国烹食风味流派的形成

1. 风味流派的成因

风味流派的成因比较复杂，归纳起来大致是六个方面。

① 地理环境和气候物产的差异。我国疆域辽阔，分为寒温带、中温带、暖温带、亚热带、热带和青藏高原区等6个气温带，加之地形复杂，山川丘原与江河湖海纵横交错，适于动植物生长，因此食物来源充实。人们择食多是就地取材，以土养人，久而久之，便出现以乡土原料为主体的地方菜品。

② 宗教信仰和风俗习惯的不同。我国人口众多，宗教信仰各异。佛教、道教、伊斯兰教、基督教和其他教派，都拥有大批信徒。由于各宗教教规教义不同，信徒生活方式也有区别。饮食是人最基本的生活需要，所以自古就有把饮食生活转移到信仰生活中去的习俗。这一习俗反映在菜品上，便孕育出素菜和中国清真菜。

③ 历史变迁和政治形势的影响。在我国历史上，西安、洛阳、开封、杭州、南京、

北京，是驰名的古都；广州、福州、上海、武汉、成都、济南，是繁华的商埠。它们分别作为各代的经济、政治、文化中心，对菜系孕育都产生过积极而深远的影响。汉、唐、宋、明的开国皇帝酷爱家乡美食；辽、金、元、清的统治者大力推行本民族肴馔，对一些菜的风味形成也有帮助。至于秦菜与唐代珍馔关系密切，辽宁菜与清宫名菜渊源深厚，苏菜中保留着“十里春风”的艳彩，鄂菜中能看到“九省通衢”的踪影，川菜体现了“天府之国”的风貌，粤菜有“门户开放”后的遗痕，更可说明这一问题。

④ 权威倡导和群众喜爱的促成。如同各种商品都是为了满足一部分人的需要而生产的一样，各路菜肴也是迎合一部分食客的嗜好而问世的。人们对某一风味菜肴喜恶程度的强弱，往往能决定其生命的长短和威信的高低。还由于烹饪的发展，与权贵追求享乐、民间礼尚往来、医家研究食经、文士评介关系密切，所以任何菜系的兴衰都有明显的人为因素（即消费者）在左右。更重要的是，群众对乡土菜口的热爱，是菜系稳固扎根的前提。乡土风味是迷人的。人们对故乡的依恋，既有故乡的山水、亲友、乡音、习俗，也有故乡的美食。所谓“物无定味，适口者珍”，乡土风味在很大程度上是取决于共同的心理状态和长期形成的风习的。乡情、食性和菜肴风味水乳交融，就支配一个地区烹调工艺的发展趋向。

⑤ 文化气质和美学风格的熏陶。我国有黄河流域文化、长江流域文化、珠江流域文化、辽河流域文化；也有中原大地的雄壮之美、塞北草原粗犷之美、江南园林的优雅之美、西南山区的质朴之美和华南沃上的华丽之美。反映在菜系中，文化气质与审美风格经常居于主导地位。象中原雄壮之美便孕育出宫廷美学风格，形成雄伟壮观的宫廷菜；江南优雅之美便孕育出文人美学风格，形成小巧精工的淮扬菜；华南华丽之美便孕育出商业美学风格，形成华贵富丽的羊城菜；西南质朴之美便孕育出平民美学风格，形成灵秀实惠的巴蜀菜；塞北粗犷之美便孕育出牧民美学风格，形成蒙古族特异的红食与白食。

⑥ 烹调工艺和筵宴铺排的升华。这是菜系形成的内因，起着决定性的作用。地方菜是菜系形成的前提和基本条件，菜系是某些地区菜的升华和结晶。具有明显风味特色的菜系所以能够从众多地方菜中脱颖而出，靠的是什么？显然是自身实力——烹调工艺好，名菜美点多，筵席铺排精。强大的实力可以使它们在激烈的市场竞争中保持优势，获取较高的社会声誉。从古到今，影响大的菜系无不都是跨越省、市、区界，向四方渗透发展，朝气蓬勃；而一些较小的地方菜则只能在自己的“根据地”内活动，各方面都受到限制。究其原因，仍是实力上的差距。尤其是近年来，各大菜系的竞争也相当激烈，优胜劣败，毫不留情。总之，谁能征服食客谁就发展，菜系的原动力就是菜品的质量和信誉。

2. 划分风味流派的依据

划分风味流派的最主要的依据，是烹食物质要素和工艺特色。烹食物质要素包含烹食原料和工具特色，它们体现了产品特色，传统上对产品特色的认识归结到“味”字上。

中国烹食最重“味”，味是诸种因素的综合性体现，是划分风味流派最主要的依据，可归纳为：鲁地重咸鲜，粤地重清爽，蜀地多麻辣，淮扬偏甜淡，陕西偏咸辣，山西偏酸咸，河南适中。

各菜系烹食风格总体的差异是：鲁派风格大度豪爽，质地实在，大炒大爆，一派山东大汉气概；川派风格重点突出而形式多样，犹如川妹子俏丽热情而泼辣多智，使胆怯者却步，勇敢者在火辣辣之中回味无穷；淮扬派风格雅致精妙，清丽恬淡，一如苏杭女子，浓妆淡抹，总有引人风姿；粤派风格通脱潇洒，广采众长，变通中西，好似一英俊青年，灵活机智，善于开拓，勇于创新。

3. 中国烹食风味流派的认定标准

目前在菜系问题上存在不少争论，如定义之争、定名之争、标准之争、数量之争、顺序之争、支派之争等，其焦点是菜系标准的认定。

菜系既然是中国烹饪的风味流派，作为一个客观存在的事物，它必然有着量的限制和质的规定。从菜系历史和现状考察，举凡社会舆论认同的菜系，它们一般都具有五个条件。

① 选料突出特异的乡土原料。菜系的表现形式是菜品，菜品只有依赖原料才能制成。如果原料特异，乡土气息浓郁，菜品风味往往别具一格，颇有吸引力。故而不少菜系所在地都很注重名特原料的开发（像北京的填鸭、四川的郫县豆瓣），用其制成“我有你无”的菜品，标新立异。尤其是一些特异调味品的使用，在菜肴风味形成中有很大作用，福建的红糖、广东的蚝油、湖南的豆豉、江苏的香醋所以受到青睐，原因也在于此。

② 工艺技法确有独到之处。烹调工艺是形成菜肴风味的重要手段。不少风味菜名传遐迩，正是在炊具、火功、味型和制法上有某些绝招，创造出一系列菜品，像山东的汤菜、湖北的蒸菜、安徽的炖菜、辽宁的扒菜等。由于技法有别，菜品质感便截然不同，故而可以以“专”擅名，以“独”争先，以“异”取胜。像海派川菜、港式粤菜、谭家菜、宫保菜的名气，主要是由此而来。

③ 菜品的乡土气息浓郁、鲜明。融注在菜品中的乡土气息，是大大小小风味流派的灵魂。它能确定流派的“籍贯”，并助其自立。乡土气息表面上似乎看不见摸不着，但只要菜一进口，人们立即感觉到它的存在，如锅豆腐中的鲁味、麻婆豆腐中的川味、徽州毛豆腐中的徽味、砂锅鱼头豆腐中的浙味；而对家乡人来说，它又是那样地亲切、温馨和舒适。乡土气息还可用地方特产、地方风物、地方习俗、地方礼仪来展示，常有诱人的魅力。所谓川味、闽味、豫味、湘味，这个“味”字正是指的乡土情韵。

④ 由众多名菜美点组成多种格局的筵席。事物的属性不仅取决于质，还需要依靠一定的量。由于筵席是烹调工艺的集中反映和名菜美点的汇展橱窗，所以，能否拿出不同格局的众多乡土筵席，应是区分菜系和菜种的一项具体指标。同时也只有风味特异的乡土筵席，才能参加饮食市场的激烈角逐，这就象成龙配套的名牌产品是企业的生命一样。

⑤ 必须能经受住较长时间的考验。认定菜系，应有历史的、全面的、辩证的观点，不能仅凭一时一事。因为菜系的孕育少则一个世纪，多则数千年，其间的道路沟沟坎坎、弯弯曲曲。只有久经考验，通过时代的筛选，才能日臻成熟，逐步定型，并在稳定中求发展，在发展中再创新。

二、中国烹食风味流派划分的方法

① 从地域角度划分。清代出现“帮口”一词，指以口味特点不同形成的烹食生产行帮。烹食风味出现了诸如山东（鲁）帮、淮扬（淮安和扬州）帮、四川（川）帮、广

东（粤）帮之称。

② 从民族角度划分。以回族为代表，包括维吾尔、哈萨克、东乡、撒拉等清真风味；以畜牧业为主的蒙古族、藏族等风味流派；以从事农业的朝鲜、满、土、傣、白、壮、苗等民族风味流派；以渔猎为主的赫哲、鄂伦春、鄂温克等民族风味流派；以从事商业为主的乌兹别克、塔塔尔等民族风味流派；以渔业为主的京族风味流派。除经济生活条件外，地理环境、宗教信仰、文化传统、风俗习惯等也是形成民族风味流派的条件。

③ 从烹食生产主体和消费对象划分。传统划分为：宫廷风味流派；官府风味流派，如山东孔府风味、北京谭家菜；寺院风味流派；市肆风味流派；民间风味流派，也称家常风味。

④ 从使用原料的性质划分。按原料的性质划分分为荤食风味与素食风味两大派，经过一千多年的发展，到清代素食形成了寺院、官府、民间等三个派别。

⑤ 从食品功用划分。食品功用是指食品所具有的一般功用与特殊效用，分为医疗、保健、美容、益智、优生等风味流派，俗称为“药膳”。

第二节　烹食风味流派简介

中国饮食文化源远流长，素有“烹食王国”之称。中国烹食不仅仅是技术，同时也是一种艺术，是文化，是我国各族人民辛勤的劳动成果和智慧的结晶，是中华民族传统文化的一个重要组成部分。

一、菜系

“菜系”一词何时出现，烹饪研究者曾有多种说法。但能见到的最早文录却是20世纪70年代中叶以后。中国财政经济出版社70年代中后期出版的《中国菜谱》丛书，一般省区专辑的“概述”中便有“江苏菜系”、“安徽菜系”、“湖南菜系”、“广东菜系”、“浙江菜系”等字样。进入80年代以来，尤其是第一次中国烹饪大赛（1983年）以后，中国烹饪文化的研究很快形成热潮，“菜系”一词的高频率使用使其成了餐饮界的一个时尚术语。“菜系”之说也就随着饮食业的兴旺和烹饪文化研究热潮的兴起而流行了。菜系不仅指几味特色菜肴，是指以餐食为主体，体现着一方水土的特色食品、食俗和饮食风格的饮食体系，是中华民族饮食文化的美学结晶。每一菜的形成，都有它深远的生态背景、人文背景和区位背景。菜系形成的关键是一定历史条件社会经济的发展程度。所谓菜系，是指在一定区域内，因其独特的物产、气候、历史条件和饮食习俗不同，经过漫长历史的演变而形成的一整套自成体系的烹食技艺，并被全国各地所承认的地方菜。

中国菜是一个总称，它是由各地区颇有特色的菜系组成的。就中国菜整体而言，主要由地方风味菜、素菜、宫廷菜、官府菜、少数民族菜五大部分组成。地方风味菜是构成中国菜的主要部分。关于地方风味菜，其划分标准有很多种，但最有特色、历史最悠久、影响最大的是三大河流孕育出的“四大菜系”：源于长江上游的川菜，源于长江中下游古扬州的淮扬菜，源于广东珠江流域的粤菜，源于山东黄河流域的鲁菜。另外，还有鲁、川、苏、粤、湘、闽、徽、浙“八大菜系”之说，八大菜系分布区域见图4-1。

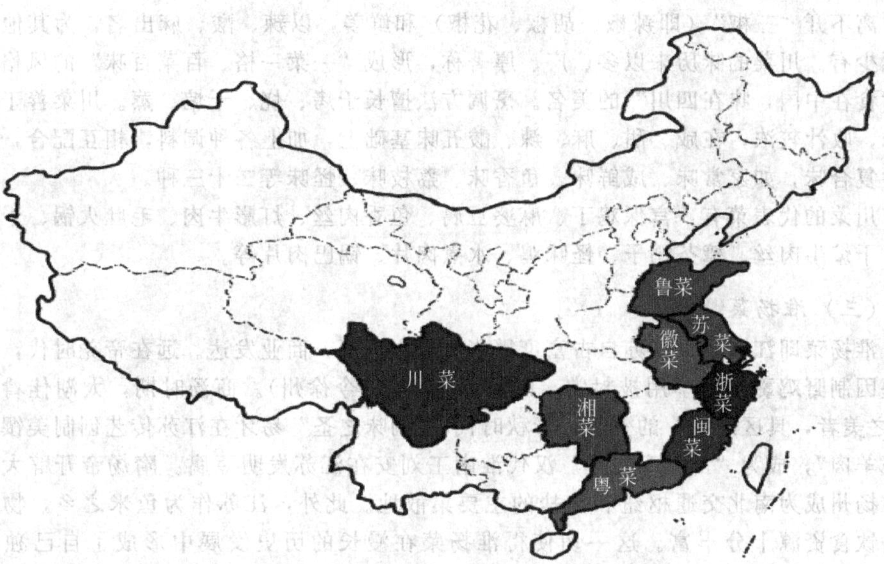

图 4-1 中国八大菜系分布区域

但中国到底有多少个“菜系”，可谓众说纷纭，莫衷一是。有“四系”说、“五系”说、“六系”说、“八系”说、“十系”说、“十二系”说、“十四系”说、“十六系”说、“十八系”说、“十九系”说、“二十系”说等。

二、四大菜系

（一）鲁菜

鲁菜即山东菜。起源于春秋战国，成形于秦汉，成熟于魏晋南北朝。宋以后鲁菜就成为“北食”的代表。明、清两代，鲁菜已成宫廷御膳主体，对京、津、东北各地的影响较大。现今鲁菜是由济南和胶东两地的地方菜演化而成的。

鲁菜以清香、鲜嫩、味佳而著称，十分讲究清汤和奶汤的调制，清汤色清而鲜，奶汤色白而醇。济南菜的烹调方法以爆、炒、炸见长。曲阜的孔府菜是我国最大、最精湛的官府菜。济南菜大量吸收了孔府菜的精华。胶东菜盛行于烟台、青岛一带，这里海产品丰富，故以烹制海鲜而驰名，口味以鲜为主，偏重清淡。

鲁菜的代表菜有：糖醋鲤鱼、德州扒鸡、葱烧海参、油爆海螺、炸蛎黄、清蒸加吉鱼、九转大肠、清氽赤鳞鱼、爆双脆、清汤燕菜、锅煽豆腐等。

（二）川菜

川菜源于古代的巴国和蜀国，它是在巴蜀文化背景下形成的。在秦末汉初就初具规模。唐宋时发展迅速。明末清初，川菜用从南美引进种植的辣椒调味，使巴蜀早就形成的“尚滋味”、“好辛香”的调味传统进一步发展。晚清以后，川菜逐步成为一个地方风味极其浓郁的菜系，现今川菜馆遍布世界。

川菜历史悠久，以成都、重庆两地风味为代表，具有重视选料、用料广博、讲究规格、分色配菜、主次分明，鲜艳协调、调味多样、菜式繁多、适应面广的特征，也较经济实惠。川菜的特点是麻辣、鱼香、酸、甜、麻、辣香、油重、味浓、味厚，注重调味，离不开“三椒”（即辣椒、胡椒、花椒）和鲜姜，以辣、酸、麻出名，为其他地方菜所少有。川菜的味历来以多、广、厚著称，形成“一菜一格、百菜百味”的风格，享有“食在中国，味在四川”的美名。烹调方法擅长于烤、烧、干煸、蒸。川菜善于综合用味，收汁较浓，在咸、甜、麻、辣、酸五味基础上，加上各种调料，相互配合，形成各种复合味，如家常味、咸鲜味、鱼香味、荔枝味、怪味等二十三种。

川菜的代表菜有：宫保鸡丁、麻婆豆腐、鱼香肉丝、灯影牛肉、毛肚火锅、干烧岩鲤、干煸牛肉丝、樟茶鸭子、怪味鸡、水煮肉片、锅巴肉片等。

（三）淮扬菜

淮扬菜即江苏菜。江苏自古富庶繁华，人文荟萃，商业发达。远在帝尧时代，名厨彭铿因制野鸡羹供尧享用被封赏，赐地“彭城”（今徐州）。商汤时期，太湖佳肴已有“菜之美者，具区之菁”的赞誉。春秋时代，“调味之圣”易牙在江苏传艺创制美馔“鱼腹藏羊肉”，成为“鲜”字之本。汉代淮南王刘安在江苏发明豆腐。隋炀帝开辟大运河后，扬州成为南北交通枢纽和淮盐的主要集散地。此外，江苏作为鱼米之乡，物产丰饶，饮食资源十分丰富。这一切使得淮扬菜在漫长的历史发展中形成了自己独特的风格。

淮扬菜主要由苏州、扬州、南京三个流派构成，其影响遍及长江中下游广大地区。其特点为：用料广泛，以江河湖海的水鲜为主，刀工精细，烹调方法多样，擅长炖、焖、煨、焐、炒，追求本味，清鲜平和，菜品风格雅丽，讲究造型，菜谱四季有别。其中南京菜以烹制鸭而著名。扬州菜制作精细，重视调汤，口味清淡鲜美。苏锡（苏州、无锡）菜善烹河鲜、湖蟹，菜品清新秀美，口味偏甜，而无锡菜尤甚。

淮扬菜的代表菜有：金陵盐水鸭、三套鸭、扬州干丝、清炖蟹粉狮子头、松鼠鳜鱼、黄泥煨鸡（叫化鸡）、无锡肉骨头、虾仁锅巴、水晶肴蹄、清蒸鲥鱼、霸王别姬、羊方藏鱼等。

（四）粤菜

粤菜即广东菜。粤菜的形成有着悠久的历史。先秦时代，岭南尚为越族的领地，与经济文化已较发达的中原地带相比，饮食相对粗糙。秦始皇南定百越，建立“驰道”后，中原与岭南的文化、经济交往渐多，南越的“越”字也渐为“粤”字所代替，且成为广东的代称。与鲁菜、川菜、淮扬菜系相比，粤菜是一个起步较晚的菜系，萌生于秦，成形于汉魏，发展于唐宋，完成于明清。清末有“食在广州”之说。西汉时就有粤菜的记载，南宋时受御厨随往羊城的影响，明清发展迅速。20 世纪随对外通商，吸取西餐的某些特长，粤菜也推向世界，仅美国纽约就有粤菜馆数千家。

粤菜由广州菜、潮州菜、东江（或称惠州）菜三大部分组成。它用料广博，菜肴新颖奇异，善于变化，讲究鲜、嫩、爽、滑，烹调吸收西菜制作方法，具有清鲜、嫩滑、脆爽的特点。粤菜讲究清而不淡，鲜而不俗，嫩而不生，油而不腻，有所谓“五滋”（香、松、软、肥、浓）和“六味”（酸、甜、苦、辣、咸、鲜）之别。还注重季节搭配，夏秋力求清淡，冬春偏重浓郁。其中广州菜为主要代表，富有洋味，其影响遍及闽、台、琼、桂各地。潮州菜汇闽粤两家之长，自成一派，以烹制海鲜见长。东江菜又称“客家菜”，多用肉类，口味偏重，富有乡土气息。其烹调擅长煎、炸、烩、炖、煸等，菜肴色彩浓重，滑而不腻。尤以烹制蛇、狸、猫、狗、猴、鼠等野生动物而负盛名。

粤菜的代表菜有：龙虎斗、烤乳猪、东江盐焗鸡、白云猪手爷鸡、爽口牛丸、沙茶涮牛肉、鲜莲冬瓜盅、广东叉烧等。

三、浙、闽、湘、皖风味

（一）浙菜

浙江菜历史久远。《史记》记载，浙菜用鱼作羹由来已久。南宋临安是著名都会，饮食业兴旺繁荣。浙江菜就是宋朝以后逐步发展起来的一个菜系。

浙菜主要由杭州、宁波、绍兴、金华四种地方风味组成，其中以杭州菜最负盛名。杭州菜善烹淡水鱼虾，菜肴制作精细，具有清鲜、爽脆、清雅精致的特点。近年来新杭州名菜得到迅速发展，杭帮菜受到全国各地百姓欢迎。宁波菜善于烹制海鲜，技法上以蒸、烤、炖见长，口味鲜咸合一，注重保持原味，鱼干制品成菜有独到之处。绍兴菜入口香酥绵糯，汤浓味重，富有乡村风味。婺州（金华）菜特色鲜明，原料品质优良，烹调方法以烧、蒸、炖、煨、炸为主，菜品讲究原汁原味、香浓醇香，饮食追求滋补，口味变化相对较少，咸鲜、香鲜、咸甜、轻酸少甜微辣是婺州菜的主要味型。

浙菜的代表菜有：西湖醋鱼、东坡肉、龙井虾仁、宋嫂鱼羹、西湖莼菜汤、干炸响铃、蜜汁火方、生爆鳝片、冰糖甲鱼、黄鱼羹、醉蚶、鳗鲞、霉干菜焖肉、霉千张、清汤越鸡、拔丝金腿、薄片火腿、火腿荷化爪、火踵神仙鸭、火踵蹄膀、婺江春等。

（二）闽菜

闽菜即福建菜，是我国南方菜系中颇有特色的一派，在中国烹食文化宝库中占有重要一席。闽地的祖先在开发利用本地饮食资源的同时，注意吸取外来的饮食文化和保持自已富有特色的地方饮食，形成闽地喜食河鲜海味，善烹河鲜海鲜等饮食特点。

闽菜起源于闽侯县，由福州、闽南、闽西三个地方菜构成。福州菜为其主要代表，它以烹制山珍海味著称，口味偏重甜、酸，清淡，讲究调汤；其显著特色是常用红糟调味，流行于闽东、闽中、闽北地区。闽南菜则广传于厦门、泉州、漳州、闽南金三角，接近广东潮州菜，调料讲究，善用甜辣。闽西菜则盛行于闽西客家地区，偏咸辣，多以山区奇珍异品作原料，极富乡土气息。

闽菜的传统菜有：佛跳墙、淡糟炒香螺片、炒西施舌、醉糟鸡、沙茶焖鸭块、七星丸、油焖石鳞、鸡汁氽海蚌等。

（三）湘菜

湘菜即湖南菜，是我国中南地区的一个地方菜系。湖南是湘楚文化的发源地，自古以来即有“唯楚有材”之誉，人杰地灵，名师辈出。西汉时期，湖南的菜肴品种已达109种，这从20世纪70年代初长沙马王堆汉墓出土的文物中可以得到证明。南宋以后，湘菜自成体系已见端倪。明清两代是湘菜发展的黄金时期，湘菜的独特风格基本定局。

湘菜主要由湘江流域（长沙、衡阳、湘潭）、洞庭湖区和湘西山区三地风味组成，以湘江流域为主要代表。由于湖南潮湿多雨的气候和较低的地势，人们习惯于以吃辣椒来去湿和驱风。湘菜的特点是：常用辣椒，熏腊制品多，口味偏重辣酸，讲究实惠。

湘菜的代表菜有：红煨鱼翅、麻辣子鸡、东安鸡、腊味合蒸、吉首酸肉、红烧全狗、炒腊野鸭条、板栗烧菜心等。

（四）皖菜

皖菜即安徽菜，又称“徽帮”、“安徽风味”。皖菜是南宋时期的古徽州（今安徽歙县一带）的地方风味。皖菜的形成发展与徽商的兴起、发迹有着密切的关系。

皖菜主要由皖南、沿江和沿淮三地风味菜构成，以皖南菜为代表。皖南菜起源于徽州，故又称“徽菜”，向以烹制山珍野味著称，讲究火工，火大油重，保持原汁原味，比较实惠。沿江菜善于运用烟熏技法。

皖菜的代表菜有：红烧果子狸、无为熏鸭、符离集烧鸡、火腿炖甲鱼、毛峰熏鲥鱼、火腿炖鞭笋、凤阳瓤豆腐等。

四、京、沪、鄂、秦、豫风味

（一）京菜

北京是我国政治、经济、文化中心，是历史上著名的古都之一，又是汉、满、蒙、回等中华各民族聚居的地方，这使得北京菜具有鲜明的民族特色，并逐步发展为主要由当地风味和山东风味构成的北京菜系，同时也吸收了清代的宫廷菜、王公大臣的家庭菜以及南方菜和西菜的精华。因此，北京菜博采众长，精益求精，在全国居于重要地位，也是北方菜的代表。

北京菜的特点：取料广泛，烹调方法独具一格，以爆、烤、涮、熘、炒最为见长，口味以脆、酥、香、鲜为特色，擅长烹制羊肉菜肴和以猪肉为主料的菜肴。

北京菜的代表菜有：北京烤鸭、涮羊肉、扒熊掌、白煮肉、炸佛手卷、烤肉、酱爆鸡丁等。

（二）沪菜

沪菜即上海菜，也叫“海派菜”。上海是我国最大的工商业城市，上海菜系的形成有着重要的历史渊源。它是在吸取了广东菜、四川菜、北京菜、湖南菜、江苏菜、浙江菜等外帮菜的基础上发展起来的，同时又受西菜影响，所以上海菜具有海派味，善于吸收各地风味之长，善于推陈出新，富有时代气息。上海菜的主要特点是：汤卤醇厚，浓油赤酱，咸淡适口，保持原味。

沪菜的代表菜有：糟钵头、生煸草头、下巴甩水、虾子大乌参、八宝鸭、枫泾丁蹄、五香烤麸、松仁鱼米等。

（三）鄂菜

鄂菜即湖北菜，又名“荆楚菜”。湖北是楚文化的发祥地。湖北菜发源于春秋时期楚国都城郢都。它主要由武汉、荆州、黄州三个地方风味组成，以武汉菜为代表。鄂菜的特点是：工艺精致，汁浓芡亮，口鲜味醇，注重本色，以质取胜，擅长烹制淡水鱼鲜、禽畜野味，富有民间特色。

鄂菜的代表菜有：冬瓜鳖裙羹、清蒸武昌鱼、瓦罐鸡汤、鸡泥桃花鱼等。

（四）秦菜

秦菜即陕西菜，是我国最古老的菜系之一。战国时陕西曾是秦国的辖地，是古代关中经济文化最发达的地方。西汉和隋唐两个历史时期对秦菜风味的形成和发展影响最大。秦菜在发展的同时，注意将外帮菜的长处和本地富有的物产和饮食习俗融为一体，逐步形成关中、陕北、汉中三种不同的风味，其中关中菜是秦菜的代表。古城西安集名菜名店之大成。关中菜的特点是以猪、羊肉为主要原料，料重味浓，香肥酥烂，滋味纯正。陕北菜以羊肉为主，具有一定的少数民族特色。汉中菜口味多辛辣，擅长用胡椒等调味品。

秦菜的代表菜有：遍地锦装鳖、驼蹄羹、葫芦鸡、同心生结脯、醋芹、奶汤锅鱼、煨鱿鱼丝、白血海参、带把肘子、老童家腊羊肉等。

（五）豫菜

豫菜即河南菜，是我国较早的一个著名菜系。北宋时豫菜已初具色、香、味、形、器五美，并包含宫廷菜、官府菜、寺庵菜、市肆菜和民间菜五种菜。豫菜的特点是：鲜香清淡，色形典雅，质味适中。

豫菜的代表菜有：糖醋软熘鲤鱼焙面、桂花皮丝、清汤荷花莲蓬鸡、套四禽、道口烧鸡等。

五、面食及风味小吃

（一）概况

中国的面点及风味小吃带有浓郁的民族特色和乡土气息，是中国烹食的重要组成部分。它以悠久的历史、绚丽多彩的艺术风格，广泛地反映了中华民族饮食文化的特色。

中国是栽培小麦最早的国家之一，因此，我国面点制作也有悠久的历史。早在3000年以前，中国人已学会制作面食。西周时期的《周礼·天官》记载有糕饼的名称。汉代时已能利用发酵技术制作馒头。魏晋南北朝时期，面点制作技术有了进一步的发展。贾思勰的《齐民要术》记载了许多点心制作法。唐代出现“点心”的名称。宋代设有茶食，点心称为“从食点心”。饮食市场上从早点到夜宵都有点心供应，且品种丰富。元、明、清时期，面点制作更为考究。明清御膳房还专门设有饼师。清代制作面点的饮食店、食摊分布全国各地的大街小巷。现在，“小吃”与“点心”的概念已逐渐趋同。

我国幅员辽阔，物产丰富，由于各地物产、气候、生活习俗的不同，面点及风味小吃在选料、口味、制法上又形成不同的风格和浓厚的地方特色。一般来说，面食可分为南味、北味两大风味，京式、广式、苏式三大流派。首都北京是京式面点及风味小吃的主要代表，擅长制作面粉类点心，并且有鲜明的地方特色。广式面点及风味小吃以广州为代表，最早以民间的米制品为主，后又吸取北方和西点的制作特点，具有独特的南国风味。苏式面点及风味小吃起源于扬州、苏州，发展于江苏、上海等地，以江苏为代表。江苏自古以来就是饮食文化的发达地区，由此苏式面点也形成了品种繁多、花色美观、制作精细的特色，特别是“今古繁华地”的苏州。

（二）我国风味名点简介

1. 北京风味

都一处烧麦：“都一处”是北京具有250多年历史的老店，以经营三鲜烧麦著称。

它因乾隆皇帝品尝而出名。

艾窝窝：北京的一种传统回民小吃，历史悠久。元朝称它为“不落夹”，清代开始称“艾窝窝”。北京流传着“白黏江米入蒸锅，什锦馅儿粉面搓，浑似汤圆不待置，清真唤作艾窝窝”的诗句。艾窝窝属夏季凉食之一，形状如球，色白似雪。

小窝头：本是民间一种极平常的小食品，因慈禧爱吃这种小点心而出名。

豆面糕：又称“驴打滚”，北京传统风味小吃之一。以江米面、豆馅、黄豆面、白糖为原料制成。

豌豆黄：原为北京著名的宫廷风味小吃，清代乾隆年间传入民间。北京有农历三月初三“居民多食豌豆黄”的习俗。现在制作豌豆黄最出名的是北京仿膳饭庄。

2. 天津风味

狗不理包子：天津名点，已有100多年的历史。据传清代末年，天津人高贵友开设包子铺，其独特风味的包子与其乳名“狗不理”一起流传天下。

桂发祥什锦麻花：因店铺原设在东楼十八街，又称“十八街麻花”，其特点是香甜酥脆，久存不绵。

耳朵眼炸糕：有近百年历史，以创制店所在街巷“耳朵眼胡同”而得名，与狗不理包子、十八街麻花一起被天津人称为“风味三宝”。

3. 山东风味

山东煎饼：品种繁多，历史悠久，是鲁中、鲁西地区的主要大众食品，有小米煎饼、莱煎饼等。

临沂高桩馒头：又名“戗面馍馍”，因外形比一般馒头高而得名，是山东临沂地区的传统名食。

4. 山西风味

刀削面：山西特别擅长制作面食，刀削面是山西著名的面食品，因直接用刀削面片入锅而得名。

拨鱼儿：山西晋中著名传统风味小吃，又名“剔尖”。用一根特制的竹筷将面块拨成小鱼状，入锅煮熟，因而得名。它与刀削面、刀拨面、拉面并称为山西“四大名面”。

5. 陕西风味

臊子面：秦川风味面点之一。以精制面条浇上猪肉、多种菜蔬和调料制成，鲜香可口。据记载，臊子面是从唐代的长命面演变而来，因而吃臊子面有取“福寿延年”之意。

太后饼：陕西富平县的风味小吃，已有2000多年历史。相传创制于汉代，系汉文帝之御厨始创，太后喜食，故而得名。它是用面粉和猪板油精制成的烤饼。

牛羊肉泡馍：陕西著名的回民风味小吃。由战国时的羊羹演变而成，将牛羊肉与饼合煮，食用时佐以蒜、酱等。

石子馍：陕西历史悠久的传统风味小吃。具有新石器时代“石烹法”的遗风，它用面粉做成饼放在烧热的小卵石上焙制而成。

6. 江苏风味

蟹黄汤包：镇江扬州地区的名点，是以蟹黄、蟹肉、猪肉等为馅制成的汤包。

黄桥烧饼：源于古代的胡麻饼。首创于泰兴市黄桥镇，因黄桥战役中百姓用此烧饼慰劳新四军而名声大振。

淮安茶馓：江苏淮安地区特产，在清代曾列为贡品。其形状像梳子、菊花、宝塔等，细如麻线，当地统称“馓子”，又名“油面”。

苏州糕团：苏州著名小吃，历史悠久，品种繁多。与春秋战国时爱国忧民的伍子胥有关。苏州人吃糕团，含怀念伍子胥之意。

7. 上海风味

南翔小笼馒头：原是上海嘉定县南翔镇著名传统面点，后传入上海市区城隍庙，皮薄馅鲜，被誉为上海“小吃之最”。

生煎馒头：上海大众化小吃。

鸽蛋圆子：以形取名，为城隍庙夏季传统美味小吃之一。

8. 浙江风味

宁波汤圆：宁波著名小吃之一。品种繁多，爽滑软糯，风味独特。

金华酥饼：金华传统小吃，又称“干菜酥饼”，明代已闻名。其特点是松酥脆香，久藏不变质。

嘉兴鲜肉粽：以嘉兴昌记五芳斋的粽子名气最大。

猫耳朵：又称“麦疙瘩”，源出于清宫的御膳房，风味别致，是杭州有名的风味小吃。

莲芳千张包子：浙江湖州著名风味小吃，因其用千张包上馅料煮制而得名。据传清代光绪年间，湖州人丁莲芳首创在粉丝汤中配上千张包子，并以自己的名字作招牌。

油炸桧：简称“桧儿”，俗称“油条”，它的来历包含着一个中华民族热爱民族英雄，痛恨卖国贼的故事。南宋时期，杭州风波亭有两家小吃摊主，因鄙视憎恨当朝卖国贼秦桧在风波亭杀害忠臣岳飞的丑恶行径，特用米面捏出秦桧夫妇两个面人，丢进滚开的油锅中炸，以息众怒。人们闻讯，为了解恨都纷纷买来吃。油炸桧做起来简单，吃起来香，价格又便宜，还能解对秦桧的痛恨，吃的人越来越多，杭州各小食摊都仿效，很快传遍全国各地，成为大众喜爱的早点之一。

粽子：中国民间传统食品，到现在已有2000多年的历史。每到五月初五端午节人们都要裹粽子、吃粽子以纪念爱国诗人屈原。

9. 广东风味

广东虾饺：广东著名风味小吃。以广东澄粉炸皮，外形小巧玲珑，皮薄且洁白透明，是广州各大茶楼名点。

娥姐粉果：广州著名的传统小吃。形如橄榄核，用猪肉、蟹黄、冬笋等做馅，色美味鲜甜。因最早创制此品者叫娥姐，故名。

马蹄糕：广州夏令名食之一，以马蹄粉和糖为原料，清甜爽滑，是广东人酒宴中不可缺少的甜点之一。

肠粉：广州传统大众化小吃。最早兴起于20世纪20年代，初时都是肩挑小贩经营，用米糊蒸熟后以咸或甜酱佐食。它粉质细腻，软滑爽润，鲜美可口，因形似猪肠而得名。

10. 福建风味

蚝仔煎：厦门传统风味小吃，原料为鲜蚝肉、地瓜粉等。其特点是味道鲜美、营养丰富、经济实惠。

厦门炒面线：面线为福建名食，炒面线更是厦门有特色的传统食品。

土笋冻：福建历史悠久的风味小吃，用海滩上盛产的土笋（形似蚯蚓）洗净熬煮后冷却而成，以厦门所制者最为有特色。

11. 四川风味

担担面：四川民间小吃，特点是少而精，因经营者多挑担贩卖而得“担担”美名。

钟水饺：成都著名小吃，原由姓钟的小贩经营，故以其姓氏命名。此水饺皮薄馅多鲜嫩，突出香辣，有浓厚的川味特色。

抄手：即馄饨，配料多，汤鲜美，为四川民间传统美味面点之一。

12. 湖北风味

热干面：武汉著名的面食。将煮过的面条过油烘干，再烫热，加上多种作料而成。此面条光滑油润，香浓爽中，味道鲜美。

武汉三鲜豆皮：武汉市名点之一。以老通城餐馆的产品为最好，制作精巧，色艳皮薄，馅心鲜香，油而不腻，享有“豆皮大王”的美称。

13. 湖南风味

“贡莲”：此小吃肉质粉嫩，清香味美，补脾养心固精。

冰糖湘白莲：莲子是湖南洞庭湖区的特产，以白莲最好。

14. 云南风味

过桥米线：云南传统特色风味。其色泽美观，味道鲜美，营养丰富，物美价廉。

15. 西藏风味

酥油茶：藏族同胞的传统饮料，香美可口，营养丰富，有提神、滋补的功能。

糌粑：炒熟的青稞麦面，色白，质细腻，甜美可口。

16. 新疆风味

烤羊肉串：新疆传统名食，发源于新疆和田、喀什民间，原称“啖炙”。肉红润，味香嫩带微辣。

馕：一种以面粉皮为主要原料烤制成的圆饼，其特点是色泽耀眼，干香果酸，食法多样，久贮不坏，便于携带。它既是新疆各族人民喜欢的食品，也是一种礼品。

第三节　传统烹食风味的审视

一、烹食风味的特征

由于中国文化追求形式表观，中国的手工业较为发达，为烹饪中的饮食加工技术进步提供了一定的工具条件，使中国文化的形式和表观特征达到世界上首屈一指的水平，使中国饮食文化形成了如下特征：其一，中国烹饪技术发达，许多西方人看来不可食的物品，经过中国厨师的劳作，变得使人一见而食欲顿开；其二，中国人的食谱广泛，举凡能够食者皆食，毫无禁忌；其三，中国人对食的制作和受用远远超出食物本身的功用，食者希望其承载诸多元素而显得与众不同，制作者追求其承载更多的元素以出众脱群；其四，中国人将食的追求作为人生至乐来追求，吃饭成为人生第一要务；其五，彰显的内容以精致食物为主体，大众餐食的内容只为陪衬，原因很简单，普通大众没有时间、精力和金钱去琢磨那些食物的细节，也没有条件记录下来这些；其六，所涉及的食物范围是餐饮食物，或者说是餐馆饮食文化；其七，是民间经验型文化，以自然积淀为形成方式，而非官方设计出来的律文形式。

中国食品的味崇尚朴素自然，讲究原物、原味、原形、原质、原汤，以自然食品为主，制作过程讲究精正刀工、精心烹饪、精雕细刻并达到了精美绝伦的境地，形成了“包恶不食，臭恶不食，割不正不食，失饪不食，不时不食，火候不到不食，不得其味不食”的饮食习俗。中国味，即中国加工餐食的味，有如下特征。

① 重视原料的本味。选料，是中国厨师的首要技艺，是做好一品中国菜肴美食的基础，需要具有丰富的知识、经验并熟练运用的技巧。每种菜肴美食所取的原料，包括主料、配料、辅料、调料等，都有一定之规。选取的原料，要考虑其品种、产地、季节、生长期等特点，以料之新鲜为共性指标。中国饮食原料从种类上说无所不含，天上的，地下的，水中的，地底的，植物、动物，几乎无所不吃。这些广泛选择的原料，融合了各种呈味成分的前驱物质。

② 精细加工出新味。将原料经过初加工、细加工等步骤，有利于热的传递，使之成熟均匀，使味道在热中析出、渗透、融合，构成新味。

③ 把握火候，味道独到。火候，即食物加工的温度和受热时间、方式，是形成菜肴美食的风味特色的关键之一，在没有计量测试手段的条件下，没有足够操作实践经验很难做到恰到好处。因而，掌握适当火候是形成中国味的一门绝技。我国厨师能精确鉴别旺火、中火、微火等不同火力，熟悉、了解各种原料的耐热程度，熟练控制用火时间，善于掌握传热物体（油、水、汽）的性能，还能根据原料的老嫩程度、水分多少、形态大小、整碎厚薄等，确定下锅的次序，加以灵活运用，使烹制出来的菜肴，具有特定的口感和口味。

④ 技法各异生百味。烹调技法，是中国餐食加工的又一门绝技，常用的技法有：炒、爆、炸、烹、溜、煎、贴、烩、扒、烧、炖、焖、氽、煮、酱、卤、蒸、烤、拌、炝、熏以及甜菜的拔丝、蜜汁、挂霜等。不同技法具有不同的风味特色，每种技法都有几种乃至几十种名菜。不同的技法能使同一原料形成不同的味，不同的技法也能使不同的原料形成同一种味。

⑤ 一菜一格，百菜百味。中国饮食之所以有其独特的魅力，关键就在于它的味。中华饮食文化善于“知味、辨味、用味、造味”，因此说味是饮食文化的核心，出味入味、矫味赋味、补味提味、呈味交味，使之相互融合、变化、和谐。而美味的产生，首先要做好食料搭配，要使食物的本味、加热以后的熟味、加上配料和辅料的味以及调料之味，交织融合协调在一起，使之互相补充、互助渗透、水乳交融，你中有我、我中有你。中国烹饪讲究的食料搭配，是中国烹饪艺术的精要之处。菜点的形和色是外在的东西，而味却是内在的东西，重内在而不刻意修饰外表，重菜肴的味而不过分展露菜肴的形和色，这正是中国美味饮食观的最重要的表现。

⑥ 五味调和。中国传统文化中的阴阳五行学说是食品文化中“五味”产生的理论根据。“依合阴阳，调节饮食”。李时珍的“肝欲酸，心欲苦、脾欲甘、肺欲辛、肾欲咸”五味合五脏原则，详细地阐明了阴阳五行饮食对人体的影响。五味的调和是食品烹饪的最高标准，是哲学与美学的结合。中国食品文化中的调和，使食品不仅供人充饥，美味佳肴也是人类的美的享受，从而造就了中国食品“甘而不浓、酸而不酷、咸而不减、辛而不烈、淡而不薄、肥而不腻”，五味调成百味鲜的特色。

二、烹食风味飘香的思考

中国餐饮，或者说中国饮食文化似乎已走向了世界，但遍及世界各地的中餐馆似乎都是在为当地华人服务，而未能被西方人所真正接受，没有像西式快餐龙头麦当劳、肯德基那样到中国是以中国人为服务对象的。多少年来，国内对饮食文化的研究沉迷在“烹饪王国”的国粹、博大精深、历史悠久等概念上，集中在了对历史名人有关饮食论语的崇拜和释义上，在以洋快餐为代表的西式饮食对我国餐饮业造成的冲击波面前缺少对中国饮食的反思，缺少以主动攻势把中国饮食融入西式饮食，被西方人接受的宏伟战略。

事实上，中国饮食真正走向世界，被外国人所接受，除了文化层次上的渗透之外，其根本是解决好中国饮食中“味”的问题。中国味不是一个具体的东西，它需要承载在餐饮食品、工业食品、食品风味配料等有形的食物上，通过这些食物来体现。所以，要加大重视食品的科学内涵，用科学的手段解决好打造中国味中的技术性问题，形成以味为核心的世界性中国饮食文化，走向世界，味道先行。

应克服流派局限，互为完善，互为补充，整合出最具代表性中国味的风味体系，力求一说到中国食品，人们就能想像出某些食品，其色泽、味道、口感就会浮上心头。就如同说到意大利，人们就会想到面条、奶酪、色拉米肉肠；说到英国，人们就会想到一杯红茶、咖啡或再加上一份点心。

与中国人的消费习惯一样，西方人的大部分时间也是在家吃饭，去餐馆只是偶尔为之，所以西方人接受中国味的主要渠道应该是食用中国食品，特别是普通食品。因此当前的任务就是，让普通食品作为中国味的载体，完成餐饮风味工业化生产，把西方人眼中的烹饪大国转变为食品大国。而烹饪，则是作为中国味传播的点睛和补充，在较大程度上作为饮食文化的载体。

弘扬中国饮食取自然之材的传统优势，但不能用传统的一套来生产现在的食品，要研究用现代生物仿真技术回放和大量制造中国传统风味，将传统风味赋予制作效率高、更加安全、非常环保、充分利用资源等现代特征。特别是，作为食品风味主要提供者的风味食品配料，更应走在天然之路的前列，发挥它对食品风味的带动作用。

把营养与中国味有机结合起来，改变以牺牲营养换得风味的中国食品加工传统，发挥选料营养的传统优势，用工艺科学化弥补加工过程营养损失的不足，进一步研究和掌握现代营养强化技术。在风味食品营养化的过程中，要摒弃迷信和陋习，如吃什么补什么、药膳万能论等。要用数据讲话，用实验结果讲话，用食用者的评价讲话，科学地吸取传统中的精华。

安全第一，预防为主，分析研究形成中国味过程中的各种食品成分变化、结合产生有害成分的可能，包括现实的和潜在的，找出预防此类结果出现的预防性技术措施。合成香料、美拉德反应产物等是否具有不安全因素，天然物质及其加工过程中的不安全因素，安全物质混合、加工中和之后的不安全因素，安全食品在储藏、运输、使用过程中的不安全因素，都需要引起关注和研究。只有未雨绸缪，举一反三地解决安全问题，才能够超越西方人的安全底线，生产出世界级的安全风味食品。

用工业设计的思想进行食品开发研究，增加食品中美的元素，提高食品的功能效果。根据不同人群的人体生理特征和食品科学原理，用科学的制作方法不断探求美食制作的内在规律，对食品的形态、质构、口味及食用条件等进行科学的设计，以达到最大的美味效果，这是西式食品追求并获得成功的方面。例如：麦当劳发现，面包厚度为17厘米，气孔直径为5毫米时，放在嘴上咀嚼味道最美；牛肉饼重量为45克时，其边际效益为最大值；可口可乐温度在4℃时，口味最佳；吸管的粗细若能像婴儿吸母乳般速度将饮料吸入口中感觉惬意。

充分尊重世界各地人们的宗教、文化、习俗、禁忌，以及环境保护、动物保护、劳工权利维护等因素。这是中国味世界化的“高压线”，必须在食品原料选择、加工、包装等方面设计时进行严格的界定。

西式食品的特点往往反映了西方人的饮食嗜好，是长久以来总结和吸收经验的结晶，要了解和研究这些食品，将其有用因素溶于中国风味食品和改善中国风味。让中国味飘香世界不是强迫别人吃中国味的食品，而是让他们觉得中国食品与西式食品没有本质的区别，只是更加好吃。

把西式快餐式的成功经验用于中国味的食品生产，包括终端食品和风味食品配料。西式快餐，像麦当劳在全球超过30000家，在中国就有700多家，每年有超过1亿人光顾麦当劳，顾客回头率30%以上。西式快餐的成功，除了其文化、激励等方面因素之外，最重要的就是其凭借生产工艺上的优势，用科学揭示饮食的奥秘，定量、定性、标准化，从而突破了限制饮食业生产能力的基础性难关，并用标准化代替把事业希望寄托在个人技艺传授的传统方式。相比之下，中国风味产业目前对个人技艺依赖较强，从开发、测试到生产缺乏标准化的科学手段，改变这些才能保持产品质量的持久、统一。

中国饮食文化有着悠久的传统，在源远流长的中华饮食传统中，中餐文化得到了世界各国人民的喜爱与赞许。而且，中国餐馆已经走向世界舞台，中餐馆已遍布于世界各地。我们要以负责的态度，对祖国传统文化遗产取其精华，去其糟粕，在继承的基础上，加入现代的科学元素，进行革新和创造，让中国味飘香世界。

第五章 烹食的传统特色

【饮食智言】

唯在火候，善均五味。

——《酉阳杂俎》

第一节 传统食品的特色

食物是供应人体营养需要，提供人类生长、发育、繁殖等生命活动和从事脑力劳动、体力劳动能量的物质。食物生产是农业生产最重要的组成部分，是人类赖以生存和社会赖以发展的首要条件。由农业提供的食物大致可分为植物性食物和动物性食物两大类。植物性食物包括谷物、薯类、豆类、水果、蔬菜、食用菌类、植物油、食糖等；动物性食物包括家畜的肉和奶、家禽的肉和蛋，以及鱼类和其他水产品等。

在中国传统饮食习惯里，按各种食物在膳食结构中的比重和用途不同，食物可分为主食和副食，以及调味品、嗜好品等。主食和副食在世界不同地区有不同含义。在中国大部分地区主食指谷物和薯类，通称粮食；而水果、蔬菜以至肉、奶、蛋等动物性食物则一般被归入副食一类。这种模式当然与中国过去在相当长的历史时期中生产力发展水平落后、食物不够丰富、温饱还是问题的经济条件有关，但这种模式也绝不是一无是处。实际上，全世界的营养学家都认为，与西方发达国家的过多动物性食物的饮食结构相比，中国人把日常食物区别为主食和副食，以主食为主以副食为辅的饮食结构模式是优越的，是中国传统饮食的一大优点。这种以植物性食物为主、动物性食物为辅的饮食结构不但有利于营养和健康，而且有利于节省能源、保护环境。

一、主食

中国人的主食花样之丰富，恐怕是世界少有。我国的历史悠久，地域广阔，民族众多，气候及生产条件各地区有所不同，人们的生活习惯也有很大的差异，因此主食品种丰富多彩，制作方法千变万化，分类方法也是多种多样的。按其原料可分为麦类制品、米制品、杂粮类和其他原料制品，这是中国人的传统主食——谷类食物；按面团性质可分为水调面团制品、发酵面团制品、油酥面团制品、蛋合面团制品、矾碱发酵面团和粗杂粮面团制品；按其成品的形状又可分为糕、团、饺、条、面、馍、饼、酥点、干点、水点等；按成熟方法可分为蒸制类、煮制类、炸制类、煎制类、烤制类、烙制类、炒制类及焖制类等多种；按馅心分，又可分为荤馅、素馅两大制品；按口味分为甜、咸和甜咸味制品等。

（一）面粉食品

1. 馒头

中国的馒头起源于北方，它无疑是一种很典型的传统食品。从科学史讲，东汉崔寔《四民月令》中已有："距立秋，毋食煮饼及溲饼……唯酒溲饼入水即烂也"，记载中的"酒溲饼"应当就是馒头类的发酵面食，否则不会入水即烂。因此馒头的历史，距今大约已有二千年了。

从营养价值和花色品种讲：馒头不仅营养丰富，老弱病幼皆宜，而且百吃不厌，香甜可口；馒头不仅品种很多，有肉馒头，呛面馒头、烤馒头、山药馒头……而且还有许多由它衍生的品种，如花卷、蒸饼、枣合、荷叶饼、银丝卷、糖三角……它们互相搭配，构成了洋面包无法媲美的体系。这是我们中国人的骄傲，应继承和很好地发扬。

2. 饺子

中国人常说："好吃不过饺子"，外国人也视中国饺子为佳肴。这种家喻户晓的赞颂特别盛行于北方。每逢节假日或闲暇之时，人们通常想到的是吃饺子。

饺子在中国的历史源远流长，是一种地道的传统食品，它的伴生食品是馄饨、烧麦等。1959 年，在新疆吐鲁番阿斯塔那所发现的唐代饺子和馄饨，其形态与现在的相似且十分优美。这是中国人在世界饮食史上的奇迹，距今已有一千三百年历史。

3. 面条

从品种方面讲，中国的面条是世界上最多的。以烹调方法分类，有煮的、蒸的、炒的，烫的、油炸的、卤面、炸酱面、麻酱面、担担面；若以加工方法分类，有草碱面、刀削面、抻面、过桥面、河漏、伊府面……不仅风味品种多，而且历史起源极悠久。据汉刘熙《释名·释饮食》载，"蒸饼、汤饼、蝎饼、髓饼、金饼、索饼之属，皆随形而名之也"。这记载中的汤饼和索饼，都是面条类食品。

4. 包子

中国的小笼包子、水晶包、水煎包、灌汤包，天津包子、山东包子、淮阳包子、常州包子、冬菜包……鲜香可口。从历史上看，包子的起源与馒头的历史密切相关，都以发酵面做成，故其出现应当很早。

但是，"包子"之名最初只见于唐代，陈藏器《本草拾遗》中有："麦末（面粉），味甘无毒……和醋蒸包。"因此，包子之名距今已有 1200 多年历史了。

在传统面食中，中国还有许多驰名中外的美味，如锅饼、门钉肉饼、烧饼、春饼、油饼、油条、麻花……它们也都是历史悠久的食品。

（二）大米食品

明宋应星在《天工开物》中说："今天下育民人者，稻居什七。"这就是说，在明朝时，中国人 70％是靠吃大米饭生活的。

1. 糕

在中国，人们历来称用大米粉做的或主要用大米粉做的，块状或片状食物为"糕"。这种称呼的原因可能来自"糕"字是以"米"字为偏旁的缘故。但是中国民族多，语言丰富，所以这种称呼并非全国通用。

在中国古籍中，"糕"字的出现很晚。宋朝王茂在《野客丛语》中说："刘梦得尝作九日诗欲用'糕'字，思'六经'中无此字遂止。"刘梦得就是唐朝名医刘禹锡的别名。这就是说，在唐朝时人们还不常用"糕"字，到宋朝时才常用。由此可知，如果用"糕"字来讨论糕点的起源，显然是不符合中国客观情况的。

例如在《周礼》中，虽然没有“糕”字，但是有“糗饵粉糍”，郑玄注：“此二物（糗饵、粉糍）皆粉稻米，黍米所为也。合蒸曰饵，饼之曰糍。”可知，糗饵和粉糍都是米糕类食品。《周礼》中所记录的食物都是以周朝社会为时代背景的，所以认为中国商周时期已有米糕的结论是可信的。其实，商周时期已有米糕的史料尚不少，如《诗·大雅》载：“乃积乃仓，乃裹糇粮”，所谓“糇粮”就是米糕或干粮。到了唐朝，则糕点的造型已十分精美。最典型的例证是我国在新疆吐鲁番发掘到了唐朝糕点。

现在，中国著名的传统米糕食品很多，如松糕、糍糕、重阳糕、雪片糕、橘红糕、定胜糕、芙蓉糕、碗糕……它们都是用糯米、粳米、杂粮或豆粉等为原料，杂用糖、蜜、果料等做成的。

2. 饭

在一般情况下，所谓“饭”多指煮熟的谷类食物，主要指大米饭，但也泛指人们每天三餐所吃的食物。饭的种类很多，有蒸、煮、焖三大类。如果从传统名饭讨论，则唐代徐坚《初学记》中有栗饭、九谷饭；宋代林洪《山家清供》中有蟠桃饭，陆游《老学庵笔记》中有团油饭；明代李时珍《本草纲目》中有寒食饭和荷叶饭，清汪日桢《湖雅》中有蒸谷饭和炒谷饭，现代有十香饭和八宝饭等。所谓蒸谷饭和炒谷饭，是浙江湖州一带的“贡品”，用带壳的稻谷先蒸炒，后脱壳再做成的饭。

米和饭是密不可分的，加工了的稻谷称为米，而煮熟的米才叫可以做饭。米在煮熟之前只是单纯意义上的米而已，但是在将它煮熟成为米饭的同时，也被赋予了更高层次上的含义。最简单的例子就是比如人们赶赴一个宴会通常会说是去“撮大饭”或是说有个“饭局”，虽然人们也许在席间早就被被酒菜填饱来而不及吃上一粒米。

无论在南方还是北方，米饭作为长久以来的主食，一直呵护着人们的一日三餐，间或的那些馒头、面条、包子之类终究无法成为主流。米饭是吃不腻的，究其原因，除了与米饭相对应的菜可以更新替换之外，米饭自身也是可以千变万化的。

单就米自身来说，因产地、出产时间以及加工方法等就可分成若干品种，最具代表的是南方稻米、东北大米、泰国香米、糯米，还有竹香米和用大米经过曲霉菌固体深层通风发酵加工而成的红曲米等。米的品种从某种意义上说可以直接导致口感上的差别，抛开煮饭的手艺来说，各种米的价格也是和吃进嘴里的口感成正比的。

在不喝酒的前提下，面对一碗白米饭，其软硬度包括黏性，往往会影响到人们对一桌菜的评价。下饭的是菜，但饭煮得过软或者过硬，再好的菜恐怕也和咸菜无异了。

如果把米饭和菜单独存在看作是中规中矩的话，那么米饭与菜的相结合，达到你中有我、我中有你的地步，那一定是一种浪漫了。南方的烩饭就是这种浪漫的终极体现。煲仔饭虽说制作上相对传统，但一点也不落伍，却永在潮流前沿之味道，无论是腊味煲仔饭、香芋煲仔饭、鸡块煲仔饭，还是豉汁排骨煲仔饭，浓稠的汤汁，嫩滑的肉料辅佐着喷香的米饭，如果再有一片新鲜的荷叶与之包裹在一起，那绝对不仅是了却食欲那么简单，而是让人心动的一件事情了。

米饭按照配料与蒸煮方法的不同，可分为家常米饭、营养风味米饭和食疗保健米饭三大类。

第一大类——家常米饭。家常米饭是指用大米蒸煮而成的大米饭，用料单一，制作方便。按照蒸煮方法的不同，可分为捞蒸米饭、罐蒸米饭、双蒸米饭和焖饭等类型。例如，焖饭，其风味特点是米饭浓香、质软、口感好。

第二大类——营养风味米饭。单纯摄食大米不能够满足人体对各种营养素的需求，必需有其他食品来补充。我国古代医学名著《内经》中提出“五谷为养，五畜为益，五菜为充，五果为助”的膳食原则。这个原则完全符合现代营养学的营养互补和营养平衡的基本理论。肉、鱼、菜蔬与大米混合蒸煮的米饭，营养丰富，风味各异，脍炙人口。因此，把这类米饭称为营养风味米饭。如，扬州炒饭又名扬州蛋炒饭，原流传于民间，相传源自隋朝越国公杨素爱吃的碎金饭，即蛋炒饭。隋炀帝巡视江都（今扬州）时，随之也将蛋炒饭传入扬州，后经历代厨坛高手逐步创新，柔合进淮扬菜肴的“选料严谨，制作精细，加工讲究，注重配色，原汁原味”的特色，终于发展成为淮扬风味中有名的主食之一。

第三大类——食疗保健米饭。药膳在我国源远流长，驰名中外。远在两千年前，我国医学名著《内经》中就有“得谷者昌，失谷者亡；谷肉果菜，食养尽之，虚则补之，药以祛之，食以随之”的记载。古代名医扁鹊认为：“为医者须洞察病源，知其所犯，以食治之，食之不愈，然后会药。”这种祛病之道，至今仍不失其光辉。以米配制成药膳，药借食味，食助药力，经常食用，既可从药膳米饭中摄取营养，又能得到健身祛病的益处。例如，姜汁牛肉饭，肉富含蛋白质，中医认为牛肉性味甘、温，是补气食品；姜汁性味微辛温，有散寒发汗、温肺止咳、温胃止呕的功用。姜汁牛肉饭具有祛寒、补中、益气、强筋健骨、消水肿之功效。

3. 粥

在中国，粥的出现与饭一样古老，都始见于先秦古籍《礼记》中。后来，《晋书·石苞传》中有：“崇为客作豆粥”，晋陆羽《邺中记》中有：“寒食三日作醴酪，煮粳米及麦为酪，捣杏仁煮作粥”；唐徐坚的《初学记》中有“粥”的专章，宋吴自牧《梦粱录》中有“腊八粥”等。作为传统食品的“腊八粥”，已是一种节日食品，其制作方法在明朝时已相当讲究。如明刘若愚《明宫史》载：“初八日吃腊八粥。先期数日，将红枣槌破泡汤。至初八日早，加粳米、白果、核桃仁、栗子、菱米煮粥。”

粥是全国性的重要食品，它很适合于老年人食用，以能解暑热为最大特点。因为人们喜爱吃粥，又有许多人研究做粥的方法，所以历史上出现了许多著名粥品，如莲子粥、绿豆粥、紫苏粥、肉米粥、茯苓粥、薏苡粥……

我国古代有不少名士视粥为养生之妙品，他们把粥称誉为“资生育神丹”、“滋养胃气妙品”、“世间第一补人之物”。南宋爱国诗人陆游诗云：“世人个个学长年，不悟长年在目前。我得宛丘平易法，只将食粥致神仙。”

食粥对人的身体健康大有益处。古往今来，粥都是国人普遍喜爱的一种食疗佳品，尤其是潮州人和闽南人最喜啜粥，每年365天，几乎天天离不开粥。

粥分两大类，粥有普通、特殊之别。

一是普通粥，是选用糯米、粳米或小米加清水煲成的粥，也称清粥。普通粥，其质柔软，性味甘平，多食清粥，可降低血液中的胆固醇，可减少各种慢性病，可延年益寿。

二是特殊粥，凡粥中加入瓜果菜、豆肉鱼或药物者，统称特殊粥，也叫味粥。特殊粥味道各异，鲜美可口，品类多姿多彩。仅在广州食肆中常见的就有：猪红粥、肉丸粥、牛肉粥、鸡粥、鸭粥、鱼肉粥、蚝粥、花生粥、菜粥、瓜粥等。潮州乡下尚有番薯粥、芋头粥、萝卜粥、鸡蛋粥、虾粥、猪肉粥、甜粥、八宝粥等，甜咸皆备，不可胜数。中国的十大名粥：莲子桂圆粥、八宝粥、脊肉粥、绿豆粥、银杏粥、白木耳粥、鸡粥、南瓜粥、红枣粥、皮蛋瘦肉粥。

中国著名的大米食品还很多，如元宵、粽子、年糕、大米粉丝等。这些食品，不仅有悠久的历史，先进的加工生产方法，而且具有全国性普遍喜食的特点，很值得研究。

二、副食

副食是指米、面等主食以外的用以下饭的鱼肉蔬菜等各种食品。中国的副食品，同世界各国一样，包含着极其广泛的内容，但是也有很多与外国截然不同的特色。

（一）蔬菜制品

中国是世界上蔬菜资源最丰富的国家之一。据不完全统计，目前已知的常见蔬菜种类达 160 多种，其中属于高等植物的近 30 个科目 120 多种，原产于我国的有 60 种以上。如此丰富的蔬菜资源，为中国人制作蔬菜食品提供了极为有利的条件。

中国人利用蔬菜制作食品，除了供烹调用外，最大特点之一是制作腌菜和酱菜。

1. 腌菜

中国人贮存蔬菜，为的是食用方便和解决蔬菜淡季供应不足时存在的吃菜难的问题。由于长期的努力，人们终于成功地创造了一套科学的和独特的办法，这就是利用微生的生活特点和发酵作用进行生产的腌菜工艺。

据《礼记·内则》载：“编萑布牛肉焉，屑桂与姜，以洒诸上而盐之，干而食之。”这是腌牛肉时，同时腌桂与姜的例子，桂与姜既是调味料也是腌菜。由此可知，中国的腌菜至今已有两千多年历史了。

迄今，中国已有很多风味独特、物美价廉的著名传统腌菜应市，如北京的腌甘螺和银苗，贵州省的独山盐酸菜和镇远道菜，浙江萧山萝卜干，江苏常州香甜萝卜，四川榨菜，天津冬菜，福建灵水菜脯，云南大头菜，湖北甜酸荔头等。

2. 酱菜

从食品科学讲，酱菜实际上是一种腌菜加调味料的制品，因此中国酱菜的起源应当与腌菜一样早。由于饮食文化的发展，人们的饮食生活水平越来越高，调味品的品种越来越多，所以从发展前程看，酱菜的发展前景将会比腌菜更好，品种也会越来越多。

迄今，中国已有很多风味独特、物美价廉的著名传统酱菜。如北京六必居的八宝菜和八宝瓜，扬州三和的乳黄瓜、宝塔菜和香心菜，广东惠州梅菜，云南祥云酱椒，辽宁锦州虾油小菜，贵州安顺百花菜，上海五香冬菜、大头菜和套花八宝菜等。

3. 豆芽菜

以豆芽当蔬菜的发明是中国人的贡献之一。凡是豆类的子粒都可以用来作为培育豆芽的原料，但是最常用的是黄豆、绿豆、蚕豆和青豆。中国培育豆芽的起源很早，可惜古籍中可查到的记录较晚。北宋苏颂《图经本草》中有：“绿豆，生白芽为蔬中佳品。”明高濂《遵生八笺》中有：“绿豆芽：将绿豆用冷水浸两宿，候涨，换水淘二次，控干。预扫地洁净，以水洒湿，铺纸一层，置豆于纸上。以盆盖之，一日二次洒水，候芽长，淘去壳。沸汤略焯，姜醋和之，肉炒尤宜……”

（二）肉制品

在中国，烧烤做肉食品的历史非常悠久。据考古发现证明，大约在距今 60 万年前，北京周口店人就已经学会用柴火烧烤肉类食品了。至商周时期，烧烤肉食品的实践活动更加普遍了。有关的记载很多，如《诗经·小雅瓠叶》载："有兔斯首，炮之燔之；有兔斯首，燔之炙之。"记载中的"燔"，指带毛烧烤的方法；而"炙"，指去皮毛后烧烤的方法，如新疆烤全羊，北京烤鸭等。

中国的传统肉制品很多，从著名的传统肉食品看，早就声蜚中外的有烤肉类、腌肉类、糟肉类和各种特殊烹调肉菜肴等。烤肉类有烤全羊、烤乳猪、烤鸭等，腌肉类有火腿、腊肉、板鸭等，烹调肉类有肴肉、坛子肉、风鸡、酱牛肉、油淋鸡、烧鸡、扒鸡、菊花龙虎凤、糟鱼等。

（三）鱼制品

捕鱼作为食物，是原始人类重要的活动之一。在北京周口店的考古发掘中，已发现有鱼化石，说明当时可能已吃鱼了。但作为食品加工生产，则古今很不相同。如果从传统加工方法看，较著名的有鱼酱法、鲊鱼法和烹调鱼肴法等。

1. 鱼酱

在秦汉以前，中国的鱼酱和肉酱均是驰名的美味食品，所以《论语》中有："不得其酱不食"的话。它反映了当时人们以酱为珍味的饮食爱好，也反映了酱是当时的普及食品之一。在《周礼·天官》中，鱼酱称"鱼醢"。这一记载说明，中国周朝时已有鱼酱了。

2. 鲊鱼

鲊鱼是一种腌鱼食品，最初记载始见于汉朝。刘熙在《释名·释饮食》中说："鲊，菹也。以盐、米酿鱼以为菹，熟而食之也。"鱼酱和鲊鱼的生产，对于后来"鱼露"和"虾油"生产，有着很深的影响。

（四）豆腐和豆制品

豆腐的故乡是中国，相传它是由西汉淮南王刘安发明的。但是"豆腐"的名称最初始见于五代，陶谷在《清异录》中说："时戢为青阳丞，洁己勤民，肉味不给，日食豆腐数个。邑人呼豆腐为小宰羊。"据此知道，我国豆腐之名自问世至今，已有近千年历史了。

1. 豆制品

豆腐的再制食品中国人称为"豆制品"，其品种很多，如豆腐丝、五香干、豆腐泡等。另外，中国还有一类发酵型豆制品，即臭干、臭豆腐和腐乳。特别是腐乳，它营养丰富，品种多，有悠久的生产史。据明李日华《蓬拢夜话》载："黟县人喜于夏秋间醢腐，令变色生毛，随拭之……"记载中的黟县在今安徽省南部，而"醢腐"就是现在的"腐乳"。

2. 豆豉

"谁能斗酒博西凉，但爱斋厨法豉香"，这是宋代诗豪苏东坡赞美豆豉风味香美的诗句。中国的豆豉不仅品种多、味道好，而且制作精细历史悠久。若按制作豆豉的方法分类，则有咸豉法、淡豉法、水豉法、酒豉法、麦豉法和麸豉法等。从历史上看，"豆豉"之名最早始见于西汉，司马迁《史记·货殖列传》中有"通邑大都，酤一岁千酿……蘖曲盐豉千答……"由此可知，中国人发明豆豉，至今已有两千多年历史，而咸豉很可能就是第一代产品。1972年，中国在湖南马王堆汉墓中也发现了豆豉姜，它是中国汉代已有豆豉的物证。

在整个豆豉发明发展历史长河中，迄今驰名产品已很多，如山西太和豆豉，山东临沂八宝豆豉、湖南浏阳黑豆豉、四川三台豆豉、广东云浮豆豉膏、福建闽南水豆豉等。

3. 绿豆粉丝

在中国，绿豆粉丝又名索粉，粉丝、东粉等，它是中国人首创的珍肴食物。粉丝的吃法很多，可荤可素，可炒可汤。日本、美国、法国、泰国、英国等都先后从中国进口绿豆粉丝。

中国生产粉丝的起源很早，宋陈达叟《本心斋蔬食谱》中有："绿粉，绿豆粉也。碾破绿珠，撒成银缕"，记载中的银缕就是"绿豆粉丝"。后来，明李时珍《本草纲目》载："绿豆处处种……北人用之甚广，可作豆粥、豆饭、豆酒，炒食，麸食，磨而为面，澄滤取粉，可以作饵顿糕，荡皮搓索，为食中要物"，记载中的"搓索"就是做粉丝。

（五）蛋制品

中国历来有把蛋品加工生产成各种特殊食物的习惯，如松花蛋、糟蛋、腌蛋等。

1. 松花蛋

松花蛋又名松花，它是中国人发明的传统食品，又名"皮蛋"。关于"松花"之名的起源，唐杜甫的诗中有："崖蜜松花熟，山杯竹叶青"之句。后来，陈旅诗中也有："渚霞落怨松花熟，溪雨登畔石菌肥"。由于诗中讲的都是饮食及食品内容，所以"松花"始于唐朝是可能的。至明朝，戴牺《养余月令》中不仅有"皮蛋"之名，而且还有松花的详细制作方法。

2. 糟蛋

中国的糟蛋，以浙江平湖所产为最，它所以能闻名中外，主要有三大特点：①成品是软壳蛋；②糟蛋白乳白色，蛋黄橘红色；③口感味美，且鲜中兼甜。据《浙江特产》载：平湖糟蛋已有二百多年历史，曾获清朝乾隆皇"御赐"金牌，南洋劝业会、伦敦博览会奖牌，确实是优质的传统佐餐佳品。

3. 腌蛋

蛋是一种典型的、不可久放的食物原料，但是如果用传统方法腌制，则可以久藏不霉，食之非常美味。在中国，腌蛋的历史非常悠久，如《礼记·内则》中已有："桃诸，梅诸，卵盐"的话，其中的"卵盐"就是腌蛋。

（六）调味品

古代烹饪中谈到调味肴馔首要是"羹"。先秦，特别是战国以前，人们常用的烹饪法就是蒸煮炸烤。用这些烹饪法制作出的大块肉食大多是不入味的，要蘸酱吃，那时酱的品种有上百种之多，不同的肉还要蘸不同的酱，所以孔子说"不得其酱不食"。因为要蘸酱，所以只有切得薄才能入味。羹是要调味的，测验一个人的烹饪技巧首先也是看他会不会调制羹汤。因此唐代诗人王建咏《新嫁娘》的诗"三日入厨下，洗手作羹汤。未谙姑食性，先遣小姑尝"。结婚三天后婆家要测验新娘子的手艺了，可是对"味"的理解的主观性很强，所以才要拉拢一下小姑子，婆婆爱吃咸，还是爱吃甜？了解了婆婆的食性才好把握调味的分寸。在人类现代饮食生活要求不断提高的情况下，讲究"味科学"的时代已经开始。用有机化学合成方法生产数以千计调味品的热潮早已出现。许多根浅的调味品已被淘汰，惟独中国人发明的酱、酱油、醋、糟油等，仍然在继续发展着，这是很值得中国人自豪的。

1. 豆酱和豆酱油

在中国食物史上，古籍中先后出现过数十种“酱”。它们是肉酱、鱼酱、豆酱、米酱等。但是最值得提出来讨论的是豆酱和豆酱油。

豆酱和豆酱油是中国人最早发明的，利用微生物发酵作用生产，具有多种风味的优质调味品。据西汉史游的《急就篇》载：“芜荑盐豉醯酢酱，颜师占注：酱，以豆合面而为之也。”这可能是中国关于豆酱起源的最早记录。由于有了豆酱就会有豆酱汁流下来，所以可以认为，豆酱油与豆酱同源。

2. 食醋

中国人常说：开门七件事，柴米油盐酱醋茶。虽然在这里醋排第六位，但是有人根据化学变化原理认为：有酒必有醋，酒醋应同源。尽管如此，由于酒变醋需要许多必要条件，所以中国先秦时期是否有醋还需要进一步研究。“醋”字最早始见于北魏，贾思勰在《齐民要术》中说：“酢，今醋也”，所以“酒醋同源”理由倘难相信。

自古至今，中国已酿成的名醋很多，如山西老陈醋，它以高粱、小米为原料；江苏镇江金山香醋，它以黄酒糟等原料酿成，四川保宁醋，它以麸皮及草药等酿成；还有福建永春老醋、福州红曲醋等，它们都是远销世界各国的特产。

三、主、副食品的特色

副食品与主食相对而言，即生活中称“菜”。中国菜的特色在于它丰富的文化内涵，中国菜融合着宗教、文化、民俗风情，反映着悠久的历史文化，体现出中华民族特有的处世哲学，它不仅是一种简单的食品。中国菜具有历史悠久、技术精湛、品类丰富、流派众多、风格独特的特点，是中国饮食数千年发展的结晶，在世界上享有盛誉，是中国文化的重要组成部分。作为世界三大菜系（中国菜、法国菜、土耳其菜）之一，它深远地影响了东亚地区。

（一）食材选取的严谨、广泛

中国菜的选材非常丰富，有一句俗语称：“山中走兽云中燕，陆地牛羊海底鲜。”几乎所有能吃的东西，都可以做为中国菜的食材。选料广泛，这是任何国家的菜肴制作都不可比拟的，仅从广东风味菜肴选料的准则“脊背朝天人皆食”就可略见中国菜选料之一斑。中国菜不仅动物原料用得广，植物原料的选择同样广泛，早在西周时期，有文字记载的可食用植物种类已达到130多种。中国菜中名菜常选择名贵的食材，如燕窝、鱼翅、熊掌、鹿尾、虎骨、猴脑等。其中部分食材取自保护动物，所以某些名菜因取材困难现已无法烹制，但也有烹饪家使用替代品进行尝试。

中国菜取材的严谨讲究，为烹制菜肴奠定了基础。《随园食单》有云：“大抵一席佳肴，司厨之功居其六，买办之功居其四。”

时令适合：食材根据动植物的成熟时间不同，品质也不同。比如淮扬菜有“刀鱼不过清明，鲟鱼不过端午”的说法。

区域适宜：不同区域生长的食材品质亦不同。比如蟹，以上海产为佳。但由于现代科学技术的发展，区域的差异变得不很重要。

品种不同：做一些菜肴，需要不同品种的食材。比如北京烤鸭，用北京特有的填鸭做成；白斩鸡则用三黄鸡做成。

部位区别：食材不同的部位被制作成不同的菜。比如家常菜“肉段”应用里脊制作。

要求鲜嫩：几乎所有中国菜要求食材鲜活，为的是菜肴鲜嫩可口。

随时代变化：例如北京烤鸭，以前是越肥越好，现代则倾向用瘦肉鸭。不再利用受保护动物和珍贵植物做食材。扩大对昆虫等利用方法，引进其他食材来源，例如扩大食用蝎和蝗虫，引进法国蜗牛等。

（二）风味流派的百花齐放

中国菜肴在烹饪中有许多流派，其中最有影响和代表性的有：鲁、川、粤、闽、苏、浙、湘、徽等菜系，即被人们常说的中国“八大菜系”。一个菜系的形成和它的悠久历史与独到的烹饪特色分不开的。同时也受到这个地区的自然地理、气候条件、资源特产、饮食习惯等影响。有人把“八大菜系”用拟人化的手法描绘为：苏、浙菜好比清秀素丽的江南美女；鲁、皖菜犹如古拙朴实的北方健汉；粤、闽菜宛如风流典雅的公子；川、湘菜就象内涵丰富充实、才艺满身的名士。

1. 古朴粗犷的西北食风

西北地区史称“西陲”或“回疆”，与其他地区相比，西北一带的食风显得古朴、粗犷、自然、厚实。其主食是玉米与小麦并重，也吃其他杂粮，小米饭香甜，油茶脍炙人口，黑米粥、槐花蒸面与黄桂柿子馍更独具风情，牛羊肉泡馍名闻全国。家常食馔多为汤面辅以蒸馍、烙饼或是芋豆小吃，粗料精作，花样繁多。农妇们也有“一面百样吃”、“七十二餐饭食天天新”的本领。受气候环境和耕作习惯限制，食用青菜甚少，农家用膳常是饭碗大而菜碟小，一年四季有油泼辣子、细盐、浆水（用老菜叶泡制的醋汁）和蒜瓣亦足矣。如有客人造访，或宰羊，或杀鸡，或炒几碟肉丝、鸡蛋、苜蓿，擀细面，蒸白馍，也相当丰盛。

该地区主要少数民族，除俄罗斯族、锡伯族、裕固族、土族等族之外，都严格遵循伊斯兰教的食规，“禁血生，忌外荤”，不吃肮脏、丑恶、可憎的动物的血液，过“斋月”，故而清真风味的菜点占据主导地位。在陇海铁路沿线和大小镇集中，星罗棋布地缀满穆斯林饮食店，多达数十万家。更值得称赞的是，回、维等10余个信奉伊斯兰教的民族，虽以“清真”为本，饮食上有清规戒律，但对民族食俗又表现得很豁达，还帮助汉民制作牛羊菜和油香。同样，汉族也十分尊重穆斯林的宗教感情，在饮食上自觉“回避”，并支持他们过“斋月”、欢庆3个大节。这说明自古以来当地各民族和睦相处、相互敬重、真诚团结。

在肴馔风味上，西北地区的肉食以羊、鸡为大宗，间有山珍野菌，淡水鱼和海鲜甚少，果蔬菜式亦不多。其技法多为烤、煮、烧、烩，嗜酸辛，重鲜咸，喜爱酥烂香浓。配菜时突出主料，“吃肉要见肉，吃鱼要见鱼”，强调生熟分开、冷热分开、甜咸分开，尽量互不干扰。在菜型上，也不喜欢过分雕琢，追求自然的真趣；注重饮食卫生，厨房和餐具洁净。汉民爱饮白酒，穆斯林一般不饮酒，多喝花茶、红茶与奶茶，还有牛羊马奶；习抽莫合烟与旱烟；常在庭院中或草地上铺放白布，席地围坐就餐，自带餐刀，有抓食的遗风。

西北地区名食众多，不少带有历史的烟尘，相当古老。象陕西的葫芦鸡、商芝肉、金钱发菜、带把肘子、牛羊肉泡馍、石子馍、甑糕、油泼面、仿唐宴和饺子宴；甘肃的百合鸡丝、清蒸鸽子鱼、兰州烤猪、手抓羊肉、牛肉拉面、泡儿油糕、一捆柴、高担羊肉、巩昌十二体和金鲤席；青海的虫草雪鸡、蜂尔里脊、人参羊筋、糖醋湟鱼、锅馍、甜醅、马杂碎、羊肉炒面片等。此外，这里的西凤酒、黄桂稠酒、当归酒、陇南春、伊犁特曲、枸杞酒、白葡萄酒、紫阳茶、奶茶、三炮台八宝茶、参茸茶、黑米饮料和哈密瓜汁，也都驰誉一方。

在饮食习惯上，当地人夏季爱冷食，冬季重进补，待客情意真，筵宴时间长，经常有歌舞器乐助兴，一家治宴百家忙，绝不怠慢进门人。哈萨克族谚语："如果在太阳落山的时候放走了客人，那就是跳进大河也洗不清的耻辱"，就是一个生动的例证。《中华风俗·新疆》还记载："回民宴客，总以多杀牲畜为敬，驼、牛、马均为上品，羊或数百只。各色瓜果、冰糖、塔儿糖、油香，以及烧煮各肉、大饼、小点、烹饪、蒸饭之属，贮以锡铜木盘，纷纭前列，听便取食。乐器杂奏，歌舞喧哗，群回拍手以应其节，总以极欢为度。""所陈食品，客或散给于人，或罢宴携之而去，则主人大喜，以为尽欢。"这是清代的风尚，至今仍无大改变。

2. 庄重大方的华北食风

华北地区民风俭朴，饮食不尚奢华，讲求实惠；食风庄重、大方，素有"堂堂正正不走偏锋"的评语。多数城乡一日三餐，面食为主，小麦与杂粮间吃，偶有大米。馒头、烙饼、面条、饺子、窝窝头、玉米粥等是其常餐。这里的面食卓有创造，日本汉学家早有"世界面食在中国、中国面食在华北、华北面食在山西、山西面食在太原"的美誉。它有抻面、刀削面、小刀面、拨鱼面"四大名面"，有形神飞腾、吉祥和乐的象生"礼馍"；而且家庭主妇都有"三百六十天、餐餐面饭不重样"的本领，京、津、鲁、豫的面制品小吃和蒙古族的奶面制品，无不令人大块朵颐。这一带农村盛面习用特大号"捞碗"（可容 200～300 克干面条），人手一碗，指缝间夹上饼馍或葱蒜，习惯于在村中心的"饭场"上多人围蹲就食，边吃边拉家常，或互通信息，或洽谈事务，或说笑聊天，形成特异的"风景线"。

这里的蔬菜不是太多，食用量亦少，但来客必备鲜菜，过冬有"贮菜"习惯，农户普遍挖有菜窖。肉品中，元代重羊，清代重猪，而今是猪、羊、鸡、鸭并举，还吃山兽飞禽，这与封建王朝的更迭和"首善之区"的环境相关。水产品中淡水鱼鲜较少，主产于黄河与白洋淀，看得比较贵重；海水鱼鲜较多，有"吃鱼吃虾、天津为家"、"青岛烟台、海鱼滚滚而来"等说法。天津的"虾席"、秦皇岛的"蟹席"、青岛的"渔家宴"，都是令老饕垂涎的。

在烹调方法方面，这是鲁菜的"势力范围"。擅长烤、涮、扒、熘、爆、炒，喜好鲜咸口味，葱香与面酱香突出，善于制汤，菜品大多酥烂，火候很足；同时装盘丰满，造型大方，菜名朴实，给人以敦厚庄重之感，具有黄河流域文化的本色。由于历史原因所致，蒙古族食风、回族食风和满族食品食风在此有较深的烙印；京、津地区的一些百年老店多为来此谋生的山东人或河南人开设或掌作，有"国菜"之誉的北京烤鸭便是典型的齐鲁风味。此外，北宋时期的"北食"（以开封风味为主体），元明清 3 朝的"御膳菜"，传承 800 余年的"孔府菜"，风靡京华的"谭家菜"，都留下了很多名品，至今仍在饮食市场上独领风骚。

华北地区的珍馐佳肴自成系列，20 世纪 90 年代以来"集四海之珍奇"的北京也有

“新食都”之誉。在菜肴方面，北京有烤鸭、涮羊肉、三元牛头、罗汉大虾、潘鱼和八宝豆腐；天津有玛瑙野鸭、官烧比目、参唇汤和锅巴菜；内蒙古有扒驼蹄、奶豆腐两吃、清炒驼峰丝和烤羊腿；河北有金毛狮子鱼和改刀肉；河南有软熘黄河鲤鱼焙面、铁锅蛋和道口烧鸡；山东有葱烧海参、脱骨扒鸡、九转大肠、清汤燕菜、奶油鸡脯、青州全蝎和原壳鲍鱼；山西有过油肉、五香驴肉和金钱台蘑等。

在小吃方面，北京有小窝头、芸豆卷、豆汁、龙须面、爆肚和炒疙瘩；天津有狗不理包子、十八街麻花、驴打滚和耳朵眼炸糕；内蒙古有哈达饼和奶炒米；河北有一篓油水饺、金丝杂面、杠打面和杏仁茶；河南有贡馍、羊肉辣汤和小菜盒；山东有福山拉面、伊府面、状元饼和潍坊朝天锅；山西有刀削面、头脑、拨鱼儿和十八罗汉面等。

在饮料方面，以烈酒为主，也喜爱罐装果汁。酒有二锅头、莲花白、宁城老窖、汾酒、竹叶青、孔府家酒、秦池古酒、青岛啤酒；茶有信阳毛尖、奶茶、柿叶茶、茉莉花茶；饮料有酸梅汤、沙棘、山楂汁、御泉杏仁露、麦饭石饮料等。

在筵宴方面，更为多彩多姿。像北京的满汉全席、红楼宴和烤鸭全席；天津的海鲜席和昭君宴；河北的避暑山庄宴和北戴河宴；河南的洛阳水席和仿宋宴；山东的孔府宴和泰安白菜席；山西的太原全面席和礼馍宴等，都能使中外游客沉醉。

华北地区的酒楼有切面铺、二荤铺、小酒店、中菜馆、大饭庄等不同层次，牌头响亮的不少。如全聚德、丰泽园、仿膳饭庄、烤肉季、登瀛楼、燕春楼、青城餐厅、中和轩、厚德福、燕喜堂、心佛斋、清和元等，都是各据一方之胜地。

餐具方面更是流光溢彩，如象牙筷、景泰兰盘、刻花水具、银花碗、蒙古餐刀、唐三彩壶、淄博瓷器、烟台草编、大同铜火锅、侯马蝴蝶杯等，无不具有收藏价值。

华北居民宴客情文稠叠，有一套又一套的食礼与酒令，至诚大方，其心拳拳，使人如沐春风，情暖胸怀。

3. 广博新异的中南食风

中南地区史称“湖广”和“南粤”。中南地区的主食多系大米，部分山区兼食番薯、木薯、蕉芋、土豆、玉米、大麦、小麦、高粱或杂豆。鄂、湘、闽、台、粤、港的小吃均以精巧多变取胜，在全国各占一席之地；壮、黎、瑶、畲、土家、毛南、么佬等族善于制作粉丝、粽粑和竹筒饭，京族习惯于用鱼露调羹，高山族用大米、小米、芋头、香蕉混合饮更见特色。中南人的食性普遍偏杂，有“天上飞的除了飞机，水上游的除了轮船，地上站了除了板凳，什么都吃”的夸张说法。由于“花草蛇虫，皆为珍料；飞禽走兽，可成佳肴”，所以该区的居民几乎不忌嘴，烹调选料广博为全国所罕见。

在膳食结构中，每天必食新鲜蔬菜；肉品所占的份额较高，不仅爱吃禽畜野味，淡水鱼和生猛海鲜的食用量都位居全国前列。所以饮食开支相当大，饭菜质量高，烹调审美能力亦强。制菜习用蒸、煨、煎、炒、煲、糟、拌诸法，湘鄂两省喜好酸辣甜苦，其他省区偏重清淡鲜美，以爽口、开胃、利齿、畅神为佳。追求珍异，喜受新奇，崇尚潮流，依时而变，是中国烹饪最为活跃的地带，常出新招和绝活，被其他地区仿效。

这一带多饮青茶、红茶、药茶和乌龙茶，爱吃热带水果与蜜饯，喜欢进口的卷烟、奶、糕饼及饮料，酒量与饭量一般都不大。由于气温偏高、生活节奏快、早起晚睡和午眠，不少人有喝早茶与吃夜宵的习惯，一日3～5餐。“武汉人过早”、“广东人泡茶楼”、“香港人夜逛大排档”，都是特异的饮食风情。

本地区名食众多，其中不少享誉华夏。如湖北的清蒸武昌鱼、红烧鮰鱼、排骨煨炒腊肉、珊瑚鳜鱼、冬瓜鳖裙羹，排骨煨藕汤、三鲜豆皮、荆州八宝饭、东坡饼、四季美汤包、楚乡全鱼宴和沔阳三蒸席；湖南的组庵鱼翅、腊味合蒸、发丝牛百页、红椒酿肉、五元神仙鸡、火宫殿臭豆腐、牛肉米粉、团馓、熏烤腊全席和巴陵鱼宴；福建的佛跳墙、太极芋泥、淡糟香螺片、芙蓉鲟、土笋冻、鼎边糊、蟛蜞酥、团年围炉宴和怀乡宴；广东的烤乳猪、龙虎斗、烤鹅、白云猪手、炖禾虫、鼎湖上素、沙河粉、艇仔粥、云吞面、广式月饼、蛇宴和黄金宴；广西的纸包鸡、南宁狗肉、马蹄炖北菇、银耳炖山甲、马肉米粉、尼姑面、蛤蚧粥、太牢烧海、漓江宴和银滩宴；海南的椰子盅、清蒸大龙虾、白斩鸡、东山羊、海南煎堆、鸡藤粑仔、蕉叶香条、洞天全羊宴和竹筒宴；港澳的一品燕菜、海鲜大拼盘、麻鲍烤海参、清蒸老鼠斑、马拉糕、巧克力蛋糕、满汉全席和八珍席等。

中南地区的名店以大中华、老大兴、又一村、玉楼东、聚春园、无我堂、苏杭小馆、华泰大饭店、广东酒家、陶陶居、泮溪、通什旅游山庄、南中国大酒店、万园、南宁蛇餐馆、东銮阁、澳门大酒店等为翘楚。

餐具以醴陵精瓷、石湾陶瓷、合埔砂煲、福州漆盒、武穴竹编、毛南蔑器、海南椰碗、广州牙筷、香港金银器为代表。高档筵席用具富丽堂皇，盖压全国。

在中南，食风中不仅具有热带情韵，还有浓郁的商贾饮食文化色彩。在这里，“吃”是人们调适生活、社会交际的重要媒介，含义丰富。它不但体现人与人之间的感情，有时还是身份、地位的象征。尤其是生意场上，作用更为明显。“食在广州”、“食在香港”的美誉，足可与巴黎、东京等世界“食都”相抗衡。中南食风的广博、新异、华美，是诸种因素促成的。它秉承了古代人和百越人奇异的饮食文化传统，崇尚美食，以珍为贵；饮食观念比较开放，易于接受八面来风，集中华名食为己所用；鸦片战争后广东成为通商口岸，现今又搞经济特区，与海外接触，大胆借鉴西餐洋食；商贸发达，经济跃升，财力雄厚，居民富足；食物资料丰沛、稀异生物纷陈；受湿热气候影响，嗜好博杂。

4. 豪爽大度的东北食风

东北物产丰富，烹调原料门类齐全。由于兴安岭上多山珍，渤海湾内出海鲜，故市场上的筵席大菜档次偏高，名肴玉食琳琅满目。还因为气候严寒，居家饮膳重视火锅，“白肉火锅”、“野意火锅”等颇有名气，在清宫盛极一时。

喝花茶爱加白糖，还有桦树汁、人参茶和汤岗矿泉水；抽水烟或关东烟，“十八岁的姑娘叼根大烟袋”曾是“关东三怪”之一。尤爱白酒与啤酒；饮啤酒常是论“扎”、论“瓶”、论“提”（一提为8瓶），酒量惊人。受俄罗斯的食风影响，好友相聚常以大红肠、扒鸡款待。由于清代山东人“闯关东”的较多，鲁菜在这里有较大的市场，不少名店均系山东人所开设或由鲁菜的传人掌作。再加上紧邻俄罗斯，与南北朝鲜交往频繁，亦受日本食风影响。“罗宋大菜”、“南韩烧烤”和“东洋料理”也传播到一些城市，部分食馔也带点“洋味”。

在民族菜中，朝鲜族和满族的烹调水平较高。前者的“三生”（生拌、生渍、生烤）、牛肉菜、狗肉菜、海鱼菜和泡腌菜；后者的阿玛尊肉、白肉血肠、白菜包、芥末墩和苏叶饽饽，均有浓郁民族风情。清真菜在此亦有口碑，全羊席和国民面摊烩脍炙人口。至于蒙古族的“白食”和“红食”；鄂伦春族的狍子宴和老考太黏粥；赫哲族的鳇鱼全席和稠李子饼；鄂温克族的烤犴肉和驯鹿奶；达斡尔族的手把肉和稷子米饭，也都是民族美食廊中的精品，令人齿颊留芳。

从饮食市场来看，东北地区更是珠玑山积，红火兴旺，可以开出很长一串清单。

菜肴类：白肉火锅、鸡丝拉皮、猴头飞龙、红油犴鼻、冰糖雪蛤、冬梅玉掌、镜泊鲤丝、游龙戏凤、两味大虾、烤明太鱼、人参乌鸡、红烧地羊、烹大马哈、牛肉锅贴、鹿节三珍汤、酒醉猴头黄瓜香、神仙炉等。

小吃类：萨其玛、马家烧麦、熏肉大饼、老边饺子、参茸馄饨、稷子米饼、冷面、打糕、豆馅饺子、海城老山记馅饼、馨香灌肠肉、刨花鱼片、松塔麻花、焖子、苹果梨泡菜、辣酱南沙参等。

筵席类：盖州三套碗、关东全羊席、大连海错席、长白山珍宴、营口九龙宴、沈阳八仙宴、锦州八景宴、本溪太河宴、铁岭银州宴、洋河八八席、天池鞭掌席、抚松山蔬宴、燕翅鸭全席、龙江三宝宴、松花湖鱼宴、野意火锅宴等。

了解了这一些，就可以明白为什么东北菜这几年能够进华北、过长江、下岭南。别看只是“小鸡炖蘑菇”、“白肉熬粉条”、“松仁炒玉米”、“鸡丝拌拉皮”那么几道家常菜，它却凝聚着东北烹饪的深厚功力，闪射出“白山黑水”的夺目光彩。

东北人人对饮食的要求是丰盛、大方，以多为敬，以名为好；喜欢迎宾宴客，豪爽、直朴、热诚、潇洒；性情如长白红松般刚直，襟怀如松辽平原般坦荡。

第二节　传统烹饪方法的特色

中国人讲吃，不仅仅是一日三餐，解渴充饥，它往往蕴含着中国人认识事物、理解事物的哲理。一个小孩子生下来，亲友要吃红蛋表示喜庆。“蛋”表示着生命的延续，“吃蛋”寄寓着中国人传宗接代的厚望。孩子周岁时要“吃”，十八岁时要“吃”，结婚时要“吃”，到了六十大寿，更要觥筹交错地庆贺一番。这种“吃”，表面上看是一种生理满足，但实际上“醉翁之意不在酒”，它借“吃”这种形式表达了一种丰富的心理内涵。“吃”的文化已经超越了“吃”本身，获得了更为深刻的社会意，反映了饮食活动过程中饮食品质、审美体验、情感活动、社会功能等所包含的独特文化意蕴，也反映了饮食文化与中华优秀传统文化的密切联系。“吃”体现在刀功的精细上，中国菜在加工时特别注意刀法的运用，有批、切、锲、斩等，对原料的成形又分丝、片、块、段、条、茸、末、荔枝花、麦穗花等众多类别，这般精细的刀法、刀功不仅便于烹调入味，更加了成菜观赏性和艺术性。“吃”体现在烹饪方式的多样化上，中国菜的烹调手段有几十种之多，蒸、煮、烧、烩、炙、煎、炒、烤、炝、煸、焗、炖、煨、煲、爆、炮、焙、炸、炙、熘、焖、扒、氽……大多数方法西餐都没有。如爆又可分为酱爆、油爆等，甜菜烹制还有拔丝、挂霜、和蜜汁。“吃”体现在调味的丰富上，例如四川菜以百菜百味，一菜一格为世人所称道。中国菜除了讲究口味变化外，在烹调的过程中还能巧妙地运用不同的调味方法，同等量的调味品在菜肴加热的不同程度时加入就会形成不同的口味。“吃”体现在绝伦完美的追求上，中国菜既包含着精湛的刀功，绝伦的口味，优雅的造型，合理的营养，同时又十分重视盛放菜肴的器皿。美食与美器相得益彰是中国菜自古以来锲而不舍的追求。

自从劳动创造世界、洪荒大地出现人类之后，饮食这个动物肌体与其生活环境进行基本物质交换的生活现象也就产生了。人类的饮食文明，经历过生食、熟食、烹饪三个阶段，各个国家和民族在这三个阶段的起止时间则不尽一致。在我国，生食、熟食与烹饪三个阶段的划分，大致是以北京猿人学会用火及1万年前发明陶器作为界标的。换句话说，我们祖先从生食到熟食，从火炙石燔到水煮盐拌，走过170万年的艰辛历程，直到学会制造最早的生活用具——陶罐，作为文明标志的烹饪术始在华夏大地诞生。我们的祖国，是世界文明发源地之一。170万年前，我国境内出现最早的人群——元谋猿人。元谋人和60万年前出现的兰田人、50万年前出现的北京人，统称“猿人”。他们群居于洞穴或树上，集体出猎，共同采集，平均分配劳动所获，过着“茹毛饮血”、“活剥生吞”的生活，这便是中国饮食史上的“生食”阶段。大约在50万年前，先民学会人工取火。继北京猿人之后陆续出现的马坝人、长阳人、丁村人、柳江人、资阳人、河套人以及山顶洞人，被考古学家称为“古人”或“新人”。出土文物证实，“古人”或“新人”尽管人处于原始状态，但已学会了用火烧烤食物、化冰取水、烘干洞穴、照明取暖、防卫身体和捕获野兽，进入了中国饮食史上的“熟食”阶段。熟食的最大贡献，就在于它从燃料和原料方面为烹饪技术的诞生准备了物质条件。中国社会进入距今1万年左右的旧石器时代晚期，生产力已有一定的发展，氏族公社最后形成，并出现原始商品交换活动。这一切又为烹饪技术的诞生准备了社会条件。特别是制造出适用的刮削器、雕刻器、石刀与骨椎，发明摩擦生火，学会烧制瓦陶，更为烹饪技术的诞生提供了必不可少的工具与装备。再加上盐的发现、制取与交换，梅子、苦瓜、野蜜与香草的采集和利用，进而初步解决了调味品的问题，至此，中国烹饪之道始而齐备，中国饮食史从此揭开“烹饪”这崭新的一页。在学术界，也有把用火熟食化为烹饪诞生的标志，称为中国烹饪的萌芽时期，即火烹时期。烹饪的发明，是中华民族从蒙昧野蛮进入文明的界碑，“新人”向“现代人”进化的阶梯，旧石器时代向新石器时代转变的触媒。它对于维系中华民族昌盛、促进生产力发展、带动社会进步、缔造物质文明和精神文明，均有着极其重要的意义。

烧烤是是最原始的烹饪方法。在新石器时代遗址发现过一些陶做的烤箅，它做成一个箅齿状，上面放上食物，可以烤鱼、烤肉。最近在齐家文化的一处遗址里发现了一座烤炉。它是用石板做的，用一块薄石板把它支起来，下面烧火，然后上面放食物。这是严格意义上的烤炉。

烹煮始于陶器开始发明的时候，1万年以上的新石器时代就开始有了标准意义上的煮。江西万年仙人洞的新石器遗址里就发现了圆底陶釜。在河姆渡文化里头不仅有釜，还有陶土做的灶。在仰韶和龙山文化时期都使用陶炉烹饪。后来到青铜时代，就出现人们熟悉的鼎了。青铜鼎到春秋以后也还能见到，做得非常精致，因为后来它不仅是直接用来做炊煮用的炊器了，也还是食器。到汉代用的已经是铁釜了，下面用一个铁支子支起。

蒸是中国古代独特的一种烹饪方法，西方到现代对蒸法还没有足够的认识，西餐中很少见用蒸的食品，最近几年才开始引入。蒸的基本器具是甑，甑的发明可以上溯到仰韶文化时期。北方黄河流域的仰韶文化、南方的崧泽文化里就有甑了，都有5000年以上的历史。特别是在南方的新石器文化里，出现了上面的甑和下面的釜连为一体的器具，考古学上称它为“甗”。它下面盛水，中间有一个箅子，水烧好了以后，通过蒸汽把上面的食物蒸熟。在汉画像石上也看到了用甑蒸食的场面，实际上跟甗的感觉还是一样的，但是把它放在了灶上。甑后来做了更大改良，它不用铜和陶了，而是用竹子来做，就出现了蒸笼。在汉画像石上，也见到了蒸笼的图像：在河南密县一座画像石墓里，发现了非常标准的蒸笼图像。

烙的方法在古代烹技中也出现很早，在仰韶文化中找到了重要证据。在郑州附近的仰韶文化遗址里出土了许多件形态特别的器具，叫做鏊或铛，这种东西就是烙饼用的。它上面做成一个饼一样形状的一个平面，下面加上三个腿，放平后上面就可以摊饼。这个是非常重要的发现，因为过去认为中国饼食、面食起源是比较晚的，这个证据说明古代中国人很早就吃煎饼了，有5000年左右的历史。当然开始不一定吃的就是小麦面饼。历史时代的考古遗址中，陆续发现过不少饼铛类的器具，甚至发现过汉魏时代绘有摊煎饼图像的壁画，说明这个烹饪方法是一直被继承下来了。现在北方的街市上还常常能见到煎饼摊子，正是五千年古老传统的延续。

谈及涮羊肉和火锅的出现，首先就要看在原始社会后期有没有羊。从已发现的羊的骨骼看，目前最早的羊出现于将近一万年前，是在江西万年发现的，不过，经鉴定认为不是人类饲养的家羊。至于家羊的骨骼，已知最早的距今5000年左右，在东北、内蒙古、甘肃等地都有所发现，而且是既有家山羊也有家绵羊。有此看来，当我们的祖先造出火锅的时候，是有羊可涮的。

从考古资料看，内蒙古昭乌达盟敖汉旗出土的辽早期壁画中描述了一千一百年前契丹人吃涮羊肉的情景：3个契丹人围火锅而坐，正用筷子在锅中涮羊肉，火锅前的方桌上有盛着羊肉的铁桶和盛着配料的盘子。这是目前所知描绘涮羊肉的最早资料。比辽壁画时间稍晚一些的南宋人林洪在所著《山家清供》中也涉及到涮羊肉。他原本是对所吃涮兔肉极为赞美，不仅详细记载兔肉的涮法、调料的种类，还写诗加以形容，诗曰："浪涌晴江雪，风翻照彩霞。"这是由于兔肉片在热汤中的色泽如晚霞一般，故有此诗句。林洪也因此将涮兔肉命名为"拨霞供"。他在讲完涮兔肉后又说"猪、羊皆可"，这便成为涮羊肉的最早文字记载了。按照林洪的记载，当时是把肉切成薄片后，先用酒、酱、辣椒浸泡，使肉入味，然后才在沸水中烫熟，这同今天的涮法还有些不一样。

显然，目前关于涮羊肉的直接材料晚到辽宋时期，可是人们仍有理由认为，人们吃涮羊肉应和火锅的出现是同时的，只是最初没有什么调料可言。

再者，从种种文献记载和形象资料看，古代人民对羊肉实在是喜爱有加。根据《周礼》记载，人们在进行祭祀活动时，羊是必不可少的重要食品，那时人们把羊煮熟后，要分成肩、臂、正脊、横脊、正肋、肠胃等21档，放进不同的祭器中。古人在注释文字的时候把"羊"字引申为"美"字，在这里，切不可将"美"理解为"美丽"，因为"美"的本意是"味美"，是说羊可制美味佳肴。汉代的画像有时常有一些表现庖厨、宴饮的内容，其中往往有加工羊肉的情景，如山东济南出土的汉画像石中就有一幅很清晰的剥羊图：被宰杀的绵羊头朝下吊在空中，一厨师左手持刀，正细心地一点一点剥下羊皮。这些有关食用羊肉的材料，是不是也可佐证涮羊肉的久远起源呢？

"炒"要求食物材料须切割为细粒薄片，火要旺，起火快，炊具须是易于传热，深浅足以容铲子搅翻，既不能深如罐，又不能浅如盘。现在厨房使用的锅正是为此设计。柴草起火易，旺火来得快，却又不持久，正与"炒"要求的条件相当，"炒"是可以节省燃料的烹饪方法。

不仅欧美没有"炒"，就是日、韩这些汉文化圈中的民族也没有"炒"。炒最初的含义是“焙之使干”（其声音如“吵”，故名），后来才专指一种烹饪法。它的特点大体有三：一是在锅中加上少量的油，用油与锅底来作加热介质，“油”不能多，如果多了就变成“煎”了；二是食物原料一定要切碎，或末、或块、或丝、或条、或球，然后把切成碎块的各种食物原料按照一定的顺序倒入锅中，不停搅动；三是根据需要把调料陆续投入，再不断翻搅至熟，也就是说食物是在熟的过程中入味的。“炒菜”包括清炒、熬炒、煸炒、抓炒、大炒、小炒、生炒、熟炒、干炒、软炒、老炒、熘炒、爆炒等细别。其他如烧、焖、烩、炖等都是“炒”的延长或发展。

炒起源于南北朝，最早记载于《齐民要术》，成熟于两宋，普及于明清。明清以后炒菜成为老百姓日常生活中用以下饭的肴馔，人们把多种食品不论荤素、软硬、大小一律切碎混合在一起加热，并在加热至熟中调味。这种混合多种食物成为一菜的烹饪方法在西洋是不多见的，只有法式烩菜类才有把荤素合为一锅的做法（这有些像我们古代的羹）。炒菜的发明使得我们这个以农业为主、基本素食的民族得以营养均衡。

第六章

古典与时尚兼容的筵席文化

【饮食智言】

天下没有不散的宴席

——《醒世恒言》

第一节　中餐筵席史钩沉

一、筵席起源及历史演变

中华饮食源远流长，在这自古为礼仪之邦，讲究民以食为天的国度里，饮食礼仪自然成为饮食文化的一个重要部分。中国的饮宴礼仪号称始于周公，千百年的演进，终于形成今天大家普遍接受的一套饮食进餐礼仪，是古代饮食礼制的继承和发展。饮食礼仪因宴席的性质、目的而不同，不同的地区也是千差万别。古代的饮食礼仪是按阶层划分：宫廷、官府、行帮、民间等。宴席又称燕会、筵宴、酒会，是因习俗或社交礼仪需要而举行的宴饮聚会，是社交与饮食结合的一种形式。人们通过宴会，不仅获得饮食艺术的享受，而且可增进人际间的交往。宴会上的一整套菜肴席面称为筵席，由于筵席是宴会的核心，因而人们习惯上常将这两个词视为同义词语。

筵席是宴饮活动时食用的成套肴馔及其台面的统称，古称酒席。古人席地而坐，筵和席都是宴饮时铺在地上的坐具，筵长、席短。《礼记·乐记》、《史记·乐书》都曾记述古代“铺筵席，陈尊俎”的设筵情况。此后，筵席一词逐渐由宴饮的坐具演变为酒席的专称。

宴会，古代也称为燕会，是以酒肉款待宾客的一种聚集活动。相传尧时代一年举行七次敬老的曲礼，大家在低矮的屋子里席地而坐，你一鼎，我一鬲，分享狗肉的美味，叫做“燕礼”。这是我国原始社会的一种宴会。

宴会起源于社会及宗教发展的朦胧时代。早在农业出现之前，原始氏族部落就在季节变化的时候举行各种祭祀、典礼仪式。这些仪式往往有聚餐活动。农业出现以后，因季节的变换与耕种和收获的关系更加密切，人们也要在规定的日子里举行盛筵，以庆祝自然的更新和人的更新。中国宴会较早的文字记载见于《周易·需》中的“饮食宴乐”。

隋唐以前，古人不使用桌椅。屋内铺在地上的粗料编织物叫筵，加铺在筵上规格较小的叫席（细料编成）。宴饮时，座位设在席子上，食品放在席前的筵上，人们席地坐饮。后来使用桌椅，宴饮由地面升高到桌上进行，明清时有了“八仙桌”、“大圆桌”，宴会形式已经改变，宴席却仍被沿称为“筵席”，座位仍沿称“席位”。筵席与宴会的含义基本相同，它们都是为一定的社交目的、喜庆需要而采取的聚餐方式，都具备一定的规格等，干鲜果品、酒类、饮料都讲究一定的礼节礼仪。如果说有什么不同的话，就是在多数场合，人们常把政府、社会团体所举办的规模较大的酒席称之为宴会，把私人举办的规模较小的酒席称之筵席。宴会比筵席更讲究礼节、礼仪。

我国筵席的产生历史悠久，远在夏商时期就已开始，在祭祀基础上设置筵席。不过当时筵席没有什么格式，只是祭神、祭祖的贡品，用的是牛（大牢）、羊（少牢）。祭神后大家吃掉了祭神的东西。祭田神操一豕蹄，以得丰收；祭战神杀犬，以求胜利。

周以后，特别是春秋时代，产生了等级，筵席也发生了变化，并成为宫廷宴饮的一种仪式。天子、诸侯、大夫都不一样，一个诸侯宴请一个下大夫要馔肴四十五件，其中规定“正馔要有古十三件，并增添临加馔十二件”。西汉时期，筵席的肴品不仅制作精美，数量也开始大量增加。唐宋时期，宫廷、民间对饮食生活都非常讲究，当时的宴席发展也很快，形式有繁有简，格局不一。皇家朝臣时，酒有九种，除看盘、果子外，前后肴品竟达二十多种。到了南宋，筵席格局更加豪华。到了清朝，我国筵席发展到最高阶段，就其御膳房“光禄寺”而言，它在历代御用膳馔的基础上吸收了汉、蒙、回、藏各族食品之精华，成了一个综合大厨房，它举办的燕筵宴会请客称满洲席，也称满洲筵桌。这种燕筵以满族点心为主，菜肴多用汉菜，每一等级都有一定的格式。筵席的产生除去祭祀，古代礼俗也是筵席的成因。在国事方面，先秦有敬鬼神的“吉礼”、丧葬凶荒的凶礼、征讨不服的“军礼”以及婚嫁喜庆的“喜礼”等。在通常情况下，行礼必奏乐，乐起来摆宴，欢宴须饮酒，饮酒需备菜，备菜则成席，如果没有丰盛的肴馔款待嘉宾，便是礼节上的不恭。

在家事方面，春秋以来男子成年要举行“冠礼”，女子成年要举行“笄礼”，嫁娶要举行“婚礼”，添丁要举行“洗礼”，寿诞要举行“寿礼”，辞世要举行“丧礼”。这些红白喜庆也少不了置酒备菜，接待亲朋至爱，这种聚会实质上就是筵席了。据考证，甲骨文中“飨”字就象两人相对，跪坐而食，古书对这个字解释，也是设置美味佳肴，盛礼应待贵宾，所有这些都可说明，从直接渊源上讲，筵席是在夏商周三代祭祀和礼俗影响下，发展演变而来。夏商周三代还秉承石器时期的穴居遗风，把芦苇和竹片编织的席子铺在地上，供人就坐，堂上的座位以南为尊，室内的座位以东为上，因而古书中常有“西南”、“东向”设座待客的提法。后世筵席安排主宾席，不是向东，便是朝南，根源即在于此。古人席地而坐，登堂必先脱鞋。那时的席大小不一，有的可坐数人，有的仅坐一人，一般人家短席为多，所以先民治宴，最早为一人一席，筵与席是同义词。两者区别是筵长席短，筵粗席细，筵铺筵面，席铺筵上，时间长了，两字便合二为一。

所以从筵席上的含义演变上看，它先由竹草编成的座垫引申为饮宴场所，再由饮宴场所，转化成酒菜的代称，最后专指筵席，故而可以说，在间接渊源上，筵席又是由古人宫室和起居条件发展演化而来的。

筵席的特点是，制作精细，菜肴品种繁多，食法讲究，菜点上席需要按一定的顺序，气氛隆重，就餐时间长等。

随着时代的发展，筵席也在不断发展，它的含义已经有了很大的变化。既不是坐卧之物，也不是单纯的指酒了。现在的筵席，是在古代祭祀仪式的基础上发展演变而来的，这就是筵席的最初形式。后来，由于这种饮食形式出现的影响，筵席的规模与筵席的内容，有了很大的变化。经过历代承袭、发展、改革，形成了各种各式，并局部演变发展成现在的筵席形式。

二、中餐筵席的分类

由祭祀、礼仪、习俗等活动而兴起的宴饮聚会，大多都要设酒席。筵席从形式上讲，是多人聚餐的一种饮食方式；从内容上讲，是按一定的规格和程序组合起来，并且具有一定质量的一整套菜品；从意义上讲，它又是进行具有交际、庆祝、纪念等作用的社会活动的一种方式。宴会具有社交性、聚餐式、礼仪性、规格化等特点。

中国宴饮历史及历代经典、正史、野史、笔记、诗赋多有古代筵席以酒为中心的记载和描述。而以酒为中心安排的筵席菜肴、点心、饭粥、果品、饮料，其组合对质量和数量都有严格的要求，现代已有许多变化。宴饮的对象、筵席档次与种类的不同，其菜点质量、数量、烹调水平有明显差异。古今筵席种类十分繁多。著名的筵席有用一种或一类原料为主制成各种菜肴的全席；有用某种珍贵原料烹制的头道菜命名的筵席；也有以展示某一时代民族风味水平的筵席；还有以地方饮食习俗为名的筵席。在中国历史上，还出现过只供观赏、不供食用的看席。这种看席，是由宴饮聚会上出现的看碟、看盘演进而来的，因其华而不实，至清末民初时大部分已被淘汰。筵席的种类、规格及菜点的数量、质量都在不断发生变化。其发展趋势是全席将逐渐减少，菜点倾向少而精，制作将更加符合营养卫生要求，筵席菜单的设计将更突出民族特点、地方风味特色。随着菜肴品种不断丰富，宴饮形式向多样化发展，宴会名目也越来越多。历代有名的宴会有乡饮酒礼、百官宴、大婚宴、千叟宴、定鼎宴等。现今宴会已有多种形式，通常按规格分，有国宴、家宴、便宴、冷餐会、招待会等；按习俗分，有婚宴、寿宴、接风宴、饯别宴等；按时间分，有午宴、晚宴、夜宴等；另外还有船宴等。从宴会的发展，可以看到国家在一定时期里经济、政治、文化的发展及民族烹饪技术发展的水平。

一般分类法：我国传统筵席（宴会席和便餐席）；中西结合酒席。

按办宴目的分：包括婚席、寿席、喜庆席等。

按主宾身份分：包括国宴、专宴、外宾筵席、社会名流筵席，以及寿星筵、桃李筵、授衔筵、功臣筵等。

按时令季节分：包括春季筵席、夏季筵席、秋季筵席、冬季筵席、元日宴、端午宴、花朝宴、中秋宴、重阳宴、腊八宴、祭灶宴等。

按地方菜系分：包括京菜席、苏菜席、川菜席、素菜席等。

按头菜名称分：包括燕窝席、海参席、烤鸭席等。

按菜品数目分：包括八八席、四六席、十大碗席等。

按烹制原料分：包括山珍席、海鲜席、野味席、豆腐席等。

按主要用料分：包括全龙席、全凤席、全鸭席等。

三、中餐筵席的发展及趋势

1. 中餐筵席的发展

筵席产生以后，发展迅速，景象万千，主要表现在席位、陈设、规模和食序方面。

(1) 从席位上看，它是不断递增，先秦时期是一人一席，罗列几样菜品，蹲着或围坐就食。当时的餐具除个人专用的碗筷、勺、杯以外多为共用，其大小与组合，也是按一至三人进餐要求来设计，并且盘、盆的圈足与器座高度同席地而坐或蹲着就餐的位置相适应。餐具装饰还有对称手法，从任何角度都可以欣赏；花纹带的位置亦与视线平行。以后，坐席变成坐椅，低案改为高台，方桌扩成圆桌，碗碟替代鼎罐，为了便于攀谈叙话、祝酒布菜，也为了充实席面和减少浪费，每桌坐客相应增加到三至六人。可以从《清明上河图》、《水浒传》、《金瓶梅》、《儒林外史》等古书画中看出从汉唐到明清的席位变化。清末民国初宴客多用八仙桌，常坐四人至六人或七人。解放后圆桌用的较多，一般都坐十人。近年来又出现十二人的筵席。至于国宴的主宾席，则可坐十六人至二十人，但在这种情况下，需配特制的大转台或组合式长台，而且台面中央常有花卉果品装饰，填充部分空间。席位变化对筵席格局有直接影响。

（2）从陈设看，也是不断变化的，有些大筵席还附设专供观赏的酒席，或香盘，配置花蝶形屏拼和工艺大菜，流光溢彩，富丽堂皇，这是通过陈设展观筵席规格和礼仪。

（3）从规模上看，总趋势也是不断扩大，至清代发展到了顶峰，进入民国时期逐步缩减，现在稳定到一个较为合适的水平上，加之对筵席进行大胆改革，一方面减少数量，缩短时间；一方面改进工艺，提高质量，做到精致典雅，形质并茂，确实表现出中国筵席的精粹。筵席的规模常可反映出它的水平。

（4）从食序上看，从古到今基本相同，都是一酒、二菜、三汤、四饭、五水果。荤素菜式的组合、过菜程序的编排以及进餐节奏的掌握，可谓变化万千。既有官场上的十六碟、四点心，也有民间的七蒸、九扣、十大件；有依据主要菜品而称的“烧烤席”、“燕菜席”、“鱼翅席”、“鱼唇席”、“海参席”、“三丝席”、“广肚席”等；也有以盘碗数量多少而为名的如“十六碟、不大不小；十二碟、六大六小”，“八碟、四小四大”，“十大件、八大吃、十六菜、八大碗”等。还有令人眼花缭乱的各式全席、各地名席、各种酒宴和四时菜单。其类别之多、拼配之巧、变化之奇完全可与乐曲、绘画、建筑媲美。不论如何变，都要突出酒的地位，形成无酒不成席的传统，菜跟酒走被奉为筵席的法规。厨师应懂得酒在筵席中的妙用，安排菜点也总是围绕着酒作文章，先上冷碟是劝酒，次上热菜是佐酒，辅以甜食是解酒，酒备菜是醒酒，席间饮酒多，吃菜也多，调味一般偏淡，而且松脆香酥的菜肴与清淡的素食、汤品均占一定的比例。至于饭点、更是少而精，仅仅起压酒的作用而已。中国名酒甚多，酿造方法和风味特别，因此筵席的吃法多种多样，再加上各地烹饪风味的差异，所以一个地方菜系往往是一种筵席体系。即使是在第一菜系中，由于流派和帮口众多，筵席的款式也是色彩缤纷，凡此种种便构成中国筵席丰富多彩的鲜明特征。根据资料估计，我国现有菜肴有五万多种，其中名菜五千多种，历史名菜一千多种，点心一万多种，名点一千多种，历史名点两百多种。

2. 中餐筵席的趋势

随着现代社会经济的发展、科学技术的进步、人民生活水平的大幅度提高，传统中餐筵席之革故鼎新，势再必行。

一方面，中餐筵席发展须基于继承性与科学性的有机结合。中餐筵席是中国烹饪技术的主要表现形式。经漫长中国文明历史之熏陶，长久滋长积蕴，形成了由数不胜数、举不胜举的香、味、色、形、质俱佳的美肴精点而结合的不同风格，不同质量、不同格式的宴饮形式，体现着中华民族饮食文化的特征，是我国宝贵文化遗产的重要组成部分。毋庸置疑，对传统中餐筵席所蕴含的反映中华民族饮风食欲特色的众多合理性精华的继承，是现代中餐筵席发展的基础。但在筵席配膳上，中餐筵席往往是趋于盛情，显示气派，治山珍海味为一炉，集“三高”（即高蛋白、高脂肪、高糖类）为一席。尽管是美味可口，但由于各大营养素之间的搭配比例不平衡，达不到营养互补、平衡膳食的要求。应针对就餐者的具体情况，运用现代营养知识科学地安排菜点，使其在保持传统筵席特点和民族饮食文化风格的基础上，做到荤素搭配适宜，各类营养素比例配备合理，有目的地使整个筵席的膳食结构达到平衡互补的要求，使宾客在领略温馨的传统饮食文化熏染的同时，获得最佳营养需求量，从而达到增强体质、延年益寿的目的。所以，运用现代的科学知识与传统的中国烹饪精华相结合，既保证了筵席结构的科学性、合理性，又突出了中国烹饪的特点。这是中餐筵席发展的必由途径。

另一方面，解决中餐筵席席间卫生问题和适量减少中餐筵席繁琐格式。中餐筵席十分讲究围餐而食，相互间敬酒布菜，热情洋溢。殊不知在这种聊欢共乐的热烈气氛中，沾满各种津液的筷子已污染各个菜点，既不卫生，也碍文明。因此，要采取措施解决这一问题。“公筷制”、“分餐制”在我国已实行很长时间。实践证明，这是解决中餐席间卫生的好方法之一，应该不断地完善和发展。传统中餐筵席的格式存在有很大的弊端。无论从营养学、养生学、节约和时间观念等诸角度来看，均是不适宜现代发展的，应当根据中餐烹饪的特点和具体情况适量减之。

第二节　千载不散的筵席

一、烧尾宴

所谓“烧尾宴”，据《封氏闻见录》云，士人初登第或升了官级，同僚、朋友及亲友前来祝贺，主人要准备丰盛的酒馔和乐舞款待来宾，名为烧尾，并把这类筵宴成为“烧尾宴”。盛行于唐代，是中国欢庆宴的典型代表，足堪与“满汉全席”相媲美。

“烧尾宴”是唐代著名的宴会之一，“烧尾宴”的风习，是从唐中宗景龙（公元707～709年）时期开始的，玄宗开元中停止，仅仅流行二十年光景。据史料记载，唐中宗（公元705～710年）时，韦巨源于景龙年间官拜尚书令，便在自己的家中设“烧尾宴”请唐中宗。

关于“烧尾”的含义，说法不一。一说是人之地位骤然变化，如同猛虎变人一般，尾巴尚在，故需将其烧掉；二说新羊初入羊群，会因受羊群侵犯而不得安宁，只有火烧新羊之尾，它才会安定下来，人从平民进到士大夫阶层，如同新羊出入羊群一样，一时难以适应新环境，故需为之“烧尾”；三说是鲤鱼跃龙门，必有天火把尾巴烧掉才能变成龙。此三说都有升迁更新之意，故此宴取名“烧尾宴”。

“烧尾”还有一种意思，即特指朝官荣升，宴请皇帝以谢上恩。《辩物小志》云：唐自中宗朝，大臣初拜官，例献食于天下，名曰“烧尾”。“烧尾”，取其“神龙烧尾，直上青云之歆意”。

由上述可见，唐代的“烧尾宴”有两种：一种是庆贺登第或荣升，另一种是朝官晋升时设宴敬献皇帝。这两种宴会均与地位由低及高的突变有关，体现了追名逐利的意识，该宴设于室内，故重食、重功利而轻游乐。

烧尾宴上美味陈列，佳肴重叠。其中有58款佳肴留存于世，成为唐代负有盛名的“食单”之一。这58种菜点有主食，有羹汤，有山珍海味，也有家畜飞禽。其中除“御黄王母饭”、“长生粥”外，共有20余种糕饼点心，其用料之考究、制作之精细，叹为观止。例如：光是饼的名目，就有“单笼金乳酥”、“贵粉红”、“见风消”、“双拌方破饼”、“玉露团”、“八方寒食饼”等七八种之多；馄饨一项，有24种形式和馅料；粽子是内含香料、外淋蜜水，并用红色饰物包裹的；夹馅烤饼，样子作成曼陀罗蒴果；用糯米做成的“水晶龙凤糕”，里面嵌着枣子，要蒸到糕面开花，枣泻外露；另一种“金银夹花平截”是把蟹黄、蟹肉剔出来，夹在蒸卷里面，然后切成大小相等的小段……

58种菜点，还不是“烧尾宴”的全部食单，只是其中的“奇异者”。同时，由于年代久远，记载简略，很多名目不能详考。所以人们今天仍无法确知这一盛筵的整体规模和奢华程度。

由于唐前期社会安定，四邻友好，农业达到了超越前代的水平。我国封建社会政治、经济、文化发展达到前所未的高峰时期，举国上下一派歌舞升平的繁荣景象。国都长安更有“冠盖满京华”之称，是财富集中、人才荟萃、中西方文化交流的中心。这为饮食行业的兴旺发达创造了良好的条件。从整体上来说，人们的生活安定了，生活水平提高了；而达官贵人、富商大贾更过的是“朝朝寒食，夜夜元宵”的豪华奢侈生活。“烧尾宴”就是这个时期丰富的饮食资源和高超的烹调技术的集中表现，是初盛唐文化的一朵奇葩。从中国烹饪史的全过程来看，“烧尾宴”汇集了前代烹饪艺术的精华，同时给后世以很大的影响，起了继往开来的作用。如果没有唐代的“烧尾宴”，也不可能有清代的“满汉全席”。中华美馔的宫殿，就是靠一代一代、一砖一瓦的积累，逐步盖起来的。

二、曲江宴

唐朝是我国古代饮食文化蓬勃发展的时期，尤以游宴最为有名。曲江宴因宴于京城长安东南角的曲江池而得名。曲江宴上的食品，乃“四海之肉，水陆八珍”。菜点更是荤素兼备，咸甜并陈，成为我国烹饪史上最为璀灿的篇章之一。

唐朝的曲江园林，位于京城长安（今西安）城东南9公里的曲江村。早在秦、汉时期，这里是上林苑中的“宜春苑”之所在。原为天然池沼，岸边曲折多姿，林木繁茂，花卉周环，烟水明媚，自然景色十分秀美。因有曲折多姿的水域，故名曰曲江。至隋代开皇二年（公元582年），隋文帝因京都长安城规模狭小，城市布局杂乱，而在长安城东南修筑了皇城——大兴城。曲江池也被包括在大兴城之内，辟建了一所专供帝王游赏饮宴的园林，取名“芙蓉园”。唐玄宗开元年间，在芙蓉园的基础上，对曲江园林进行了大规模的修茸营造，引黄渠水入池以扩大水面，并且掏掘了池区，疏通了梁道，又制造了彩舟，池中广植莲花，池周遍种奇花异草，以曲柳为主。在池西辟建了杏园，在池南修建了紫云楼、彩霞亭及其他一些亭台楼阁，在池西南筑慈恩寺等。从此，曲江池成为京城风光最美的园林。由于君民同乐，也就成了半开放式的园林。唐诗赞曰：“漠漠轻烟晚自开，青天白日映楼台。”“曲江水满花千树，东马争先尽此来。”曲江池成了饮宴胜地。

那时，上自皇帝，下至士庶，都在曲江池畔举行游宴活动，类型名目繁多，主要有“宫廷盛宴”、“新科进士宴”、“社交活动宴”三种形式，通称为曲江宴。

1. 宫廷盛宴

在唐玄宗时，皇帝每年上元节、中秋节、重阳节都要在曲江设宴，赐于文武百官。这是唐代规模最大的游宴活动。届时，皇亲国戚、文武重臣以及大小官员都可以随带妻妾、丫环、歌妓参加。还特请京城中的和尚、道士及普通老百姓来曲江游赏饮宴。一时，万众云集，盛况空前。杜甫的《丽人行》中有“三月三日天气新，长安水边多丽人……”即指此宴。三月的曲江池碧波荡漾，万紫千红。这一天的宴会，唐玄宗和杨贵妃兄弟姊妹的宴席设在紫云楼上，可一边饮宴，一边观赏曲江池全景。其他官员的宴席分别设在曲江池周围的楼台亭榭内或临时搭建的锦帐内。皇帝的酒肴，由御厨承办，其丰盛的确是凡人难见，世上少有。杜甫诗中描写的“紫驼之峰出翠釜，水晶之盘行紫鳞”、“御厨络绎选八珍”、“禹刀镂切空纷论”等，即是帝王奢华宴席的真实写照。其他臣僚的宴席由诸司和京兆府制办，也都是相当了得。

2. 新科进士宴

自唐中宗开始，规定每年春花三月时分，在曲江为新科进士举行一次盛大的宴会，以示祝贺。此宴因取义不同，异名甚多，有“关宴”、“杏园宴”、“樱桃宴”、“闻喜宴”、“谢师宴”等。

宴会之日，新科进士们喜气洋洋、春风满面来赴宴，还有主考官、公卿贵胄及其家眷。宴会上的食品必须有樱桃，皇帝也常派员送来食品。宴会上除了拜谢恩师和考官外，还要到慈恩寺大雁塔题名留念。由于宴会设在曲江边上，新科进士一边饮美酒，一边品佳肴，有的携带乐工舞妓泛舟饮酒，有的则脱冠摘履、解衣露体于草地上“颠饮”。诗人刘沧《及第后宴曲江》诗云：“及第新春造胜游，杏园初宴曲江头。紫毫粉壁题仙籍，柳色箫声拂御楼。雾景露光明远岸，晚空山翠附芳洲。归时不省花间醉，绮阳香车似水流。”新科进士的心满意足之态、洋洋得意之情，洋溢在诗的字里行间，令世人羡慕。

3. 社交活动宴

唐朝时，贵族子弟、巨商豪贾也多到郊外游玩，举行饮宴活动，竞相设宴曲江边。据《开元天宝遗事》等古籍记载，唐代长安的贵家子弟及富商们于春日有游宴的习俗，他们成群结队，在曲江池畔花卉美丽的地方设帐排宴，十分快活。其中有两种游宴很有意思，即“探春宴”和“裙幄宴”。“探春宴”的时间在每年正月十五过后的几天内，每当其时，人们便郊游赏春，举办“探春宴”。“裙幄宴”是在每年的三月初三日。此时仕女们趁着明媚的春光，骑着温良驯服的矮马，带着侍从和丰盛的酒肴，来到曲江池边，选择称心的景观，便驻马设宴。她们以草地为席，周围插着竹竿，挂起红裙布作宴幄，在里边饮宴，自得其乐。她们的宴席虽不及帝王那样高贵，但也讲求海陆杂陈，丰盛多彩。她们还相互比赛，各显奇特的技艺，其乐融融，其喜洋洋。

曲江宴名声显赫，故效法者很多。在江南私人豪宅多有园圃者，便设游宴，方便自在，欢乐无穷。据《扬州事迹》载：“扬州太守园中有杏数十株，每至花烂，张大宴，一株杏一席，倚其傍，曰‘争春’，即‘争春宴’。”在江南成为风尚，传为美谈。

可是在唐朝末年，军阀混战，致使“昔日繁华尽埋没，举目凄凉无故物”。唐昭宗又迁都洛阳，使昔日京城长安日渐萧条，再加上黄渠断流，曲江池失去了水源，渐渐涸竭。从此，曲江宴也就成为历史了。据史料记载，曲江宴经历了322个春秋。

三、诈马宴

诈马宴是蒙古族特有的庆典宴飨整牛席或整羊席。诈马，蒙语是指退掉毛的整畜，意义是把牛、羊牲畜宰杀后，用热水退毛，去掉内脏，烤制或煮制上席。

诈马宴始于元代。这一古朴的分食整牛整羊的民俗，由圣主诺颜秉政开展为奢华的宫廷宴。现在，宫廷诈马宴已绝迹，烤全牛也已失传。1991年8月，伊克昭盟在准备那达慕大会成吉思汗陵分会时，相关人员查阅了《蒙古食谱》、《蒙古习俗录》等大量材料，并进行了实验，复原了烤全牛诈马宴，依照古籍记录的元代蒙古族宫廷诈马宴的礼仪，在成吉思汗行宫举办，作为那达慕大会的参观项目，令游人大饱眼福。

烤全牛诈马宴，首先要备好烤炉。在地上挖一个一米多宽、二米长、一点五米深的长方形坑，挖出五个烟筒槽，用砖从内壁砌好，下面用砖倒立一层，以便通风和储灰，前方砌好炉膛，压上炉条，留好加煤口。备好烤炉，便以蒙族传统形式宰牛。选一头膘肥体壮的四岁牛，用刀从脑门上扎进去，牛即刻倒地而死。接着，切开胸膛，去掉内脏，清洗洁净，把盐和五香调料搁置腹腔内，将开膛处缝好。把牛拴在一个专用铁架的两根铁管子上，再抬起铁管将牛放进烤炉，铁管架在烤炉的砖壁上，牛背朝下，四肢冲上，悬吊在烤炉中，四面不能与炉壁接触。然后将炉顶用一块铁板盖住，除烟筒外，用泥将缝隙封严，将炉膛用煤点燃，进行烤制。熊熊火苗离牛背约一尺左右，视火势状况加煤。通过六个小时的闷烤，整牛即被烤熟。

四、文会

文会是文士饮酒赋诗或切磋学问的聚会。如南朝（梁）刘勰的《文心雕龙·时序》："逮明帝秉哲，雅好文会。"唐杨炯的《晦日药园诗序》："请诸文会之游，共纪当年之事。"元刘壎的《隐居通议·总评》："每与此先生文会剧谈，至意气倾豁处，此先生辄曰：相与读山谷赋可乎？"《儒林外史》第三回："因是乡试年，做了几个文会。"文会也指文人结合的团体。如郑观应的《盛世危言·学校》记载："更有文会、夜学、印书会、新闻馆，别有大书院九处。"

相传江南四大才子之一的唐伯虎，一日巧扮乞丐，在虎丘文会上以一首"一上一上又一上，一上上到高山上。举头红日白云低，四海五湖皆一望"七绝，斗败群商，成为佳话。而在此次笔会上，其他诗人们也附庸风雅，围绕虎丘美景，赛起了七绝。三十多首诗即景抒情，怀古抚今，朗朗上口，诗意清新，各有千秋。

五、孔府宴

孔府宴，是当年孔府接待贵宾、袭爵上任、祭日、生辰、婚丧时特备的高级宴席，是经过数百年不断发展充实、逐渐形成的一套独具风味的家宴。

孔府宴分为三六九等，单就较高级的两等来说，其数量之多、佳肴之丰美，是颇为惊人的。

第一等是招待皇帝和钦差大臣的"满汉宴"，这是满、汉国宴的规格。一等席宴，光餐具就有404件。大部分是象形餐具，有些餐具的名就是菜名，而且每件餐具分为上中下三层，上层为盖，中层放菜，下层放热水。满汉宴要上菜196道，全是名菜佳肴，如满族的"全羊带烧烤"，汉族的驼蹄、熊掌、猴头、燕窝、鱼翅等。另外，还有全盒、火锅、汤壶等。

第二等是平时寿日、节日、婚丧、祭日和接待贵宾用的"鱼翅四大件"和"海参三大件"宴席。菜肴随宴席种类确定，什么席，首个大件就上什么；大件之后还要跟两个配伍的行件。

如鱼翅四大件：开始先上八个盘（干果、鲜果各四），而后上第一个大件鱼翅，接着跟两个炒菜行件；第二个大件上鸭子大件跟两个海味行件；第三个大件上鲑鱼大件，跟两个淡菜行件；第四个大件上甘甜大件（如苹果罐子），后跟两个行菜（如冰糖银耳、糖炸鱼排)。少顷,上两盘点心,一甜一咸。接着在上饭菜四个(四个瓷鼓子,如果上一品锅,可代替四个瓷鼓子,因为锅内有白松鸡、南煎丸子加油菜、栗子烧白菜、烧什锦鹅脖四样)。再后四个素菜,紧跟四碟小菜,最后上面食。

若是海参三大件,也是先上八盘干鲜果,然后上海参大件,第二、三个大件是神仙鸭子、花篮鲑鱼(俗称季花鱼)或诗礼银杏。每个大件也要跟两个行菜,如醉活虾、炸熘鱼、三鲜汤等。饭菜仍是四个,如元宝肉、黄焖鸡等。

如果是燕席四大件,就要有带烧烤的菜了,如烤鸭、烤猪等。

在饭菜方面,秋天是菊花火锅,两火锅一荤一素;冬天是杂烩火锅、什锦火锅和一品锅。

六、国宴

1. 国宴含义

国宴是国家元首或政府为招待国宾、其他贵宾或在重要节日为招待各界人士而举行的正式宴会。

国宴一般都设在人民大会堂和钓鱼台,但人民大会堂承担要多一些,这里的宴会厅能同时容纳 5000 人。国宴制定的菜谱,一般清淡、荤素搭配。基本上固定在四菜一汤,这还是当年周总理定的标准,一直延续至今。

国宴的菜,汇集了全国各地的地方菜系,经几代厨师的潜心整理、改良、提炼而成,主要考虑到首长、外宾都能吃。如国宴的川菜,少了麻、辣、油腻;苏州、无锡等地的菜,少放了糖,都在原的地方菜的基础上,做了改进。

如今,国宴的菜系已被称为“堂菜”,清淡软烂,嫩滑、酥脆、香醇;以咸为主,较温和的刺激味副之。据说这种烹调风格适应性很强,基本可以满足中外大多数宾客的口味要求。

除少数“引进”的地方菜保留原名(如佛跳墙、富贵蟹钳、孔雀开屏、喜鹊登梅等)外,大多数菜名或口味加原料、烹调方法,或原料、配料加主料。如麻辣鸡、葱烧海参、芦笋鲍鱼等。这种务实的命名,一是食用者一看菜单即可知是什么菜,二是可避免太花俏,同时在对外活动中,又可利于菜名翻译时准确无误。

现在的国宴,一般是根据中外宾客的不同口味,以及近几天宴会的记录,安排不同的菜谱。

2. 国宴烹制

国宴烹制须非常精细,炖、烧、煮、蒸、炸、溜、焖、爆、扒一应俱全,加上近几年来,还借鉴吸收了西餐的烹调技法,使烹调手段更加多化。

订菜谱时,应尽可能全面了解中外宾客的生活习惯与忌讳,口味嗜好以及年龄、身体状况;再一个要了解宴会的规模,要兼顾季节、气候、食品原料、营养等诸因素,夏天以清淡、冬季以荤为主。

鱼、肉、海味等直接从库房提,菜是定点特供,用料也很讲究。如油菜,虽是普通的大路菜,选用时则要选三寸半高、叶绿肉厚的,去掉菜帮留三叶嫩心,再将根部削尖,插上胡萝卜条,这就是经过精细加工的宴席素菜:鹦鹉菜。不论做什么菜肴,还是制作何种点心,都要选用最佳部位和品种。如做“枸杞炖牛肉”,要用未成年仔菜牛,选其五花肉,剔净肋条以外的肉,只用肋骨肉,改成大小一致的方块,再配上大块成年牛的臀肉及牛骨，放入甘肃产的大枸杞子，用小火慢炖。炖烂后捡出成年牛肉及牛骨，这样制成的“枸杞炖牛肉”汤汁清澈香醇，牛肉酥烂，口感软滑。

菜点原料的选用，许多都是食中珍品。如燕窝、鱼翅、鲍鱼、鱼唇、明骨、哈土蟆、鹿筋、竹荪、猴头蘑，还有对虾、鱼肚、鲜贝、马哈鱼、鲥鱼、飞龙等。不仅要广泛选精，还要对原料的产地、季节、质地、大小进行严格筛选。从产地讲，燕窝要用泰国的官燕，鱼翅要用南海产的一级群翅，其他如大连的鲍鱼，山东的对虾、加吉鱼，张家口外的绵羊，福建的龙虾，镇江的鲥鱼，乐陵的金丝小枣等。从季节讲，鲥鱼须端午节前后捕捞的，桂鱼要桃花盛开时节捕捞的，就是萝卜也需要霜降以后的。因为，烹饪用的原料，只有在质量最佳期使用，才能保证烹调出高质量的菜肴。

3. 宴会程序

当宾客进入宴会厅时，乐队奏欢迎曲。服务员应站在主人座位右侧，面带微笑，引请入席。宾客入场就绪，宴会正式开始。全场起立，乐队奏两国国歌。这时已经在现场的服务员都要原地肃立，停止一切工作。

在主、宾起座时，主宾桌的服务员要随时照顾，现场的其他服务员要有秩序的回避两侧，保持场内安静。

主宾桌负责让酒的服务员，要提前斟好一杯酒，放在小型酒盘内，站立在讲台一侧，致辞完毕立即端上，以应宾、主举杯祝酒之用，并跟随照顾斟酒。

国宴一般是晚上举行，时间为一个半小时左右。入座前已摆好冷盘，每个人有四五种冷菜，一般是素菜、荤菜，有鸭掌、酱牛肉、素火腿等。

为了保证菜点的质量（火候、色泽、温度等)，使宾客吃得可口满意，服务员要恰到好处地掌握上菜的时机和速度。这就需要服务人员要熟悉本次宴会各种菜点的风味、火候和烹调所需的时间，做到心中有数，适时上菜，期间要及时与厨房互通情况。

上热菜前，先上汤，然后是上荤菜、素菜。第一道菜，往往是最为名贵的。热菜一般是三荤一素，菜都是用小车从厨房推出来。

国宴不是四个菜同时上，而是等宾客吃完一道菜后，就有专门的服务员及时撤下，换上另一道菜。

主菜上完，再上甜点、水果，水果根据季节，有猕猴桃、葡萄、西瓜等，一般不固定某一种。

每次用完餐，服务员都对桌布、筷子、盘子、碗等炊具进行清洗、消毒。以前，主要靠蒸、烫等进行消毒。如今，用洗碗机，去污、消毒全部自动化。

4. 国宴餐具

建国初期，国宴就实行分餐制，不过，那时的菜端上桌后，由服务员给每一位来宾分，剩下来的，就搁在桌子的中间，谁吃谁去拿。而1987年后，都是由厨师按宴会人数把菜分盘，再端上去。盘子都是选用湖南醴陵、山东淄博生产的瓷器，尺寸分别为6寸、8寸的。

国宴餐具，非一般宴会所比，它具有中华民族特有的风格。中国菜点讲究配备器皿。“美味还须美器盛。”从古到今，中国菜点讲究一条龙、一条凤，非常重视菜点形态。而国宴实行单吃，菜形受到一定影响，所以选择合适的容器十分重要。有特制的中国瓷器、陶器、金器、银器、不锈钢器、铜器等，瓷器、陶器有制做精美的象形餐具，如白菜形瓷盘、叶形瓷盘、鱼形瓷盘、龟形瓷盘、柿形瓷缸、橘形瓷盅、鸡形陶罐、鸭形陶缸、苹果形碗等。而刀叉使用银质，筷子选择象骨。

这些精美的餐具，不仅为菜点增色，同时又使国宴具有"色、香、形、器"俱佳的特色。

5. 国宴饮品

人民大会堂国宴用酒，过去主要以茅台为主，现在一般不上白酒。

新一代的北京啤酒、天津干白葡萄酒、可口可乐、燕京啤酒、橙宝、王朝葡萄酒、椰子汁、碧云洞矿泉水、浙江龙井茶等成为国宴指定产品。

不管饮料，还是酒类，凡是被指定为国宴专用饮料的厂家，对其产品都是专门组织生产，采用特供的形式，严格工艺。

6. 国宴厨师

国宴的厨师，选调于全国各地，政治业务、文化素质较高。他们从五湖四海走到了一起，带来了全国各地名菜名点的烹调方法，在继承地方菜系特点的基础上，又根据服务对象的层次不同，注意因人而异，随客而变。160 名厨师中，从特级、高级到中级都有，其中总厨师长 1 名，下设热菜、冷菜、面点、西餐 8 个正副厨师长。

七、船宴

船宴，顾名思义，就是以船为设宴场所而命名的。船宴注重美时、美景、美味、美趣等氛围的结合，品尝起来别有一番情趣。我国早在春秋时期就出现了餐船。到了唐代，洛阳亦盛行船宴。唐代大诗人白居易就很喜好这种游乐。五代时期蜀主孟昶之妃花蕊夫人费氏有宫词云："厨船进食簇时新，列坐无非侍从臣。日午殿头宣索脍，隔花催唤打渔人。"这里的"厨船进食"就是餐船宴。宋代以来，杭州、扬州等地，有商家经营的餐船，可供人们泛舟饮宴。南宋时西湖饮宴的餐船很大"有一千料（量词，过去计算木材的单位，两端截面是一平方尺，长足七尺的木材为一料），约长五十余丈，中可容百余客；五百料，约长三二十丈，可容五十余客。皆奇巧打造，雕梁画栋，行运平稳，如坐平地。无论四时，常有游玩人赁假舟中，所需器物一一毕备。游人朝登舟而饮，暮则径归，不劳余力"。我国餐船的盛行主要是在明清时期。那时，杭州西湖、无锡太湖、扬州瘦西湖、南京秦淮河、苏州野芳浜，以及南北大运河等水上风景区，有种专门供应游客酒食的"沙飞船"（或称"镫船"）。这种船陈设雅丽，大小不一，大者可以载客，摆三两桌席面；小者不过丈余，艄舱有灶，尾随在游船后供应酒食。沈朝初《忆江南》："苏州好，载酒卷艄船。几上博山香篆细，筵前水碗五侯鲜，稳坐到山前。"正是古人餐船游乐的极好写照。

八、冷餐会

冷餐会菜肴以冷食为主，有时也备有一定数量的热菜。冷餐会要准备餐桌，餐桌上同时摆放着各种餐具，菜肴、饮料集中放在大餐桌上。宾、主根据个人需要，自己取餐具后选取食物。宾、主可多次取食，可以自由走动，任意选择座位，也可站着与别人边谈边用餐。可不设座椅，站立用餐；也可设少量小桌、椅子，让需要者就座。

冷餐会上供应的酒水一般单独集中一处，宾、主既可自己上前选用，也可由服务员托盘送上。冷餐会举行的地点可在室内，也可在室外花园里。举办的时间通常在中午 12 时至下午 2 时，下午 5 时至 7 时左右。这种宴请形式适宜招待人数众多的宾客。

冷餐会，作为集古今中外餐饮特色的宴请方式，随着我国改革开放的深化及中外餐饮的交流，获得日益广泛的运用和迅速的发展，并且出现了高档化和大型化的趋势，成为中华餐饮百花园中的又一奇葩，得到了中外宾馆的赞誉。

九、全羊席

又名“全羊大菜”，是清代名贵大宴之一，与“满汉全席”齐名。此席分档取料，因料而烹，所制各菜色、香、味、形各异，菜品多达70余种，每菜均冠以吉祥的菜名，虽系羊席，却无羊名。此席历史悠久，曾长期在山东流传，主要用来宴请或祭祀。全羊席上菜次序和菜品内容与“满汉全席”相似，以四人“八仙桌”为格局，四四编组，凉热咸甜，诸色点心，十分丰盛。羊菜都应热上，凉则腥膻，盛菜器皿都带有温锅用来保温。菜品由两大部分组成，要摆换两次台面。第一部分以20个羊头菜及两道点心组成，食后撤下另换台面。第二部分是其余菜品，以点心、小碟结束。

全羊席菜品名称及分组上菜的顺序：每位四平碟、四整鲜、四蜜堆、四素碟、四荤盘。

第一台面：羊头菜20种。前10种：麒麟顶、龙门角、双凤翠、迎风扇、开秦仓、五珠灯、烩白云、明开夜合、望峰坡、采灵芝。一道点心：椒盐芝麻饼、松子黄凤糕、杏仁茶、素馅玉面饺、奶皮双凤卷、清汤冬笋、豆苗。后10种：千层梯、天花板、明鱼骨、迎草香、香糟猩唇、落水泉、饮涧台、炖驼峰、金道冠、蝴蝶肉。二道点心：冻馅酥盒、三鲜小馅饼、酸菜汤、果馅蒸糕、水晶三角、黑芝麻面茶。

第二台面：玉环销、彩凤眼、五花宝盖、五兰销、提炉鼎、爆炒玲珑、鼎炉盖、安南子、七孔灵台、凤头冠、炸铁雀、算盘子、梧桐子、炸鹿尾、红叶含露、红焖豹胎、爆荔枝、烩银丝、百子囊、八宝袋、鹿挞户、蜜蜂窝、拔草还原、千层翻草、穿丹袋、百子葫芦、花爆金钱、天鹅方腐、黄焖熊胆、烩鲍鱼丝、山鸡油卷、犀牛眼、爆炒凤尾、素心菊米、红烧龙肝、清烩凤髓、苍龙脱壳、糟蒸虎眼、黄焖熊掌、清烩鹿筋、清煨登山、五香兰肘、锅烧腐竹、松子肩扇、酥烧琵琶、蜜汁乌叉、蜜汁髓筋。

八大碗：樱桃红脯、百合鹿脯、吉祥如意、冰花松腐、玻璃方腐、清炖牌盒、满堂五福、竹叶梅花汤。炸羊尾（四碟）：炸银鱼、炸血角、炸东篱、炸鹿茸。四素碟：炸鹌鹑、炒鹦哥、烧凤腿、熘燕服。饭食及小菜：干、稀饭（每位），炒龙凤干饭、红莲米稀饭。四色烧饼：麻酥烧饼、麻酱烧饼、干菜烧饼、素馅烧饼。四面食：银丝卷、玉带卷、螺丝卷、蝴蝶卷。四小菜：甜干露、酱核桃仁、酱杏仁、酱黄瓜。四色泡菜：泡黄瓜、泡红心萝卜、泡芸豆、泡白菜。

十、全鸭席

以北京填鸭为主料烹制各类鸭菜组成的筵席，首创于中国北京全聚德烤鸭店。特点是：一席之上，除烤鸭之外，还有用鸭的舌、脑、心、肝、胗、胰、肠、脯、翅、掌等为主料烹制的不同菜肴，故名全鸭席。全聚德烤鸭店原以经营挂炉烤鸭为主，后来围绕烤鸭供应一些鸭菜，即成为全鸭席的雏形。随着全聚德业务的发展，厨师们将烤鸭前从鸭身上取下的鸭翅、鸭掌、鸭血、鸭杂碎等制成全鸭菜。到20世纪50年代初，全鸭菜品种已发展到几十个。在此基础上，对鸭子类菜肴不断进行研究、改革和创新，研制出以鸭子为主要原料，加上山珍海味，精心烹制的全鸭席。

十一、燕翅席

燕翅席是以燕窝大菜、鱼翅大菜领衔的高档筵席。曾繁盛于清代乾、嘉年间，突出了官府、新贵饮膳风情。燕翅席讲究服务礼仪、上菜程序、格式规范；烹调技法全面；款式变化多样，可单独成席，也可作为满汉全席中的重要组成部分；是以燕窝大菜、鱼翅大菜领衔的高档筵席。

服务礼仪：迎客进门，引入客厅小憩，奉上干果、鲜果、香茶、点心（或茶食）。待客齐后引宾入席。用餐毕，送上热（冬季）或冷（夏季）毛巾、牙签。请宾客再入客厅小坐，续上水果，香茶。

上菜程序、格式：桌面摆放四蜜饯、四小料押桌。开席后先上四荤四素八道冷菜（或一带六），随之走头菜："一品官燕"带冰糖银耳。"红扒鱼翅"为第二道主菜，其余大菜可选用鲍、贝、参、虾、蟹、鸡、鸭、鱼、肉等原料烹制出诸道山珍海味佳肴。均按一大件带二小件格式上菜，中间穿插甜、咸点心及粥、羹、汤等稀食。

烹调技法全面：此席运用津菜多种烹调技法。扒、烧、爆、炒、氽、蒸、熏、卤、蜜、炝等均有体现。

第三节 中餐筵席的设计

一、宴会管理

（一）宴会的台面布置

摆台主要是指餐台、席位的安排和台面的设计。台面按饮食习惯可划分为中餐台面、西餐台面和中餐西吃台面三大类。中餐台面常见的有方桌台面和圆桌台面两种。中餐台面的餐具一般由筷子、汤勺、餐碟、汤碗和各种酒杯组成。摆台要尊重各民族的风俗习惯和饮食习惯。摆台要符合各民族的礼仪形式。如酒席宴会的摆台、餐台、席位安排要注意突出主台、主宾、主人席位。小件餐具的摆设要配套、齐全。酒席宴会所摆的小件餐具要根据菜单安排，吃什么菜配什么餐具，喝什么酒配什么酒杯。不同规格的酒席，要配不同品种、不同质量、不同件数的餐具。小件餐具和其他物件的摆设要相对集中，整齐一致，既要方便用餐，又要便于席间服务。花台面的造型要逼真、美观、得体、实用。所谓"得体"是指台面的造型要根据宴会的性质恰当安排，使台面图案所标示的主题和宴会的性质相称。如婚嫁酒席就摆"喜"字席、白鸟朝凤等台面；如接待外宾的酒席，就摆设迎宾席、友谊席、和平席等。

（二）宴席上菜的程序与方法

宴会的菜肴要求精致，菜肴的组合须有高度的科学性、艺术性和技术性。根据不同国家和地区的风俗习惯，制定不同风味的菜肴。宴会的菜肴包括：①冷菜。根据人数和标准的不同可用大拼盘或4～6个小冷盘或中冷盘。除冷菜外，还应备有萝卜花、面包、水果、冷饮等。②热菜。一般采用煎、炒、炸、烤、烩、焖等烹调方法烹制口味多样的菜肴。③汤。西餐汤与中餐不同。中餐宴会习惯饭后上汤，而西餐习惯吃完冷菜后上汤，然后再上热菜。

1. 上菜的程序

中餐上菜的程序自古就很讲究。清朝乾隆年间的才子袁枚，在其著名的《随园食单》上，就曾对上菜程序做过如下论述："上菜之法，咸者宜先，淡者宜后，浓者宜先，薄者宜后，无汤者宜先，有汤者宜后。度客食饱则脾困矣，需用辛辣以振动之；虑客酒多则胃疲矣，需用酸甘以提醒之。"袁枚的这段话，总结了中餐宴会上菜的一般程序。

目前中餐宴会上菜的顺序一般为：第一道凉菜，第二道主菜（较高贵的名菜），第三道热菜（菜数较多），第四道汤菜，第五道甜菜（随上点心），最后上水果。

由于中国的地方菜系很多，又有多种宴会种类，地方菜系不同，宴会席面不同，其菜肴设计安排也就不同。在上菜程序上，也不会完全相同。

例如，全鸭席的主菜北京烤鸭就不作为头菜上，而是作为最后一道大菜上的，人们称其为"千呼万唤始出来"。而谭家菜燕翅席，因为席上根本无炒菜，所以在主菜之后上的是烧、扒、蒸、烩一类的菜肴。又如上点心的时间，各地习惯亦有不同，有的是在宴会进行中上，有的是在宴会将结束时上；有的甜、咸点心一起上，有的则分别上。这都是根据宴席的类型、特点和需要，因人因事因时而定。

中餐宴会上菜掌握的原则是：先冷后热，先菜后点，先咸后甜，先炒后烧，先清淡后肥厚，先优质后一般。

2. 上菜的方法

中餐上菜的一般方法是：先冷盘、后热炒、大菜、汤，中间穿插面点，最后是水果。上点心的顺序，各饭店之间有所不同，有的在汤后面上，有的将第一道咸点提前到第一道大菜后面上；有的咸、甜点心一起上，有的咸、甜点交叉上。

第一道菜上冷盘。在开席前几分钟端上为宜。来宾入座开席后，走菜服务员即通知厨房准备出菜。当来宾吃去 2/3 左右的冷盘时，就上第一道菜，把菜放在主宾前面，将没吃完的冷盘移向副主人一边。以下几道炒菜用同样方法依次端上，但需注意前一道菜还未动筷时，要通知厨房不要炒下一道菜。如果来宾进餐速度快，就须通知厨房快出菜，防止出现空盘、空台的情况。炒菜上完后，上第一道大菜前（一般是鱼翅、海参、燕窝等），应换下用过的骨盘。第一道大菜上过后，视情况或上一道点心，或上第二道大菜。在上完最后一道大菜和即将上汤时，应低声告诉主人菜已上完，提醒客人适时结束宴会。

拔丝菜如拔丝鱼片、拔丝苹果、拔丝山芋等，要托凉开水上。即用汤碗盛装凉开水，将装有拔丝菜的盘子搁在汤碗上用托盘端送上席。托凉开水上拔丝菜，可防止糖汁凝固，保持拔丝菜的风味。

油炸菜如拖鱼条、高丽虾仁、炸虾球、炸鸡球等，可以端着油锅上。具体方法是：上菜前，在落菜台上摆好菜盘，由厨师端着油锅到落菜台边将菜装盘，随即由服务员端送上桌。此类菜只有上台快，才能保持菜肴的形状和风味，如时间长了菜就会瘪塌变形。要求服务员快速上桌，提醒客人马上食用。

原盅炖品菜如冬瓜盅等，上台后要当着客人的面撕去封盖纸，以便保持炖品的原味。这样做，还可以向客人表明炖品是原盅炖品。撕去纱纸后要快速揭盖，并将盖翻转拿开。拿盖时注意不要把盖上的蒸馏水滴在客人身上。

（三）宴会服务

服务：热情主动、亲切和蔼、细心细致、快速准确。

环境：幽雅美观、整洁卫生、气氛轻松、舒适宜人。

管理：制度严密、奖罚分明、身先士卒、勤作表率。

控制：现场督导、控制过程、精打细算、厉行节约。

菜品：美观可口、讲究营养、安全卫生、勇于创新。

卫生：生熟分开、杜绝假冒、严防变质、卫生达标。

（四）宴会的时间与节奏

宴会须在一定的时间内进行，有一定的节奏。宴会开始前，服务员要摆桌椅、碗筷、刀叉、酒杯、烟缸、牙签等一切餐具和用具，冷菜于客人入席前几分钟摆上台，餐桌服务员、迎候人员及清扫人员要入岗等候。客到之前守候门厅，客到时主动迎接，根据客人的不同身份与年龄给与不同的称呼，请到客厅休息，安放好客人携带的物品，主客人休息时按上宾、宾客、主人的顺序先后送上香巾、茶、烟，并帮助客人点烟。客人到齐后主动征询主人是否开席。经同意后即请客人入席。应主动引导，挪椅照顾入座，帮助熟悉菜单、斟酒，主宾发表讲话时，服务员要保持肃静，停止上菜、斟酒，侍立一旁，姿势端正，多人侍立要排列成行。

正式宴请宴会的时间一般以一个半小时为宜。要掌握好宴会的节奏。宴会开始，宾客喝酒品尝冷菜的节奏是缓慢的，待酒过三巡时开始上热菜，由此节奏加快，进入高潮，上主菜是最高潮。当上完最后一道菜时，服务员应低声通知主人。宴会快要结束时，应迅速撤去碗、碟、筷、杯等，换上干净台布、碟、刀，端上水果，同时上毛巾，供客人擦手拭汗，并做好送客准备。客人离席，要提醒不要忘记物品。客人出门要主动道别，送出门外以示热情。

合理美味的菜肴，热情周到的服务，恰当掌握宴会的时间，控制上菜节奏及热情的迎送工作是圆满完成一次佳宴必不可少的因素。

二、整套菜肴的组配

套菜的组配是根据就餐的目的、对象，选择多种类型的单个菜肴进行适当搭配组合，使其具有一定质量规格的整套菜肴的设计、加工过程，是决定套菜形式、规格、内容、质量的重要手段。

套菜通常由冷菜和热菜共同组成，根据其档次、规格的不同，可分为便餐套菜和宴席、宴会套菜两类。

（一）宴席菜点的构成

中式宴席食品的结构，有“龙头、象肚、凤尾”之说。它既象古代军中的前锋、中军和后卫，又象现代交响乐中的序曲、高潮及结尾。冷菜通常以造型美丽、小巧玲珑为开场菜，起到先声夺人的作用；热菜用丰富多彩的佳肴，显示宴席最精彩的部分；饭点菜果则锦上添花，绚丽多姿。

中式宴席菜点的结构必须把握三个突出原则和组配要求：即在宴席中突出热菜，在热菜中突出大菜，在大菜中突出头菜。

1. 冷菜

冷菜又称“冷盘”、“冷荤”、“凉菜”等，是相对于热菜而言，其形式有：单盘、双拼、三拼、什锦拼盘、花色拼盘带围碟。

单盘：一般使用5～7寸盘，每盘只装一种冷菜，每桌宴席根据宴席规格设六、八、十单盘（西北方习惯用单数）。造型、口味较多，是宴席中最常用的冷菜形式。

拼盘：每盘由两种原料组成的叫“双拼”；由三种原料组成的叫“三拼”；由十种原料原料组成的叫“什锦拼盘”。乡村举办的宴席多用拼盘形式。现今饭店举办的中、高档宴席以单盘为主。

主盘加围碟：多见于中、高档宴席冷菜。主盘主要采用“花式冷拼”的方式，花式冷拼的设计要根据办宴的意图来设计。

花式冷拼不能单上，必须配围碟上桌，没有围碟陪衬花式冷拼显得虚而无实，失去实用性，配围碟可以丰富宴会冷菜的味型和弥补主盘的不足。围碟的分量一般在100克左右。

各客冷菜拼盘：是指为每个客人都制作一份拼盘，较好地适应了“分食制”的要求。

2. 热菜

热菜一般由热炒、大菜组成，它们属于食品的“躯干”，质量要求较高，将宴席逐步推向高潮。

热炒：一般排在冷菜后、大菜前，起承上启下的过度作用。菜肴特点为色艳味美、鲜热爽口，选料多用鱼、禽、畜、蛋、果蔬等质鲜脆嫩原料，烹调特点是旺火热油、兑汁调味、出品脆美爽口，原料加工后的形状多以小型原料为主，烹调方法以炸、熘、爆、炒等快速烹法为主，多数菜肴在30秒至2分钟内完成。在宴席中的上菜方式可连续上席，也可在大菜中穿插上席，一般质优者先上，质次者后上，味淡者先上，味浓者后上。一般是4～6道，300克/道，8～9寸盘。

大菜：又称“主菜”，是宴席中的主要菜品，通常由头菜、热荤大菜（山珍、海味、肉、蛋、水果等）组成。成本约占总成本的50%～60%。大菜原料多为山珍海味和其他原料的精华部位，一般是用整件或大件拼装（10只鸡翅、12只鹌鹑），置于大型餐具之中，菜式丰满、大方、壮观，烹调方法主要用烧、扒、炖、焖、烤、烩等长时间加热的菜肴，成品特点香酥、爽脆、软烂，在质与量上都超出其他菜品。在宴席中上菜的形式：一般讲究造型，名贵菜肴多采用“各客”的形式上席，随带点心、味碟，具有一定的气势，每盘用料在750克以上。

其中，头菜是整桌宴席中原料最好、质量最精、名气最大、价格最贵的菜肴。通常排在所有大菜最前面，统帅全席。配头菜应注意：头菜成本过高或过低，都会影响其他菜肴的配置，故审视宴席的规格常以头菜为标准；鉴于头菜的地位，故原料多选山珍或常用原料中的优良品种；头菜应与宴席性质、规格、风味协调，照顾主宾的口味嗜好；头菜出场应当醒目，结合本店的技术长处，器皿要大，装盘丰满，注重造型，服务员要重点介绍。

热荤大菜是大菜中的主要支柱，宴席中常安排2～5道，多由鱼虾菜、禽畜菜、蛋奶菜及山珍海味组成。它们与甜食、汤品联为一体，共同烘托头菜，构成宴席的主干。配热荤大菜须注意：热荤大菜档次不可超过头菜；各热菜之间也要搭配合理，避免重复，选用较大的容器；每份用料在750～1250克；整形的热荤菜，由于是以大取胜，故用量一般不受限制，如烤鸭、烤鹅等。

3. 甜菜

甜菜包括甜汤、甜羹在内，凡指宴席中一切甜味的菜品。甜菜品种较多，有干稀、冷热、荤素等，根据季节、成本等因素考虑，用料广泛，多选用果蔬、菌耳、畜肉、蛋奶。其中，高档的有冰糖燕窝、冰糖甲鱼、冰糖哈士蟆；中档的有散烩八宝、拔丝香蕉；低档的有什锦果羹、蜜汁莲藕。烹调方法有拔丝、蜜汁、挂霜、糖水、蒸烩、煎炸、冰镇等。甜菜具有改善营养、调剂口味、增加滋味、解酒醒目的作用。

4. 素菜

素菜在宴席中不可缺少，品种较多，多用豆类、菌类、时令蔬菜等。通常配 2～4 道，上菜的顺序多偏后。素菜入席时应注意：一须应时当今，二须取其精华，三须精心烹制。烹调方法视原料而异，可用炒、焖、烧、扒、烩等。素菜具有改善宴席食物的营养结构、调节人体酸碱平衡、去腻解酒、变化口味、增进食欲、促进消化等作用。

5. 席点

宴席点心注重款式和档次，讲究造型和配器，玲珑精巧，观赏价值高。一般安排 2～4 道，随大菜、汤品一起编入菜单，品种多样，烹调方法多样。上点心顺序一般穿插于大菜之间上席，配置席点要求少而精，名品且应请行家制作。

6. 汤菜

汤菜的种类较多，传统宴席中有首汤、二汤、中汤、座汤和饭汤之分。

首汤又称“开席汤”，此菜在冷盘之前上席，用海米、虾仁、鱼丁等鲜嫩原料用清汤汆制而成，略呈羹状，其特点是口味清淡、鲜纯香美，用于宴席前清口爽喉，开胃提神，刺激食欲。首汤多在南方使用，如两广、海南、香港、澳门；现内地宾馆也在照办，不过多将此汤以羹的形式安排在冷菜之后，作为第一道菜上席。

二汤源于清代，由于满人宴席的头菜多为烧烤，为了爽口润喉，头菜之后往往要配一道汤菜，在热菜中排列第二而得名。如果头菜是烩菜，二汤可省去；若二菜上烧烤，则二汤就移到第三位。

中汤又名“跟汤”。酒过三巡，菜吃一半，穿插在大荤热菜后的汤即为中汤，具有消除前面的酒菜之腻、开启后面的佳肴之美等作用。

座汤又称“主汤”、“尾汤”，是大菜中最后上的一道菜，也是最好的一道汤。座汤规格较高，可用整形的鸡鱼，加名贵的辅料，制成清汤或奶汤均可。为了区别口味，若二汤是清汤，座汤就用奶汤。要求用品锅盛装，冬季多用火锅代替。座汤的规格应当仅次于头菜，给热菜一个完美的收尾。

饭汤，宴席即将结束时与饭菜配套的汤品，此汤规格较低，用普通的原料制作即可。现代宴席中饭汤已不多见，仅在部分地区受欢迎。

7. 主食

主食多由粮豆制作，能补充以糖类为主的营养素，协助冷菜和热菜，使宴席食品营养结构平衡，全部食品配套成龙，主食通常包括米饭和面食，一般宴席不用粥品。

8. 饭菜

又称“小菜”，专指饮酒后用以下饭的菜肴，具有清口、解腻、醒酒、佐饭等功用。小菜在座汤后入席。不过有些丰盛的宴席，由于菜肴多，宾客很少用饭，也常常取消饭菜；有些简单的宴席因菜少，可配饭菜作为佐餐小食。

9. 辅佐食品

手碟：在宴席开始之前接待宾客的配套小食，如水果、蜜饯、瓜子等。

蛋糕：主要是突出办宴的宗旨，增添喜庆气氛。

果品：用鲜果雕摆造型如“一帆风顺”等。

茶品：一是注意档次；二是尊重宾客的风俗习惯，如华北多用花茶，东北多用甜茶，西北多用盖碗茶，长江流域多用青茶或绿茶，少数民族多用混合茶，接待东亚、西亚和中非外宾宜用绿茶，东欧、西欧、中东和东南亚宜用红茶，日本宜用乌龙茶，并以茶道之礼。

（二）影响宴席菜点组配的因素

宴席菜点组配是指组成一次宴席的菜点的整体组配和具体每道菜的组配，而不是将一些单个菜肴、点心随意拼凑在一起。现代宴席菜点涉及到宴席售价成本、规格类型、宾客嗜好、风味特色、办宴目的、时令季节等因素。这就要求设计者懂得多方面的知识。

1. 办宴者及赴宴者对菜点组配的影响

包括宾客饮食习惯的影响；宾客的心理需求影响，分析举办者和参加者的心理，从而满足他们明显的和潜在的心理需求；宴会主题影响；宴席价格的影响等。宴席菜肴组配的核心就是以顾客的需求为中心，尽最大努力满足顾客需求。准确把握客人的特征、了解客人的心理需求，是宴席菜点组配工作的基础，也是首先考虑的因素。因此，菜点的组配要以宴席主题和参加者具体情况而定，使整个宴席气氛达到理想境界，使客人得到最佳的物质和精神享受。

2. 宴席菜点的特点和要求对组配的影响

不管宴席售价的高低，其菜点都讲究组合，配套成龙，数量充足，体现时令，注重原料、造型、口味、质感的变化。宴席菜点达到这些特点和要求，是满足顾客需求的前提。应考虑宴席菜点数量的影响；根据菜点变化的影响，原料选择应多样，烹调方法应多样，色彩搭配应协调，品类衔接需配套。此外，还要考虑时令季节因素的影响、食品原料供应情况的影响。

3. 厨房生产因素对菜点组配的影响

组配好的宴席菜点要通过厨房部门的员工利用厨房设备进行生产加工，因此，厨师的技术水平和厨房的设备条件直接影响宴席菜点的组配。应了解生产人员的技术状况，配出切合实际的菜点。在组配中要亮出名店、名师、名菜、名点和特色菜的旗帜，施展本地、本店的技术专长，避开劣势，充分选用名特物料，运用独创技法，力求新颖别致。

4. 宴会厅接待能力对菜点组配的影响

宴会厅接待能力的影响主要包括两方面：宴席服务人员和服务设施。厨房生产出菜品后，必须通过服务员的正规服务，才能满足宾客的需要，这就需要服务员具备相应的上菜、分菜技巧，否则就不要组配复杂的菜肴。组菜要考虑服务的种类和形式，是中式服务，还是西式服务；是高档服务，还是一般服务，明确上菜的程序。组配菜肴应考虑餐具器皿，是用金器，还是银器，要充分体现本店的特色。

（三）宴席菜肴的组配方法

在合理分配菜点成本的基础上，应注意把握以下原则。

1. 核心菜点的确立

核心菜点是每桌宴席的主角。一般来说，主盘、头菜、座汤、首点，是宴席食品的

“四大支柱”；甜菜、素菜、酒、茶是宴席的基本构成，都应重视。因为，头菜是“主帅”，主盘是“门面”，甜菜和素菜具有缓解、调节营养及醒酒的特殊作用；座汤是最好的汤，首点是最好的点心；酒与茶能显示宴席的规格，应作为核心优先考虑。

2. 辅佐菜品的配备

核心菜品一旦确立，辅佐菜品就要“兵随将走”，使宴席形成一个完美的美食体系。辅佐菜品在数量上要注意“度”，与核心菜保持 1∶2 或 1∶3 的比例；在质量上注意“相称”，档次可稍低于核心菜，但不能相差悬殊；此外，辅佐菜品还须注意弥补核心菜肴的不足。

3. 宴席菜目的编排顺序

一般宴席的编排顺序是先冷后热，先炒后烧，先咸后甜，先清淡后味浓。传统的宴席上菜顺序的头道热菜是最名贵的菜，主菜上后依次是炒菜、大菜、饭菜、甜菜、汤、点心、水果。现代中餐的编排略有不同，一般是冷盘、热炒、大菜、汤菜、炒饭、面点、水果，上汤表示菜齐，有的地方有上一道点心再上一道菜的做法。

总之，宴席的设计应根据宴席类型、特点、需要，因人、因事、因时而定。

第七章 始于中国的筷子文化

【饮食智言】

昔者纣为象箸而箕子怖

——《韩非子·喻老》

现在世界上人类进食的工具主要分为3类：欧洲和北美用刀、叉、匙，一餐饭三器并用；中国、日本、越南、韩国和朝鲜等用筷；非洲、中东、印尼及印度次大陆以手指抓食。

第一节 筷子的历史渊源

一、筷子的发端

筷子，源于中国。远古时代，人们吃食物是用手抓，但在有了火，有了烹饪后，吃烫热的食物时，就用木棍来佐助，天长日久，人们便练就了用木棍取食物的本领，这就是人们使用筷子的由来。大约到了原始社会末期，就有了用树枝、竹片或动物骨骼制成的筷子了。1995年10月，青海西宁市西的宗日遗址14号灰坑出土的“骨叉”，就是原始社会的“筷子”。《礼记·典礼上》有“饭黍以筋”、“羹之菜者用挟”之说；《史记》中有“纣为象箸，而箕子唏”的记载，这是筷子最早的文字记载。由此可见，筷子的历史至少可以追溯到公元前11世纪的商纣之前，距今已有三千多年的历史了。筷子，在先秦时叫“挟”，秦汉时叫“箸”，隋唐时叫“筋”，宋代叫“筷”。那么，为何叫“筷子”呢？明代陆容在《菽园杂记》中述，因“箸”与“住”同音，古人十分忌讳，“舟行讳住”，“住”即为停止之意，乃不祥之语，便反其意而称之为“快”，“快”又大多以竹制成，就在“快”字头上添个“竹”字头，这就成了现在的“筷”字了。

筷子看起来只是非常简单的两根小细棒，但它有挑、拨、夹、拌、扒等功能，且使用方便，价廉物美。筷子也是当今世界上一种独特的餐具。凡是使用过筷子者，不论华人或是外国人，无不钦佩筷子的发明者。可是它是何人发明？何时创造诞生？现在谁也无法回答这个问题。当然，研究筷子文化，也不是找不到任何旁证材料。笔者曾先后收集到2个有关筷子起源的传说。

1. 姜子牙与筷子

这一传说流传于四川等地。说的是姜子牙只会直钩钓鱼，其他事一件也不会干，所以十分穷困。他老婆实在无法跟他过苦日子，就想将他害死另嫁他人。

这天姜子牙钓鱼又两手空空回到家中，老婆说：“你饿了吧？我给你烧好了肉，你快吃吧！”姜子牙确实饿了，就伸手去抓肉。窗外突然飞来一只鸟，啄了他一口。他疼得“阿呀”一声，肉没吃成，忙去赶鸟。当他第二次去拿肉时，鸟又啄他的手背。姜子牙犯疑了，鸟为什么两次啄我，难道这肉我吃不得？为了试鸟，他第三次去抓肉，这时鸟又来啄他。姜子牙知道这是一只神鸟，于是装着赶鸟一直追出门去，直追到一个无人的山坡上。神鸟栖在一枝丝竹上，并呢喃鸣唱：“姜子牙呀姜子牙，吃肉不可用手抓，夹肉就在我脚下……”姜子牙听了神鸟的指点，忙摘了两根细丝竹回到家中。这时老婆又催他吃肉，姜子牙于是将两根丝竹伸进碗中夹肉，突然看见丝竹嗞嗞地冒出一股股青烟。姜子牙假装不知放毒之事，对老婆说：“肉怎么会冒烟，难道有毒？”说着，姜子牙夹起肉就向老婆嘴里送。老婆脸都吓白了，忙逃出门去。

姜子牙明白这丝竹是神鸟送的神竹，任何毒物都能验出来，从此每餐都用两根丝竹进餐。此事传出后，他老婆不但不敢再下毒，而且四邻也纷纷学着用竹枝吃饭。后来效仿的人越来越多，用筷吃饭的习俗也就一代代传了下来。

这个传说显然是崇拜姜子牙的产物，与史料记载也不符。殷纣王时代已出现了象牙筷，姜子牙和殷纣王是同时代的人，既然纣王已经用上象牙筷，那姜子牙的丝竹筷也就谈不上什么发明创造了。不过有一点却是真实的，那就是商代南方以竹为筷。

2. 大禹与筷子

这个传说流传于东北地区。说的是尧舜时代，洪水泛滥成灾，舜命禹去治理水患。大禹受命后，发誓要为民清除洪水之患，所以三过家门而不入。他日日夜夜和凶水恶浪搏斗，别说休息，就是吃饭、睡觉也舍不得耽误一分一秒。

有一次，大禹乘船来到一个岛上，饥饿难忍，就架起陶锅煮肉。肉在水中煮沸后，因为烫手无法用手抓食。大禹不愿等肉锅冷却而白白浪费时间，他要赶在洪峰前面而治水，所以就砍下两根树枝把肉从热汤中夹出，吃了起来。从此，为节约时间，大禹总是以树枝、细竹从沸滚的热锅中捞食。这样可省出时间来制服洪水。如此久而久之，大禹练就了熟练使用细棍夹取食物的本领。手下的人见他这样吃饭，既不烫手，又不会使手上沾染油腻，于是纷纷效仿，就这样渐渐形成了筷子的雏形。

虽然“传说”主要是通过某种历史素材来表现人民郡众对历史事件的理解、看法和感情，而不是严格地再现历史事件本身，但大禹在治水中偶然产生使用筷箸的最初过程，使当今的人们相信这是真实的情形。它比姜子牙制筷传说显得更纯朴和具有真实感，也符合事物发展规律。

促成筷子诞生，最主要的契机应是熟食烫手。上古时代，因无金属器具，再因兽骨较短、极脆、加工不易，于是先民就随手采摘细竹和树枝来捞取熟食。当年处于荒野的环境中，人类生活在茂密的森林草丛洞穴里，最方便的材料莫过于树木、竹枝。正因如此，小棍、细竹经过先民烤物时的拨弄，急取烫食时的捞夹，蒸煮谷黍时的搅拌等，筷子的雏形逐渐出现。这是人类在特殊环境下的必然发展规律。从现在筷子的形体来研究．它还带有原始竹木棍棒的特征。即使经过 3000 余年的发展，其原始性依然无法改变。

当然，任何传说总是经过历代人民的取舍、剪裁、虚构、夸张、渲染，甚至幻想加工而成的，大禹创筷也不例外。它是将数千年百姓逐渐摸索到的制筷过程，集中到大禹这一典型人物身上。其实，筷箸的诞生，应是先民群众的集体智慧，并非某一人的功劳。不过，筷子可能起源于禹王时代，经过数百年甚至于年的探索和普及，到商代成了和匙共同使用的餐具。

二、筷子的历史变迁

我们现在通称的筷子，在古代的通称是“箸”，有时写作“筯”或“櫡”。先秦时称“梜”、“箸”，两汉期间“箸”、“筯”、“櫡”三字通用，如《史记·留侯世家》载：“郦食其未行，张良从外来谒。汉王方食，曰：‘子房前，客有为我计桡楚权者。’具以郦生语告，曰：‘于子房何如?’良曰：‘谁为陛下画此计者？陛下事去矣。’汉王曰：‘何哉?’张良对曰：‘臣请借前箸为大王筹之’。”《史记·集解》引张晏语曰：“求借所食之箸用指画也，或曰前世汤武箸明之事，以筹度今时之不若也。”《史记·绛侯周勃世家》也记有与“櫡”相关史实，景帝时周亚夫以病免相，“顷之，景帝居禁中，召条侯，赐食。独置大，无切肉，又不置櫡。条侯心不平，顾谓尚席取櫡”。同是《史记》，“箸”字的书写还保留了不同的样式。

到了隋唐时代，“筯”、“箸”两字同时使用，李白《行路难》里有“停杯投筯不能食，拔剑四顾心茫然”的诗句；杜甫《丽人行》中有“犀箸厌饫久未下，鸾刀缕切空纷纶”的诗句。

有人认为到了宋代已有“筷子”的称呼，但据准确的文献资料考察，“筷子”一名最早似出现于明代。明人陆容《菽园杂记》卷一上说：“民间俗讳，各处有之，而吴中（今苏州、无锡、常州）为甚。如行舟讳住、讳翻；以箸为快（筷）儿，幡布为抹布。”明人李豫亨在《推篷寤语》里也论及此事，谓当时“也有讳恶字而呼为美字，如立箸讳滞，呼为快（筷）字，今因流传之久，至有士大夫之间亦呼为筷子者，忘其始也”。由此可见，“筷子”一名，至迟在明代已经确立了。

清代普遍称“筷子”，有时也称“箸”或“筯”，乾隆年间，曹雪芹所著《红楼梦》在第四十回“史大君两宴大观园，金鸳鸯三宣牙牌令”里记有：“凤姐手里拿西洋布手巾，裹着一把乌木镶银箸……那刘姥姥入了座，拿起来，沉甸甸的不伏手，原是凤姐和鸳鸯商议定了，单拿了一双老年四楞象牙镶金的筷子给刘姥姥……刘姥姥拿起箸来，只觉得不听使，又道：‘这里的鸡儿俊，下的着蛋也小巧，怪俊的。’……刘姥姥便伸筷子要夹，那里夹得起来？满碗里闹了一阵，好容易撮起一个来，才伸着脖子要吃，偏又滑下来，滚在地上。忙放下筷子，要亲自去拣，早有地下的人拣出去了……贾母又说：‘谁这会子又把那筷子拿出来了，又不请客摆大宴席，都是凤丫头指使的！还不换了呢。’……地下的人原不曾预备这牙筯，本是凤姐和鸳鸯拿了来的，听如此说，忙收过去了，也照换上一双乌木镶银的……鸳鸯坐下来了，婆子们添上碗筯来，三人吃毕。”在这同一段文字里，箸的不同名称并用，很有意思。

总而言之，前引我国历代著述可见，从“箸”、“梜”、“筴”、“櫡”、“筯”，到“筷子”一名的统一称呼，箸的不同名称的并用，在我国经历了3000年上下的历史。

随着社会的发展和科学技术的进步，进食具也不断发展和完善，箸的制作原料也不断得到丰富，制作技术也渐有提高，起初用树枝、竹棍、兽骨，到商代时不仅已经有了骨箸、铜箸，而且也已经有了经过琢磨的象牙箸和玉箸。春秋战国时期的箸，有铜质、木质和象牙的，两端粗细几乎一般大小，分不出哪是手握的首部或夹菜的足部。

西汉时又有了铁箸，《汉书·王莽传》载世无霸“以铁箸食”，这是最为坚实的箸。汉代开始生产的漆箸，光可鉴人，十分精美。考古发现西汉时代的箸更多的是竹箸，东汉时期墓葬中出土的大都是铜箸。

魏晋南北朝时，又开始流行金丝镶嵌木箸。隋唐时期，上层社会盛行使用白银打制的食箸，还有名贵的金箸和犀箸。唐代开始在箸的首部有了一些装饰，如江苏丹徒丁卯桥发现的铜箸，首部鎏金，顶端呈葫芦形，中部刻有“力士”铭文。“力士”二字非产地质材名称，也不是工匠名号，而是规格较高的成套酒具的别称。它与“力士铛”、“力士瓷饮器”一样应是标榜名牌产品的意思。又如湖南长沙锋山出土的铜箸，首部镂刻成螺旋莲花形。五代的后蜀有了沉香木箸，也是一种比较珍贵的箸。

宋代箸的制作工艺渐趋精细，注重装饰，形状也有所变化，出现了首部呈六棱形的箸。元代的铜质或银质箸，大都呈圆柱形，且还有首部呈六棱形或八棱形的。

明清时代箸的质料讲究多样，做工细腻，工艺精湛，如银镶乌木箸、银镶紫檀箸、银镶珊瑚箸、金三镶玉石箸，翡翠箸、银箸、牙箸、银镶象牙箸、银镶竹箸等。制箸匠人有时在箸面绘图作画，题诗刻词，镌刻各种花鸟鱼虫，山水人物，既实用，又富于艺术美感。

在古代制作箸的原料很多，由于形小易腐蚀，埋藏在地下的箸很难保存下来。从考古学提供的证据以及近年在社会上和民间征集的箸实物来看，多数是铜质、银质、铁质、兽骨和象牙箸，还有以其他金属为质料的箸，也有木箸、竹箸、珊瑚箸等。竹木箸大多数是明清两代的遗物。

华夏民族历史上曾经拥有过世界上各地常用种类的进食具。在所有以往使用过的进食具中，箸具有比之刀、叉都有要轻巧、灵活、适用的优点。研究者指出，“中国古代餐叉与箸曾同时流行过一阵子，而叉子却几至由箸从桌上完全挤出去了”。用箸已成为中国人进食技能上的一大特色，在我们这个古老的多民族国度里广泛使用，经久不衰，这正说明了箸的优越性之所在。

第二节 筷子的文化内涵

筷子是人们每天用餐夹菜必备的餐具，是中国传统饮食文化的象征。据研究，用筷子进食，不但可使人心灵手巧，而且有训练大脑的刺激作用，所以西方学者相信，要想体验中国传统文化的丰富内涵，必须先学会使用筷子。

近年来，全世界流行“中国热”，中文成了欧美人士热衷学习的语言，在美国，有“孔子学院”的设立，在各大中学，中文也是选修的学科。到中国旅游、观光、研究、讲学、访问、参会、贸易、考察的外国人，不管是达官、贵人、富商、豪贾、专家、学者，乃至一般旅游观光者，事先不仅要学习中文，而且要学习使用筷子，以达到“入境随俗”，才能宾主尽欢。

当年尼克松、基辛格打开中国之门的首次访问，在北京与毛泽东、周恩来“煮酒论英雄”时，便表演用筷子夹菜的动作，虽然生硬不纯熟，但其用心与真诚，还是搏得了毛泽东、周恩来的喝彩和掌声，获得了皆大欢喜的愉快场面，更谈出了“一筷（笑）泯恩仇”的言和与建交协议。

一、筷子风俗

筷子是生命的拐杖、手的延长线、最短的搬运工具。筷子将盘碗中的食物送入嘴中，使生命继续存在。筷子虽是最简单的餐具，却有很多功能，如端、夹、切、抓、剥、捡、集、包、分、插、挤等，可谓非常灵活，又是多性能的饮食工具。

使用筷子时，由于筷子与手的接触摩擦，可防止大脑老化、衰退。中国医学中有“十指连心”之说，实则十指连着大脑的神经，手的运动靠大脑支配，大脑的发达靠手的活动。为此，使用筷子会使人聪明。

筷子虽简单、短小，但由于它在使用者的饮食生活中占有重要的地位，多在公众场合出现，所以对它的使用在礼仪上有很多要求，禁忌也非常多。这就构成了筷子文化，甚至有些民俗学者得悉筷子的特性，把使用筷子的地区称为“筷子文化圈”。有不少学者为筷子文化著书立说，如中国作家、民俗学者兰翔已出版过《筷子古今谈》、《筷子三千年》。他收集中外筷子900多种、1500余双。中国箸文化博物馆馆长刘云先生主编的《中国箸文化大观》一书，尤是中国箸文化艺术研究的历史性著作，而该馆所藏历代箸品种之全、之精，都充分显示了中国箸文化的辉煌与博大。

用膳时，主人为表示盛情，一般可说“请用筷”等筵语。筵席中暂时停餐，可以把筷子直搁在碟子或者调羹上。将筷子横搁在碟子上，那是表示酒醉饭饱不再进膳了。横筷礼一般用于平辈或比较熟悉的朋友之间。小辈为了表示对长者的尊敬，必须等长者先横筷后才能跟着这么做。据史载，宋代有个官员陪皇帝进膳时，因先横筷而犯了大不敬的罪。现在用餐时，即使先吃完饭的，也不立即收拾碗筷，要等全桌膳毕后再一起收拾，可以说这是古代横筷礼仪的延续，表示“人不陪君筷陪君”。

筷子，反映了中国的传统文化和习俗。在封建社会，筷子是要分等级的。皇宫贵族用的筷子质地颇为讲究，有象牙的、玉石的、翡翠的、白银的、上等细木雕花的等。皇宫贵族、达官贵人的筷子是品位、身份的象征，平民百姓不在乎用什么质地的筷子，只要能够果腹，没有筷子，随便折两根树枝即可。餐桌上用筷子也有讲究。譬如筷子不能直插到饭碗里，不吉利。再如，大人、领导或有辈分的人或客人没有动筷子之前，其他人是不能动的，那叫有礼貌或者表示尊重。

相传西汉时成都寒士司马相如去监邛寻访朋友，结识了当地富商卓王孙之女卓文君。两人倾心爱慕，竟至私奔。司马相如赠卓文君一双竹筷，权充聘礼，并赋诗一首：“少小青青老来黄，每结同心配成双。莫道此中滋味好，甘苦来时要共尝。”表达两人永结同心、甘苦共尝的心愿。其后，这段佳话家喻户晓，所以人们举办婚礼时，少不了要用成双结对的筷子祝福新人同甘共苦，永结百年之好。

中国国内很多僻远地区，还依古礼习俗，至今仍保有婚礼送筷子的传统文化，也就是说，婚嫁以筷子作为婚礼赠送，取其音意“快生子”，是男女双方家人最喜欢的礼物之一。一般是用“竹筷”，在嫁妆里放把竹筷，取“祝（竹）快（筷）生子”（早生贵子）之意；在花轿升起前撒筷子，取“早生（升）快（筷）养”的吉利。

古时男婚女嫁，都是承父母之命、媒妁之言，照例要先合男女双方的“八字”，通常是将男女的“八字”用纸写好，置放于“筷笼”内，如果“八字相合”，可以择日成亲。在成亲之日，把筷笼内的八字和一双筷子取出作为陪嫁，谓之“陪嫁筷子”，意在祝愿平安幸福（竹报平安），多福、多寿、多子孙。

婚礼完成后，好戏在后头，最有趣的是闹洞房后，亲友告别新郎新娘时，常会躲在洞房窗外，把自己事先备好的筷子拿出来，戳穿窗纸，将一双双筷子往喜床上掷去，此起彼落，吓得新郎新娘赶快闪躲，非常滑稽好笑，在窗外丢筷子的亲友，则哈哈大笑，还口中念念有词：一戳窗纸开，新娘躲起来，八仙送贵子，麒麟来投胎。二戳红罗帐，帐内尽春光，情意如胶漆，过年生儿郎。三戳红绫被，鸳鸯共枕睡，并蒂鲜花香，恩爱过百岁。

中国人使用方顶圆身的筷子，寓意天圆地方、天长地久。婚俗中，筷子祝福新人快生贵子；送情人的筷子，表达成双成对，永不分离的信念；送亲朋的筷子，表示贴心地关怀对方生活；送合作人的筷子，代表相互依存的协作关系。在中国传统节日中，八双筷子祝福大吉大发，十双寓意十全十美、团团圆圆。

二、刀叉文化与筷子文化的比较

刀叉的出现比筷子要晚很多。据游修龄教授的研究，刀叉的最初起源和欧洲古代游牧民族的生活习惯有关。他们在马上生活，随身带刀，往往将肉烧熟，割下来就吃。后来走向定居生活后，欧洲以畜牧业为主，面包之类是副食，直接用手拿；主食是牛羊肉，用刀切割肉，送进口里。到了城市定居以后，刀叉进入家庭厨房，才不必随身带。由此不难看出，今天作为西方主要餐具的刀与筷子身份很是不同，它功能多样，既可用来宰杀、解剖、切割牛羊的肉，到了烧熟可食时，又兼作餐具。

大约 15 世纪前后，为了改进进餐的姿势，欧洲人才使用了双尖的叉。用刀把食物送进口里不雅观，改用叉叉住肉块，送进口里显得优雅些。叉才是严格意义上的餐具，但叉的弱点是离不开用刀切割在前，所以二者缺一不可。直到 17 世纪末，英国上流社会开始使用三尖的叉，到 18 世纪才有了四个叉尖的叉子。所以西方人刀叉并用只不过四五百年的历史。

刀叉和筷子，不仅带来了进食习惯的差异，进而影响了东西方人生活观念。游修龄教授认为，刀叉必然带来分食制，而筷子肯定与家庭成员围坐桌边共同进餐相配。西方一开始就分吃，由此衍生出西方人讲究独立，子女长大后就独立闯世界的想法和习惯。而筷子带来的合餐制，突出了老老少少坐一起的家庭单元，从而让东方人拥有了比较牢固的家庭观念。

虽然不能将不同传统的形成和餐具差异简单对应，但是它们适应和促成了这种分化则是毫无疑问的。筷子是一种文化传统的象征。华人去了美国、欧洲，还是用筷子，文化根深蒂固；而外国人在中国学会了用筷子，回到自己的国家依然要重拾刀叉。

科学家们曾从生理学的观点对筷子提出一项研究成果，认定用筷子进食时，要牵动人体三十多个关节和五十多条肌肉，从而刺激大脑神经系统的活动，让人动作灵活、思维敏捷。而筷子中暗藏科学原理也是毋庸置疑的。著名的物理学家、诺贝尔物理奖获得者李政道博士，在接受一位日本记者采访时，也有一段很精辟的论述："中华民族是个优秀民族，中国人早在春秋战国时期就使用了筷子。如此简单的两根东西，却是高妙绝伦地运用了物理学上的杠杆原理。筷子是人类手指的延伸，手指能做的事它几乎都能做，而且不怕高温与寒冷。真是高明极了！"

三、筷子的禁忌与仪礼

"殷勤问竹箸，甘苦乐先尝。滋味他人好，乐空来去忙。"宋代文人程良规的这首诗，是对筷子那种奉献精神的生动描绘。筷子作为中国食文化之一，源远流长，已在世界文化中产生了深远的影响。

在长期的生活实践中，中国人对筷子的使用产生了许多禁忌。

① 三长两短：这意思就是说在用餐前或用餐过程当中，将筷子长短不齐地放在桌子上。民间传统认为这种做法是大不吉利的，其意思是代表“死亡”。因为过去人死以后是要装进棺材的，在人装进去以后，还没有盖棺材盖的时候，棺材的组成部分是前后两块短木板，两旁加底部共三块长木板，五块木板合在一起做成的棺材正好是三长两短。

② 仙人指路：这种做法也是极为不能被人接受的，这种拿筷子的方法是，用大拇指和中指、无名指、小指捏住筷子，而食指伸出。这在北京人眼里叫“骂大街”。因为在吃饭时食指伸出，总在不停地指别人，北京人一般伸出食指去指对方时，大都带有指责的意思。所以说，吃饭用筷子时用手指人，无异于指责别人，这同骂人是一样的，是不能够允许的。还有一种情况也是这种意思，那就是吃饭中同别人交谈时用筷子指人。

③ 品箸留声：这种做法也是不行的，其做法是把筷子的一端含在嘴里，用嘴来回去嘬，并不时的发出咝咝声响。在吃饭时用嘴嘬筷子的本身就是一种无礼的行为，再加上配以声音，更是令人生厌。所以一般出现这种做法都会被认为是缺少家教。

④ 击盏敲盅：这种行为被看作是乞丐要饭，其做法是在用餐时用筷子敲击盘碗。因为过去只有要饭的才用筷子击打要饭盆，其发出的声响配上嘴里的哀告，使行人注意并给与施舍。

⑤ 执箸巡城：这种做法是手里拿着筷子，做旁若无人状，用筷子来回在桌子上的菜盘里寻找，不知从哪里下筷为好。此种行为是典型的缺乏修养的表现，且目中无人，极其令人反感。

⑥ 迷箸刨坟：这是指手里拿着筷子在菜盘里不住的扒拉，以求寻找食物，就像盗墓刨坟的一般。这种做法同“迷箸巡城”相近，都属于缺乏教养的做法，令人生厌。

⑦ 泪箸遗珠：实际上这是用筷子往自己盘子里夹菜时，手里不利落，将菜汤流落到其他菜里或桌子上。这种做法被视为严重失礼，同样是不可取的。

⑧ 颠倒乾坤：这是指用餐时将筷子颠倒使用，这种做法是非常被人看不起的，正所谓饥不择食，以至于都不顾脸面了，将筷子使倒，这是绝对不可以的。

⑨ 定海神针：在用餐时用一只筷子去插盘子里的菜品，这也是不行的，这被认为是对同桌用餐人员的一种羞辱。在吃饭时作出这种举动，无异于在欧洲当众对人伸出中指的意思。

⑩ 当众上香：往往是出于好心帮别人盛饭时，为了方便省事把一副筷子插在饭中递给对方。会被人视为大不敬，因为北京的传统是为死人上香时才这样做，所以把筷子插在碗里是决不被接受的。

⑪ 交十字：这一点往往不被人们所注意，在用餐时将筷子随便交叉放在桌上。这是不对的，为北京人认为在饭桌上打叉子，是对同桌其他人的全部否定，就如同学生写错作业，被老师在本上打叉子的性质一样，不能被他人接受。除此以外，这种做法也是对自己的不尊敬，因为过去吃官司画供时才打叉子，这也就无疑是在否定自己。

⑫ 落地惊神：所谓“落地惊神”的意思是指失手将筷子掉落在地上，这是失礼的一种表现。因为北京人认为，祖先们全部长眠在地下，不应当受到打搅，筷子落地就等于惊动了地下的祖先，这是不孝。

四、筷子与环保

很多人喜欢用一次性筷子，认为它既方便又卫生，使用后也不用清洗，一扔了之。然而，正是这种吃一餐就扔掉的东西加速着对森林的毁坏。森林是二氧化碳的转换器，是降雨的发生器，是洪涝的控制器，是生物多样性的保护区。这些功能决不是生产一次性筷子所得的效益能替代的。让我们少用一次性筷子，出外就餐时尽量自备筷子，或者重复使用自己用过的一次性筷子。

一次性筷子是日本人发明的。日本的森林覆盖率高达 65%，但他们却不砍伐自己国土上的树木来做一次性筷子，而是全靠进口。我国的森林覆盖率不到 14%，却是出口一次性筷子的大国。我国北方的一次性筷子产业每年要向日本和韩国出口 150 亿双木筷。全国每年生产一次性筷子耗材 130 立方米，减少森林蓄积 200 万立方米。

带一双筷子，可以省下很多资源。在外用餐的朋友，早中晚三餐不用一次性筷子，一年省下至少一千双筷子。全中国十三亿多人口，有一半的人自己带筷子，一年可以省下 6500 亿双筷子。每双一测性筷子都需要经过漂白、防腐的处理，不使用一次性筷子，可减少许多森林的损耗，减少许多漂白剂、防腐剂的使用；减少自己吃进去这许许多多的化学药剂，对身体健康或多或少都有帮助。

第八章
传统与流行兼具的茶文化

【饮食智言】

在又苦又甜的茶里，可以领悟到生活的本质和哲理。

——佚名

在中国的饮食文化中，柴、米、油、盐、酒、醋、茶七种必需品不可或缺，茶、烹饪、酿酒、餐具是中国饮食文化的四大天使。中国人在漫长的饮茶生活中，发现茶的众多用途，赋予茶众多文化内涵。

以茶佐食。用茶作原料可烹制很多美味肴馔，有的菜肴比茶作饮料更能发挥其功能。在苏州市便有茶宴，能烹制出二十余种茶肴，如龙井（茶）虾仁。

以茶为药。世界上第一部药物学专著《神农本草》就记述了茶为中草药，有解毒、清口、除味、治病、提神的功效。

以茶代酒。茶是公认的健康饮料，酒则有利弊二重性。以茶代酒，可防止过多饮酒带来的弊端，而且从整体而言，茶比酒经济实惠。

以茶为礼。在中国以茶招待客人早已成为一种习俗。中国人常常把茶作为馈赠礼物，此外，尚有茶宴、茶话会、茶艺表演等礼仪活动。欣赏功夫茶及现今流行的茶艺表演，可体会到它是甚为高雅的茶文化。

以茶制政。茶是经济作物，制定有力政策，可以为国家财政收入建功立业。所以中国历届政府领导人，都很重视茶叶政策，保护、支持茶叶的生产、经销，历史上曾实行过专卖制度。

茶在中国饮食文化中是一支美丽的奇葩。

第一节　茶文化的形成

中国是茶的故乡，是茶的原产地。中国人对茶的熟悉，上至帝王将相、文人墨客、诸子百家，下至挑夫贩夫、平民百姓，无不以茶为好。

茶，是中华民族的举国之饮。它发乎神农，闻于鲁周公，兴于唐朝，盛在宋代。茶树原产我国西南地区，我国是世界上最早发现茶树和利用茶树的国家，中国是茶的发祥地，被誉为“茶的祖国”。“茶”字的起源，最早见于我国的《神农本草》一书，它是世界上最古的一部药物书。

茶以文化面貌出现，是在两晋南北朝。若论其起源就要追溯到汉代，有正式的文献记载（汉人王褒所写《僮约》）。茶文化从广义上讲，分茶的自然科学和茶的人文科学两方面，是指人类社会历史实践过程中所创造的与茶有关的物质财富和精神财富的总和。从狭义上讲，着重于茶的人文科学，主要指茶对精神和社会的功能。由于茶的自然科学已形成独立的体系，因而，现在常讲的茶文化偏重于人文科学。

1. 启蒙——三国以前的茶文化

很多书籍把茶的发现时间定为公元前2737～2697年，其历史可推到三皇五帝。东汉华佗《食经》中“苦茶久食，益意思”记录了茶的医学价值。到三国魏代《广雅》中已最早记载了饼茶的制法和饮用：荆巴间采叶作饼，叶老者饼成，以米膏出之。茶以物质形式出现而渗透至其他人文科学而形成茶文化。

2. 萌芽——晋代、南北朝的茶文化

随着文人饮茶之兴起，有关茶的诗词歌赋日渐问世，茶已经脱离作为一般形态的饮食走入文化圈，起着一定的精神、社会作用。

3. 形成——唐代的茶文化

唐以前的饮茶是粗放式的。唐代随着饮茶的蔚然成风，饮茶方式也发生了显著变化，出现了细煎慢品式的饮茶方式，这一变化在饮茶史上是一件大事，其功劳应归于茶圣陆羽。

我国茶圣——唐代陆羽于公元758年左右写成了世界上最早的茶叶专著《茶经》，系统而全面地论述了栽茶、制茶、饮茶、评茶的方法和经验。其概括了茶的自然和人文科学双重内容，探讨了饮茶艺术，把儒、道、佛三教融入饮茶中，首创中国茶道精神。根据陆羽《茶经》推论，我国发现茶树和利用茶叶迄今已有四千七百多年的历史。以后又出现大量茶书、茶诗，有《茶述》、《煎茶水记》、《采茶记》、《十六汤品》等。唐代茶文化的形成与禅教的兴起有关，因茶有提神益思、生精止渴功能，故寺庙崇尚饮茶，在寺院周围植茶树，制定茶礼、设茶堂、选茶头，专从茶事活动。在唐代形成的中国茶道分宫廷茶道、寺院茶礼、文人茶道。

4. 兴盛——宋代的茶文化

宋代茶业已有很大发展，推动了茶叶文化的发展，在文人中出现了专业品茶社团，有官员组成的“汤社”、佛教徒的“千人社”等。宋太祖赵匡胤是位嗜茶之士，在宫庭中设立茶事机关，宫廷用茶已分等级。茶仪已成礼制，赐茶已成皇帝笼络大臣、眷怀亲族的重要手段，还赐给国外使节。至于下层社会，茶文化更是生机勃勃，有人迁徙，邻里要“献茶”；有客来，要敬“元宝茶”；定婚时要“下茶”；结婚时要“定茶”；同房时要“合茶”。民间斗茶风起，带来了采制烹饮的一系列变化。

5. 普及——明、清的茶文化

此时已出现蒸青、炒青、烘青等各茶类，茶的饮用已改成“撮泡法”。明代不少文人雅士留有关于茶的传世之作，如唐伯虎的《烹茶画卷》、《品茶图》，文徵明的《惠山茶会记》、《陆羽烹茶图》、《品茶图》等。此时，茶类的增多，泡茶的技艺有别，茶具的款式、质地、花纹千姿百态。明代炒青法所制的散茶大都是绿茶，兼有部分花茶。清代除了名目繁多的绿茶、花茶之外，又出现了乌龙茶、红茶、黑茶和白茶等类茶，从而奠定了我国茶叶结构的基本种类。清朝茶叶出口已成一种正式行业，茶书、茶事、茶诗不计其数。

6. 发展——现代的茶文化

新中国成立后，茶物质财富的大量增加为我国茶文化的发展提供了坚实的基础，1982年在杭州成立了第一个以宏扬茶文化为宗旨的社会团体——“茶人之家”，1983年湖北成立“陆羽茶文化研究会”，1990年“中国茶人联谊会”在北京成立，1991年中国茶叶博物馆在杭州西湖乡正式开放，1993年“中国国际茶文化研究会”在湖洲成立，

1998年中国国际和平茶文化交流馆建成。随着茶文化的兴起，各地茶艺馆越办越多。国际茶文化研讨会吸引了日、韩、美等国家及中国港台地区纷纷参加。各省各市及主产茶县纷纷主办“茶叶节”，如福建武夷市的岩茶节、云南的普洱茶节，浙江新昌及泰顺、湖北英山、河南信阳的茶叶节等，不胜枚举，都以茶为载体，促进全面的经济贸易发展。

第二节 茶及茶馆

一、茶的种类及制茶

茶是健康饮料，早在战国时期的《神农本草》就叙述了茶的药性和作用：“茶味苦，饮之使人益思、少卧、轻身、明目。”唐代的《本草拾遗》则记载：“茶久食令人瘦，去人脂。”

随着现代科学的发展，人们已发现在茶叶中含有多种人体不可缺少的重要营养及药用物质，主要有茶多酚、咖啡碱、蛋白质、氨基酸、碳水化合物、维生素、色素等，其中茶多酚就包括有30多种的酚类物质，这些有益成分使茶具有多种功效。

茶中的多酚类、咖啡碱、与芳香物质具有降温、解暑、生津的效果；咖啡碱还能兴奋高级神经中枢，增进血液循环，促进新陈代谢。

茶叶中的咖啡碱能促进胃液的分泌，有助于消化。维生素、氨基酸和磷脂还有调节脂肪代谢的功能。

茶的利尿功能是咖啡碱和茶碱共同作用的结果，茶可减轻因饮酒或吸烟而产生的毒害。

茶的含氟量比一般食物高出十倍左右。氟与牙齿的钙质有很大的亲和力，结合后能显著增强抗龋能力。因此茶有防龋固齿、清洁口腔的作用。

饮茶能增强血管柔韧性、弹性和渗透能力，还能扩张冠状动脉和末梢血管，固有降血压能力。

茶制剂能减轻肿瘤患者放疗引起的白细胞数急剧下降，具有一定的抗辐射能力。

茶中的微量元素硒是癌细胞的天敌，它能增强人体抗癌与抗突变能力。

亚硝酸是诱发胃癌的物质，而茶多酚能抑制亚硝酸的形成。

茶中的儿茶素能消除人体自由基，从而防止脂肪酸过氧化作用，起到抗衰老的作用。

茶中的多种维生素（维生素A、B_2、B_1、C、P、K等）和多种矿物质（如Cu、F、Mg、Mo、Al、Fe等），均有一定的营养和保健功能。

（一）茶的种类

1. 绿茶

绿茶是一种不经发酵制成的茶。因其叶片及汤呈绿色，故名。绿茶具有香高、味醇、形美、耐冲泡等特点，花色品种众多。其制作工艺都经过杀青—揉捻—干燥的过程。由于加工时干燥的方法不同，绿茶又可分为炒青绿茶、烘青绿茶、蒸青绿茶和晒清绿茶。

中国绿茶十大名茶是西湖龙井、太湖碧螺春、黄山毛峰、六安瓜片、君山银针、信阳毛尖、太平猴魁、庐山云雾、四川蒙顶、顾渚紫笋茶。

2. 红茶

红茶是一种经过发酵制成的茶。因其叶片及汤呈红色，故名。红茶主要有小种红茶、工夫红茶和红碎茶三大类。中国著名的红茶有安徽祁红、云南镇红、湖北宜红、四川川红。

红茶与绿茶的区别，在于加工方法不同。红茶加工时不经杀青，而且萎凋，使鲜叶失云一部分水分，再揉捻（揉搓成条或切成颗粒），然后发酵，使所含的茶多酚氧化，变成红色的化合物。这种化合物一部分溶于水，一部分不溶于水，而积累在叶片中，从而形成红汤、红叶。

3. 乌龙茶

乌龙茶是一种半发酵茶，特征是叶片中心为绿色，边缘为红色，俗称绿叶红镶边。主要产于福建、广东、台湾等地。一般以产地的茶树命名，如铁观音、大红袍、乌龙、水仙、单枞等。它有红茶的醇厚，而又比一般红茶涩味浓烈；有绿茶的清爽，而无一般绿茶的涩味，其香气浓烈持久，饮后留香，并具提神、消食、止痢、解暑、醒酒等功效。清初就远销欧美及南洋诸国。现今最受日本游客的欢迎。

4. 白茶

白茶是一种不经发酵，亦不经揉捻的茶，是我国的特产。具有天然香味，茶分大白、水仙白、山白等类，故名白茶。它加工时不炒不揉，只将细嫩、叶背满茸毛的茶叶晒干或用文火烘干，而使白色茸毛完整地保留下来。有银针、白牡丹、贡眉、寿眉几种。其中以银针白毫最为名贵，特点是遍披白色茸毛，并带银色花泽，汤色略黄而滋味甜醇。主要产地在福建福鼎县、政和县。

5. 黄茶

微发酵的茶（发酵度为10%～20%），在制茶过程中，经过闷堆渥黄，因而形成黄叶、黄汤。分黄芽茶、黄小茶、黄大茶三类。

6. 黑茶

后发酵的茶（发酵度为100%），如六堡茶，普洱茶。原料粗老，加工时堆积发酵时间较长，使叶色呈暗褐色。有湖南黑茶，湖北老青茶，广西六堡茶，四川西路边茶、南路边茶，云南的紧茶、扁茶、方茶、圆茶等品种。

7. 花茶

它是用花香增加茶香的一种产品，将香花放在茶胚中窨制而成。常用的香花有茉莉、珠兰、玫瑰、柚花等。花茶在我国很受喜欢，一般是用绿茶做茶坯，少数也有用红茶或乌龙茶做茶坯的。以福建、江苏、浙江、安徽、四川为主要产地。苏州茉莉花茶是花茶中的名品；福建茉莉花茶属浓香型茶，茶汤醇厚，香味浓烈，汤黄绿，鲜味持久。

8. 高山茶

由于高山环境适合茶树喜温、喜湿、耐阴的习性，故有高山出好茶的说法。随着海拔高度的不同，造成了高山环境的独特特点，从气温、降雨量、湿度、土壤到山上生长的树木，这些环境对茶树以及茶芽的生长都提供了得天独厚的条件。

9. 青茶

半发酵的茶（发酵度为30%～60%），即制作时适当发酵，使叶片稍有红变，是介于绿茶与红茶之间的一种茶类。

10. 砖茶

砖茶属紧压茶。用绿茶、花茶、老青茶等原料茶经蒸制后放入砖形模具压制而成。主要产于云南、四川、湖南、湖北等地。砖茶又称边销茶，主要销售边疆、牧区等地。

（二）制茶方法的历史演变

中国制茶历史悠久，自发现野生茶树，从生煮羹饮，到饼茶散茶，从绿茶到多种茶类，从手工操作到机械化制茶，期间经历了复杂的变革。各种茶类的品质特征形成，除了茶树品种和鲜叶原料的影响外，加工条件和制造方法是重要的决定因素。

唐代《茶经》第七章“茶的逸事”中，摘录北魏张揖所著“广雅”一文：“荆巴之间，采茶叶为饼状……”由上可知唐以前的茶叶是做成饼状的团茶。关于团茶的制茶过程及使用器具，陆羽分成采茶—蒸茶—捣茶—拍茶—焙茶—穿茶—藏茶等七个步骤。

宋代对茶的品质更为讲究，宋帝皆嗜茶饮，尤其是宋徽宗赵佶对茶有深入的研究，他手著“大观茶论”谈论茶事，更不惜出重金寻找新品种的贡茶，因此团茶种类不断翻新。据《宣和北苑贡茶录》所记，贡茶在极盛时，有四十余种品类，且在制茶技术方面有更进一步的发展。赵汝砺《北苑别录》记载的团茶制法比陆羽的制法更精细，品质也更为提高。宋团茶制法是采茶—拣芽—蒸茶—榨茶—研茶—造茶—过黄共七个步骤。宋末发明散茶制法，令茶的制法与古代制法有了一百八十度转变。

元朝时，散茶大为发展，团茶渐次淘汰；至元朝末年，“蒸青法”更改为“炒青法”。

1. 从生煮羹饮到晒干收藏

茶之为用，最早从咀嚼茶树的鲜叶开始，发展到生煮羹饮。生煮者，类似现代的煮菜汤。如云南基诺族至今仍有吃“凉拌茶”习俗，鲜茶叶揉碎放碗中，加入少许黄果叶、大蒜、辣椒和盐等作配料，再加入泉水拌匀。茶作羹饮，有《晋书》记“吴人采茶煮之，曰茗粥”，甚至到了唐代，仍有吃茗粥的习惯。

三国时，魏朝已出现了茶叶的简单加工，采来的叶子先做成饼，晒干或烘干，这是制茶工艺的萌芽。

2. 从蒸青造形到龙团凤饼

初步加工的饼茶仍有很浓的青草味，经反复实践，发明了蒸青制茶。即将茶的鲜叶蒸后碎制，饼茶穿孔，贯串烘干，去其青气。但仍有苦涩味，于是又通过洗涤鲜叶，蒸青压榨，去汁制饼，使茶叶苦涩味大大降低。

自唐至宋，贡茶兴起，成立了贡茶院，即制茶厂，组织官员研究制茶技术，从而促使茶叶生产不断改革。

唐代蒸青作饼已经逐渐完善，陆羽《茶经》记述：“晴，采之。蒸之，捣之，拍之，焙之，穿之，封之，茶之干矣。”即此时完整的蒸青茶饼制作工序为：蒸茶、解块、捣茶、装模、拍压、出模、列茶、晾干、穿孔、烘焙、成穿、封茶。

宋代，制茶技术发展很快。新品不断涌现。北宋年间，做成团片状的龙凤团茶盛行。宋代《宣和北苑贡茶录》记述“宋太平兴国初，特置龙凤模，遣使即北苑造团茶，以别庶饮，龙凤茶盖始于此”。

龙凤团茶的制造工艺，据宋代赵汝励《北苑别录》记述，有六道工序：蒸茶、榨茶、研茶、造茶、过黄、烘茶。茶芽采回后，先浸泡水中，挑选匀整芽叶进行蒸青，蒸后冷水清洗，然后小榨去水，大榨去茶汁，去汁后置瓦盆内兑水研细，再入龙凤模压饼、烘干。

龙凤团茶的工序中，冷水快冲可保持绿色，提高了茶叶质量，而水浸和榨汁的做法，由于夺走真味，使茶香极大损失，且整个制作过程耗时费工，这些均促使了蒸青散茶的出现。

3. 从团饼茶到散叶茶

在蒸青团茶的生产中，为了改善苦味难除、香味不正的缺点，逐渐采取蒸后不揉不压，直接烘干的做法，将蒸青团茶改造为蒸青散茶，保持茶的香味，同时还出现了对散茶的鉴赏方法和品质要求。

这种改革出现在宋代。《宋史·食货志》载："茶有两类，曰片茶，曰散茶"，片茶即饼茶。元代王桢在《农书》卷十"百谷谱"中，对当时制蒸青散茶工序有详细记载"采讫，一甑微蒸，生熟得所。蒸已，用筐箔薄摊，乘湿揉之，入焙，匀布火，烘令干，勿使焦"。

由宋至元，饼茶、龙凤团茶和散茶同时并存，到了明代，由于明太祖朱元璋于1391年下诏，废龙团兴散茶，使得蒸青散茶大为盛行。

4. 从蒸青到炒青

相比于饼茶和团茶，茶叶的香味在蒸青散茶得到了更好的保留。然而，使用蒸青方法，依然存在香味不够浓郁的缺点，于是出现了利用干热发挥茶叶优良香气的炒青技术。

炒青绿茶自唐代已始而有之。唐刘禹锡《西山兰若试茶歌》中言道："山僧后檐茶数丛……斯须炒成满室香"，又有"自摘至煎俄顷余"之句，说明嫩叶经过炒制而满室生香，又炒制时间不常。这是至今发现的关于炒青绿茶最早的文字记载。

经唐、宋、元代的进一步发展，炒青茶逐渐增多，到了明代，炒青制法日趋完善，在《茶录》、《茶疏》、《茶解》中均有详细记载。其制法大体为：高温杀青、揉捻、复炒、烘焙至干，这种工艺与现代炒青绿茶制法非常相似。

5. 从绿茶发展至其他茶类

在制茶的过程中，由于注重确保茶叶香气和滋味的探讨，通过不同加工方法，从不发酵、半发酵到全发酵一系列不同发酵程序所引起茶叶内质的变化，探索到了一些规律，从而使茶叶从鲜叶到原料，通过不同的制造工艺，制成色、香、味、形品质特征不同的六大茶类，即绿茶、黄茶、黑茶、白茶、红茶、青茶。

(1) 黄茶的产生　绿茶的基本工艺是杀青、揉捻、干燥。当绿茶炒制工艺掌握不当，如炒青杀青温度低，蒸青杀青时间长，或杀青后未及时摊凉及时揉捻，或揉捻后未及时烘干炒干，堆积过久，使叶子变黄，产生黄叶、黄汤，类似后来出现的黄茶。因此，黄茶的产生可能是从绿茶制法不当演变而来。明代许次纾《茶疏》(1597年) 记载了这种演变历史。

(2) 黑茶的出现　绿茶杀青时叶量过多、火温低，使叶色变为近似黑色的深褐绿色；或以绿毛茶堆积后发酵，渥成黑色，这是产生黑茶的过程。黑茶的制造始于明代中叶。明御史陈讲疏记载了黑茶的生产 (1524年)："悉征黑茶，产地有限……"

(3) 白茶的由来和演变　唐、宋时所谓的白茶，是指偶然发现的白叶茶树采摘而成的茶，与后来发展起来的不炒不揉而成的白茶不同。而到了明代，出现了类似现在的白茶。田艺蘅《煮泉小品》记载："茶者以火作者为次，生晒者为上，亦近自然……清翠鲜明，尤为可爱。"现代白茶是从宋代绿茶三色细芽、银丝水芽开始逐渐演变而来的。最初是指干茶表面密布白色茸毫、色泽银白的"白毫银针"，后来经发展又产生了白牡丹、贡眉、寿眉等其他品种。

(4) 红茶的产生和发展　红茶起源于十六世纪。在茶叶制造发展过程中，发现日晒代替杀青，揉捻后叶色红变而产生了红茶。最早的红茶生产从福建崇安的小种红茶开始。清代刘靖《片刻余闲集》中记述"山之第九曲处有星村镇，为行家萃聚。外有本省邵武、江西广信等处所产之茶，黑色红汤，土名江西乌，皆私售于星村各行"。自星村小种红茶出现后，逐渐演变产生了工夫红茶。20世纪20年代后，印度发展将茶叶切碎加工的红碎茶，我国于20世纪50年代也开始试制红碎茶。

(5) 青茶的起源　青茶介于绿茶、红茶之间，先绿茶制法，再红茶制法，从而悟出了青茶制法。青茶的起源，学术界尚有争议，有的推论出现在北宋，有的推定于清咸丰年间，但都认为最早在福建创制。清初王草堂《茶说》："武夷茶……茶采后，以竹筐匀铺，架于风日中，名曰晒青，俟其青色渐收，然后再加炒焙……烹出之时，半青半红，青者乃炒色，红者乃焙色也。"现福建武夷岩茶的制法仍保留了这种传统工艺的特点。

6. 从素茶到花香茶

茶加香料或香花的做法已有很久的历史。宋代蔡襄《茶录》提到加香料茶："茶有真香，而入贡者微以龙脑和膏，欲助其香。"南宋已有茉莉花焙茶的记载，施岳《步月·茉莉》词注："茉莉岭表所产……古人用此花焙茶。"

到了明代，窨花制茶技术日益完善，且可用于制茶的花品种繁多，据《茶谱》记载，有桂花、茉莉、玫瑰、蔷薇、兰蕙、菊花、栀子、木香、梅花九种之多。现代窨制花茶，除了上述花种外，还有白兰、玳瑁、珠兰等。

团茶已不再流行，炒青散茶则大为流行。炒青法还沿用至现在，当然在技术上及作业上趋于更科学化、更创新了。现今问世的速溶茶对平日饮茶解渴与保健相当便利。

由于制茶技术不断改革，各类制茶机械相继出现，先是小规模手工作业，接着出现各道工序机械化。现除了少数名贵茶仍由手工加工外，绝大多数茶叶的加工均采用了机械化生产。

二、茶水

泡茶用水究竟以何种为好，自古以来，就引起人们的重视和兴趣。陆羽曾在《茶经》中明确指出："其水，用山水上，江水中，井水下。其山水，拣乳泉，石池漫流者上。"

茶人独重水，因为水是茶的载体，饮茶时愉悦快感的产生，无穷意念的回味，都要通过水来实现。水质欠佳，茶叶中的各种营养成分会受到污染，以致闻不到茶的清香，尝不到茶的甘醇，看不到茶的晶莹。

择水先择源，水有泉水、溪水、江水、湖水、井水、雨水、雪水之分，但只有符合"源、活、甘、清、轻"五个标准的水才算得上是好水。所谓的"源"是指水出自何处，"活"是指有源头而常流动的水，"甘"是指水略有甘味，"清"是指水质洁净透澈，"轻"是指分量轻。所以水源中以泉水为佳，因为泉水大多出自岩石重叠的山峦，污染少，山上植被茂盛，从山岩断层涓涓细流汇集而成的泉水富含各种对人体有益的微量元素，经过砂石过滤，清澈晶莹，茶的色、香、味可以得到最大的发挥。当代科学试验也证明泉水第一，深井水第二，蒸馏水第三，经人工净化的湖水和江河水，即平常使用的自来水最差。但是慎用水者提出，泉水虽有“泉从石出，清宜冽”之说，但泉水在地层里的渗透过程中融入了较多的矿物质，它的含盐量和硬度等就有较大差异。清代乾隆皇帝游历南北名山大川之后，按水的比重定京西玉泉为“天下第一泉”。玉泉山水不仅水质好，还因为当时京师多苦水，宫廷用水每年取自玉泉，加之玉泉山景色幽静佳丽，泉水从高处喷出，琼浆倒倾，如老龙喷涉，碧水清澄如玉，故有此殊荣。看来好水除了要品质高外，还与茶人的审美情趣有很大的关系。“天下第一泉”的美名，历代都有争执，有扬子江南零水、江西庐山谷帘水、云南安宁碧玉泉、济南趵突泉、峨嵋山玉液泉多处。泉水所处之处有的江水浩荡，山寺悠远，景色靓丽；有的一泓碧水，涧谷喷涌，碧波清澈，奇石沉水；再加之名士墨客的溢美之词，水质清冷香冽，柔甘净洁，确也符合此美名。民间所传的“龙井茶”、“虎跑水”、“蒙顶山上茶”、“扬子江心水”，真可谓名水伴名茶，相得益彰。

1. 山泉之水

我国泉水资源极为丰富，其中比较著名的就有百余处之多。镇江中冷泉、无锡惠山泉、苏州观音泉、杭州虎跑泉和济南趵突泉，号称中国五大名泉。

(1) 镇江中冷泉 又名南零水，早在唐代就已天下闻名。刘伯刍把它推举为全国宜于煎茶的七大水品之首。中冷泉原位于镇江金山之西的长江江中盘涡险处，汲取极难。“锅瓶愁汲中濡水（即南零水），不见茶山九十翁”。这是南宋诗人陆游的描述。文天祥也有诗写道：“扬子江心第一泉，南金来北铸文渊，男儿斩却楼兰首，闲品茶经拜羽仙。”如今，因江滩扩大，中冷泉已与陆地相连，仅是一个景观罢了。

(2) 无锡惠山泉 号称“天下第二泉”。此泉于唐代大历十四年开凿，迄今已有1200余年历史。张又新《煎茶水记》中说：“水分七等……惠山泉为第二。”元代大书法家赵孟頫和清代吏部员外郎王澍分别书有“天下第二泉”，刻石于泉畔，字迹苍劲有力，至今保存完整。这就是“天下第二泉”的由来。惠山泉分上、中、下三池。上池呈八角形，水色透明，甘醇可口，水质最佳；中池为方形，水质次之；下池最大，系长方形，水质又次之。历代王公贵族和文人雅士都把惠山泉视为珍品。相传唐代宰相李德裕嗜饮惠山泉水，常令地方官吏用坛封装泉水，从镇江运到长安（今陕西西安），全程数千里。当时诗人皮日休借杨贵妃驿递南方荔枝的故事，作了一首讽刺诗：“丞相长思煮茗时，郡侯催发只忧迟。吴园去国三千里，莫笑杨妃爱荔枝。”

(3) 苏州观音泉 为苏州虎丘胜景之一。张又新在《煎茶水记》中将苏州虎丘寺石水（即观音泉）列为第三泉。该泉甘冽，水清味美。

(4) 杭州虎跑泉 相传，唐元和年间，有个名叫“性空”的和尚游方到虎跑，见此处环境优美，风景秀丽，便想建座寺院，但无水源，一愁莫展。夜里梦见神仙相告：“南岳衡山有童子泉，当夜遣二虎迁来。”第二天，果然跑来两只老虎，刨地作穴，泉水遂涌，水味甘醇，虎跑泉因而得名。名列全国第四。其实，同其他名泉一样，虎跑泉也有其地质学依据。虎跑泉的北面是林木茂密的群山，地下是石英砂岩，天长地久，岩石经风化作用，产生许多裂缝，地下水通过砂岩的过滤，慢慢从裂缝中涌出。这才是虎跑泉的真正来源。据分析，该泉水可溶性矿物质较少，总硬度低，故水质极好。

(5) 济南趵突泉 为当地七十二泉之首，列为全国第五泉。趵突泉位于济南旧城西南角，泉的西南侧有一建筑精美的“观澜亭”。宋代诗人曾经写诗称赞：“一派遥从玉水分，暗来都洒历山尘，滋荣冬茹温常早，润泽春茶味至真。”

一般说来，在天然水中，泉水是比较清爽的，杂质少，透明度高，污染少，水质最好。但是，由于水源和流经途径不同，所以其溶解物、含盐量与硬度等均有很大差异，因此，并不是所有泉水都是优质的。有些泉水，如硫磺矿泉水已失去饮用价值。

2. 流动之水

泡茶用水，虽以泉水为佳，但溪水、江水与河水等长年流动之水，用来沏茶也并不逊色。宋代诗人杨万里曾写诗描绘船家用江水泡茶的情景，诗云：“江湖便是老生涯，佳处何妨且泊家，自汲淞江桥下水，垂虹亭上试新茶。”明代许次纾在《茶疏》中说：“黄河之水，来自天上，浊者土色也，澄之既净，香味自发。”说明有些江河之水，尽管浑浊度高，但澄清之后，仍可饮用。通常靠近城镇之处，江（河）水易受污染。唐代《茶经》中就提到：“其江水，取去人远者。”也就是到远离人烟的地方去取江水。千余年前况且如此，如今环境污染较为普遍，以致许多江水需要经过净化处理后才可饮用。

3. 地底之水

井水属地下水，是否适宜泡茶，不可一概而论。有些井水，水质甘美，是泡茶好水，如北京故宫博物院文华殿东传心殿内的“大庖井”，曾经是皇宫里的重要饮水来源。一般说，深层地下水有耐水层的保护，污染少，水质洁净；而浅层地下水易被地面污染，水质较差。所以深井比浅井好。其次，城市里的井水，受污染多，多咸味，不宜泡茶；而农村井水，受污染少，水质好，适宜饮用。当然，也有例外，如湖南长沙城内著名的“白沙井”，那是从砂岩中涌出的清泉，水质好，而且终年长流不息，取之泡茶，香味俱佳。

4. 雨雪之水

雨水和雪水，古人誉为“天泉”。用雪水泡茶，一向就被重视。如唐代大诗人白居易《晚起》诗中的“融雪煎香茗”，宋代著名词人辛弃疾《六幺令》词中的“细写茶经煮香雪”，还有元代诗人谢宗可《雪煎茶》诗中的“夜扫寒英煮绿尘”，都是描写用雪水泡茶。清代曹雪芹在《红楼梦》“贾宝玉品茶栊翠庵”一回中，更描绘得有声有色：当妙玉约宝钗、熏玉去吃“体己茶”时，黛玉问妙玉：“这也是旧年的雨水？”妙玉回答：“这是……收的梅花上的雪……”雨水一般比较洁净，但因季节不同而有很大差异。秋季，天高气爽，尘埃较少，雨水清洁，泡茶滋味爽口回甘；梅雨季节，和风细雨，有利于微生物滋长，泡茶品质较次；夏季雷阵雨，常伴飞沙走石，水质不净，泡茶茶汤浑浊，不宜饮用。

5. 人工之水

自来水，一般都是经过人工净化、消毒处理过的江（河）水或湖水。凡达到我国卫生部制订的饮用水卫生标准的自来水，都适于泡茶。但有时自来水中用过量氯化物消毒，气味很重，用之泡茶，严重影响品质。为了消除氯气，可将自来水贮存在缸中，静置一昼夜，待氯气自然逸失，再用来煮沸泡茶，效果大不一样。所以，经过处理后的自来水也是比较理想的泡茶用水。

6. 水的硬度和茶汤品质的关系

在选择泡茶用水时，还必须了解水的硬度和茶汤品质的关系。天然水可分硬水和软水两种：凡含有较多量的钙、镁离子的水称为硬水；不溶或只含少量钙、镁离子的水称为软水。如果水的硬性是由含有碳酸氢钙或碳酸氢镁引起的，这种水称暂时硬水；如果水的硬性是由含有钙和镁的硫酸盐或氯化物引起的，这种水叫永久硬水。暂时硬水通过煮沸，所含碳酸氢盐就分解，生成不镕性的碳酸盐而沉淀。这样硬水就变为软水了。平时用铝壶烧开水，壶底上的白色沉淀物，就是碳酸盐。1升水中含有碳酸钙1毫克的称为硬度1度。硬度0～10度为软水，10度以上为硬水。通常饮用水的总硬度不超过25度。

水的硬度与茶汤品质关系密切。首先水的硬度影响水的pH值（酸碱度），而pH值又影响茶汤色泽。当pH大于5时，汤色加深；pH达到7时，茶黄素就倾向于自动氧化而损失。其次，水的硬度还影响茶叶有效成份的溶解度。软水中含其他溶质少，茶叶有效成份的溶解度高，故茶味浓；而硬水中含有较多的钙、镁离子和矿物质，茶叶有效成份的溶解度低，故茶味淡。如水中铁离子含量过高，茶汤就会变成黑褐色，甚至浮起一层“锈油”，简直无法饮用。这是茶叶中多酚类物质与铁作用的结果。如水中铅的含量达0.2微克/升时，茶味变苦；镁的含量大于2微克/升时，茶味变淡；钙的含量大于2微克/升时，茶味变涩，若达到4微克/升，则茶味变苦。由此可见，泡茶用水以选择软水或暂时硬水为宜。

在天然水中，雨水和雪水属于软水，泉水、溪水、江（河）水，多为暂时硬水，部分地下水为硬水。蒸馏水为人工加工而成的软水，但成本高，不可能作为一般饮用水。

三、茶器

我国历代茶具，其品种之丰富堪称世界无双。有茶碗、茶杯、茶盅、茶盏、茶壶、茶匙等。按质地可分成瓷、陶、玉、石等。按制作工艺或窑口分则更多，光表面薄薄的一层釉彩就有几十种。

历代茶具中的某些珍稀品种，如唐代邢窑的白釉璧足形茶碗、南宋建窑黑釉兔毫纹茶盏、清代乾隆陈荫干制宜兴紫砂竹节提梁壶等，现在都已是国内外各大博物馆中的珍藏品了。另外，茶是古代文人雅士生活的重要部分，传世的图画书法中，也处处可见茶的踪影。透过这些器物与书画，呈现出古人多姿多彩的茶文化。

历代品茶，从唐宋讲究研磨茶末，到明清的烘焙茶叶，不但制茶的手法有了改变，而茶器亦随之更新。

唐代陆羽在《茶经》中制定一套专供调制末茶的茶器，正式奠定了茶器在饮茶仪式中的地位。

宋代为饮用末茶的黄金时代，独特的点茶方式及斗茶风气的盛行，把宋代饮茶艺术带向了极致。除原有的青、白瓷瓯外，鹧鸪斑、兔毫、油滴、贴花黑釉纹茶盏，成了宋人斗茶的新宠。

明洪武二十四年（1391年）诏令废制团茶，改制芽茶，自此茶叶冲泡法成为人们饮茶的模式。泡茶茶壶与喝茶的茶碗、茶盅成为明清时期最主要的茶器。又因为茶香、茶味不可外溢，制好的茶叶不可变色，故贮茶的茶叶罐也是必备茶器之一。

清宫藏茶画，华丽且不失雅趣；冷枚《耕织图》的备茶情景就是农家的饮茶方式；金廷标《品泉图》则为传统文人品茶的延续；《汉宫春晓图卷》是典型的仕女茶会雅集，反映了茶与相关艺术的融合场景。水光山色下品茶情境，充满了诗情画意的人生乐趣。

手捧一杯香茗，把玩或静静地欣赏着茶器、茶画，对常年生活在快节奏中的现代人来说，真是可以清心也。

四、烹制与品饮

（一）茶的烹制

1. 泡茶“三要”

人人都会喝茶，但冲泡未必得法。茶叶种类繁多，水质也各有差异，冲泡技术不同，泡出的茶汤当然就会有不同的效果。要想泡好茶，既要根据实际需要了解各类茶叶、各种水质的特性，掌握好泡茶用水与器具，更要讲究有序而优雅的冲泡方法与动作。

泡茶，首先得选茶和鉴茶，只有正确鉴茶，方能确定冲泡的方法。

其次是水质。水之于茶，犹如水之于鱼一样，“鱼得水活跃，茶得水更有其香、有其色、有其味”。所以自古以来，茶人对水津津乐道，爱水入迷。明人许次纾《茶疏》中就说：“精茗蕴香，借水而发，无水不可论茶也。”

科学的泡茶技术还包括三个要素，即泡茶水温、茶用量、冲泡时间。古人饮茶喜欢自己涉水，自己煮茶，在涉引、制作、煎煮、品饮过程中，使自己的身心得以放松和满足，整个过程中的每一环节都是不可缺少的，它们共同组成了整个品茶艺术。

就拿煎水来说，水煮到何种程度称作“汤候”。鉴别“汤候”的标准，一是看水面沸泡的大小，二是听水沸时声音的大小。明代张源的《茶录》对煎水的过程做了绘形绘声、惟妙惟肖地描写：“汤有三大辨、十五小辨。一曰形辨，二曰声辨，三曰气辨，形为内辨，声为外辨，气为捷辨。如虾眼、蟹眼、鱼眼、连珠皆为萌汤，直至涌沸如腾波鼓浪，水气全消，方是纯熟。如气浮一缕、二缕、三缕、四缕，缕乱不分，氤氲乱绕，皆为萌汤。至气直冲贯，方是纯熟。”古人对于“汤候”的要求是有科学道理的，水的温度不同，茶的色、香、味也就不同，泡出的茶叶中的化学成分也就不同。温度过高，会破坏所含的营养成分，茶所具有的有益物质遭受破坏，茶汤的颜色不鲜明，味道也不醇厚；温度过低，不能使茶叶中的有效成分充分浸出，称为不完全茶汤，其滋味淡薄，色泽不美。这些煎煮法成为我国品茶艺术的重要组成部分，与今天的科学冲泡有异曲同工之妙。古人对泡茶水温是十分重视的，泡茶烧水要武火急沸，不要文火慢煮，以刚煮沸起泡为宜，用这样的水泡茶，茶汤、香味皆佳。沸腾过久，二氧化碳挥发殆尽，泡茶鲜爽味便大为逊色；未沸滚的水，水温低，茶中有效成分不易泡出，香味轻淡。一般说来，泡茶水温的高低与茶叶种类及制茶原料密切相关，较粗老原料加工而成的茶叶宜用沸水直接冲泡，用细嫩原料加工而成的茶叶宜用降温以后的沸水冲泡。具体而论，高档细嫩名茶，一般不用刚烧沸的开水，而是以温度降至80℃的开水冲泡，这样可使茶汤清澈明亮，香气纯而不钝，滋味鲜而不熟，叶底明而不暗，饮之可口，茶中有益于人体的营养成分也不会遭到破坏。而像乌龙茶，则常将茶具烫热后再泡；砖茶用100℃的沸水冲泡还嫌不够，还得煎煮方能饮用。泡茶水温与茶叶有效物质在水中的溶解度成正比，水温愈高，溶解度愈大，茶汤也就愈浓；相反，水温愈低，溶解度愈小，茶汤就愈淡。古往今来，人们都知道用未沸的水泡茶固然不行，但若用多次回烧以及加热时间过久的开水泡茶也都会使茶叶产生“熟汤味”，至使口感变差，那是因为水蒸气大量蒸发所留剩下的水含有较多的盐类及其他物质，以致茶汤变得灰暗，茶味变得苦涩。

要泡好茶，还要掌握茶叶用量，关键是掌握茶与水的比列，茶多水少则味浓，茶少水多则味淡。用茶量的多少，因人而异，因地而异。饮茶者是茶人或劳动者，可适当加大茶量，泡上一杯浓香的茶汤；如是脑力劳动者或初学饮茶、无嗜茶习惯的人，可适当少放一些茶，泡上一杯清香醇和的茶汤。家庭泡茶通常是凭经验行事，一般来说，每克茶叶可泡水50～60毫升，沸水为好，但茶类不同，用量不一。倘用乌龙茶，茶叶用量要比一般红、绿茶增加一倍以上，而水的冲泡量却要减少一半。茶也不可太浓，浓茶有损胃气。

茶叶冲泡时间的长短，对茶叶内含的有效成分的利用也有很大的关系。一般红、绿茶经冲泡三至四分钟后饮用，获得的味感最佳，时间少则缺少茶汤应有的刺激味；时间长，喝起来鲜爽味减弱，苦涩味增加；只有当茶叶中的维生素、氨基酸、咖啡碱等有效物质被沸水冲泡浸提出来后，茶汤喝起来才能有鲜爽醇和之感。细嫩茶叶比粗老茶叶冲泡时间要短些，反之则要长些；松散的茶叶、碎末的茶叶比紧压的茶叶、完整的茶叶冲泡时间要短，反之则长。对于注重香气的茶叶如乌龙茶、花茶，则冲泡时间不宜长；而白茶加工时未经揉捻，细胞未遭破坏，茶汁较难浸出，因此其冲泡的时间相对延长。通常茶叶冲泡的一次，可溶性物质能浸出55%左右，第二次为30%。第三次为10%，第四次就只有1%～3%了。茶叶中的营养成分，如维生素C、氨基酸、茶多酚、咖啡碱等，第一次冲泡80%左右被浸出，第二次95%被浸出，第三次就所剩无几了。香气滋味也是头泡香味鲜醇，二泡茶浓而不鲜，三泡茶香尽味淡，四泡少滋味，五泡六泡则近似于白开水。所以说茶叶还是以冲泡二三次为好，乌龙茶则可五次，白茶只能泡二次。其实，任何品种的茶叶都不宜浸泡过久或冲泡次数过多，最好是即泡即饮，否则有益成分被氧化，不但减低营养价值，还会泡出有害物质。

各类茶叶的特点不同，或重香、或重味、或重形、或重色，泡茶就要有不同的侧重点，以发挥茶的特性。各种名茶本身就是一种特殊的工艺品，色、香、味、形各有千秋，细细品味确是一种艺术享受。要真正品出各种茶的味道来，最好遵循茶艺的程序，净具、置茶、冲泡、敬茶、赏茶、续水这些步骤都是不可少的。置茶应当用茶匙；冲泡水七分满为好。水壶下倾上提三次为宜，一是表敬意，二是可是茶水上下翻动，浓度均匀。俗称“凤凰三点头”。敬茶时应避免手指接触杯口。鉴赏名贵茶叶，冲泡后应先观色，后尝味、察形。当茶水饮去三分之二，就应续水，不然等到茶水全部饮尽，再续水时茶汤就会淡而无味。品茶程序最典型的还是乌龙茶，一招一式都有着美的意蕴。

泡茶时用开水冲泡茶叶，是茶叶中可溶物质溶解于水成为茶汤的过程。泡茶这一过程需要较高的文化修养，不仅要有广博的茶文化知识及对茶道内涵的深刻理解，而且要具有高雅的举止，否则纵有佳茗在手也无缘领略其真味。初学泡茶者在模仿他人动作的基础上，不断学习、加深思索，由形似到神似，最终会形成自己的风格。要想成为一名茶人，不应仅拘泥于泡茶的过程是否完整、动作是否准确到位，同时要增加文化修养，提高领悟能力。泡茶者的姿容、风度以及泡茶者的内心世界都会在泡茶过程中表现出来，到达以茶修身养性、陶冶情操，做到能以茶配境、以茶配具、以茶配水、以茶配艺，融会贯通。茶汤的浓度均匀也体现了泡茶的功力所在，要想茶汤的浓度均匀一致，就必须练就眼力，能准确控制茶与水的比列。茶人总结出的“浸润泡”和人们常说的“关公巡城”、“韩信点兵”都很好地体现了自然知识和人文知识的结合。中国茶人崇尚一种妙合自然、超凡脱俗的生活方式，饮茶、泡茶也是如此。茶生于山野峰谷之间，泉出露在深壑岩罅之中，两者皆孕育于青山秀谷，成为一种远离尘嚣、亲近自然的象征。茶重洁性，泉贵清纯，都是人们所追求的品位。人与大自然有割舍不断的缘分。茗家煮泉品茶所追求的是在宁静淡泊、淳朴率直中寻求高远的意境和“壶中真趣”。在淡中有浓、抱朴含真的泡茶过程中，无论对于茶与水，还是对于人和艺都是一种超凡的精神，是一种高层次的审美探求。

2. 泡茶“五误”

茶叶是有益于身体健康的上乘饮料，是世界三大饮料之一，因此，茶叶有“康乐饮料之王”的美称。但是饮茶还需要讲究科学，才能达到提精神、益思维、解口渴、去烦恼、消除疲劳、益寿保健的目的。但有些人饮茶习惯不科学，常见的有以下几种。

(1) 用保温杯泡茶　沏茶宜用陶瓷壶、杯，不宜用保温杯。因用保温杯泡茶叶，茶水较长时间保持高温，茶叶中一部分芳香油逸出，使香味减少；浸出的鞣酸和茶碱过多，有苦涩味，因而也损失了部分营养成分。

(2) 用沸水泡茶　用沸腾的开水泡茶，会破坏很多营养物质。例如维生素C、维生素P等，在水温超过80℃时就会被破坏，还易溶出过多的鞣酸等物质，使茶带有苦涩味。因此，泡茶的水温一般应掌握在70℃～80℃。尤其是绿茶，如温度太高，茶叶泡熟，变成了红茶，便失去了绿茶原有的清香、爽凉味。

(3) 泡茶时间过长　茶叶浸泡4～6分钟后饮用最佳。因此时80%的咖啡因和60%的其他可溶性物质已经浸泡出来。时间太长，茶水就会有苦涩味。放在暖水瓶或炉灶上长时间煮的茶水，易发生化学变化，不宜再饮用。

(4) 扔掉泡过的茶叶　大多数人泡过茶后，把用过的茶叶扔掉。实际上这样是不经济的，应当把茶叶咀嚼后咽下去。因为茶叶中含有较多的胡萝卜素、粗纤维和其他营养物质。

(5) 习惯于泡浓茶　泡一杯浓度适中的茶水，一般需要10克左右的茶叶。有的人喜欢泡浓茶。茶水太浓，浸出过多的咖啡因和鞣酸，对胃肠刺激性太大。泡一杯茶以后可续水再泡3～4杯。

(二) 饮茶之法

饮茶讲究四季有别，即：春饮花茶，夏饮绿茶，秋饮青茶，冬饮红茶。

春季，人饮花茶，可以散发一冬积存在人体内的寒邪，浓郁的香茗，能促进人体阳气发生。

夏季，以饮绿茶为佳。绿茶性味苦寒，可以清热、消暑、解毒、止渴、强心。

秋季，饮青茶为好。此茶不寒不热，能消除体内的余热，恢复津液。

冬季，饮红茶最为理想。红茶味甘性温，含有丰富的蛋白质，能助消化，补身体，使人体强壮。

茶叶被我们的祖先发现以后，对它的利用方式先后经历了几个阶段的发展演化，才进展到如今天这种“开水冲泡散茶”的饮用方式。

在远古时代，我们的祖先仅仅是把茶叶当作药物。这与《神农本草》记载的“神农尝百草，日遇七十二毒，得荼（茶）而解之”是相吻合的。茶叶具有清热解毒、提神、醒脑等功能，至今仍被某些地区的群众当作药用。那时人们从野生的茶树上砍下枝条、采下芽叶，放在水中烧煮，然后饮其汁水，这就是原始的“粥茶法”。这样煮出的茶水，滋味苦涩，因此那时称茶为“苦茶”。

至迟到秦汉时，人们创造了“半茶半饮”的制茶和用茶方法，即不直接烧煮鲜叶，而将制好的茶饼在火上灸烤，然后捣碎研成细末，冲入开水，再加葱、姜、橘子等调和。这种在茶中加入调料的饮法，在我国的部分民族和地区中沿习至今，如傣族饮的“烤茶”，就是在铛罐中冲泡茶叶后，加入椒、姜、桂、盐、香糯等调和而成的。

到唐宋时期，饮茶之风大盛，当时人们最推崇福建的建溪茶，这种压成团饼形的茶，制作十分精巧，茶饼的表面上分别压有龙凤图案，称为“龙团凤饼”。饮茶时先将团茶敲碎，碾细，细筛，置于盏杯之中，然后冲入沸水，这就是所谓的“研膏团茶点茶法”。当时皇宫、寺院以及文人雅士之间还盛行茶宴，茶宴的气氛庄重，环境雅致，礼节严格，且必用贡茶或高级茶叶，取水于名泉、清泉，选用名贵茶具。茶宴的内容大致先由主持人亲自调茶或亲自指挥、监督调茶，以示对客人的敬意，然后献茶，接茶，闻茶香，观茶色，品茶味。茶过三巡之后，便评论茶的品第，称颂主人道德，以及赏景叙情、行文做诗等。

到了明代，太祖朱元璋有感于制作龙团凤饼劳民伤财，于是亲自下诏：“罢造龙团，惟芽茶以进。”这里所说的芽茶也就是我们现在用的散茶叶了。从此以后人们不必将茶先压成饼，再碾成末，而是直接在壶或盏中沏泡条形散茶，使饮茶的方式发生了重大的变革。这样的饮茶方式使人们对茶的利用简单而方便了。人们把盏玩壶品茶，也使盏、壶的制作更加精美，使茶具成为艺术。这种饮茶方式一直延续到现在。

目前，除了适应快节奏的生活，一部分人饮用即冲即饮的速溶茶，或为了治病保健的需要，饮用含茶或不含茶的保健茶外，饮茶的方式、方法自明朝以来基本上没有发生什么变化。

五、斗茶

中外历史上有“斗鸡”、“斗牛”，可在中国古时还有“斗茶”之事。

斗茶始于唐代，据考创造于出产贡茶闻名于世的福建建州茶乡，是每年春季新茶制成后，茶农、茶客们比新茶优良次劣排名顺序的一种比赛活动。有比技巧、斗输赢的特点，富有趣味性和挑战性。一场斗茶比赛的胜败，犹如今天一场球赛的胜败，为众多市民、乡民所关注。唐叫“茗战”，宋称“斗茶”，具有很强的胜负的色彩，其实是一种茶叶的评比形式和社会化活动。

决定斗茶胜负的标准，主要有两方面。

一是汤色，即茶水的颜色。一般标准是以纯白为上，青白、灰白、黄白，则等而下之。色纯白，表明茶质鲜嫩，蒸时火候恰到好处，色发青，表明蒸时火候不足；色泛灰，是蒸时火候太老；色泛黄，则采摘不及时；色泛红，是炒焙火候过了头。

二是汤花，即指汤面泛起的泡沫。决定汤花的优劣要看两条标准：第一是汤花的色泽，因汤花的色泽与汤色是密切相关的，因此，汤花的色泽标准与汤色的标准是一样的。第二是汤花泛起后，水痕出现的早晚，早者为负，晚者为胜。如果茶末研碾细腻，点汤、击拂恰到好处，汤花匀细，有若“冷粥面”，就可以紧咬盏沿，久聚不散。这种最佳效果，名曰“咬盏”。反之，汤花泛起，不能咬盏，会很快散开。汤花一散，汤与盏相接的地方就露出“水痕”（茶色水线）。因此，水痕出现的早晚，就成为决定汤花优劣的依据。

斗茶，多为两人捉对“撕杀”，三斗二胜，计算胜负的单位术语叫“水”，说两种茶叶的好坏为“相差几水”。

六、茶馆

我国关于茶馆的最早记载，要算唐代开元年间封演的《封氏闻见记》了，其中有“自邹、齐、沧、隶，渐至京邑，城市多开店铺，煮茶卖之，不问道俗，投钱取饮”。唐宋以后，不少地方都开设了以卖茶水为业的茶馆。到了清朝，民间曲艺进入茶馆，使茶馆成为文化娱乐和休息的场所。

相传我国最大的茶馆是四川当年的“华华茶厅”，内有三厅四院。成都茶馆设有大靠背椅，饮茶聊天或打盹都极为舒适。

1. 由寺院茶堂到民间茶肆

饮茶成为风尚最初始于唐代的寺院。那时佛教盛行，寺院专设有茶堂，是众僧讨论佛理、招待施主宾客饮茶品茗的地方。法堂西北角设有“茶鼓”，以敲击召集众僧饮茶。僧人每日都要坐禅，坐至焚完一炷香就要饮茶。另设有“茶头”，专门烧水煮茶，献茶待客。这大概就是最早的较大规模的集体饮茶形式。

寺院中以茶供养三宝（佛、法、僧），招待香客，逐渐形成了严格的茗饮礼仪和固定的茗饮程式。平素住持请全寺上下僧众吃茶，称作“普茶”；在一年一度的“大请职”期间，新的执事僧确定之后，住持要设茶会。茶在禅门中由最初提神醒脑的药用功能而成为禅事活动中不可缺少的一环，又进而成为修行持戒、体悟佛理的媒介。茶与禅日益相融，最终凝铸成了流传千古、泽被中外的“茶禅一味”的禅林法语。“茶意即禅意，舍禅意即无茶意。不知禅味，亦即不知茶味”（《茶禅同一味》）。在“悟”这一点上，茶与禅达到了相通。始建于唐朝的径山寺，自宋至元一直为江南禅林之冠。其“径山茶宴”极具盛名，在遇到朝廷钦赐袈裟、锡杖之类的庆典时，就会举行茶宴，请寺院高僧和文人墨客。宋代日本禅师来径山寺求学取经，径山茶宴的精神随之传入岛国，推动了日本茶道的发展。

寺院僧的饮茶习俗对民间饮茶产生了重大影响。据唐代封演的《封氏闻见记》记载，“开元中（公元 713～741 年），泰山灵岩寺有降魔师大兴禅教，学禅务于不寐，又不夕食，皆许其饮茶。人自怀挟，到处煮饮。从此转相仿效，遂成风俗。”至盛唐，“王公朝士，无不饮者”（唐杨华《膳夫经手录》）。文人间时兴茶会、茶诗，这影响到上层统治者，慢慢出现了官办的大型茶宴。饮茶遂成风俗，促成了我国最早的茶肆的产生。

饮茶之风触及各色人等，加之茶叶产量巨大，贸易频繁，朝廷看到茶已与盐、铁一样，成为百姓生活不可缺少之物，有巨利可图，就于唐德宗建中元年（公元 780 年），向全国产茶之地征收茶税。贡茶政策亦是皇家搜刮民脂民膏的重要手段，茶农需将清明前采摘制作的品质最好的茶贡于皇室。唐政府专派太监、茶使在阳羡设立“贡茶院”，专门管理阳羡贡茶。诗人卢仝的《走笔谢孟谏议寄新茶诗》中有“天子须尝阳羡茶，百草不敢先开花”之句。至晚唐，开始在宫廷兴办清明茶宴。皇帝在收到贡茶后，先行祭祖，后赐给近臣宠侍，并摆“清明宴”以飨群臣。

文人雅士喜好品茶鉴水，精研茶艺，这些都对茶馆的发展起了积极作用。与禅门有密切联系的陆羽（约公元 733～804 年）是茶文化发展史上一个里程碑式的人物，他自小是个孤儿，被智积禅师收养，擅于烹茶，其《茶经》是我国古代的“茶叶百科全书”，言简意赅地论述了饮茶的叶、水、器、境，提高了饮茶的精神境界。

2.“茶博士”与多样服务

茶叶产量的剧增、质量的提高和在人们日常生活中的渐趋重要，带来了北宋茶肆业的兴盛。宋子安《东溪试茶录》中有“建安茶品甲于天下”的说法。最上品的龙凤团茶，一斤售价黄金二两。北宋以前的城市，一般是坊、市分区，即居住区与商业区严格分开。宋朝时，随着城市的发展，彻底打破了坊、市界线，市内出现“瓦子”（娱乐场所），内有“勾栏”（演出场所）、酒肆和茶楼。宋代都城茶肆茗坊遍及大街小巷，而且由都市普及到乡村。如《水浒传》第三十三回《宋江夜看小鳌山，花荣大闹清风寨》中写道：“那清风镇也有几座小勾栏并茶房酒肆。”茶坊之外，还有提壶往来叫卖的人。在杭州城内亦有一种流动的茶担、茶摊，称为“茶司”，服务对象为普通民众。

茶肆规模的扩大，必然要促使茶馆的经营机制趋于完善。宋代茶坊大多实行雇工制，茶肆主招雇熟悉烹茶技艺的人，称为“茶博士”，进行日常营业。茶博士是城市中专业化较强的技术雇工，是市民阶层中有特色的人群之一。为了吸引顾客，宋代的茶肆十分重视摆设，特别到了南宋，更是精心布置。《梦粱录》记载当时杭州茶肆是：“插四时花，挂名人画，装点门面。”大茶坊更是富丽堂皇，讲究文化装饰，营造品饮环境。苏东坡也有“尝茶看画亦不恶”的诗句。

为吸引不同层次的顾客，茶肆提供的服务亦日益多样化，各样娱乐活动应运而生。娱乐活动中较为普遍的是弦歌，即孟元老《东京梦华录》中所称的“按管调弦于茶坊酒肆”。茶肆中的弦歌大体可分为三种类型：一是雇用乐妓歌女，这是茶肆用以招揽顾客的重要手段之一。二是茶客专门来此种茶肆学乐学唱，《梦粱录》“茶肆”条有云：“大凡茶楼多有富贵子弟、诸司下直等人聚会，习学乐器。”再者是安排说唱艺人说书，还有博弈下棋等活动。茶馆除供应茶水外，也开始供应茶点。茶在中国最早是作为药用，用以佐餐和解渴。经过漫长的过程，才开始有了清饮，即用开水冲泡，茶中不加任何佐料。但调饮的方式一直存在，唐代流行煎茶法，煎时用姜、盐。这种习俗到宋仍然存在，不过人们更为喜爱清茶。

宋代风俗，“客至则啜茶，去则啜汤。”一般茶坊中都会备有各种茶汤供应顾客。南宋临安的大茶坊“四时卖奇茶异汤”。据《武林旧事》载，茶坊中所卖的冷饮有甜豆沙、椰子酒、豆儿水、鹿梨浆、卤梅水、姜蜜儿、木瓜汁、沉香水等。妇孺皆知的《水浒传》中提及的茶汤亦是多姿多彩，潘金莲四次到隔壁极为普通的王婆茶铺，便提到四种茶汤：梅汤（茶中放几粒乌梅煎制而成）、合汤（一种甜茶）、姜茶和宽煎叶儿茶。宋代有的茶肆在卖茶业之外还兼营其他生意，《东京梦华录》载：潘楼东街巷茶坊每五更点灯，“买卖衣服图画领抹之类，至晓即散”。周密《武林旧事》载：“天街茶肆，渐以罗列灯球者求售，谓之灯市。”还有兼营旅馆或浴室的。

此外，酒肆、面食店等也普遍兼营茶水。宋时出入茶馆的人较唐时更为广泛，王公贵族、文人雅士、乡野村民，甚至天下至尊的皇帝也会一时兴起，来光顾一下。虽然众多的人喜欢出入茶馆，但在宋代士大夫看来，茶馆仍旧是鄙俗之地。士大夫饮茶与民间饮茶亦有区别，民间好调饮，所以茶馆中备有多样茶汤；士大夫则尚清饮，蔡襄《茶录》认为“茶有真香”，不宜“杂珍果香”。民间饮茶，添加佐料，味厚香浓，重实用，可解渴疗饥；士大夫饮茶，重在品，在于玩味茗、水、器、境、人所构成的意境。唐代较为普遍的饮茶方式，程序为炙茶—碾茶—筛茶—煮水—投茶—分茶—吃茶，较为繁琐。至晚唐时，已出现“点茶法”，即以茶瓶滴注而得名，其关键器具就是茶瓶。点茶法风行于宋代，故有“唐煎宋点”之说。

3. 明清两代的茶馆业

明中叶以后，随着城市的繁荣，社会风气也发生了变化。许多人信奉“穿衣吃饭，即是人伦物理”（李贽《焚书》），也开始追求世俗爱好和个人心性。像袁宏道就在《与龚惟长先生书》中公开宣扬要“目极世间之色，耳极世间之声，身极世间之鲜，口极世间之谭”。这促进了社会服务业的发展，也将文学家的目光引向时俗物用。所以相对于以前茶肆多出现于史料典籍，到明清时期茶馆则堂而皇之地成为众多文学故事的载体，成为多方文学圣手的描绘对象。明代茶馆不用茶鼎或茶瓶煎茶，而以沸水浇之。这种简便异常并沿用至今的饮茶方式的盛行，得益于明太祖朱元璋的无心插柳。明代文震亨撰写的《长物志》称此：“简单便异常，天趣悉备，可谓尽茶之真矣。”

而“茶馆”一词，在现有明以前资料中未曾出现过。直至明末，在张岱《陶庵梦忆》中有“崇祯癸酉，有好事者开茶馆”。此后，茶馆即成为通称。茶馆是旧时曲艺活动场所。北方的大鼓和评书，南方的弹词和评话，同时在江北、江南益助茶烟，怡民悦众。茶摊则远比茶馆朴拙得多，明末在北京出现了只有一桌几凳的简朴茶摊，于街头柳巷，摆起粗瓷碗，广卖大碗茶。简简单单，一经产生，便创造了以后响当当的北京大碗茶的招牌。

茶馆的真正鼎盛时期是在中国最后一个王朝——清朝。“康乾盛世”，清代茶馆呈现出集前代之大成的景观，不仅数量多，种类、功能皆蔚为大观。当时杭州城已有大小茶馆八百多家。乡镇茶馆中，太仓的璜泾镇，全镇居民只有数千家，而茶馆就有数百家。茶馆的佐茶小吃有酱干、瓜子、小果碟、酥烧饼、春卷、水晶糕茶、饺儿、糖油馒头等。以卖茶为主的茶馆，北京人称之为清茶馆，环境优美，布置雅致，茶、水优良，兼有字画、盆景点缀其间。文人雅士多来此静心品茗，倾心谈天，亦有洽谈生意的商人常来此地。此类茶馆常设于景色宜人之处，没有城市的喧闹嘈杂。想满足口腹之欲的，可以迈进荤铺式茶馆，这里既卖茶，也兼营点心、茶食，甚至有的茶馆还备有酒类以迎合顾客口味。这种茶馆兼带一点饭馆的功能，不过所卖食品不同于饭馆的菜，主要是各地富有特色的小吃。如杭州西湖茶室的橘饼、黑枣、煮栗子；南京鸿福园、春和园的春卷、水晶糕、烧麦、糖油馒头等，都是让人只听名字就已食欲大动的茶点。

清代盛行宫廷的茶饮自有皇室的气派与茶规。除日常饮茶外，清代还曾举行过四次规模盛大的“千叟宴”。其中“不可一日无茶”的乾隆帝在位最后一年召集所有在世的老臣3056人列此盛会，赋诗三千余首。乾隆皇帝还于皇宫禁苑的圆明园内建了一所皇家茶馆——同乐园茶馆，与民同乐。新年到来之际，同乐园中设置一条模仿民间的商业街道，安置各色商店、饭庄、茶馆等。所用器物皆事先采办于城外。午后三时至五时，皇帝、大臣入此一条街，集于茶馆、饭肆饮茶喝酒，装成民间的样子，连跑堂的叫卖声都惟妙惟肖。

清代戏曲繁盛，茶馆与戏园同为民众常去的地方，好事者将其合而为一。宋元之时已有戏曲艺人在酒楼、茶肆中做场，及至清代才开始在茶馆内专设戏台。包世臣《都剧赋序》记载，嘉庆年间北京的戏园即有“其开座卖剧者名茶园”的说法。久而久之，茶园、戏园，二园合一，所以旧时戏园往往又称茶园。后世的“戏园”、“戏馆”之名即出自“茶园”、“茶馆”。所以有人说，“戏曲是茶汁浇灌起来的一门艺术”。京剧大师梅兰芳的话具有权威性："最早的戏馆统称茶园，是朋友聚会喝茶谈话的地方，看戏不过是附带性质。""当年的戏馆不卖门票，只收茶钱，听戏的刚进馆子，'看座的'就忙着过来招呼了，先替他找好座儿，再顺手给他铺上一个蓝布垫子，很快地沏来一壶香片茶，最后才递给他一张也不过两个火柴盒这么大的薄黄纸条，这就是那时的戏单"（《舞台生活四十年》）。茶馆发展至明清，还有一异于前代之处，即茶肆数量起码在某些地区已超过酒楼。茶馆的起步晚于酒楼千年，奋起直追至明清，终得平分半壁江山。

第三节　茶艺、茶德与茶道

茶，素有清香、平和、谦逊、平淡的内质，在中国诸多的优良传统里，客来敬茶是每一个中国人都知道的礼节。"性洁不可污，为饮涤尘烦"，饮茶的妙趣不但在于它独有的色、香、味、形，而在于使人把心放在闲处，涤荡性灵，保持心境中的一点清纯之气，在日常生活中始能生出无穷的清新。

茶文化的结构是与宗教、道德、艺术、文学、哲学有明确的关联的领域，受社会、政治、经济、文化等的影响，并与之相互联系，相互渗透，相互作用，共同构筑成一个茶文化的完整结构体系，把茶的天然特征、特性，升华成一种精神象征，把茶事活动上升到精神活动。这在历史岁月的反复"洗礼"过程中，孕育成茶文化的源泉，形成了斑驳的茶文化大观。例如：人们从茶汤清沏，升华为"清廉"、"清静"、"清心"等；从茶香味的温和淡雅，引伸出"和谐"、"谦和"、"中庸"、"幽雅"；从茶性的天然纯真，类比人性"纯正朴实"、"反朴归真"；继而演绎出以茶敬客，以茶会友，表示敬意、亲切、和气、淡雅的人际关系等。总之，从茶性、茶事中可感悟出许多心灵的美感、精神的满足、人生价值的修炼、生活的真正趣味。

具而言之，以茶抒情，以茶阐理，以茶施礼，以茶颂德，以茶审美，以茶怡情，以茶教伦……均为以茶为主体的一种教化方式，一种陶冶育化的意识形态。从哲学角度看，文化的功能是"化人"，即教化人，陶冶人。按这个意义上讲，茶文化就是"以茶化人"，它具有教化功效，但不含任何政治目的，化为寻求一份清欢、一片净土、一个更为洁净的晴空，是一种至高无上的思想境界和精神追求。

文化的核心在于价值观，道德理论的基础在于价值观。中国内地茶德的"廉、美、和、敬"（或理、敬、清、融）；日本茶道的"和、静、清、寂"；中国台湾茶艺的"清、静、怡、真"及韩国茶礼的"和、静、怡、真"等，就价值观来说，基本上是"重义轻利"、"存天理，去人欲"、"以德服人"、"德治教化"等儒家思想的映然蔚观。

茶文化涉及到科学、道德、审美、礼仪等范畴，其内涵极为丰富。中国茶文化的内涵，蕴含着中国传统文化的养生（茶文化的功利追求）、修性（茶文化的道德完善）、怡情（茶文化的艺术趣味）、尊礼（茶文化的人际协调）等。

现代生活中常有茶文化"搭台"、茶经济"唱戏"或茶经济"搭台"、茶文化"唱戏"的茶事活动，这些都是可用的形式，有利于社会经济各方面发展。

为此，茶文化、茶事活动将在社会经济各方面起到它应有的、不可替代的社会作用。

一、茶艺

"茶艺"一词是台湾茶人在二十世纪七十年代后期提出的，现已被海峡两岸茶文化界所认同、接受，然而对茶艺概念的理解却存在一定程度的混乱，可谓众说纷坛，莫衷一是。

1977 年，以中国民俗学会理事长娄子匡教授为主的一批茶的爱好者，倡议弘扬茶文化，为了恢复弘扬品饮茗茶的民俗，有人提出“茶道”这个词。但是，有人提出“茶道”虽然建立于中国，但已被日本专美于前，如果现在援用“茶道”恐怕引起误会，以为是把日本茶道搬到台湾来。另一个顾虑，是怕“茶道”这个名词过于严肃，中国人对于“道”字是特别敬重的，感觉高高在上的，要人民很快就普遍接受可能不容易。于是提出“茶艺”这个词，经过一番讨论，大家同意才定案。“茶艺”就这么产生了。台湾茶人当初提出“茶艺”是作为“茶道”的同义词、代名词。

目前海峡两岸茶文化界对茶艺理解有广义和狭义两种。广义的理解缘于将“茶艺”理解为“茶之艺”，古代如陈师道、张源，当代如范增平、王玲、丁文、陈香白、林治等持广义的理解，主张茶艺包括茶的种植、制造、品饮之艺，有的扩大成与茶文化同义，甚至扩大到整个茶学领域。狭义的理解缘于将“茶艺”理解为“饮茶之艺”，古代如皎然、封演、陶谷，当代如蔡荣章、陈文华、丁以寿等持狭义的理解，将茶艺限制在品饮及品饮前的准备——备器、择水、取火、候汤、习茶的范围内。

通常所说的茶艺即饮茶艺术，是艺术性的饮茶，是饮茶生活艺术化。中国是茶艺的发源地，目前世界上许多国家、民族具有自己的茶艺。中华茶艺是指中华民族发明创造的具有民族特色的饮茶艺术，主要包括备器、择水、取火、候汤、习茶的技艺以及品茗环境、仪容仪态、奉茶礼节、品饮情趣等。中华茶艺不局限于中国内地及香港、澳门、台湾地区，已经远播海外，有在日本的中华茶艺，有在韩国的中华茶艺，有在美国的中华茶艺等；在中国的茶艺也不都是中华茶艺，还可以有日本茶艺、韩国茶艺、英国茶艺等，不能将在中国的外国茶艺视为中华茶艺。

茶艺之艺是指艺术，它具有一定的程式和技艺，但不同于茶学中的茶叶审评。茶艺是人文的，茶叶审评是科学的；茶艺是艺术，茶叶审评是技术；艺术是主观的、生动的，技术却是客观的、刻板的。在茶艺中，所用茶为成品干茶，因而种茶、采茶、制茶不在茶艺之中。茶艺是综合性的艺术，它与文学、绘画、书法、音乐、陶艺、瓷艺、服装、插花、建筑等相结合构成茶艺文化，茶艺及茶艺文化是茶文化的重要组成部分。

（一）茶与诗词

在我国古代和现代文学中，涉及茶的诗词、歌赋和散文比比皆是，可谓数量巨大、质量上乘。这些作品已成为我国文学宝库中的珍贵财富。

在我国早期的诗、赋中，赞美茶的应首推晋代诗人杜育的《荈赋》。晋代左思还有一首著名的《娇女诗》，非常生动地描写了两个幼女的娇憨姿态和烹煮香茗的娇姿。唐代为我国诗的极盛时期，科举以诗取士，作诗成为谋取利禄的道路，因此唐代的文人几乎无一不是诗人。此时适逢陆羽《茶经》问世，饮茶之风更炽，茶与诗词，两相推波助澜，咏茶诗大批涌现，出现大批好诗名句。

唐代杰出诗人杜甫，写有“落日平台上，春风啜茗时”的诗句。当时杜甫年过四十，而蹉跎不遇，微禄难沾，有归山买田之念。此诗虽写得潇洒闲适，仍表达了他心中隐伏的不平。诗仙李白豪放不羁，一生不得志，只能在诗中借浪漫而丰富的想象表达自己的理想，而现实中的他又异常苦闷，成天沉湎在醉乡。正如他在诗中所云：“三百六十日，日日醉如泥。”当他听说荆州玉泉真公因常采饮“仙人掌茶”，虽年愈八十，仍然颜面如桃花时，也不禁对茶唱出了赞歌：“常闻玉泉山，山洞多乳窟。仙鼠如白鸦，倒悬深溪月。茗生此中石，玉泉流不歇。根柯俪芳津，采眼润肌骨。丛老卷绿叶，枝枝相连接。曝成仙人掌，似拍洪崖肩。举世未见之，其名定谁传……”

中唐时期最有影响的诗人白居易，对茶怀有浓厚的兴味，一生写下了不少咏茶的诗篇。他的《食后》云：“食罢一觉睡，起来两碗茶；举头看日影，已复西南斜。乐人惜日促，忧人厌年赊；无忧无乐者，长短任生涯。”诗中写出了他食后睡起，手持茶碗，无忧无虑，自得其乐的情趣。

到了宋代，文人学士烹泉煮茗，竞相吟咏，出现了更多的茶诗茶歌，有的还采用了词这种当时新兴的文学形式。诗人苏轼有一首《西江月》词云：“尤焙今年绝品，谷帘自古珍泉，雪芽双井散神仙，苗裔来从北苑。汤发云腴酽白，连浮花乳轻圆，人间谁敢更争妍，斗取红窗粉面。”词中对双井茶叶和谷帘泉水作了尽情的赞美。

元代诗人的咏茶诗也有不少。清高宗乾隆，曾数度下江南游山玩水，也曾到杭州的云栖、天竺等茶区，留下不少诗句。他在《观采茶作歌》中写道：“火前嫩，火后老，惟有骑火品最好。西湖龙井旧擅名，适来试一观其道……”

我国不少老一辈无产阶级革命家的茶兴都不浅，在诗词交往中，也每多涉及茶事。1926 年，毛泽东同志的七律诗《和柳亚子先生》中，就有“饮茶粤海未能忘，索句渝州叶正黄”的名句。1941 年，柳亚子先生还在一首诗中说：“云天倘许同忧国，粤海难忘共品茶。”朱德同志在品饮庐山云雾茶以后，赞扬此茶云：“庐山云雾茶，味浓性泼辣，若得长年饮，延年益寿法。”

（二）茶与美术

我国以茶为题材的古代绘画，现存或有文献记载的多为唐代以后的作品。如唐代的《调琴啜茗图卷》；南宋刘松年的《斗茶图卷》；元代赵孟俯的《斗茶图》；明代唐寅的《事茗图》，文征明的《惠山茶会图》、《烹茶图》，丁云鹏的《玉川烹茶图》等。

唐人的《调琴啜茗图卷》，作者已不可考，也有说是周昉所作。画中五个人物，一个坐而调琴，一人侧坐面向调琴者，一个端坐凝神倾听琴音，一个仆人一旁站立，另一仆人送来茶茗。画中的妇女丰颊曲眉，浓丽多姿，整个画面表现出唐代贵族妇女悠闲自得的情态。

元代书画家赵孟俯的《斗茶图》，是一幅充满生活气息的风俗画。画面有四个人物，身边放着几副盛有茶具的茶担。左前一人，足穿草鞋，一手持茶杯，一手提茶桶，坦胸露臂，似在夸耀自己的茶质香美。身后一人双袖卷起，一手持杯，一手提壶，正将茶水注入杯中。右旁站立两人，双目凝视，似在倾听对方介绍茶的特色，准备回击。图中，人物生动，布局严谨。人物模样不似文人墨客，而像走街串巷的货郎，这说明当时斗茶已深入民间。

明代唐寅的《事茗图》画的是：一青山环抱、溪流围绕的小村，参天古松下茅屋数椽，屋中一人置茗若有所待，小桥上有一老翁依杖缓行，后随抱琴人，似若应约而来。细看侧屋，则有一人正精心烹茗。画面清幽静谧，人物传神，流水似有声，静中有动。

明代丁云鹏的《玉川烹茶图》，画面是花园的一角，两棵高大巴蕉下的假山前坐着主人卢仝——玉川子，一个老仆人提壶取水而来，另一老仆人双手端来捧盒。卢仝身边石桌上放着待用的茶具，他左手持羽扇，双目凝视熊熊炉火上的茶壶，壶中松风之声隐约可闻。那种悠闲自得的情趣跃然画面。

清代画家薛怀的《山窗洪供》图，清远透逸，别具一格。画中有大小茶壶及茶盏各一，自题五代胡峤诗句："沾牙旧姓余甘氏，破睡当封不夜侯"，并有当时诗人朱星诸所题诗一首："洛下备罗案上，松陵兼列径中，总待新泉治火，相从栩栩清风。"此画用笔勾勒，明暗向背，十分朗豁，立体感强，极似现代素描画。

现存的北宋妇女烹茶画像砖是与茶有关的雕刻作品之一。这块画像砖刻的是一高髻妇女，身穿宽领长衣裙，正在长方炉灶前烹茶。她两手精心擦拭茶具，凝神专注，目不旁顾。炉台上放着茶碗和带盖执壶，整个画面造型优美古雅，风格独特。

日本的绘画艺术受中国的影响很深。日本以茶为题村的绘画也仿自中国，但有创新。如《明惠上人图》就是一例。明惠上人即日本僧人高辨，他在日本栽植第一株茶树，对中国的饮茶在日本的传播起了相当大的影响。在《明惠上人图》上，明惠坐禅松林之下，塑造成一个不朽的形象。在北欧和美洲，到了18世纪，饮茶也已成为风尚，一些画家就常以饮茶情景作为题材，而且出现了一些著名的作品。

历史告诉我们，绘画艺术与茶有密切联系。就是在现代摄影艺术中，与茶的联系也相当广泛，许多摄影师以茶为题材，拍摄了不少优秀作品。特别在一些名山拍摄的采茶画面，将山水峰岩、松竹花木和茶园融为一体，益发增添了茶区景色的诗情画意。

（三）茶与礼俗

茶与婚礼的关系，简单来说，就是在结婚中应用、吸收茶叶或茶文化作为礼仪的一部分。其实，茶文化的浸渗或吸收到婚礼之中，是与我国饮茶的约定成俗和以茶待客的礼仪相联系的。

旧时，男娶女嫁时，男方要送一定的彩礼给女方。

由于婚姻事关男女的一生幸福，所以，以大多数男女的父母来说，彩礼虽具有一定的经济价值，但更重视和更多的还是那些消灾祐福的吉祥之物。茶在我国各族的彩礼中，有着特殊的意义。这一点，明人郎瑛在《七修类稿》中，有这样一段说明："种茶下子，不可移植，移植则不复生也，故女子受聘，谓之吃茶。又聘以茶为礼者，见其从一之义。"从中可以看到当时彩礼中的茶叶，已非像米、酒一样，只是作为一种日常生活用品列选，而是赋予了封建婚姻中的"从一"意义，从而作为整个婚礼或彩礼的象征而存在了。这就是说，茶在我国古代的婚礼中，经历过日常生活的"一般礼品"和代表整个婚礼、彩礼的"重要礼品"这样两个阶段。

宋期是我国理学或道学最兴盛的时期。元朝统治者也推崇理学为"国是"，鼓吹"存天理，灭人欲"，所以，要求妇女嫁夫、"从一而终"的道德观，不会是宋朝以前，很可能是南宋和元朝这个阶段，由道学者们倡导出来的。我国古代种茶，如陆羽《茶经》所说："凡艺而不实，植而罕茂"，由于当时受科学技术水平的限制，一般认为茶树不宜移栽，故大多采用茶籽直播种茶。

但是，也如《茶经》所说，我国古人只是认为茶树"植而罕茂"，并不认为茶树不可移植。可是，道学者们为了把"从一"思想也贯穿在婚礼之中，就把当时种茶采取直播的习惯说为"不可移植"，并在众多的婚礼用品中，把茶叶列为必不可少的首要礼物，以致使茶获得象征或代表整个婚礼的含义了。如今我国许多农村仍把订婚、结婚称为

“受茶”、“吃茶”，把订婚的定金称为“茶金”，把彩礼称为“茶礼”等，即是我国旧时婚礼的遗迹。

（四）茶与祭祀

祭祀是我国古代社会中较婚礼更为经常的一种礼制和生活内容。那么，茶是什么时候开始用来作祭的呢？一般认为，茶是在被用作饮料以后，才派生出一系列的次生文化的。这也即是说，只有在茶叶成为日常生活用品之后，才慢慢被用诸或吸收到我国礼制包括丧礼之中。我国随葬用的明器，《释名》称“送死之器”，主要是一些“助生送死，追思终副”的物品。至于祭礼，如东汉阮瑀在七哀诗中所吟：“嘉肴设不御，旨酒盈觞杯”，都是死者生前享用和最喜欢吃的那些东西。在上引诗句中，可以约略看出，我国大致在东汉时，至少这时的北方，还没有用茶来作祭礼。

我国以茶为祭，是在以茶待客后，大致是两晋以后才逐渐兴起的。从文献记载来看，如唐代韩愈“……礼贤，方闻置茗；晋臣爱客，才有分茶”，我国以茶待客、以茶相赠，最初是流行于三国和两晋的江南地区。因此，茶叶作为祭品，不会早于这一时期。至于用茶为祭的正式记载，则直到梁萧子显撰写的《南齐书》中才始见及。该书《武帝本纪》载，永明十一年（公元 493 年）七月诏：“我灵上慎勿以牲为祭，唯设饼、茶饮、干饭、酒脯而已，天上贵贱，咸同此制。”齐武帝萧颐，是南朝比较节俭的少数统治者之一。这里他遗嘱灵上唯设饼、茶一类为祭，是现存茶叶作祭的最早记载，但不是以茶为祭的开始。在丧事纪念中用茶作祭品，当最初创始于民间，萧颐则是把民间出现的这种礼俗，吸收到统治阶级的丧礼之中，鼓励和推广了这种制度。

把茶叶用作丧事的祭品，只是祭礼的一种。我国祭祀活动，还有祭天、祭地、祭祖、祭神、祭仙、祭佛，不可尽言。茶叶之用于这些祭祀的时间，大致也和上述的用于丧事的时间相差不多。如晋《神异记》中有这样一个故事：余姚有个叫虞洪的人，一天进山采茶，遇到一个道士，把虞洪引到瀑布山，说：我是丹丘子（传说中的仙人），听说你善于煮饮，常常想能分到点尝尝。山里有大茶树，可以相帮采摘，希望他日有剩茶时，请留一点给我。虞洪回家以后，“因立奠祀”，每次派家人进山，也都能得到大茶叶。另《异苑》中也记有这样一则传说：剡县陈务妻，年轻时和两个儿子寡居。她好饮茶，院子里面有一座古坟，每次饮茶时，都要先在坟前浇点茶奠祭一下。两个儿子很讨厌，说“古坟知道什么？白费心思。”要把坟挖掉，母亲苦苦劝说才止住。一天夜里，得一梦，见一人说：“我埋在这里三百多年了，你两个儿子屡欲毁坟，蒙你保护，又赐我好茶，我虽已是地下朽骨，但不能忘记，稍作酬报。”天亮，在院子中发现有十万钱，看钱似在地下埋了很久，但穿的绳子是新的。母亲把这事告诉两个儿子后，二人很惭愧，自此祭祷更勤。透过这些故事，不难看出在两晋南北朝时，茶叶已开始广泛地用于各种祭祀活动了。

不过，上面讲的例子，都是发生在南方的事，至于在黄河流域和北方一带，广泛用茶为祭品的时期，一般认为是在隋唐统一全国，特别是唐代中期北方饮茶风行之后。这一点，从唐代的贡茶制度中也能多少看出一点。贡茶是专门进奉宫廷御用的茶叶。我国茶叶作为方物，进贡的历史甚早；但是，专门设立贡茶基地——贡焙，还是唐代中期才出现的事情。唐朝的茶叶，如郑谷《蜀中》诗句描写的“蒙顶茶畦千点露，浣花笺纸一溪春”；由于小气候的关系，蒙顶山上的茶叶，被誉为“天下第一”，每年也入贡。但是，由于蒙顶茶数量少，蜀道难行，所以，唐代的贡焙还是设在紧挨运河和国道线上的常州宜兴和湖州长兴相界的顾渚。其所以把贡焙选定在宜兴、长兴二县，与这里所出茶叶质量较好有一定关系，但主要的，还如李郢的诗句所吟："一月五程路四千，到时须及清明宴"要赶在清明前面贡到。"清明宴"是清明祭祀结束以后的宴请活动，所以，"须及清明宴"是假，要赶上清明的祭祀是真。由此，虽不能分辨北方是宫廷还是民间以茶作祭为先，但至少从上述贡茶制度中可以看出，唐代中期时，北方对应用茶来作祭礼，也差不多已与南方同样重视。

（五）茶与歌舞

茶歌、茶舞同茶与诗词的情况一样，是由茶叶生产、饮用这一主体文化派生出来的一种茶叶文化现象。它们的出现，不只是在我国歌舞发展的较迟阶段上，也是我国茶叶生产和饮用形成为社会生产、生活的经常内容以后才见的事情。从现存的茶史资料来说，茶叶成为歌咏的内容，最早见于西晋的孙楚《出歌》，其称"姜桂茶荈出巴蜀"，这里所说的"茶荈"，就都是指茶。

从皮日休《茶中杂咏序》"昔晋杜育有荈赋，季疵有茶歌"的记述中，得知的最早茶歌是陆羽茶歌。但可惜，这首茶歌也早已散佚。不过，有关唐代中期的茶歌，在《全唐诗》中还能找到如皎然《茶歌》、卢仝《走笔谢孟谏议寄新茶》、刘禹锡《西山兰若试茶歌》等几首。尤其是卢仝的茶歌，常见引用。在我国古时，如《尔雅》所说："声比于琴瑟曰歌"；《韩诗章句》称："有章曲曰歌"，认为诗词只要配以章曲，声之如琴瑟，则其诗也亦歌了。

卢仝《走笔谢孟谏议寄新茶》在唐代是否作歌？不清楚；但至宋代，如王观国《学林》、王十朋《会稽风俗赋》等著作中，就都称"卢仝茶歌"或"卢仝谢孟谏议茶歌"了，这表明至少在宋代时，这首诗就配以章曲、器乐而唱了。宋时由茶叶诗词而传为茶歌的这种情况较多，如熊蕃在十首《御苑采茶歌》的序文中称："先朝漕司封修睦，自号退士，曾作《御苑采茶歌》十首，传在人口……蕃谨抚故事，亦赋十首献漕使。"这里所谓"传在人口"，就是歌唱在人民中间。

上面所述，是由诗为歌，也即由文人的作品而变成民间歌词的。茶歌的另一种来源，是由谣而歌，民谣经文人的整理配曲再返回民间。如明清时杭州富阳一带流传的《贡茶鲥鱼歌》，即属这种情况。这首歌是正德九年（1514 年）按察佥事韩邦奇根据《富阳谣》改编为歌的。其歌词曰："富阳山之茶，富阳江之鱼，茶香破我家，鱼肥卖我儿。采茶妇，捕鱼夫，官府拷掠无完肤，皇天本圣仁，此地一何辜？鱼兮不出别县，茶兮不出别都，富阳山何日摧？富阳江何日枯？山摧茶已死，江枯鱼亦无，山不摧江不枯，吾民何以苏！"歌词通过一连串的问句，唱出了富阳地区采办贡茶和捕捉贡鱼，百姓遭受的侵扰和痛苦。后来，韩邦奇也因为反对贡茶触犯皇上，以"怨谤阻绝进贡"罪，被押囚京城的锦衣狱多年。

（六）茶与戏曲

我国是茶叶文化的肇创国，也是世界上唯一由茶事发展产生独立的剧种——"采茶戏"的国家。所谓采茶戏，是流行于江西、湖北、湖南、安徽、福建、广东、广西等省区的一种戏曲类别。在各省，每每还以流行的地区不同，而冠以各地的地名来加以区别。如广东的"粤北采茶戏"，湖北的"阳新采茶戏"、"黄梅采茶戏"、"蕲春采茶戏"等。这种戏，尤以江西较为普遍，剧种也多。如江西采茶戏的剧种，即有"赣南采茶戏”、“抚州采茶戏”、“南昌采茶戏”、“武宁采茶戏”、“赣东采茶戏”、“吉安采茶戏”、“景德镇采茶戏”和“宁都采茶戏”等。这些剧种虽然名目繁多，但它们形成的时间，大致都在清代中期至清代末年的这一阶段。

采茶戏是直接由采茶歌和采茶舞脱胎发展起来的。如采茶戏变成戏曲，就要有曲牌，其最早的曲牌名，就叫“采茶歌”。再如采茶戏的人物表演，又与民间的“采茶灯”极其相近。茶灯舞一般为一男一女或一男二女；所以，最初的采茶戏，也叫“三小戏”，亦是二小旦、一小生或一旦一生一丑参加演出的。另外，有些地方的采茶戏，如蕲春采茶戏，在演唱形式上，也多少保持了过去民间采茶歌、采茶舞的一些传统。其特点是一唱众和；即台上一名演员演唱，其他演员和乐师在演唱到每句句末时，和唱“啊嗬”、“咿哟”之类的帮腔。演唱、帮腔、锣鼓伴奏，使曲调更婉转，节奏更鲜明，风格独具，也更带泥土的芳香。因此，可以这样说，如果没有采茶和其他茶事劳动，也就不会有采茶的歌和舞；如果没有采茶歌、采茶舞，也就不会有广泛流行于我国南方许多省区的采茶戏。所以，采茶戏不仅与茶有关，而且是茶叶文化在戏曲领域派生或戏曲文化吸收茶文化形成的一种灿烂文化内容。

二、茶道

茶饮具有清新、雅逸的天然特性，能静心、静神，有助于陶冶情操、去除杂念、修炼身心，这与提倡“清静、恬澹”的东方哲学思想很合拍，也符合佛、道、儒的“内省修行”思想，因此我国历代社会名流、文人骚客、商贾官吏、佛道人士都以崇茶为荣，特别喜好在品茗中吟诗议事、调琴歌唱、弈棋作画，以追求高雅的享受。

“茶道”是一种以茶为媒的生活礼仪，也被认为是修身养性的一种方式，它通过沏茶、赏茶、饮茶，增进友谊，美心修德、学习礼法，是很益的一种和美仪式。茶道最早起源于中国。中国人至少在唐或唐以前，就在世界上首先将茶饮作为一种修身养性之道，唐朝《封氏闻见记》中就有这样的记载：“茶道大行，王公朝士无不饮者。”这是现存文献中对茶道的最早记载。

茶道是以修行得道为宗旨的饮茶艺术，包含茶艺、礼法、环境、修行四大要素。茶艺是茶道的基础，是茶道的必要条件，茶艺可以独立于茶道而存在。茶道以茶艺为载体，依存于茶艺。茶艺重点在“艺”，重在习茶艺术，以获得审美享受；茶道的重点在“道”，旨在通过茶艺修心养性，参悟大道。茶艺的内涵小于茶道，茶道的内涵包容茶艺（图 8-1）。茶艺的外延大于茶道，其外延介于茶道与茶文化之间（图 8-2）。

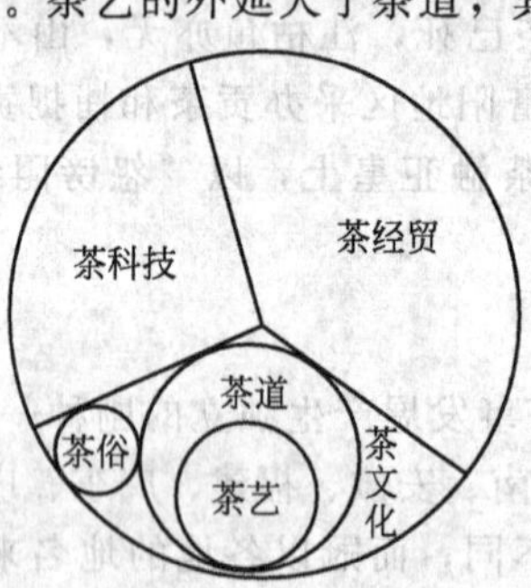

图 8-1　茶艺、茶道、茶文化、茶学内涵关系图

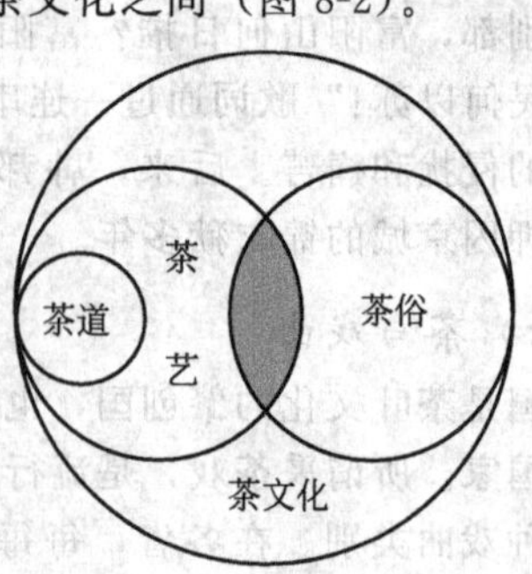

图 8-2　茶艺、茶道、茶俗、茶文化外延关系图

三、茶德

所谓茶德，简言之，是指饮茶人的道德要求。进一步而言，是将茶艺的外在表现形式上升为一种深层次、高品位的哲学思想范畴，追求真善美的境界和道德风尚。唐代的陆羽在《茶经》中说："茶之为用，味至寒，为饮最宜精行俭德之人。"将茶德归之于饮茶人的应具有俭朴之美德，不单纯将饮茶看成仅仅是为满足生理需要的饮品。唐末刘贞德在《茶十德》一文中扩展了"茶德"的内容："以茶利礼仁"，"以茶表敬意"，"以茶可雅心"，"以茶可行道"，提升了饮茶的精神要求。包括了人的品德修养，并扩大到和敬待人的人际关系上去。中国首创的"茶德"观念在唐宋时代传入日本和朝鲜后，产生巨大影响并得到发展。日本高僧千利休提出的茶道基本精神"和、敬、清、寂"，本质上就是通过饮茶进行自我思想反省，在品茗的清寂中拂除内心尘埃和彼此间的介蒂，达到和敬的道德要求。朝鲜茶礼倡导的"清、敬、和、乐"，强调"中正"精神，也是主张纯化人的品德的中国茶德思想的延伸。中国当代茶学专家庄晚芳提出的"廉、美、和、敬"，程启坤和姚国坤先生提出的"理、敬、清、融"，台湾学者范增平先生提出的"和、俭、静、洁"，林荆南先生提出的"美、健、性、伦"等，是在新的时代条件下因茶文化的发展与普及，从不同的角度阐述饮茶人的应有的道德要求，强调通过饮茶的艺术实践过程，引导饮茶人完善个人的品德修养，实现人类共同追求和谐、健康、纯洁与安乐的崇高境界。

第九章
典藏历史与酒香的酒文化

【饮食智言】

人生得意须尽欢，莫使金樽空对月。

——唐·李白

酒，含酒精（即乙醇），由糖分发酵而成。酒有药用价值，可舒张血管、健脾驱风、疏通筋络、消除疲劳。酒是人生的伴侣，人们经常以酒敬友、以酒宴客、以酒饯行、以酒庆功、以酒作诗、以酒绘画、以酒助兴等。可以说酒已深入到人们生活的各个领域，与人类政治、经济、文化活动密不可分。酒所构成的色彩斑斓的酒文化，折射出该民族的文化特点。

第一节　酒文化的渊源

一、酒的起源与发展

酒的起源可以追溯到史前时期。人类酿酒的历史约始于距今 4 万～5 万年前的旧石器时代“新人”阶段。当时人类有了足以维持基本生活的食物，从而有条件去模仿大自然的酿酒过程。人类最早的酿酒活动，只是机械地简单重复大自然的自酿过程。最初的酒是含糖物质在酵母菌的作用下自然形成的有机物。在自然界中存在着大量的含糖野果，在空气里、尘埃中和果皮上都附着有酵母菌。在适当的水分和温度等条件下，酵母菌就有可能使果汁变成酒浆，自然形成酒。

真正称得上有目的的人工酿酒生产活动，是在人类进入新石器时代，出现了农业之后开始的。这时，人类有了比较充裕的粮食，尔后又有了制作精细的陶制器皿，这才使得酿酒生产成为可能。根据对出土文物的考证，约在公元前 6000 年，美索不达米亚地区就已出现雕刻着啤酒制作方法的黏土板。公元前 4000 年，美索不达米亚地区已用大麦、小麦、蜂蜜等制作了 16 种啤酒。公元前 3000 年，该地区已开始用苦味剂酿造啤酒。公元前 5000～公元前 2300 年，中国仰韶文化时期已出现耕作农具，即出现了农业，这为谷物酿酒提供了可能。《中国史稿》认为，仰韶文化时期是谷物酿酒的“萌芽”期。当时是用糵（发芽的谷粒）造酒。公元前 2800～公元前 2300 年的中国龙山文化遗址出土的陶器中，有不少尊（同樽，盛酒的器具）、盉（古代温酒的铜制器具，形状象壶，有三条腿）、高脚杯、小壶等酒器，反映出酿酒在当时已进入盛行期。中国早期酿造的酒多属于黄酒。

中国是世界上最早酿酒的国家之一。在古代，往往将酿酒的起源归于某人的发明，把这些人说成是酿酒的祖宗，由于影响非常大，以致成了正统的观点。对于这些观点，宋代《酒谱》曾提出过质疑，认为“皆不足以考据，而多其赘说也”。这虽然不足于考据，但作为一种文化认同现象，不妨介绍于下。

① 仪狄酿酒。相传夏禹时期的仪狄发明了酿酒。公元前二世纪史书《吕氏春秋》云："仪狄作酒。"汉代刘向编辑的《战国策》则进一步说明："昔者，帝女令仪狄作酒而美，进之禹，禹饮而甘之曰：后世必有饮酒而亡国者。遂疏仪狄而绝旨酒。"

② 杜康酿酒。另一则传说认为酿酒始于杜康（亦为夏朝时代的人）。东汉《说文解字》中解释"酒"字的条目中有："杜康作秫（高粱）酒。"

③ 酿酒始于黄帝时期。另一种传说则表明在黄帝时代人们就已开始酿酒。汉代成书的《黄帝内经·素问》中记载了黄帝与歧伯讨论酿酒的情景，《黄帝内经》中还提到一种古老的酒——醴酪（醴是甜酒，酪是动物乳汁），即用动物的乳汁酿成的甜酒。黄帝是中华民族的共同祖先，很多发明创造都出现在黄帝时期。《黄帝内经》一书实乃后人托名黄帝之作，其可信度尚待考证。

④ 酒与天地同时。更带有神话色彩的说法是"天有酒星，酒之作也，其与天地并矣"。

这些传说尽管各不相同，大致说明酿酒早在夏朝或者夏朝以前就存在了，这是可信的，并已被考古学家所证实。夏朝距今约四千多年，而目前已经出土了距今五千多年的酿酒器具（《新民晚报》1987 年 8 月 23 日载文"中国最古老的文字在山东莒县发现"，其副标题为"同时发现五千年前的酿酒器具"）。这一发现表明：我国酿酒起码在五千年前已经开始。在远古时代，人们可能先接触到某些天然发酵的酒，然后加以仿制。这个过程可能需要一个相当长的时期。

1. 黄酒

黄酒是我国最古老的传统酒，其起源与我国谷物酿酒的起源相一致，至今约有八千年的历史。它是以大米等谷物为原料，经过蒸煮、糖化和发酵、压滤而成的酿造酒。黄酒中的主要成分除乙醇和水外，还有麦芽糖、葡萄糖、糊精、甘油、含氮物、醋酸、琥珀酸、无机盐及少量醛、酯与蛋白质分解的氨基酸等，其特点是具有较高的营养价值，对人体有益。因此无论是从振奋民族精神、继承民族珍贵遗产，还是从药用价值、烹调价值和营养价值来讲，黄酒都应该成为我国的第一饮料酒，也是我国最有发展前途的酒种之一。现在市场上黄酒的种类很多，按原料、酿造方法的不同主要可归纳为：金华酒、绍兴酒、黍米黄酒（以山东即墨老酒为代表）和红曲黄酒（以浙南、福建、台湾为代表）。

距今 11000 年前的金华浦江上山文化出土的陶罐酒具揭开了金华酒的发端。金华酒，在中国酿酒史上，曾是名扬大江南北，广受人们宠爱的佳酿美酒，不仅有过辉煌的历史，而且对中国酒特别是黄酒的提高、丰富和发展，作出过重大的贡献。

"家资陶令酒，月俸沈郎钱。"这是唐代诗人韩翃《送金华王明府》诗中的描述，是至今能见到的有关金华酒的最早记载和吟咏。其实一种地方风物，要传到知名的程度，其时空跨越必已很久。我国古代酿酒和饮酒都有专用酒具和酒器。从婺州窑和古墓葬的发掘考古得知，还在西周早期，这里已出产通体施青釉的酒樽了。之后褐釉酒盉和执壶相继问世。春秋战国时期，青黄色釉酒盅已成平常酒器。三国时，婺州窑烧制的大型瓷酒罍国内罕见。20 世纪 80 年代，婺州古瓷在北京故宫博物馆展出，轰动了京城。中国民俗学之父钟敬文赞叹道："说金华在这里开了半个中国酒文化展览会并不过分。"从史料考证，金华酒的起源完全可追溯到 3500 多年前的商代初期，这在全国谷物酿酒史上确属较早的地区之一。

农业生产的发展，是酒和酒文化发展的根基。《尚书·说命篇》中道："若作酒醴，尔维曲蘖。"我国早期的酒，都用曲蘖酿造。蘖即是麦芽和谷芽，是酿酒的糖化剂；曲则能同时起糖化和酒化的作用。古代婺州"白醪酒"用白曲加蓼草汁水促发酵、增辛辣，是一大进步。古人昵称为"蓼草水"，酒醉就谓之"蓼草水灌醉"。后来发现白醪酒三日而酸，七日而败，经过逐步改进，首创了泼清、沉滤等工艺，提高了酒汁，延长了存贮期。

唐初，金华酒以糯米白蓼曲酿者为首席名酝。"殷勤倾白酒，相劝有黄鸡"，"白醪充夜酌，红粟备晨炊"，就是对此的艺术写照。唐代婺州窑已生产行酒令游戏的"投壶"，民间劝酒风俗可见一斑。酒器中容量更大的酒碗，施乳浊釉呈天青月白色，具玉质感，中唐时已较多见，可知民风尚酒之盛。此时酒色清纯、甘醇似饴的"瀫溪春"金华酒已驰誉江南各都会。后来成了首运长安的婺州名酿，以品质上乘成为大唐"春"酒宝库中的佼佼者。

唐代中叶，红曲在福建问世，很快传至金华。因其糖化力、酒精发酵力胜过白曲，且酒液色、味袭人，酒力持久，更为酒人所青睐。诗人李贺"小槽滴酒真珠红"，《苕溪渔隐丛话》里的"江南人家造红酒，色味两艳"就是形象的记录。不久，金华人创造性地作了红、白曲兼用的实践，创制成了既有白曲（麦曲）酒的鲜和香，又有红曲（米曲）酒的色和味风格的寿生酒。业内和史学界专家认为，今天的寿生酒工艺，是我国古法白曲酿酒和当时新兴的红曲酿酒过渡型工艺的遗存，也是古代红、白曲联合使用的一种优选技术的传承，在世界酿造史上具有里程碑的深远意义。

唐代官府都设酿酝局，官酒坊之酒专供公务饮用。"金华府酒"之名即始于此。金华府酒品质出众，名驰遐迩，是唐时的名品官酒。

五代吴越王钱镠为了偏安江南，岁岁向梁、唐、晋、汉、周各王朝进贡。金华酒被列入贡品中的定制。其中品质优异、风味独具的寿生酒占的比例很大。贡品的生产，从一个方面促进了金华酒生产的发展。

宋时，金华酒品种增多，产量更大，名气更盛。《北山酒经》说，金华酒已有泼清、中和、过滤、蒸煮、后贮及用桑叶或荷叶封坛等成熟工艺，开创了黄酒高温灭菌的先河。同期红曲米酒发展迅猛，异军突起，大有与福建沉缸酒等红曲黄酒齐驱之势。"曲生奇丽乃如许，酒母浓华当若何"，"桃花源头酿春酒，滴滴真珠红欲燃"，即咏此。其时金华酒中一种清醇如碧泉、酒力久长又能久贮名为"错认水"的酒，显名于世。《竹屿山房杂部》有所记述，其要诀是多种曲酵蓼药并用，又以枥柴灰取代石灰降酸澄滤，品质优雅，深得酒人赞许，可惜今已失传。

南宋初，蒸馏法白酒兴起，因其酒精度高、性燥烈，金华民间以"火酒"、"烧酒"称之，只在夏秋饮用，且祭典喜庆宴客诸礼均不动用，故产量相对有限。

元代时，官府将金华酒曲方和酝造方均定为"标准法"，加以推广，极大地提高了中国黄酒的酿造工艺水平，各地黄酒发展趋快，金华酒业亦更为兴旺。其时名医朱丹溪在《野客丛书》里也对金华义乌白字酒加以品评推崇和赞美。由此看来，白字酒的起源演变，至今也已有近700年的历史了。

明代，金华酒更为风靡全国。《客座赘语》记道："京都士大夫所用，惟金华酒。"《弇州山人四部稿》中说："金华酒，色如金，味甘而性纯。"李时珍在《本草纲目》中引用汪颖《药物本草》的话说："入药用东阳酒最佳，其酒自古擅名……饮之至醉，不头痛，不口干，不作泻；其水称之，重于他水。邻邑所造，俱不然，皆水土之美也。"李时珍诠释道："东阳酒即金华酒，古兰陵也。李太白诗所谓'兰陵美酒郁金香'即此，常饮入药俱良。"

明清以来，金华酒进入"曲米酿得春风生，琼浆玉液泛芳樽"的中国黄酒状元时期，引导着华夏黄酒潮流。金华酒誉播四方，清代中叶以前声名多在绍兴酒之上。《曲本草》、《事林广记》、《名酒记》、《曲洧旧闻》等都有记述。张雨诗云："恰有金华一樽酒，且置茅家双玉瓶。"柳贯诗云："溪酿独称双酝美，津船才许一帆通。"钱惟善诗云："故人远送东阳酒，野客新开北海樽；不用寻梅溪上路，春风吹与满乾坤。"从多侧面讴歌了金华酒的神奇风韵。袁枚在《随园食单》里评析道："金华酒，有绍兴之清，无其涩；有女贞之甜，无其俗。亦以陈者为佳，盖金华一路水清之故也。"《浙江通志》说："俗人因其水好，竞选酒。一种清香远达，入门就闻，天香风味，奇绝。"光绪《金华县志》引录宋人周密《武林旧事》所记："近时京师嘉尚语云：'晋字金华酒，围棋左传文'。"明冯时化《酒史》对此也有记述和赞评。此外，历史上金华的三白酒、桑落酒、顶陈酒、花曲酒、甘生酒等品牌，都各有千秋，汇聚成了金华酒的整体实力和艺术魅力，成为浙江酒的主力军，久传不衰，故又有"浙酒"美称。

2. 白酒

我国是制曲酿酒的发源地，有着世界上独创的酿酒技术。日本东京大学名誉教授坂口谨一郎曾说中国创造酒曲，利用霉菌酿酒，并推广到东亚，其重要性可与中国的四大发明媲美。白酒是用酒曲酿制而成的，为中华民族的特产饮料，又为世界上独一无二的蒸馏酒，通称烈性酒，对中国政治、经济、文化和外交等领域发挥着积极作用。

白酒起源于何时？何人始创？迄今说法尚不一致。商代甲骨文中已有"醴"字。淮南子说："清醴之美，始于耒耜。"《尚书说命》记载："若作酒醴，尔为麯糵。"最早的文献记录是"鞠糵"，发霉的粮食称鞠，发芽的粮食称糵，从字形看都有米字。米者，粟实也。由此得知，最早的鞠和糵，都是粟类发霉、发芽而成的。以后用麦芽替代了粟芽，糵与麯的生产方式分家以后，用糵生产甜酒（醴）。商、周一千多年到汉朝，糵酒还很盛行。北魏时用穀芽酿酒，所以在《齐民要术》内无糵麯的叙述。1636 年宋应星著《天工开物》内说："古来麯造酒，糵造醴，后世厌醴味薄，逐至失传。"据周朝文献记载，麯糵可作酒母解释，也可解释为"酒"。例如杜甫《归来》诗里有"恁谁给麯糵，细酌老江乾"；陈騊声有"深深麯糵日方长"的诗句，这里"麯糵"也是指"酒"。

麯在《辞源》的解释为"酒母"，酿酒或制酱的发酵物，亦作"鞠"。"麯"或"鞠"的简化字为"曲"。酒曲的发展，经过不断地技术改良，由散曲发展到饼曲，终于形成了大曲和小曲。大曲中主要微生物是曲霉，适宜于北方天气寒冷的各省。制造大曲的原料为大麦、豌豆或小麦，例如前者为汾酒和西凤酒大曲，后者为茅台和泸州酒曲等。因制曲原料为麦类，常称为麦曲；其形状似砖，又称砖曲；其曲块大和用曲量多，通称大曲，用于酿造我国的传统工艺名优白酒。小曲酒主要微生物是根霉和毛霉，南方亚热带气候温暖，有利于生产小曲及其小曲酒。制造小曲的原料为大米或稻糠，有的加入中草药，如邛崃米曲、董酒米曲；有的不用中草药，如厦门白曲、稗木镇糠曲等。

白酒所应用的酒曲，大概可分为小曲、大曲和麸曲三类。小曲到南北朝时，已相当普遍生产，到了宋代时又有重要的改进，其根霉小曲成了世界最好的酿酒菌种之一。这种根霉小曲传播很广，如朝鲜、越南、老挝、柬埔寨、泰国、尼泊尔、不丹、马来西亚、新加坡、印度尼西亚、菲律宾和日本都有根霉小曲酿酒，产品受到外国人民的青睐。

麸曲是方心芳先生研究高粱酒的改良，提倡用曲霉制造酒曲，又称快曲，因制曲时间短而得名。制曲后，麸曲直接作为糖化剂，一般用量较大，仍有误称为大曲。酿酒必先制曲，好曲酿出好酒，这是培养有益菌类，利用自然界或人工分离的微生物分泌出许多复杂的酶，利用它的化学性能来完成的。

白酒在唐朝又称为烧酒，历代诗句中常出现烧酒。白香山有诗云："荔枝新熟鸡冠色，烧酒初开琥珀香"；雍陶亦有诗云："自到成都烧酒熟，不思身更入长安"，可见当时的四川已生产烧酒。古诗中又常出现白酒，例如李白的"白酒新熟山中归"；白居易的"黄鸡与白酒"，说明唐朝的白酒就是烧酒，亦名烧春。研究白酒的起源，必先以蒸馏器为佐证。方心芳先生认为宋朝已有蒸馏器（《自然科学史》6 卷 2 期，1987 年），但他在 1934 年时曾说我国唐代即有蒸馏酒（《黄海化学工业研究社调查报告》第 7 号）。1975 年在河北承德市青龙县出土的金代铜质蒸馏器，其制作年代最迟不超过 1161 年的金世宗时期（南宋孝宗时）。

新中国成立以来，白酒行业迅速发展。从白酒质量看，1952 年全国第一届评酒会评选出全国八大名酒，其中白酒 4 种，称为中国四大名酒。随后连续举行至第五届全国评酒会，共评出国家级名酒 17 种，优质酒 55 种。1979 年全国第三届评酒会开始，将评比的酒样分为酱香、清香、浓香、米香和其他香 5 种，称为全国白酒五大香型，嗣后其他香发展为芝麻香、兼香、凤型、豉香和特型 5 种，共计称为全国白酒十大香型。从白酒工艺看，它的生产可分小曲法、大曲法、麸曲法和液态法（新工艺白酒），以传统固态发酵生产名优白酒；新工艺法生产的为普遍白酒，已占全国白酒总产量 70%。从白酒发展看，全国酿酒行业的重点，在鼓励低度的黄酒和葡萄酒，控制白酒生产总量，以市场需求为导向，以节粮和满足消费为目标，以认真贯彻"优质、低度、多品种、低消耗、少污染和高效益"为方向。

白酒是我国世代相传的酒精饮料，通过跟踪研究和总结工作，对传统工艺进行了改进，如从作坊式操作到工业化生产，从肩挑背扛到半机械作业，从口授心传、灵活掌握到有文字资料传授。这些都使白酒工业不断得到发展与创新，提高了生产技术水平和产品质量，一批厂家成为我国酿酒的大型骨干企业，为国家做出了重要的贡献。我们应继承和发展这份宝贵的民族特产，弘扬中华民族的优秀酒文化，使白酒行业发扬光大。

国家第一届～第五届评酒会评选的名优白酒介绍如下。

（1）第一届评酒会　时间：1952 年。地点：北京。参评酒种：103 种。

结果：共评出 8 大名酒，其中白酒占 4 种，为茅台酒、泸州大曲、汾酒、西凤酒。

（2）第二届评酒会　时间：1963 年。地点：北京。参评酒种：196 种，分白酒、啤酒、果酒、黄酒 4 个组评比。

① 国家名酒：共 18 种，其中白酒为 8 种，为五粮液（四川宜宾）、古井贡酒（安

徽亳县)、泸州老窖特曲（四川泸州)、全兴大曲（四川成都)、茅台（贵州仁怀)、西凤酒（陕西凤翔)、汾酒（山西杏花村)、董酒（贵州遵义)。

② 国家优质酒：共27种，其中白酒占9种，为双沟大曲、龙滨酒、德山大曲、全州湘山酒、三花酒、凌川白酒、哈尔滨高粱糠白酒、合肥薯干白酒、沧州薯干白酒。

(3) 第三届评酒会　时间：1979年。地点：大连市。参评酒种313种。

18种全国名酒中白酒占8种：茅台酒、汾酒、五粮液、剑南春、古井贡酒、洋河大曲、董酒、泸州老窖大曲酒。

47种优质酒中，白酒占18种：西凤酒、宝丰酒、古蔺郎酒、松滋白云边酒、常德武陵酒、双沟大曲酒、淮北口子酒、邯郸丛台酒、全州湘山酒、桂林三花酒、五华长乐烧、廊坊迎春酒、祁县六曲酒、哈尔滨高粱糠酒、三河燕潮酩、金州曲酒、双沟低度大曲酒、坊子白酒。

(4) 第四届评酒会　时间：1984年5月。地点：太原。

国家名白酒13种：茅台、汾酒、五粮液、洋河大曲、剑南春、古井贡酒、董酒、西凤酒、泸州老窖特曲、全兴大曲、双沟大曲、黄鹤楼酒、郎酒。

优质白酒27种：白云边酒、武陵酒、龙滨酒、宝丰酒、叙府大曲、德山大曲、浏阳河小曲、湘山酒、三花酒、双沟特曲、低度洋河大曲、天津低度津酒、低度张弓大曲、迎春酒、溱川白酒、大连老窖酒、六曲香酒、凌塔白酒、哈尔滨老白干、龙泉春、向阳陈曲酒、河北燕潮铭、金州曲酒、西陵特曲、中国玉泉酒、豉味玉冰烧、坊子白酒。

(5) 第五届全国评酒会　时间：1989年。地点：合肥。

17种“金质奖”的国家名酒：茅台酒、汾酒、五粮液、洋河大曲、剑南春、古井贡酒、董酒、西凤酒、泸州老窖特曲、全兴大曲、双沟大曲、特制黄鹤楼酒、郎酒、宋河粮液、沱牌曲酒、武陵酒、宝丰酒。

3. 葡萄酒

果酒是以各种果品和野生果实，如葡萄、梨、橘、荔枝、甘蔗、山楂、杨梅等为原料，采用发酵酿制法制成的各种低度饮料酒，可分为发酵果酒和蒸馏果酒两大类。果酒的历史在人类酿酒史中最为悠久，史籍中就记录着“猿猴酿酒”的传说，但那只是依靠自然发酵形成的果酒；而我国人工发酵酿制果酒的历史则要晚得多，一般认为是在汉代葡萄从西域传入后才出现的。

唐宋时期葡萄酿酒在我国已比较通行，此外还出现了椰子酒、黄柑酒、橘酒、枣酒、梨酒、石榴酒和蜜酒等品种，但其发展都未能像黄酒、白酒和配制酒那样在世界酿酒史上独树一帜，形成传统的风格。直到清末烟台张裕葡萄酿酒公司的建立，标志着我国果酒类规模化生产的开始。建国后我国果酒酿造业有了长足的发展，以最有代表性的葡萄酒为例，凡世界上较有名气的葡萄酒品种，我国均已能大量生产；以张裕、长城和王朝葡萄酒最为著名。

4. 啤酒

啤酒是以大麦和啤酒花为原料制成的一种有泡沫和特殊香味、味道微苦、含酒精量较低的酒。虽然我国在20世纪初才开始出现啤酒厂，但史书记载我国早在3200年前就有一种用麦芽和谷芽作谷物酿酒的糖化剂酿成的称为“醴”的酒，这种滋味甜淡的酒虽然那时不叫啤酒，但可以肯定它类似现在的啤酒。只是由于后人偏爱用曲酿的酒，嫌“醴”味薄，以至于这种酿酒法逐步失传，这种酒也就消亡了。近代中国人自己建立和经营了啤酒厂，如开始于1915年的北京双合盛啤酒厂和1920年的烟台醴泉啤酒厂等，但由于当时人们对啤酒的生疏与不习惯，产、销数量都寥寥无几。

新中国成立后，啤酒工业得到迅速发展，其中不少品牌的优质啤酒已远销港澳地区和欧洲、北美国家。近年来由于人们日益重视饮品的保健作用，啤酒的发展也有着品种味形多样化、口味清淡、低糖、少酒精或无酒精的趋势。我国的新型啤酒包括：黑啤酒、小麦啤酒、果味啤酒、奶酿啤酒、营养啤酒、保健啤酒、葡萄啤酒、猴头啤酒、木薯啤酒、矿泉啤酒、甜啤酒、三鞭啤酒、高粱啤酒、荞麦啤酒、蜂蜜啤酒、人参啤酒、“增维”啤酒、玉米啤酒、强力啤酒、灵芝啤酒、芦笋啤酒等多个品种。

二、酒文化的历史发展

中国是卓立世界的文明古国，中国是酒的故乡。中华民族五千年历史长河中，酒和酒类文化一直占据着重要地位。酒是一种特殊的食品，是属于物质的，但酒又融于人们的精神生活之中。酒文化作为一种特殊的文化形式，在传统的中国文化中有其独特的地位。在几千年的文明史中，酒几乎渗透到社会生活中的各个领域。首先，中国是一个以农业为主的国家，因此一切政治、经济活动都以农业发展为立足点。而中国的酒，绝大多数是以粮食酿造的，酒紧紧依附于农业，成为农业经济的一部分。粮食生产的丰欠是酒业兴衰的晴雨表，各朝代统治者根据粮食的收成情况，通过发布酒禁或开禁，来调节酒的生产，从而确保民食。

中国是酒的王国。酒，形态万千，色泽纷呈；品种之多，产量之丰，皆堪称世界之冠。中国又是酒人的乐土，地无分南北，人无分男女老少，族无分汉满蒙回藏，饮酒之风，历经数千年而不衰。中国更是酒文化的极盛地，饮酒的意义远不止生理性消费，远不止口腹之乐；在许多场合，它都是作为一个文化符号、一种文化消费，用来表示一种礼仪、一种气氛、一种情趣、一种心境。酒与诗，从来就结下了不解之缘。不仅如此，中国众多的名酒不单给人以美的享受，而且给人以美的启示与力的鼓舞。每一种名酒的发展，都包容劳动者一代接一代的探索奋斗，因此名酒精神与民族自豪息息相通，与大无畏气概紧密相接。这就是中华民族的酒魂！

我国龙山文化出土文物中发现了距今五六千年前酿酒饮用的多种器具，这表明，当时的酿酒技术已被人们所掌握。人们已脱离了自然发酵时期，进入人工制作时期，酿酒业在当时已有长足的发展。在同一时期，酒常出现在古希腊的神话里，在金字塔的随葬品中有了不少描绘酿制葡萄酒的图画；日本神话中的猿女神在天上的岩石门前跳舞时点缀有酒壶。由此可见，无论东方还是西方，早在四五千年前，酒已经形成了一定的文化，成为一种普遍的饮料。

夏商周时期是我国酒业发展的重要时期。从大量出土的夏朝陶制酒器中表明夏朝酒业生产已经相当发达，公元前21世纪的夏禹时期，我国就有了夏人仪狄造酒的故事。随着农业生产的进一步发展，采用谷物酿酒更为普遍。河南安阳殷墟就曾发掘出用于酿酒的容器“大缸”及供煮酒、饮酒用的铜器、陶器等各种酒具；在出土的商代甲骨文和钟鼎文中还有不少与酒有关的文字记载。当时将发霉或发芽的谷物即“曲蘖”分为

“曲”和“蘖”，从此，酿酒质量就有了保证，使过去的“蘖”糖化发展到边糖化边发酵的复式双边发酵工艺；制“曲”技术的产生可谓酿酒史上一次伟大的革命，是古代酿酒技术的一项伟大创造发明，为我国以后独特的固态发酵工艺的发展奠定了基础，逐渐形成我国今天的“以曲酿酒，以蘖制饴”的传统酿酒工艺。在商代十三族中，更有“长勺氏”和“尾勺氏”两个以制酒器为专业进行规模生产，表明我国的制酒工艺已经发展到专业化生产的水平。周朝时期有了专门司管酒的专职酒官，总结出了世界上最早的酿酒规程，酒类的品种也比以前有了增多。《周礼·酒正》中记载有3种酒：事酒、昔酒、清酒。事酒专指喜庆之事的用酒，昔酒专指长期贮藏过的陈酒，清酒则指经过沉清分离的净酒。春秋战国时期还出现了会稽黄酒，即如今的绍兴黄酒，历时2500年，经久不衰。

秦汉时期，制曲酿酒技术又出现了一次大的飞跃，饼曲的产生表明当时已经能够培养出糖化能力更强的根霉菌等菌种了。西汉时期，我国大部分地区已能酿制葡萄酒。汉代开始，国家正式对酒业进行管理，如颁发有关酒的酿造、征税、买卖、禁酿等法规。酒业生产从主要自给自足的生产方式进入商业化发展。魏晋南北朝时期，出现了在制曲中加入中草药料，促进霉菌和酵母菌繁殖的方法。用这种方法的优点是用曲量大大减少，故出现了“大曲”和“小曲”之分。

北魏贾思勰在《齐民要术》中具体记载了当时酿酒制曲的方法和经验：“把曲末、干蒸的米粉与少量粥和匀，捶打成硬块，破碎入瓮，封瓮，令其发酵。正月作，七月好熟，所得产品，酒色似麻油，甚酽。”这技术一直沿用至近代，比国外同类技术早1300多年。

唐宋时代，是我国文化极为发达的时期，对酿酒技术有了较多的记载，许多诗人墨客与酒结下不解之缘，酒与文学艺术有机地结合，留下了不少传世佳作，对以后的酒文化发展起着重要影响。唐人喜欢用“春”字来称呼酒，如“剑南春”、“云安曲米春”等都得益于唐人的称谓。宋人朱翼中的《北山酒经》反映了当时的制酒技术取得了进一步的发展，这时制曲不必将麦粉、米粉加热蒸煮变熟，用生料即可。培曲时只需把老曲涂在生曲团块之外，方法简单易行。这时采用的“煮酒”加热杀菌的方法比巴斯德1850年发明的巴氏消毒法还早几百年。宋代的红曲霉的发现和应用被国外同仁誉为“巧夺天工”的重大创造。

元明时期我国酿酒工艺在规模上得到进一步发展，对当时的经济影响很大，元代开始推行的榷酒法，即官家垄断酒的生产和销售，禁止百姓私酿私售；后来改为汉代时期的税酒法，即允许百姓酿酒，由官方征税。1253年，忽必烈奉蒙哥汗之命西征云南大理国，然后回军欲夺四川，蒙军大部分集结滇、黔北部和川西一带，随军的制酒工匠把蒸馏酒技术传入西南，与这些地区的发酵酒技术相结合，进一步取得工艺上的突破，加上这一带得天独厚的自然条件，美酒辈出。明代李时珍和宋应星分别在《本草纲目》和《天工开物》中详述了红曲的制作方法。

明代开始用明矾水来维持红曲所需的酸性环境，抑制非发酵菌的生长，这被誉为酿酒史上又一伟大创举。分段加水的红曲制作法，即把水分控制在足以使红曲渗入到大米内部，但又不使大米内部发生糖化或酒化的程度，从而得到“红心曲”，可谓酿酒工艺一绝。以上两大杰作对今天的微生物培养仍具有借鉴意义。

清朝两个半多世纪的发展历程中，名酒辈出，如贵州的茅台酒、山西的汾酒、四川的泸洲大曲、山东的烟台葡萄酒等至今仍负盛名。洋酒如白兰地、威士忌、啤酒等相继传人中国。值得国人自豪的是，1915年茅台酒在巴拿马万国博览会上一举获得特别金奖第一名，与白兰地和威士忌酒齐名世界三大名酒，从而奠定了中国名酒在世界上的地位。1949年以后，茅台酒被誉为“国酒”，成为我国的外交酒、礼品酒。总之，正如今人吴成国所言：“酒文化之发生和发展的历史，也是不断嬗变的中华文明史的一个缩影。”

三、酒文化与医学的联系

在古时候，由于缺医少药，医疗条件落后，我们的祖先在长期与病魔的斗争中积累了不少用酒疗伤养病的方法。酒在古代医学中发挥了重要作用。首先，古人在创造文字的时候就把酒和医联系在一起，从中可以看出酒与医关系的端倪。医，最早写作“醫”，东汉许慎在《说文解字》解释认为：“醫”，治病工也。从殹，从酉。殹，恶姿也，医之性然，得酒而使，故从酉。一曰殹，病声，酒所以治病也”。而最早酒写作“酉”，《称名》中说：“酒，酉也，酿之米曲。酉怿而味美也。”傅允生等人在《中国酒文化》一书中认为：“‘醫’字的‘医’为外部创伤；‘殳’表示以按摩、热敷、针刺等手段治疗的内科疾病；‘酉’本为盛酒之器，其含义与‘酒’相通，在这里主要表示是内服药。”由此看来，在“医”产生的源头就有“酒”相伴，酒与传统医学有着长远而紧密的联系，古人在发明文字以前就开始借助酒力治病了，并从中产生了“医源于酒”的认识。祖国医学经典医书无不记载酒的药用，如在《本草拾遗》和《本草撮要》中分别写到：酒可“通血脉，厚肠胃，散湿气，消忧发怒，宣扬畅意”；“酒通血脉，御寒气，行药势，治风寒痹痛、筋脉挛急、胸痹、心腹冷痛”，对酒的“酒为药用”作了基本概括。在屈原的《离骚》中多次出现椒酒、桂酒和菊花酒等祖国医学认为具有独道疗效的酒名。在《三国志·蜀书·关羽》中所载关羽“刮骨疗毒”时，医生劝其饮酒镇痛，“割炙引酒，言笑自若”，说明当时“酒为药用”已经达到一定水平。

明代《天工开物》中说：“其（酒）人诸般君臣与草药，少者数味，多者百味，则各土各法，亦不可殚述。”这种传统做法一直延续至现代。用药方式：一种是煮汁法，用药汁拌制曲原料；另一种方法是粉末法，将诸味药物研成粉末，加入到制曲原料中。酒曲中用药的目的，按《北山酒经》认为：“曲用香药，大抵辛香发散而已”。至于明代酒曲中大量地加中成药，并按中医配伍的原则，把药物分成“君臣佐使信”，把祖国医学理论成功地应用于酿酒工艺，这是我国古代酿酒技术的一大创举。在酒曲中使用中草药，可增进酒的香气，而且一些中草药成分可影响酒曲中微生物的繁殖，达到优化菌种的微妙作用。

在北魏时代，虽然也使用一些中草药，但是种类少，且大都是天然植物。宋代的酒曲则有了很大的改变。宋代《北山酒经》中的十几种酒曲，几乎每种都加为数不等的中草药，多者十六味。周恒刚在1964年搜集的四川邛崃药曲配方中有一例，其配方中用药达72味，合计50多千克，可配1460千克的原料。尤其注重使用芳香性的药物，常用药有：道人头、蛇麻、杏仁、白术、川芎、白附子、木香、官桂、防风、天南星、槟榔、丁香、人参、胡椒、桂花、肉豆蔻、生姜、川乌头、甘草、地黄、苍耳、桑叶、茯苓、赤豆、绿豆、辣蓼等。

第二节　酒文化的载体

一、酒礼、酒道与酒令

（一）酒礼

饮酒作为一种食的文化，在远古时代就形成了一些大家必须遵守的礼节。有时这种礼节还非常繁琐。但如果在一些重要的场合下不遵守，就有犯上作乱的嫌疑。因为如饮酒过量，人便不能自制，容易生乱，所以制定饮酒礼节就很重要。明代的袁宏道看到酒徒在饮酒时不遵守酒礼，深感长辈有责任，于是从古代的书籍中采集了大量的资料，专门写了一篇《觞政》。这虽然是为饮酒行令者写的，但对于一般的饮酒者也有一定的意义。我国古代饮酒主要有以下一些礼节。

主人和宾客一起饮酒时，要相互跪拜。晚辈在长辈面前饮酒，叫侍饮，通常要先行跪拜礼，然后坐入次席。长辈命晚辈饮酒，晚辈才可举杯；长辈酒杯中的酒尚未饮完，晚辈也不能先饮尽。

古代饮酒的礼仪约有四步：拜、祭、啐、卒爵。就是先作出拜的动作，表示敬意，接着把酒倒出一点在地上，祭谢大地生养之德；然后尝尝酒味，并加以赞扬令主人高兴；最后仰杯而尽。

在酒宴上，主人要向客人敬酒（叫酬），客人要回敬主人（叫酢），敬酒时还有说上几句敬酒辞。客人之间相互也可敬酒（叫旅酬）。有时还要依次向人敬酒（叫行酒）。敬酒时，敬酒的人和被敬酒的人都要“避席”，起立。普通敬酒以三杯为度。

中华民族的大家庭中的五十六个民族中，除了信奉伊斯兰教的回族一般不饮酒外，其他民族都是饮酒的。饮酒的习俗各民族都有独特的风格。

（二）酒道

1. 酒德

历史上，儒家的学说被奉为治国安邦的正统观点，酒的习俗同样也受儒家酒文化观点的影响。儒家讲究“酒德”两字。“酒德”两字最早见于《尚书》和《诗经》，其含义是说饮酒者要有德行，不能象夏纣王那样，“颠覆厥德，荒湛于酒”。《尚书·酒诰》中集中体现了儒家的酒德，这就是：“饮惟祀”（只有在祭祀时才能饮酒）；“无彝酒”（不要经常饮酒，平常少饮酒，以节约粮食，只有在有病时才宜饮酒）；“执群饮”（禁止民从聚众饮酒）；“禁沉湎”（禁止饮酒过度）。儒家并不反对饮酒，用酒祭祀敬神、养老奉宾，都是德行。

酒德是中华民族的优良传统，也是我国酒文化的一个重要内容。《酒戒》、《酒箴》等反复阐明饮酒“不及于乱”的道理。饮酒应有“三戒”、“五饮”。

所谓“三戒”就是：一戒饮早酒。“早酒晚茶最伤身”，不但影响一天的工作，且空腹刺激大，最伤身体。二戒饮斗酒。好胜赌酒，猜拳赌酒可以增加酬酢中的热闹气氛，但如果超过限度，就会破坏欢乐的氛围，造成损肝伤胃的结果，甚至出现意外。三戒饮连席酒。一日中赴酬数次，连席饮酒，就是酒量再好的人也往往难以支持。

所谓“五饮”，就是一饮荤酒。饮酒必须有佐酒菜肴，边饮边吃富有营养的荤菜。

二饮坐酒。要舒舒服服坐着饮喝，不可借酒装疯，狂跳欢舞。三饮慢酒。要细品慢尝，体会其味，切忌狂饮猛喝。四饮正酒。饮有注册商标的正宗酒，对来路不明的酒不饮。五饮节酒。要有节制，节制就是饮到自我感觉身心最为舒畅的程度为止。

除上面提到“三戒”、“五饮”外，还应注意“七忌”：一忌冷饮，二忌空腹饮、盛怒饮，三忌混饮，四忌强饮，五忌酒后立即洗澡，六忌孕妇饮酒或酒后房事，七忌小孩喝酒。

2. 酒文化与茶文化

酒文化与茶文化是两种截然不同的文化：酒令人糊涂，茶令人清醒。郑板桥说：“难得糊涂”；文怀沙说：“难得清醒”。只听说酗酒闹事，却不曾听说品茶打架。

醒酒的良方是饮茶。酿酒始于奴隶社会；喝茶则先于阶级社会。茶人是酒人的老前辈。冷静地平心而论，茶与酒各有千秋，即糊涂与清醒各有各的用处。

茶和茶道是中国人的一大发明。只要把茶和咖啡、可乐相对比，就会发现中国茶文化的丰富内涵。相对而言，咖啡和可乐的实用性强，而文化艺术内涵就比较薄弱。相反，无论何时，无论何地，无论什么人，只要有一杯清茶，一种超凡脱俗的艺术境界就诞生了，这就是中国茶文化的特殊魅力。一杯清茶，一缕清香，那种清雅恬淡、高洁脱俗的艺术享受，那种清静淡泊的高士情怀，不是正好体现了君子高尚纯洁的情操吗？至于品茶悟道，其中真谛，没有一定的传统文化修养是难以领会的。

酒在世界各国并不稀罕，酒文化在世界各国都有特殊意义，它反映了一个民族的文化性格和文化品位。中国酒文化也是独具中国特色的一种文化。酒是一种特殊的饮料，不喜欢酒的民族是没有激情的民族，然而，沉湎于酒的民族则是没有希望的民族。从汉字“尊”与酒的关系就可以知道酒在中国文化中的地位，体现礼仪，交流感情，祭祀、聚会都离不开酒。然而，醉酒误事的教训也很严重。在中国历史上，夏桀和商纣因嗜酒而亡国，酒成了生活靡费和政治腐败的催化剂。因此，儒家对酒的看法保持中庸，“不过量”、“不乱性”是君子对酒的态度。中国酒文化最杰出的成就可能与“诗酒相酬”有关，诗人与酒的关系演绎出了中国文化中非常动人的篇章。李白、杜甫、苏轼、陆游……在这些伟大诗人的诗词中无不洋溢着浓郁的酒香！正是他们，把中国酒文化推到了一个极致的境界。然而，中国酒文化真正可贵的究竟是什么呢？这就提出了一个“中华酒道”的问题！所谓“酒道”是一个更高层次的问题，“醉翁之意不在酒”，欧阳修的这句话揭开了谜底。中国人对于酒的情感是极其丰富的，对于酒的感受和品味是富有想象力的！所谓酒道，就是品酒悟道，要品出酒的“真味”，那就是所谓“山水之间”亦虚亦实的人生感悟。如果就事论事，只是喝滥酒，那个水平就太低俗了。苏轼的酒量很小，但他的酒道很深，他很会喝酒，也善于品酒，酒给他带来的收获也非常可观。中华酒道富有诗情画意，富有哲理，它给中国文化赋予了更多的灵性。如果对酒的妙道不能有所感悟，想完全理解中国古代的诗词文章是有困难的。如果不能够理解中国酒道，想完全进入中国人的心灵世界是不可能的！

（三）酒令

1. 酒令兴起

古代酒令，重在觞政。“酒令”之名，始见于刘向《说苑》。周代以后，鉴于夏、商穷奢极欲，制酒池肉林，激起百姓愤怒最后亡国的教训，对饮酒有了一定的限制，在王朝内设了掌管饮酒的官员“酒正”。西周晚期，又针对酒宴上醉而失礼的种种情况，设了“酒监”，并制定了“酒礼”，即宴席上饮酒的各种规矩。到春秋和战国时代，称为“觞政”，不仅在王公贵族中实行，也逐渐流传到民间，并经过演化，成为佐饮助兴的一种形式，名为酒令。酒令较之古板的觞政，是欢乐、活泼而热烈的，为群众所喜爱。久而久之，觞政渐渐湮没，酒令却流传下来。

酒令作为宴席娱乐的形式，是从唐代开始的。《窦革酒谱》载：“唐柳子厚有序饮一篇，始见其以洄沂迟驶为罚，爵之差，皆酒令之变也。”白居易诗“醉之折花枝当酒筹”，也是写好友玩筹令饮酒的事。

酒令具有很强的知识性，它的内容无所不包，它的艺术风格丰富多样。上至星辰，下至地理，详及花鸟虫鱼，细如书目章句，古今名贤毕集，四时节令具纳。酒令可运用多种修辞手段，长短不拘，妙语解颐，熔诗、词、曲、语于一炉，采典故俗语为篇什，即兴赋咏，引喻贴切，思捷神驰，流觞飞动。

酒令还具有广泛的实用性。婚丧嫁娶，寿辰贺宴，宾朋唱酬，接风饯行，节日聚餐，盛会招待，举杯敬酒，觥筹交错，酒令叠换，夸奇争胜，雅俗咸宜。

2. 雅令

酒令有雅、俗之分。筹令属于雅令。雅令的令语一般是诗词歌赋，或者俗语成语。李唐王朝是诗歌兴盛的黄金时代，也是雅令颇为流行的时代。遗憾的是唐代雅令比较繁难，流传不广，史料上又无详细记载。令人欣喜的是1980年在江苏丹徒发现了一个银质酒瓮，内装盛唐时银涂金筹令酒具一套，除令筹五十枚外，还有令旗、令纛杆、龟负酒寿筒等，酒器上刻有“力士”二字。据专家考证，这可能是唐玄宗的太监高力士订作的，或为地方官吏准备奉送高力士的。所有银令筹上都刻有令辞，“食不厌精，劝主人五分”；“驷不及舌，多语处五分”；“匹夫不可夺志也，自饮十分”；“己所不欲，勿施于人，放”；“敏而好学，不耻下问，律事五分”；“刑罚不中则民无措手足，就录事五分”等。其酒筹简正面刻有“论语玉烛”四字，说明这些酒令辞均选自孔子《论语》一书中。不难看出，以极为雅致的筹令饮酒，既可使宴席增添热烈气氛，还能使参宴者受到教益。

雅令之意便是指有一定文化水平的人所行的文雅酒令，大多是争奇斗巧的文字游戏。也是斗机智、逞才华、比试思维敏捷与否的智力比赛。自然，文人的酒令也是为了活跃气氛，以求宾主尽欢。为此目的，酒令中新颖奇巧的文字令层出不穷，包含了经史百家、诗文词曲、瘦词谚语、典故对联，以及即景等文化内容。有些酒令也确实颇具文化特色，有较高的文学欣赏价值。

(1) 字令　字的字形结构为文人们在字词令上争奇斗巧提供了广阔的舞台。字令有拆析离合、移字换形、交易增损、音义异同、像形指事等诸项。如“一字藏六字令”，举出一个字，要求能将该字分成包括本字在内共六个字，合席轮说，说不上则罚。如“章”字，即可分为“六”、“立”、“日”、“十”、“早”及“章”。“一字中有反义词令”，举一个字，要求该字是由两个反义词构成，合席轮说，说不上罚酒。如“斌”，“文”与“武”相对，“俄”，“人”与“我”相对等。“一字五行偏旁皆成字令”，每人举一字，要求这个字的上下左右加上“五行”即“金”、“木”、“水”、“火”、“土”字都可成字，如“隹”可变为锥、椎、淮、堆。还有“横竖均字之字令”、“拆字对令”等。

(2) 诗令　中国诗歌丰富，浩如烟海，借诗语为酒令自是文化人必不可少的重要形式。如"天字头古诗令"，要求每人吟诗一首，起句第一字必须是"天"字；"春字诗令"，每人吟诗一句，要求"春"字在句首，或依次排序而下；"七平七仄令"，每人吟七言诗一句，要求七个字都是平声字或仄声字。在诗语令中还有雅对一格，要求更严，难度更大，普通人根本不敢问津。有些酒令是极难的，但难中更见才情，令人叹赏。

3. 俗令

唐时宴席中，不只有筹令一类的雅令，还有划拳一类的俗令。据《胜欲篇》载："唐皇甫嵩手势酒令，五指与手掌指节有名，通呼五指为'五峰'。"《窦革酒谱》也有"五代王章史肇之，燕有手势令，此皆富贵逸居之所直"。看来，猜拳最迟也始于唐代。由于这种酒会比较简单易学，至今仍流行于民间，不过对五指的称谓随着时代而变化，玩法也多种多样。俗令大致可分为拳令、骰令和通令三种。

(1) 拳令　又叫划拳、猜枚、猜拳、拇战，乃是最常见的酒令，适用面广，不受文化高低的限制，技巧性较强，并留有斗智余地，而且划拳高声喊叫，最易使人兴奋，极具竞争性。拳令花样很多，最常见为两人对猜；此外还有"擂台拳"，即自饮一杯，高坐宣战；"空拳"，即两人划拳不饮酒，让席间其他人饮酒，若平局便让左右邻饮酒，若所出手指和所叫数目相同，名为"手口相逢"，大家共饮，猜中则不算；"通关拳"，一人分别与席中每个人划拳，犹如闯关一般，方法分别是"赢通关拳"、"输通关拳"、"无胜负通关拳"。另外还有"霸王拳"、"一字清不倒旗拳"、"七星赶月拳"、"走马拳"、"状元游街拳"、"喜相逢拳"、"连环拳"、"一矢双雕拳"等。

(2) 骰令　是古人常用的酒令之一。以骰子为行令工具，用骰多少，依令限数，因人因时而定，少则一枚，多达六枚。此令不需要什么技巧，简便快速，偶然性极大，最受豪饮者欢迎。骰令名目繁多，如"猜点令"，令官以骰筒摇两枚骰子，摇毕置于桌上指定人猜，猜中令官饮酒，不中猜者饮酒；"六顺令"，全席轮摇一枚骰子，每人每次摇六回，边摇边说辞令："一摇自饮幺，无幺两邻挑；二摇自饮两，无两敬席长；三摇自饮川，无川对面端；四摇自饮红，无红奉主翁；五摇自饮梅，无梅任我为；六摇自饮全，非全饮少年。"还有"事事如意取十六令"，合席用四枚骰子轻掷，以总点数计，得十六点者免饮，少于十六点自饮，多于十六点对家饮，所饮杯数，以多于或少于十六点数为准。另外还有"正月掷骰令"、"长命富贵令"、"歌风令"、"连中三元令"、"锦团圆令"、"并头连令"、"卖酒令"、"赏雪令"等。

(3) 通令　有很强的随意性，只要有约在先，即可随席而择，如猜单双、猜有无、打老虎杠子、击鼓传花、说笑话等。

二、酒旗与酒店

(一) 酒旗

唐代诗人杜牧的七绝《江南春》，一开头就是"千里莺啼绿映红，水村山郭酒旗风"。千里江南，黄莺在欢乐地歌唱，丛丛绿树映着簇簇红花，傍水的村、依山的城郭、迎风招展的酒旗，尽在眼底。

酒旗的名称很多，以其质地而言，因多系缝布制成，称酒旆、野旆、酒帘、青帘、杏帘、酒幔、幌子等；以其颜色而言，称青旗、素帘、翠帘、彩帜等；以其用途而言，又称酒标、酒榜、酒招、帘招、招子、望子……

作为一种最古老的广告形式，酒旗在我国已有悠久的历史。《韩非子·外储说右上》记载："宋人有酤酒者，升概甚平，遇客甚谨，为酒甚美，悬帜甚高……"这里的"悬帜"即悬挂酒旗。

酒旗大致可分3类：一是象形酒旗，以酒壶等实物、模型、图画为特征；二是标志酒旗，即旗幌及晚上灯幌；三是文字酒旗，以单字、双字甚至是对子、诗歌为表现形式，如"酒"、"太白遗风"等。有的借重酒的名声作专利广告，如明代正德年间朝廷开设的酒馆，旗上题有名家墨宝："本店发卖四时荷花高酒"，荷花高酒就是当时宫廷御酿。有的酒旗标明经营方式，如《歧路灯》里的开封"西蓬壶馆"木牌坊上书"包办酒席"。更多的酒旗极力渲染酒香，如清代八角鼓曲《瑞雪成堆》云：杏花村内酒旗飞，上写着"开坛香十里，就是神仙也要醉"。

酒旗在古时的作用，大致相当于现在的招牌、灯箱或霓虹灯之类。在酒旗上署上店家字号，或悬于店铺之上，或挂在屋顶房前，或干脆另立一根望杆，让酒旗随风飘展，招徕顾客。除此之外，酒旗还有传递信息的作用，早晨起来开始营业，有酒可卖，便高悬酒旗；若无酒可售，就收下酒旗。《东京梦华录》里说："家家无酒，拽下望子。"这"望子"就是酒旗。有的店家是晚上营业，如刘禹锡《堤上行》诗里提到一酒家"日晚出帘招客饮"；一般的酒店都是白天营业，傍晚落旗，如宋道潜《秋江》诗："赤叶枫林落酒旗，白沙洲渚阳已微。数声柔橹苍茫外，何处江村人夜归。"

酒旗还常常成为骚人墨客绘景述事、抒情言志的媒介。"千峰云起，骤雨一霎儿价。更远树斜阳，风景怎生图画。青旗沽酒，山那畔，别有人家。"宋代辛弃疾《丑奴儿·博山道中效李易安体》的词句，借飘动着的酒旗描绘出了一种令人神往的美好画图和意境。

（二）酒店

对酒店或饭店一词的解释可追溯到千年以前，早在1800年《国际词典》一书中写到："饭店是为大众准备住宿、饮食与服务的一种建筑或场所。"一般地说来就是给宾客提供歇宿和饮食的场所。具体地说饭店是以它的建筑物为凭证，通过出售客房、餐饮及综合服务设施向客人提供服务，从而获得经济收益的组织。

我国饭店的起源很早，以前叫旅馆、客店、客栈等。饭店业是一种非常古老的行业，远在3000多年前的殷代就出现了。当时官办的"驿传"，就是专供传递公文和来往官员居住的旅馆。到了周代，为了便于71个诸侯国向王室纳贡和朝见，在交通要道处，修筑了供客人投宿的"客舍"。《周礼·遗人》中记载："凡国野之道，十里有庐，庐有饮食。"周王室还设"庐氏"的官员来管理客舍。春秋时，由于民间商人日益增多，商业性"客馆"不断涌现。战国时各地都有民营的"客舍"，并有严格的住宿制度，如有这样的规定："旅店不能收留没有官府凭证的人住宿，否则，店主连坐。"楚国的官方旅行凭证是青铜制成的如龙似虎的"龙爷"和"虎爷"。它是我国最早的住宿证明。

秦始皇统一六国，建立秦朝后，四处出巡，所到之处，都建有行宫，这是古时候比较高级的客店。随着商业繁荣，西汉首都长安城内修建了140多所"群"。西汉中期，对外贸易日益发达，长安城内建造起"蛮夷"，专供外国使者和商人食宿。可以说，这是我国早期的饭店。南北朝时出现一种新兴的旅馆，名曰"邸店"，它是供客商食宿、存货和交易的场所。《洛阳伽蓝记》中载："永桥以南，环丘以北，伊洛之间，夹御道有四夷馆”，即说明洛阳有“四夷馆”招待贡使和客商。隋朝建置的“典客署”，招待西域各族和日本等邻近国家的客商和使者。

唐、宋、元、明、清时期，旅馆业得到较大的发展。唐朝国力强盛之时，曾与外国不断来往，进行文化交流和通商，促进了旅馆业的繁荣，沿途建立了许多旅馆。那时还有一种旅馆叫做“驿站”，主要是接待过往的骑马客人。因为当时马是主要交通工具，客人出外旅行骑马，官方信使也是骑马。驿站除了让客人安歇之外，还须将马带至马厩过夜，并喂以饲料。唐太宗曾下诏令京城为朝见官员建造邸第 300 余所，全国有驿站 1639 所。驿站旁设“邸店”，有民办和官办两种。“邸店”曾于唐代传到了日本。

宋朝出现名称众多的“四方馆”、“都亭驿”、“同文馆”、“大同馆”、“来宾馆”、“朝天馆”、“都亭西驿”等旅馆，并出现专为客商存货的“塌房”，即货栈。《水浒传》中林冲发配时，路上住了多家旅馆，店里不但提供客房，还提供酒菜饭食，晚上还有热水洗身，可见那时的旅馆已由单一的住客服务发展成为多种综合服务。

元朝时全国各地均设置站赤，全国共有 1383 处之多。明朝在北京设置“四夷馆”，招待国内各兄弟民族和外国使者，并允许在馆内贸易。在上海县城内也曾设有“客栈”。清代，有专门接待蒙古贸易商队的“骆驼店”、“货栈”；北京还出现“鸡毛小店”，即这种小店的幌子上常挂根鸡毛。

第三节 文学中的酒文化

酒是一种奇妙的物质。它有水的外形，火的性格，它会使聪明的人更聪明，愚蠢者更愚蠢。自从它诞生于人间，上至帝王将相、英雄豪杰、文人雅士，下到平民百姓、乞丐囚徒，很少有人不喜欢它。

酒又是包医百病的灵丹妙药。高兴者用它助兴，苦恼者用它解忧，无聊者用它消遣，升迁者用它庆贺，失意者拿它排遣郁结，孤独者拿它对酒当歌。人生的喜怒哀乐、悲欢离合，官场的明争暗斗、升降沉浮，似乎都离不了它。

在中国传统酒文化中，最优秀的部分，要数文人墨客借酒激发灵感，创作出诗词书画，为后人留下宝贵的精神财富。唐代著名书法家张旭，被后人称为“草圣”。相传，张旭三杯酒醉后，号呼狂走，索笔挥洒，逸势奇状，连绵回缭，变化无穷，若有神助。诗人杜甫赞曰“张旭三杯草圣传，脱帽露顶王公前……挥毫落纸如云烟”。世人将张旭草书与李白诗歌、裴旻舞剑，称作唐代“三绝”。

其实，人类早期的饮酒，只是一种纯生理方面的需求，它不带有任何文化色彩。自从人类创造了文字，饮酒便作为一种特有的文化现象，进入了人们的生活。酒文化也成了中华民族灿烂文明史上重要一页。

中国的象形文字蕴含着丰富的酒文化。譬如：“酒”字，左边是“水”，右边“酉”象个尖底酒瓶，可以想象，在人类之初，装在瓶里的水当然就是酒了。又如“饮”字，古代可能专指喝酒，因为象形字写的“饮”字，一边是“酉”（酒瓶），一边是一个人跪在酒瓶旁边张开大嘴来喝。若不知节制，就变成“醉”字。象形文的“醉”字，一边是酒瓶，一边是一个头发竖立起来的人在用一只脚跳舞。也许，酒一产生就成为稀有的用来交换的商品，不然古人怎么专门为买酒造了个“沽”字。古人不但专门为酒造了字，在戏曲中还有专门依酒命名的曲牌。如昆剧《林冲夜奔》中林冲奔驰行路时所唱的曲牌即为《沽美酒》。另外，古代还专门设置了“酒官”。如：周朝设立了“掌酒之政令”的“酒正”，管酿造的“大酋”，管祭祀供奉用酒的“酒人”。后来，各个朝代也大都设置了管酒的官职，如“酒士”、“酒丞”等。

酒文化使历史充满生命力，更令文学闪光。中国的文人雅士、除了舞文弄墨之外，共同的嗜好便是饮酒，且常以海量而自夸。晋朝诗人嵇康自号酒徒，宋代文学家欧阳修自号醉翁，唐代诗人李太白自号酒中仙，发誓“百年三万六千日，一日须饮三百杯”。可是历史上嗜酒如命者还有超过李白的，那就是西晋“竹贤七贤”之一刘伶。《晋书·刘伶传》载：“常乘鹿车，携一壶酒，使人荷铲而随之，谓曰‘死便埋我’。”这种放荡形骸的作风真是千古难寻。

中国酒文化的特色之一是诗与酒的不解之缘。在文化人圈子里往往是诗增酒趣，酒扬诗魂；有酒必有诗，无酒不成诗；酒激发诗的灵感，诗增添酒的神韵。中国的诗是酒的诗，中国的文学是酒的文学。不知道酒离开了、诗离开了诗人还能不能称之为文化。中国是一个酿酒、饮酒的国度，也是一个赋诗、吟诗的国家，很久以前，诗与酒便结下了不解之缘。中国的酒，起源于远古时期的农耕社会；中国最初的诗，大约也产生于这一时期。中国第一部诗歌总集《诗经》，便是最早的证据。它通过文字记载了305首古代无名氏的诗篇，其中有44首涉及到酒。可以说首开诗酒文化之先河。从此，诗与酒便开始了它们在中国文学史与中国酒文化史的历史长河中漫长而悠久的结伴航程。

但是，在东晋诗人陶渊明之前，酒中虽然已经积淀了若干情感因子，仍然只是作为创作素材之一种被吟咏入诗。荆轲谋刺秦王，酒酣辞行而歌《易水》；刘邦甫定天下，宴饮既醉而唱《大风》；曹操鏖兵赤壁，把酒横槊而赋《短歌行》。这些反映秦汉时期，酒也只是激发情绪而已。直至魏晋时代的阮籍、嵇康，也还是酒是酒，诗自诗，两者之间并没有显示出必然的内在联系。

陶渊明是第一个有意识地将诗与酒“攀亲结缘”，并在诗中赋予酒以独特象征意义的诗人，“忘忧物”的指称便是他的发明。陶渊明（365～427年），一名潜，字元亮，中古清高自洁的大诗人。他在《五柳先生传》中自叙说：“性嗜酒，家贫不能常得。亲旧知其如此，或置酒而招之。造饮辄尽，期在必醉；既醉而退，曾不吝情去留。”活画出自己嗜酒如命，随意纵放的情貌。他有许多饮酒趣话，如“葛巾漉酒”等，成为后人常用的咏酒典故。作为诗人，他常“酣饮赋诗”，在其现存174篇诗文中，有56篇写到饮酒。他的饮酒诗主要表现自己远离污浊官场，归隐田园的乐趣，称颂从酒中品到的“深味”。这个“深味”，就是“渐近自然”的人性自由。

生平萧索的庾信，有“开君一壶酒，细酌对春风”等饮酒诗14首，以酒寄情，缠绵悱恻。

纵然一代枭雄曹孟德，也有“对酒当歌，人生几何？譬如朝露，去日苦多”。的感概。“何以解忧，唯有杜康”道出了诗人感叹人生匆匆，壮志未酬，只能借酒解忧的心情。

“李白斗酒诗百篇，长安市上酒家眠，天子呼来不上船，自称臣是酒中仙”（杜甫《饮中八仙歌》）；“醉里从为客，诗成觉有神”（杜甫《独酌成诗》）；“俯仰各有志，得酒诗自成”（苏轼《和陶渊明〈饮酒〉》）；“一杯未尽诗已成，涌诗向天天亦惊”（杨万里

《重九后二月登万花川谷月下传觞》)；“雨后飞花知底数，醉来赢得自由身”（南宋张元年)，酒醉而成传世诗作，这样的例子在中国诗史中俯拾皆是。

提酒提诗必定提李白。诗仙借酒作诗，融诗入酒；无所顾忌、淋漓尽致的用酒与诗宣泄着自己的情感。“五花马，千金裘，呼儿将出换美酒，与尔同消万古愁。”好一首《将进酒》，把酒与诗演绎到了极致，它尽显诗人豪迈洒脱，狂放不羁之风。然而生活对于淡薄名利、藐视权贵的李白来说也不尽人意。他敏感而自我，故也有“花间一壶酒，独酌无相亲”，“举杯邀明月，对影成三人”的落寞。有“抽刀段水水更流，举杯浇愁愁更愁”，“今朝有酒今朝醉，明日愁来明日愁”的无奈。

李白现存诗文1500首中，写到饮酒的达170多首；杜甫现存诗文1400多首中写到饮酒的多达300首。李白以“斗酒诗百篇”，“会须一饮三百杯”为人所共晓，赢得“醉圣”的雅名；而杜甫“少年酒豪”、嗜酒如命却鲜为人知，其实杜老先生更是“得钱即相觅，沽酒不复疑”，“朝回日日典春衣，每夕江头尽醉归”，直到“浅把涓涓酒，深凭送此身”的信誓旦旦、死而后已的程度。

另一位大诗人白居易自称“醉司马”，诗酒不让李杜，作有关饮酒之诗800首，写讴歌饮酒之文《酒功赞》，并创“香山九老”这诗酒之会。

欧阳修，号称醉翁，可见“醉”并不是没面子。在名篇《醉翁亭记》里面，对于自己，他还是这样形容的“太守每与客饮于此，饮少辙醉，年又最高，故自号醉翁”。其实饮少辙醉，并非饮而醉，而是醉翁之意不在酒，在乎山水之间也。

陆游与唐婉被迫分离。十年后放翁偶游沈园，与昔日爱妻今为人妇的表妹不期而遇。看到唐婉已另嫁他人，回首曾经的花前月下、海誓山盟，陆游感怀万千，提笔写下了那首世人皆知的《钗头凤》：“红酥手，黄縢酒，满城春色宫墙柳……”这次意外重逢后不久，难以忘情的唐婉郁郁而终，留下了一段令无数后人唏嘘的爱情悲剧。

范仲淹，作为一个政治家和军事家，有“不以物喜，不以已悲”、“先天下之忧而忧，后天下之乐而乐乎”的千古佳句，是何等的虚怀若谷？可是做为一个文学家，他又有“明月楼高休独倚，酒入愁肠，化作相思泪”的凄婉之作，感伤的情绪令人闻之已心动；更有“愁肠已断无由醉，酒未到，先成泪”，令人闻之心碎。

北宋初年，范仲淹是“酒入愁肠，化作相思泪”，晏殊是“一曲新词酒一杯”，柳永是“归来中夜酒醺醺”；元佑时期，欧阳修是“文章太守，挥毫万字，一饮于钟”，苏轼是“酒酣胸胆尚开张”、“但优游卒岁，且斗樽前”。南宋时期的女词人李清照，可算酒中巾帼，她的“东篱把酒黄昏后”、“浓睡不消残酒”、“险韵诗成，扶头酒醒”、“酒美梅酸，恰称人怀抱”、“三杯两盏淡酒，怎敌他，晚来风急”，写尽了诗酒飘零。继之而起，驰骋诗坛的陆游，曾以《醉歌》明志：“方我吸酒时，江山入胸中。肺肝生崔嵬，吐出为长虹”，一腔豪情，借酒力以增强、发泄。集宋词之大成的辛弃疾，“少年使酒”，中年“曲岸持觞，垂杨系马”，晚年“一尊搔首东窗里”、“醉里挑灯看剑”，以酒写闲置之愁，报国之志，使人感到“势从天落”的力量。

至元明清，诗酒联姻的传统仍硕果累累。从马致远的“带霜烹紫蟹，煮酒烧红叶”，到陈维崧的“残酒亿荆高，燕赵悲歌事未消”；从萨都剌的“且开怀，一饮尽千钟”，到杨升庵的“惯春秋月春风，一壶浊酒喜相逢”，无不是美酒浇开诗之花，美诗溢出酒之香。正是酒，使诗人逸兴遄飞，追风逐电；正是诗，使美酒频添风雅，更显芳泽。

古代诗歌中的酒文化高雅脱俗，但酒在古代小说中却是五光十色，千姿百态。《水浒传》中梁山一百单八将，人人都有一串酒的故事：武松景阳岗醉打猛虎、快活林醉打蒋门神，鲁智深酒醉大闹五台山，宋江醉酒题反诗，林冲雪夜奔梁山还不忘挑着一个酒壶芦。《三国演义》中，关羽温酒斩华雄，显示了关羽的骁勇无比；曹操煮酒论英雄，展露了曹操的宏才大略、远见卓识。一部《红楼梦》更是一部中国酒文化大全。小说描写贾府中老爷、太太、小姐公子们三日小饮，五日大宴的花天酒地的生活，真实再现了封建社会没落前的繁华。

可以想象，如果抽掉了丰富多彩的酒文化，中国的历史、文学将变得多么枯燥无味，人们的生活将是多么单调贫乏，暗淡无光。

下篇

饮食文化之阐扬与拓展

第十章
饮食神髓

【饮食智言】

治大国若烹小鲜

——《老子》

第一节　饮食神髓的形成

传统文化中的许多特征都在饮食文化中有所反映，渗透在饮食心态、进食习俗、烹饪原则之中。一个异质文化的人通过饮食，甚至通过与中国人一起进食，持之日久都会对中国文化有些感悟。

一、在普通的饮食生活中咀嚼人生的美好与意义

中国精神文化的许多方面都与饮食有着千丝万缕的联系，大到治国之道，小到人际往来，都是如此。老子说“治大国若烹小鲜”，古人还说“饮食男女之大欲存焉”。在华夏文明中，饮食的确有其独特的地位。古人云：“国以民为天，民以食为天。”“天”者，至高之尊称，也就是说“悠悠万事，惟此为大”。这是传统政治哲学精粹之所在。儒家认为民食问题关系着国家的稳定，孟子的“仁政”理想在于让人们吃饱穿暖，以尽“仰事俯畜”之责（也就是上可以侍奉父母，向父母尽孝；下可以养活妻儿），甚至儒者所梦想的“大同”社会的标志也不过是使普天下之人“皆有所养”。古圣今贤如此立论，芸芸众生亦照此实行。于是，逢年过节，亲友聚会，喜庆吊唁，送往迎来，乃至办一切有人参加的事情，不管是喜是悲，不论穷富贵贱，似乎都离不开吃。古往今来有那么多各种名目的宴会，都是借以协调国际或人际关系，以达到欢乐好合的目的。故《礼记》云：“夫礼之初，始诸饮食。”

中国传统文化注重从饮食角度看待社会与人生。老百姓日常生活中的第一件事就是吃喝，固有“开了大门七件事，柴米油盐酱醋茶”之说。读《红楼梦》有人厌烦里面总是写吃饭宴会，实际上这不仅就是贵族生活本身，而且也反映作者对生活的理解。即使普通人的日常饭菜也会使食者体会到无穷乐趣。唐代诗人杜甫在贫病之中受到穷朋友王倚并不丰盛的酒食款待后兴奋地写道：“长安冬菹酸且绿，金城土酥静如练。兼求畜豪且割鲜，密沽斗酒谐终宴。故人情谊晚谁似，令我手足轻欲旋。”其实吃的不过是“泡菜”（冬菹）、萝卜（土酥）、猪肉（畜豪）之类，竟令诗人如此开心，手脚轻便，简直要翩翩起舞了，从中感受到生活的趣味和动力。

中国人善于在极普通的饮食生活中咀嚼人生的美好与意义，哲学家更是如此。庄子认为上古社会最美好，最值得人们回忆与追求，其最重要的原因就是人们可以“含哺而嘻，鼓腹而游”，也就是说吃饱了，嘴里还含着点剩余食物无忧无虑地游逛，这才能充分享受人生的乐趣。先秦哲学家中最富于悲观色彩的庄子尚且如此，那么积极入世的孔

子、孟子、墨子、商鞅、韩非等人就更不待言了。尽管这些思想家的政治主张、社会理想存在很大分歧，但他们哲学的出发点却都执着于现实人生，追求的理想不是五彩缤纷的未来世界或光怪陆离的奇思幻想，而是现实的衣食饱暖的小康生活。所以，《论语》、《孟子》、《墨子》才用了那么多的篇幅讨论饮食生活。

孔子说："饭蔬食饮水，曲肱而枕之，乐亦在其中矣。""一箪食，一瓢饮，在陋巷之中，人不堪其忧，回也不改其乐。"孔子或表达自己的志趣，或赞美弟子颜回都是为人们作示范楷模，这里简单的、粗糙的食品就是道德高尚的象征。所谓"安贫乐道"、"忧道不忧贫"，这个"道"就是实现"大同社会"。而大同社会的标志仍是人人吃饱穿暖，所以后世有些道学家把"道"解释为"穿衣吃饭"，也无大谬。饮食欲望，一般说来容易满足，"啜菽饮水"，所费无几即可果腹，所以人易处于快乐之中。李泽厚说中国古代文化传统是乐感文化，是有理的。

当然不能说先民没有过痛苦的追求，古代无数抒情诗篇中充满了感伤情绪。屈原就曾感慨："日月忽其不掩兮，春与秋其代序。惟草木之零落兮，恐美人之迟暮"；也表示过："吾令羲和弭节兮，望崦嵫而勿迫。路漫漫其修远兮，吾将上下而求索。"他感到时光急迫，自己要做的事情很多，奋斗的路也很长，可是人生短促，时不我待。这种痛苦和感伤在一些浪漫主义色彩很浓或十分真诚的诗人身上表现得十分明显，但也应看到在相当多的诗人身上也有浓重的"为赋新诗强说愁"的意味。但不管是谁，当他们离开了诗人情绪的时候，在日常生活中还是奉行中国人的生活准则的。像苏东坡在《前赤壁赋》刚刚感慨完"寄蜉蝣于天地，渺沧海之一粟。哀吾生之须臾，羡长江之无穷"，对于人生短暂寄予了无穷的悲慨；可是诗人善于自解，用相对主义，抹杀了长短寿夭、盈虚消长的差别，随后马上就是"客喜而笑，洗盏更酌。肴核既尽，杯盘狼藉。相与枕藉乎舟中，不知东方之既白"。吃喝解决人生的苦闷，因此在春秋时代人们就说"惟食无忧"。

二、饮食神髓在艺术创造中得到升华

饮食艺术在本质上是创造的艺术。自然界提供的食物，只有很少一部分具有天然的美味。人类为了获得更多更丰富的味觉美感，就必须按照一定的目的，遵循一定的规律，对食物原料进行加工和改造，这就形成了美食的创造活动。

（一）美食与创造的关系

1. 什么是美食

我们通常所说的美食，是一个十分宽泛和模糊的概念。

好吃的食物，是否都算美食？从广义上讲，或许未尝不可。从筵席上的珍馐肴馔，到街头的各色小吃，从名菜名点，到普通的家常小菜，乃至美酒、糕点、糖果、水果……但这样一来，美食的概念又未免失之笼统。作为一个特定的概念，美食应该有一定的规定性。生活中好吃的东西何止千千万万，例如天然的水果和一些蔬菜，不经加工就可以直接食用，味道也不错，但这些似乎还不能称为美食。一般来说，美食首先是指经过加工改造后的食物，其次是在加工改造中注入了人的审美意识，最后还得使客观食物的规律性与人的目的性相一致。离开了这三层意思，恐怕就很难称为美食。

由此看来，未经加工饮食的自然形态的食物，即使美味可口，也不能归入美食的范围。因为美食的美，主要应体现在人的有目的的创造活动中，就像美的服装、美的建筑一样，只有灌注了人的审美意识和创造意识，并成为人的生命力的表现和象征的那一部分对象，才能成为审美的对象。也就是说，只有当饮食成为一项名符其实的艺术活动时，它创造的食物，才能算作美食。简言之，美食是指那些按照一定规律创造出来的，渗透了创造者审美意识的，并能使接受者产生味觉美感的饮食艺术品。

2. 正确认识美与食的关系

不言而喻，美食应该是美与食的统一。缺少美的品质，就只能算一般的食物；缺少食用的价值，当然也谈不上美食。美与食的关系，也就是味觉审美与实用功利的关系。

普列汉诺夫说：“人最初是从功利的观点来观察事物和现象，只是到后来才站到审美的观点上来看待它们。”如果说人类的审美意识无不来自功利性的目的，那么在饮食创造活动中，这种实用功利目的表现得更为明显。

要是没有创造美食的自觉持久的实践活动，人类就无法改变食物的自然形态和拓宽人类的饮食领域，也就不能更好地、更多地吸收食物中的营养来维持生命和健康的需要。正是在维持生命需要、满足生命欲望这一点上，人们体验到了美味引起的感官愉悦和心理愉悦。在创造美食的饮食实践中，美食的实用功利目的一刻也没有暗淡过。我们之所以觉得美食是引人的、令人愉快的，正是因为它同生命的需要不可分割地连在一起。

在人类的饮食活动中，实用中有审美，审美中有实用，两者互为条件、互为因果。正因为这样，在饮食艺术活动中，不能孤立地考虑美的要素，而必须同时考虑功利目的。对人体无益和有害的食物，即使看起来美，或者吃起来美，也是不可取的。比如，河豚鱼是异常鲜美的，但它身体的某些部位是有剧毒的，在这种情况下，饮食的目的就不能仅仅满足于追求河豚的美味，而必须把烹调加工的重点放在去毒解毒上。除尽有毒部位是使我们能充分品尝河豚美味的关键。这当然是一个极端的例子。有些食物尽管对人体无害，但在通过饮食创造美食的过程中，仍然要兼顾到它的实用性。

3. 饮食艺术的创造活动与社会生产力发展的关系

饮食是人类文明的标志。未有饮食之前，人类还处于原始蒙昧阶段。饮食的产生促使了人类的进步，同时人类的进步又反过来推动了饮食的发展，推动了饮食的创造活动。同人类的其他创造活动一样，从根本上看，饮食是社会生产力发展的产物，同时又受社会生产力发展水平的制约。人类的文明程度愈高，人类对自然的依赖倾向愈弱，改造自然的能力愈强，也就愈能够从审美的要求来进行饮食和饮食活动。墨子说：“食必常饱，然后求美；衣必常暖，然后求丽。”当人们的温饱尚未解决时，当然谈不上美食。一定的社会经济基础，不仅为美食提供必要的物质条件，同时也提供了一定的精神基础，即味觉审美意识的觉醒。

在古代，最早的美食意识表现为“羊大则美”。最初由祭祀活动发展而成的筵席，都以羊、牛、猪、狗这些家畜的数目为标准。这不难理解。在生产力水平不高的条件下，肉食是富裕的象征，也是美味的标志。因此，即使当时的最高统治者，追求的也仅仅是“酒池肉林”而已。

社会的继续发展，使敬神的“礼食”逐渐走向社会，走向民间。饮食原料的拓宽，烹调方法的增多，饮食工艺水平的提高，使以美食的创造和欣赏为主的饮食文化渗透到社会生活的各个方面，如政治活动、宗教生活、民风俚俗、人际交往、婚丧喜庆等，从而使饮食艺术的创造活动不再局限于审美本身，而成为整个民族文化心理的组成部分。《红楼梦》中精妙绝伦的美食，显示了中国美食文化的极致，它难道仅仅是为了炫耀贾府的富有吗？或者纯粹为了感官的享受吗？当然不是。《红楼梦》中的“吃”，不仅表现了庞杂的生活内容，而且这里的美食成了中国封建文化的某种象征。

饮食艺术的创造活动，与社会生活的关系是十分复杂的。它有时表现为同其他审美活动和文化活动的相互影响、相互渗透，有时又表现为美食自身的扭曲和异化。

从历史的发展来看，饮食艺术的创造活动不是一成不变的，也不可能遵循同一个尺度。今天，以敬神或敬人为目的的美食观，以花俏、铺陈、繁琐、张扬为宗旨的美食观，应当摒弃；代之而起的，应当是符合现代生产力发展水平，符合现代审美意识，适应现代人生活方式的美食的创造活动，它与以往的美食的创造活动应该有着不同的特点和不同的内涵。

（二）饮食艺术创造的一般规律

饮食艺术的创造活动，与人类所有的创造活动一样，离不开物质材料。厨师把原料加工烹制成美味佳肴；酿酒师用粮食酿造出醇香沁人的美酒；面点师将面粉、糖、鸡蛋组合成可口的食品。他们这些创造活动，都需要一定形态的物质作为原料。

构成各种艺术的物质材料是有限的，而构成美食的物质材料却几乎是无限的。这些原料有着不同的味和香、色和形、量和质，以及不同的潜在美素。了解和掌握这些材料的各别的性质和特点还不够，还必须了解和掌握这些原料包括调料之间的相互关系和组合方法。猪肉是鲜美的，可以用来搭配几乎所有的荤素原料；鸡汤是鲜美的，可以用来制作几乎所有的汤菜；但羊肉和鱼汤就未必具备这样的功能，尽管羊肉和鱼汤同样是十分鲜美的。美食的原料是如此众多，各种原料的搭配又会产生无穷无尽的变化。这给饮食艺术既提供了机会，又提出了难题。

从总体上看，饮食艺术是很少有框框的，它是开放的、自由的、能动的。

山珍海味，珍禽异兽，可以烧出佳馔来；寻常菜蔬，边角废料，也能成为美食。美食的创造，既是苛刻的，又是宽容的；既是复杂的，又是简单的。有时，“踏破铁鞋无觅处”，有了不少原料仍烧不出好菜；有时又“得来全不费功夫”，信手拈来，皆成美肴。它既可以化腐朽为神奇，又可以寓高贵于平淡，在貌似平常的蔬食中，体现出高雅不俗的美学品格。

当人们考察自然形态的原料是如何变成美食的时候，几乎被饮食艺术所呈现出的复杂多变、无章可循的特点所困惑。然而不管怎样，在按照人们的意志和目的对自然原料进行认识、利用、加工、制作和改造，最终创造出美食的过程中，还是可以发现，饮食艺术，至少应当注意以下几个原则。

1. 可食

自然界提供的饮食原料，大部分在加工改造前都是不可食，或者是不那么易于食用的。原因很简单，在长期的历史进程中，人类不断退化的牙齿已经适应了熟食。未经饮食的食物，不管肉类、鱼类、禽类和蔬菜，由于其肌肉组织或纤维组织都未受到破坏，给咀嚼带来一定的困难。而且从体积和滋味来说，也都是很难下咽的。因此在美食的创造活动中，首先需要通过刀功处理和烹调加热，使原料具有可食性。尤其对一些坚韧、老硬的食物原料，这一要求就显得特别重要。无法食用的食物不但不能成为美食，连作为普通的食物也没有资格。从这一点出发，在菜肴中点缀某些不可食的装饰品，特别需要谨慎，不能过分。

可食的第二层含义，是可口。大部分的饮食原料，在未曾加工之前都是不那么可口的，不少动物性原料带有强烈的腥膻味，某些蔬菜有一定的苦涩味，这些都难以使人接受。在加工中除去这些劣味、邪味，并通过调味增添多种鲜味、美味，才能使食物变得可口，引人食欲，并产生味觉美感。美食应该是美味可口的，使人愉悦的。通过饮食，不仅使生菜成熟，硬菜软化，而且去腥解腻，浓淡相宜，使人不但能够接受，而且乐于接受。

可食的第三层含义是安全卫生。对菜肴食品来说，安全卫生应该是第一位的。如果食而不安全不卫生，那就失去了起码的可食性，更谈不上美味了。各种原料在未经饮食前，或带污泥，或带病菌，或有毒，或食而不化。因此必须通过清洗、加工、加热、调味等环节，使美食在对人体的安全卫生方面万无一失。

上述三方面当然只解决美食的可食问题，而非美食的标准；但没有可食性，就谈不上美食。在美食的创造中，不能因为这些要求简单而有所忽视。

2. 求真

美食，并不以绚丽夺人，而应以真味取胜。在这一点上，美食与一切美的艺术一样，鄙视故弄玄虚，追求真情、真味。只有真的东西，才感人、悦人，才美。

求真，就是依顺和突出原料本性中的长处，不扭曲，不掩盖，不做作，不勉强。

各种饮食原料都有自己的个性和特点，反映在滋味、质地、颜色、形状等方面。就味而言，动物性原料一般都有其本身的天然鲜味，如猪肉的鲜味异于鱼虾的鲜味，甲鱼的鲜味又异于鳗鱼的鲜味，火腿的鲜味又不同于一般的猪腿的滋味。即使同属禽类，鸡之鲜，鸭之肥，特点也大不一样。各种蔬菜虽然本身都没有明显的滋味，但细细分辨，也是各有所长，或脆而爽口，或柔而鲜嫩，或清冽微苦，或细腻滑润等。凡此种种，在加工中都应力求扬长避短，保持其个性，呈现其真味。或者说，用主要特征去统一其他特征，并扬弃其不好的特征。

炒虾仁曾一度作为筵席中的领衔佳肴，但人们在欣赏虾仁美味的同时，更钟情于带壳的手抓虾，因为带壳的虾更能体现虾的本味，更有真味也。同样的道理，鲜美绝伦的炒蟹粉也始终不能代替煮螃蟹的地位，煮螃蟹边剥边食的吃法不仅得蟹的真味，而且有审美的真趣。

求真并不是对必要的加工调味进行限制；而是说，饮食艺术应掌握加工改造的适度。美食的真，也许就是人们常说的“正宗”的意思吧。为什么人们在乎“正宗”？因为“正宗”体现了美食的相对稳定的最佳状态。“增之一分嫌长，减之一分嫌短”，恰如其分，恰到好处，原料的真趣，味的真趣，就能充分得到体现。

3. 求变

饮食艺术从根本上说，是一种组合的艺术，变异的艺术。组合、变异的最终目的，是改变原料的原始状态，如形态、颜色、质地、味道。丹纳在《艺术哲学》中强调，艺术不是再现和复制，而是一种改变。他说：“艺术家为此特别删节那些遮盖特征的东西，挑出那些表明特征的东西，对于特征变质的部分都加以修正，对于特征消失的部分都加以改造。”

这一观点对饮食艺术同样适用。只有超越了原料的本来状态，只有使原料产生了形和质的变异，才能把美食提高到新的水平。在变异中，本来的原料几乎消失了，但人们得到的是达到升华的美味。

《红楼梦》中，王熙凤半是炫耀半是捉弄地向刘姥姥介绍那只有名的茄鲞的制法，这虽然可能是作者曹雪芹一种虚构、写意的笔法，但它恰恰为饮食艺术对原料的变异作了最好的注解。在茄鲞中，变异和消失的何止是茄子？用来配茄子的母鸡不是也消失了么？

在美食的物质形式中，人们看到的是通过加工组合产生的有形的变异，品味到的却常常是一种无形的内在的变异，即味的变异。这种通过原料和调料的组合和变异的艺术，在川菜的味型中表现得特别鲜明。虽然这样不可避免地掩盖了原料的部分本味，但得到的却是超过原料本味之上的双重或多重的味。

在饮食艺术中，变异之法用得十分广泛。如果说追求真味的做法更注重人与自然的沟通和和谐，那么追求变异之味则反映了人对自然的改造。人类在创造美食的饮食艺术中不仅发现了美，而且发现了自我，肯定了自我，他的审美力和创造力在美食的对象中得到了渲泄。

4. 求雅

雅是一种境界，一种模糊的很难界定的境界，一种只能意会难以言传的感觉。艺术的极至是雅，美食的极至也应该是雅。雅而不俗，美而不艳，才是高层次的美境。

菜肴食品有雅俗之分。雅者，令人赏心悦目，食指大动；俗者，使人索然败兴，大倒胃口。虽然一些低俗的食物未必不能入口。

那么，美食的雅，究竟指的什么呢？大体而言，雅者，即简单也。“简则可继，繁则难久。”简，是美食的起点，也是美食的终点。

街头小吃：品种简单，用料不多，制作不繁，风味突出。这是一种雅。

亲朋小酌：三两卤菜，寻常菜蔬，味简情浓，真趣盎然。这也是一种雅。

宴请贵宾：菜品精美，菜量不多，人各一份，恰到好处。这是又一种雅。

反正，大鱼大肉不是雅，耳餐目食不是雅，一味动用贵重原料不是雅，绚丽夺目不是雅，锦上添花不是雅，暴殄天物更不是雅。雅，是对上述或平庸，或低俗，或粗陋，或浮华，或浅薄的审美意识的背离。

不妨可以说，美食的第一境界是求真，第二境界是求变，第三境界就是求雅。求真是追求自然之美；求变是追求丰富之美；求雅则是追求丰富的简单。形式是简单的，内涵是丰富的，这是一种炉火纯青的美。

求雅是饮食艺术的终极追求，也是味觉审美的理想境界。

美食的雅，是人的味觉审美意识和创造意识成熟的标志。

随着时代的发展，人们对美食的要求处于不断变化之中。美食的标准更加多样和宽泛。饮食艺术必须紧紧把握时代的要求，不仅要满足人们的饮食需要，而且要引导人们的饮食走向，使人们吃得更科学、更合理、更味美可口。

三、饮食神髓的创造者

(一) 厨师

饮食文化离不开饮食，饮食则离不开厨师。一个民族的饮食文化应该是全民族共同创造的精神财富，但从具体的饮食技艺来看，最主要的还得归结为厨师的创造性劳动。家常便饭中虽然积淀了不少饮食的真谛，组成了饮食文化的最基本的层面；但是最终的也是最高的饮食技艺的体现，还取决于厨师，取决于厨师的创造性劳动。纵观中国饮食的发展史，一个最明显的特点就是民间饮食与专业厨师的交相辉映。许多厨师都出自民间，都受到民间饮食文化的滋养和熏陶；同时也正是他们，集中了民间饮食的精华，并加以凝炼、改造和提高，把民间饮食上升到成为一门专门的技艺。因此，在一定的程度上，厨师的水平，往往代表着一个时代、一个地区的饮食水平。说厨师是美食的创造者，这是受之无愧的。

从饮食的本质来看，它不仅是一门技术、一门手艺，而且是一门艺术。因此，严格意义上的厨师，不是工匠，而是大师，是饮食艺术家。

以艺术家的素质来要求厨师，并不过分。要是厨师缺乏艺术眼光，没有艺术修养，他的饮食作品就很难有艺术的品格。人们所向往的美食就会黯然失色。

当然，在实际生活中的厨师并非都具备艺术家的素质。正如搞文学的不一定都是文学家，会书法的并非都是书法家。能够代表一个地区、一个时期或者一家酒家饮食水平的饮食艺术家，毕竟是少数；大量的则是工匠型的饮食工作者。从这个意义上说，当一个真正的厨师是不容易的，厨师工作并不如人们所想象的那样简单。那么，工匠型的厨师和艺术家型的厨师，他们之间的区别又在哪里呢？

黑格尔在谈到工匠时曾说过，工匠的劳动“是一种本能式的劳动，就像蜜蜂构筑它们的蜂房那样”。在这里，蜜蜂构筑蜂房的主要特点，是缺少领悟力和创造意识，尽管这种劳动不失精巧和严密。工匠型厨师的主要弱点，是否也有类似之处呢？

厨师饮食技艺的提高，其实也可以理解为自觉或不自觉地从工匠型厨师向艺术型厨师的逐步转化。使人遗憾的是，不少厨师毕其一生，虽然不乏苦心经营，仍无法实现这一转化、这一跨越。

厨师水平的高低，除了先天素质的差异外，恐怕最主要的还在于对饮食的理解能否超越于工艺技术的层次。因为只有意识到缺什么，才会主动地去补什么，才会从较高的层次上去要求自己。

实践证明，完成从工匠到艺术家的跨越，不能仅仅依靠量的积累，即不能仅仅依赖于技术上的熟练程度。技术的熟练程度诚然可以使量变走向质变，这就是所谓的“熟能生巧”。但是更关键的还得通过对饮食的“领悟”来达到真正的“得道”。因此工匠型厨师与艺术家型厨师最主要的区分，并不在于从事饮食业的工龄，即实践经验的多少，而更多反映在文化素养、知识结构、思维方式、创造能力等的差异上。这些看起来似乎是非饮食技艺方面的因素，却常常从总体上决定了一个厨师的饮食水平和发展前途。

对饮食工匠来说，按照师傅传授的做法或者传统的手艺来进行饮食，这当然也可以达到一定的水平。而对饮食艺术家来说，却能以自己对饮食的独特感受、认识和领会，超越原有的饮食规范，进入一个更高的境界，即艺术创造的境界。一个高明的厨师，他的最可贵之处在于他是按照美的规律而不是按照程式来进行饮食创造的。正是在这一点上，体现出可贵的艺术家的气质。

一般说来，作为艺术家型的厨师，至少需要具备以下几个条件。

一是慧眼，即认识能力。饮食的前提首先是对饮食要素的认识。与工匠型厨师不同，他具有追根溯源的欲望，他希望洞察饮食的本质规律。正因为他独具慧眼，因而能在别人忽略的地方产生自己独立的见解。而这一点，常常是提高饮食水平的前提。例如，对饮食原料的选择，一般厨师常囿于传统习惯的框框，不容易有所突破；而艺术家型的厨师就会去充分挖掘原料多方面的潜能，灵活多变，开拓创新，为我所用。

二是巧思，即构思能力。“凡画山水，意在笔先。”凡制作佳肴，又何尝不要事先进行一番构思呢？马克思曾说：“带动过程结束时得到的结果，在这个过程开始时就已经在劳动者的表象中存在着，即已经观念地存在着。”巧思虽然不是饮食技艺的直接表达，但却是菜肴创新的核心环节。某些即使已经相对定型的菜肴，也离不开烹制前的深思熟虑。至于对一些创新品种来说，创造性的精心构思就更加重要了。

三是妙手，即操作能力。饮食作为一门技术，离不开它自成一体的工艺过程。刀法、切配的技巧，运用火候、调味的技巧，乃至起锅装盆的技巧，都直接关系到菜肴的成败优劣。饮食是一门操作性特别强的艺术，实际操作中的细微偏差都有可能带来整体的失误。所谓“鼎中之变，精妙微纤”。一个厨师达到炉火纯青的境界，必然建立在饮食技艺的得心应手、挥洒自如上。熟可以生巧，但真正的手巧还得“心巧”，这就是一边操作，一边思考，通过动脑筋来达到巧。

四是出新。饮食技艺出新的一个标志，就是在技法上进入一种“化境”。这种“化境”，比巧思和妙手更高一筹。“化”不是人为的努力，不是故意为之，而是一种非常自然和自由的境界。这种“信笔拈来，皆成文章”，“举一反三，融汇贯通”的能力，使厨师的个性和风格得到充分的体现。没有对规范的一定程度的背离，就没有出新，就没有风格。正是这种深层的创造意识，使艺术型的厨师表现出自己的独创性，在饮食所限定的天地里争得最大的自由。

（二）美食家

美食家是一个模糊的并不严密的概念，可以理解为对嗜好美食的人的美称。在一般的意义上，人人都可以是美食家。“口之于味有同嗜也”，每个味觉感官正常的人，都具备天生的辨别滋味的能力，都能在品尝美食中得到愉悦。然而通常情况下所指的美食家，又是一个特定的概念。所谓的美食家，一般是指吃的行家，美食的鉴赏家。美食家不能算一种职业，然而有些美食家在吃的方面的鉴别能力所具有的权威性，令一些职业厨师望尘莫及。

有人也许会说，吃，谁不会？难道还有内行和外行之分吗？是的。既然饮食是一门艺术，菜肴可以看作艺术品，那么如何欣赏这门艺术，鉴别艺术水平的高低，就不是人人都能胜任的。美味的食品菜肴，自然是人人都能感觉的，但把对这些食品菜肴的品味提高到审美的高度，以审美的标准来进行评价，却需要有一定的甚至专门的修养。美食家高于一般人的地方，除了讲究吃外，还研究吃，因而就更加懂得吃，甚至还能吃出味道之外的不少名堂来。

在中国历史上，有一个十分耐人寻味的现象：能够大体上够得上美食家称号的，绝大部分都是文化人，包括学者、作家、画家和各种艺术家。在孔子、屈原、杜甫、李白、陆游、苏轼、李渔、曹雪芹、袁枚等文化人的笔下，都留下了不少品尝美食和有关饮食的文字。这一独特的文化现象说明，饮食品味同文化修养之间存在着必然的联系，并不是人人都能做到真正懂吃。从这一现象也可证明，缺少文化的厨师不可能是一个完美的厨师。由于历史的原因，过去的厨师文化程度都比较低，这不能不影响到饮食技艺的发展提高。庆幸的是，在中国饮食发展的过程中精于品味又有较高文化修养的美食家们弥补了这一缺憾。正是在既会吃又懂吃的文化人的促进和指导下，在美食家和厨师的结合和共同努力下，中国饮食才达到了较高的水平。因此，饮食文化的创造，不仅要靠厨师的智慧和劳动，而且需要得到美食家的参与。没有美食家的讲究和挑剔，饮食技术就很难提高。也可以说，厨师在饮食上的不断提高和创新，得益于美食家们的批评和推动。

美食家对吃的挑剔并不是盲目的、随心所欲的。美食家的主要特点是具有更敏锐的品味感觉，同时他更多地从审美的要求出发，来对美食作出比较科学的鉴赏。要做到这一点，就必须具备一定的条件。

首先他有较多的品味美食的实践。古人说，“操千曲而后知音”。有了大量的实践积累才能有比较；有比较，才能有鉴别。从这一点看，可以说不少美食家是“吃”出来的。著名作家梁实秋在晚年写了大量有关吃的文字，汇集成《雅舍谈吃》。其中他曾谈到：“‘饮食之人’无论到了什么地方总是不能忘情口腹之欲。”可见有了这个“不能忘情”，才能有对美食的见多识广，谈起吃才会入木三分。

其次，对美食的鉴赏离不开一定的文化修养和审美能力。对于同样一席菜肴，有人得到的是食欲的满足，有人欣赏的是场面的豪华，有人赞叹的是厨师的刀工，有人感到的是主人的热情。即使同样陶醉，也不可能是一样的，其中存在着感受层次上的差异。美食家与常人不同的地方，就是他有一定的知识、阅历，他有一定的审美情趣，他能领略美食的内涵。

再次，要深入到菜肴艺术的深处，还要懂得饮食技艺。事实上，不少美食家都是擅长烹调的行家。苏东坡曾总结出烹调猪肉的方法，制作出流传至今的“东坡肉”。他在谪贬黄州时还亲手做鱼羹招待客人。元代的大画家倪云林，不仅写出《云林堂饮食制度》，而且还以独特的烹调方法制作了“云林鹅”。曹雪芹在《红楼梦》中创造了一个光彩夺目的美食世界，而且本人擅长于烹调，能烹制“老蚌怀珠”等非同一般的菜肴。当代大画家张大千曾说：“以艺事而论，我善烹调，更在画艺之上。”他独创的“大千菜”，风味独特，格调高雅，与他的画一样，颇有大家风度。

对美食的欣赏，除了上述这些个人的条件之外，还受到整个民族的文化观和价值观的支配。美食家的指向，总是反映了一个民族的饮食追求和审美指向。作为一种审美活动，美食的审美总是以某种“前审美”为前提的，就是说，美食家在味觉审美之前，就有一个标准，这种产生于味觉审美之前的参照系，不是美食家个人决定的，而是一定的民族传统文化造成的。从这一点来看，美食家的品味活动并不是单纯的个人行为，它表达了历史和时代的积淀。

第二节 不同人群的饮食观

中国饮食文化以历史悠久、积淀丰厚著称于世，我们甚至还以肴馔繁富精美的传统“烹饪”而自豪。但一部五千年文字史，尤其是二千余年封建社会史的中国饮食文化记录，却远非仅有光明快乐，同时还充斥着大量的凄惨悲苦。在等级制历史上，由于政治势力、经济实力和文化能力等的不同，人们被区分为不同的诸多等级阶层，并形成相互间有诸多差异的群体类别。在饮食的文化价值观和审美情趣上，也是饕餮贵族、庶民大众、清正之士、本草家、素食群、美食家等诸多类型、多种风格交织并存的形态。

一、饕餮贵族的饮食神髓

饕餮，传说中的一种凶恶贪食的野兽，古代青铜器上面常用它的头部形状做装饰，叫做饕餮纹。传说是龙生九子之一。它最大特点就是能吃。这种怪兽没有身体，只有一个大头和一个大嘴，十分贪吃，见到什么吃什么，由于吃的太多，最后被撑死。它是贪欲的象征。

《吕氏春秋·先识》云："周鼎著饕餮，有首无身，食人未咽，害及其身，以言报更也。"周人把饕餮的形象铸在盛食器具鼎之上，告诫进食者对饮食应有所节制，不要放纵，勿蹈饕餮之覆辙。

在漫长的中国等级制历史上，有权、有势、有钱、有闲又有趣好的衣食贵族认为饮餍美味是他们的特权，于是驰纵欲好、示尊、享福、夸富、务名、猎奇，以名义上属于个人的财货支付烹天煮海的享乐，其个人名义的财货实质是权力分配、不平等交换或巧取豪夺的不义积累。

二、庶民大众的饮食神髓

庶民，是中国历史上一个具有特定内涵的政治概念，它一般是指下层社会成员。庶民大众是指中国饮食史上广大果腹层民众及小康层中的中等以下的成员。

① 果腹知足。"民之抽矣，日用饮食。"（《诗经·小雅·天保》）那些社会底层的群众，人生最大的满足就是每天能有饭吃。

② 备荒防饥。由于历史上饥荒发生的高频率和祸害严重，形成了中国社会各阶层都很强的备荒防饥的民族性思想观念，但它首先是庶民大众的。因为饥荒到来时首先和受害最深重的总是那些基本食料的生产者，因此下层社会民众，尤其是广大的果腹层食者群的心时，深深扎下了极为牢固的备荒防饥观念。"天晴防备天阴，有饭防备没饭"，"有丰年必有欠年"，此类长久流传下来的谣谚，正是这种观念深入民心的证明。

③ 节俭持家。世代不易的艰难生活，养成了中国百姓吃苦耐劳、勤奋节俭的传统，形成了"只有享不了的福，没有吃不了的苦"的典型的中国人的人生观念。

④ 安贫自慰。"嫌饮吃没饭吃，嫌衣穿没衣穿"，"穿尽绫罗不如穿布，食尽珍馐不如食素"，"粗茶淡饭吃到老，粗布棉衣穿到老"，此类世代相传的食生活谚语反映的正是庶民人众安贫自慰的心态。

⑤"不干不净吃了没病"。这完全是历史上劳苦人众既没有条件，也极少有可能注重自己食生活卫生的长久苦难生活的实际条件所造成的。他们简陋得仅能聊避风雨的居住条件、露天污染的饮水、虫蝇同吮的食物、最原始的洗浴条件等，都是难以变更的既定条件，自古以来他们就是这样一代接一代地生息下来。

三、清正之士的饮食神髓

清正之士，是中国历史上广大知识分子的主群体，是指中国历史上道德高尚、操行廉正的知识分子群体。中国人的吃不仅是要满足胃的，而且是要满足嘴的，甚至还要视觉、嗅觉皆获得满足。所以中国菜的真谛就是"色、香、味、形"俱全。当一份可观可口的美食摆在面前，人们难免精神亢奋。故文人往往未得肚子满足，则先得精神满足，一时性灵高涨，文如泉涌。杰出代表有李白的“烹羊宰牛且为乐，会须一饮三百杯”，苏东坡的《菜羹赋》、《老饕赋》，梁实秋的《雅舍谈吃》等。以文人命名的菜品也不少，如杭州的“东坡肉”、四川的“东坡肘子”、张大千的“大千鱼”、倪瓒的“云林鹅”等。可见文人不仅是好吃，更是会吃。何谓“会吃”呢？能品其美恶，明其所以，调其众味，配备得宜，借鉴他家所长化为己有，自成系统，为上品之上者，是真正的美食家。要达到这个境界，就不仅靠技艺所能就，最重要的是一个文化问题。故文人易得其法，达其境。文人与饮食结下了不解之缘。

四、本草家的饮食神髓

本草家，即中华传统医学家。本草家的食思想，即基于中华传统医药理论与实践的食养、食治思想。

自我国商代伊尹、西周食医和孔孟倡导“食性”以来，历代儒医对食养多有所继承和发展。

一是因后天之本，及早食养。祖国医学一直认为，脾胃是人体的后天之本，故倡导养生特别是食养至迟也须从青、中年开始，经过饮食调理以保养脾胃实为养生延年之大法。味甘淡薄足以滋养五脏，故劝人尽量少吃生冷、燥热、重滑、厚腻饮食，以便不致损伤脾胃。如能长期做到顾护中气，恰当地食养，则多可祛病长寿。

二是食养关键在于饮食有节。节制饮食的要点关键在于“简、少、俭、谨、忌”五字。饮食品种宜恰当合理，进食量不宜过饱，每餐所进肉食不宜品类繁多，要十分注意良好的饮食习惯和讲究卫生。宜做到先饥而食，食不过饱，未饱先止；先渴而饮，饮不过多，并慎戒夜饮等。此外，过多偏食、杂食也不相宜。

三是先食疗、后药饵。食疗在却病治疾方面有利于长期使用。尤其对老年人，因多有五脏衰弱、气血耗损，加之脾胃运化功能减退，故先以饮食调治更易取得用药物所难获及的功效。

四是多讲究早食常宜早，晚食不宜迟，夜食反多损的原则。食宜细嚼缓咽，忌虎咽狼吞；宜善选食和节制饮食，对腐败、腻油、荤腥、黏硬难消、香燥炙炒、浓醇厚味饮食更宜少进；淡食最宜人，以轻清甜淡食物为好；食宜暖，但暖亦不可太烫口，以热不灼唇、冷不冰齿为宜；坚硬或筋韧、半熟之肉品多难消化，食宜熟软，老人更是如此。

五、素食者的饮食神髓

人类在不断发展进步，饮食早已不再只追求裹腹，美味而富营养是最基本的要求。

今天，人类越来越多地反思自己，反思其他生命。同时，人类越来越关注自身的生活环境——地球，甚至外层空间。人们几乎异口同声地说：保护环境，爱护生命。为此，回归自然、回归健康、保护地球生态环境，深深地影响着现代饮食的观念。于是，天然纯净素食成为21世纪饮食新潮流。素食者越来越受到尊重，能以素食款待宾朋被视为高雅的礼仪。

虽然今天的素食不再有宗教的味道，但其中的环境保护意识和爱护生命的意识，体现出现代人类的文明、进步和高雅。

六、美食家的饮食神髓

美食家，是针对广大食品，即“饮食”意义食品物质对象而言的美食家，而非仅限于“食”——狭义的菜肴和面食、点、糕等品尝赏鉴的专业性人员。与以饱口腹为务的饕餮者和旨在阐释食道、诠说食论的食学家不同，美食家是以快乐的人生态度对食品进行艺术赏析、美学品味，并从事理想食事探究的人。饕餮者的主要目的是追求并满足物欲，食学家侧重的是认识说明与理论归纳。美食家既有丰富生动的美食实践与物质享受，又有深刻独到的经验与艺术觉悟，是物质与精神谐调、生理与心理融洽的食生活美的探索者与创造者。

中国历史上的美食家，是食文化的专门家和食事艺术家。民族文化深厚的陶冶教养、广博游历与深刻领悟、仕宦经历或文士生涯、美食实践与探索思考等是成就美食家的基本条件。

第三节　饮食神髓的特征

一、以食为天的传统饮食观念

中国的饮食文化是在历史悠久、独特的地理条件及经济文化等多种因素作用下形成的，一直是我们中华民族的骄傲。用林语堂先生的话说，小到蚂蚁，大到大象，几乎吃遍了整个生物界。丰富的食谱、复杂的烹制工艺和讲究的进餐礼仪，都是先人给我们留下的。而这种几乎无所不吃的状况的形成可能出自饥荒的原因，即长期以来经常性、周期性的食物匮乏、灾荒、饥馑的不断发生拓宽了我们的食物选择范围。饥荒之后，度荒食物就会作为一种生存的知识保留下来并代代传承。例如宋代董煟的《救荒活民书》、明代朱棣的《救荒本草》、明姚可成的《救荒野谱》和清代王检心的《真州救荒录》等，都有度荒食谱的真实记载，而这些食谱多数均不是平常食物。可以说，每一次饥荒过后，人们的食物范围就会扩大。

“吃”除了满足人们探索未知的好奇心以外，还能满足人们的虚荣心。追求时尚和炫耀性的消费是某些人传统消费观念的一部分。吃别人不曾吃过的东西、珍稀罕见的东西，是大可以在别人面前引以为荣的事。所以，猎奇求特便成了某些人追求美味的心理。以有“口福”作为人生最大的幸福，是某些人的一种人生价值的取向，但是这种价值取向，不能使人因此而变得更加高尚，反而会变得平庸或渺小。“民以食为天”，人作为一种社会性动物，将吃看作是对生命和生活的重视，本无可非议，但是猎奇求特，使吃的内容和形式超出维持和发展生命生存的功能性占有的范围，那么，“吃”的意义就已经不再是“吃”的本身了。例如把某种动物的雄性器官吃下去，就以为可以增强人的阳刚之气……这种通过饮食而获得补益的想法与做法，直到今天仍被不少人信奉着、实践着。

中国人重视饮食，饮食文化构成中国传统文化的重要组成部分，这在中国文化中表现得尤为突出。比如：发明熟食、善于烹调的先人，都被奉为圣人。传说中的燧人氏、伏羲氏、神农氏，莫不是因为开辟食源或教民熟食的丰功伟绩，被后世尊为中华民族的始祖。第一个有年代可考的厨师，是四千年前的夏代国王少康。商朝著名宰相伊尹因为善于烹饪雁羹和鱼酱，被后世推为烹调之圣。饮食在中国出世不凡，不仅是有这样的圣贤作出表率，还由于它是儒家文化核心思想——礼的本源。“夫礼之初，始诸饮食。”饮食与礼的起源相连，就给这一生活行为赋予了伦理化的内涵。中国人习惯把人生的喜怒哀乐、婚丧喜庆、应酬交际导向饮食活动，用以礼尚往来，增进人与人的关系，这就极大地促进了中国烹饪的发展。从进入文明社会以来，中国饮食神髓与中国文化共生同长，成为中华文明中一朵奇葩。中国餐馆开遍七大洲，受到世界人民的欢迎，赢得“烹饪王国”的美誉，追根溯源，是由于在中国文化史上，诸子百家都密切关注人们的生活方式，对饮食神髓多有建树。

在中国传统文化中，饮食不仅是满足口腹之欲的个人行为，也是礼制精神的实践。文人学士在享受美味的同时，不吝笔墨著书立说。一部《论语》出现“食”与“吃”字就有71次之多，孔子不厌其详地讲授饮食之道，其频率仅次于“礼”。《周礼》、《礼记》、《仪礼》、《吕氏春秋》、《晏子春秋》、《淮南子》、《黄帝内经》等最具盛名的经典都有关于烹调的精辟论述。有关专著层出不穷，从西晋的《安平公食学》、南齐的《食珍录》、北齐的《食经》，一直到清代袁枚的《随园食单》、朱彝尊的《食宪神秘》，佳作迭出。这里有世界上最早的烹调专著，琳琅满目的食谱。有关烹饪的技法如烧、烤、煎、炙、爆、焙、炒、熏、烙、烹、煮、涮、脍、蒸、煨、熬达数十种之多，可谓世界之最。以美食家自诩，甚或亲自执厨、附庸风雅的文人学士不胜枚举。晋朝的怀太子有出色的刀工，随意切割一块肉，就能掂出份量，斤两不差。唐穆宗宰相段文昌，自撰《食经》五十章，又称《邹平郡公食宪章》，厨房称为“炼珍堂”。卓文君当炉卖酒视为千古佳话，太和公炙鱼、东坡肉、谢玄的鱼酢、陆游的素馔、张瀚的莼鲈名盛一时。有关美酒佳肴的诗篇名作更是连篇累牍。如果说古代士大夫鄙薄技艺，对科学技术甚少关注的话，那么对烹饪技艺的钻研和在著述方面的投入，却是一个例外。所以，古人虽有“君子远庖厨”一说，却抵不过爱烹调的风习，使得这一园地风景这边独好，成为中国文化史上一个独特的现象。

随着回归自然食品的兴起，传统美食越来越受到人们的青睐。吃中国菜不仅在口味上得到满足，连视觉也是一种享受。中国饮食艺术，是以色、香、味为烹调的原则，缺一不可。为使食物色美，通常是在青、绿、红、黄、白、黑、酱等色中取3～5色调配，也就是选用适当的荤素菜料，包括一种主料和二三种不同颜色的配料，使用适当的烹法与调味，就能使得菜色美观。食物香喷，可以激发食欲，其方法即为加入适当的香料，如葱、姜、蒜、辣、酒、八角、桂皮、胡椒、麻油、香菇等，使烹煮的食物气味芬芳。烹调各种食物时，必须注重鲜味与原味的保留，尽量去除腥膻味。如烹调海鲜时，西方人喜用柠檬去除其腥味，而中国人则爱用葱姜。因此适量地使用如酱油、糖、醋、香料等各种调味品，可以使得嗜浓味者不觉其淡，嗜淡味者不嫌其浓，爱好辣味者感觉辣，爱好甜味者感觉甜，这样才能使烹制的菜肴合乎大家的口味，人吃人爱。

饮食方式不仅仅是一种吃饭的方法，而且是一个民族文化的反映，归根到底是由生产力的发展水平决定的。我们今天的共食合餐制虽是我们传统的就餐方式，但至今只有1000多年的历史。在宋以前，中华民族的进食方式始终是共食分餐制。这种方式起源于原始社会的生产力水平和生活方式，共同劳动，共同分享劳动成果。“席地而坐”，每人一份就是当时的就餐方式。到了西晋时期“胡床”输入中原地区，改变了人们“席地而坐”的习惯，因而产生了与之相适应的、腿比较高的食案。到了宋代，现代式的座椅已初见雏形，资本主义萌芽的出现使人们的交往越来越频繁，而共同就餐无疑是增进人们情感的重要方式之一。于是人们的就餐方式逐渐由原来的分餐制转变为合餐制。

如果说合餐制是当时人们出于自身物质和精神的需要而创造的，是在特定条件下进行的一种最佳的选择，那么，当前人们已深刻认识到这种合餐制已经构成了对公众安全的威胁，对自己生命的挑战。所以，合餐制已经不是现代人就餐方式的最佳选择。我们今天提倡分餐制，并非是放弃传统，在某种意义上说是继承了我国饮食文化中能适应当今社会需要的部分，是一种弘扬。

维持生态圈的平衡和生物的多样性是我们人类维系生存的根基。目前，我国濒危的高等植物达4000～5000种，占高等植物总数的15%～20%，国家严令保护的动植物分别为258种和354种。这样的生态环境已经对我们的生存环境构成了威胁。要解除这种生态危机，远不只是科学技术的问题，也不只是制定法律法规的问题，同时还涉及我们最根本的生活方式和生存哲学的问题。“吃什么，怎样去攫取，怎样吃”构成了人类今天生活方式和生存哲学的核心。正是在这个问题上，我们应该更新观念，应该提高文明素质，应该以现代的文明人来自觉地要求自己、约束自己，牢固树立科学的文明的饮食观念。

二、养生为尚的现代饮食观念

生活在现代的人类，生活富足，物质文明发达，在饮食方面更是力求精致美味。但人们的生活品质却未能与所得看齐，“文明病”丛生：如恶性肿瘤、脑血管疾病、心脏病和糖尿病等，其实这些“文明病”大多与不正确的饮食习惯有关。因此，饮食的观念和行为对健康与生活品质的影响，实在是现代人最应重视的问题。

食物提供营养，然而不当的饮食却可能使人生病。无论是高血压、心脏病、糖尿病还是癌症，高油、高糖、高盐饮食都扮演着至关重要的角色。现代科学研究发现，有些蔬菜和水果确实有预防疾病发生的功能，如花椰菜便具有丰富的维生素C和维生素E，能预防癌症的发生。但是在今天，为了提高动植物的生长速度，同时也为了预防病虫害而大量使用农药、抗生素和荷尔蒙等，结果却对人类造成了严重危害。根据研究，喷洒的农药，真正被昆虫和细菌吸收分解的只不过是1%，45%仍残留在植物上，其余则污染土壤与河川，最终伤害到的还是人类自己。随着各种“文明病”的日益增加，人类由于不健康的饮食习惯所导致的疾病，有愈来愈严重的趋势。现代科学研究证明，高脂肪饮食与肥胖、脂肪肝、心血管病症及某些癌症有密切的关系，所以最好少吃肥肉以及油煎、油炸食物；而盐分摄取过多容易罹患高血压，烹调应少用盐及含有高量食盐或钠的调味品，尽量让食物的口味清淡一些；而糖类容易引起蛀牙及肥胖，所以也应该减少食用。

现代人生活节奏快，工作压力大，经常三餐不定，许多人有或轻或重的肠胃不适症状，其主要原因有：生活作息不正常、吃得太快、饮食不卫生、吃得太油腻、吃太多药物、生理年龄老化、饮水量太少或纤维素食物进量太少、压力过大等。

“吃”是人生活最基本的需求，是人们衣食住行的基础，是人们生活的核心。当今改革开放社会经济快速发展，人民生活水平提高，过上幸福的生活。这种幸福生活，就饮食而言，是要吃得科学，吃得文明，吃得合理，在“吃”的当中有一种文化享受，得到一种精神上的满足。

随着物质条件的不断改善，当今，人们已不仅仅满足于填饱肚子，而是讲求科学饮食，追求绿色食品，注重健康健美。以下现代饮食趋势就是明证。

① 从吃“多”到吃“少”。过去的观念是吃得多表示胃口好，身体棒，又可增加营养摄人。现在大多数人注重健康健美，转而认为吃少为宜，一般每餐吃八成饱，尤其是更加限制晚餐食量。

② 从吃“红”到吃“白”。人们往往把猪牛羊肉称为“红肉”，家禽肉、海鲜称为“白肉”。过去以红肉为主，白肉为辅。但由于红肉热量高、含胆固醇多，不利于健康，所以现代人饮食逐渐减少红肉而转向白肉。

③ 从吃“陆”到吃“海”。由于富贵病（心脏病、高血压、糖尿病）的频发，使人们从吃陆上食物转向海产品，尤其是深海产品。

④ 从吃“精”到吃“粗”。现代人类讲究食物精细化，带来许多不良后果，所以人们日益转向吃粗粮和粗加工食品，如糙米、粗面更多地摆上了餐桌。

⑤ 从吃“家”到吃“野”。环境污染日益严重，使人们对食物的选择更加挑剔，更倾向于天然产品，如无污染的野果、野菜、野菌，均受青睐。

⑥ 从吃“瓤”到吃“皮”。人们认为某些食物的皮也有丰富营养，而且有特殊医疗作用。过去吃苹果梨桃都先去皮，现在又改变了吃法，往往是洗净后连皮吃。

⑦ 从吃“肉”到吃“虫”。把昆虫当美味早已有之，当今更流行，并把它当成健康食品。据说全球已有五百多种昆虫已列入了食谱。

⑧ 从吃“宝”到吃“废”。日本人兴起在饮茶后也吃剩茶叶，据说它有营养和医疗作用，有利于清洁口腔和明目，预防龋齿和便秘，促进消化和减肥。

饮食文化是中华民族传统优秀文化的重要组成部分，历史渊源流长，内容极为丰富，涉及面广，包括食品文化、烹调文化、营养文化、服务文化、营销文化、环境文化等，可谓博大精深。搞好饮食文化建设，在继承优秀传统的基础上，根据现代社会经济和科学技术的发展，以及人民生活水平的提高，加以创新和发展，让饮食增加更多的文化附加值，有一种更高的文化品位，使人民群众生活得更舒适、更文明、更合理、更健康，在“吃”的当中领略精神和文化的享受。

当今世界上经济与文化融为一体的发展趋势非常明显。有人说在市场经济条件下，企业间的竞争说到底是人才的竞争，人才竞争说到底是文化的竞争。这话不无道理，很多从事饮食的企业，打名牌战略，创名牌菜点，争名牌效益；千方百计地增加菜点的文化附加值，不断推出家庭宴、生日宴、新婚宴、长寿宴等，提高菜点的文化品位；下大力气抓教育，抓培训，提高人员素质，提倡超值服务；同时给顾客提供一个舒适优雅的、高文化品位的就餐环境。相信通过这些努力，中国的饮食文化必将开创出一个更为辉煌的明天。

第十一章
饮食审美

【饮食智言】

饮食的艺术首先表现在生产出味觉上精美的艺术品

——于光远

有的人对中国饮食的美学评价，更多着眼于它外在的形式美，无论是从饮食操作的角度还是从品尝欣赏的角度，一谈到菜点的美，都存在这种偏向。的确，在厨师制作菜肴的时候，或者就餐者在品味的时候，对菜点的美的直接感受，一开始都集中在视觉上，集中在面前的菜肴或点心的形式美上。于是，人们对于饮食的审美关注，似乎理所当然更多地着眼于它的视觉形象，着眼于它的色彩和形状。事实上，这种从绘画艺术或者造型艺术的角度来寻找和探讨中国饮食的审美内涵，是片面的、浅表的，不完整的。

中国饮食艺术真正的审美要素、审美内核，不是形式的美、外在的美、视觉的美，而是属于味觉的。饮食艺术的审美核心是味觉，这恰恰是饮食艺术最本质的属性，这也是饮食艺术与一切其他艺术的明显区别。这样说当然不是无视或者贬低中国饮食对菜点形式美的追求，而是希望纠正上面那种相当普遍的偏向，廓清一种误解，不要把饮食艺术混同于绘画、造型等视觉艺术。对此，于光远曾指出，“饮食的艺术首先表现在生产出味觉上精美的艺术品。图画是视觉上的艺术品，音乐是听觉上的艺术品，精美的肴馔是味觉上的艺术品。至于视觉上的美，对于肴馔来说只起配合的辅助的作用，过分强调它是不适宜的。”

中国饮食艺术是慷慨的前辈和历史留给我们的珍宝，我们只有站在前人的肩上，才能看得更远、更多。中国饮食艺术又是无限广阔的充分开放的领域，只有冲破一切传统的陈规旧习，才能不断拓宽眼界，走向新的高点。从审美学的角度来审视中国饮食，从味觉审美这个核心部位来研究中国饮食，才能开拓认识中国饮食的新视界。

第一节　味觉审美

一、美食与审美

美，是一切艺术的灵魂，也是一切艺术给人以吸引和诱惑的源泉。美是人类的不懈追求。然而人们对美的认识和理解至今仍十分肤浅。从 19 世纪初期，黑格尔第一次把美和美感作为科学研究的对象，并写出了比较系统的《美学》算起，至今也不过一百多年。在这一百多年间，世界上不少哲学家、美学家为寻找美的规律，建立美学的科学体系，提出了不少学说和看法；然而迄今为止，美学仍是一个悬而未决的课题，是一门争论最多和缺少定论的学科。马克思曾说过，任何科学研究最终都将触及到对人学的研究。美学更是如此。

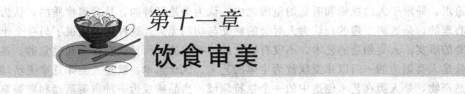

从黑格尔以来，美学研究始终存在着一个致命的缺陷，就是把人类对美的感受和对美的追求，局限于人的视觉和听觉的范围之内。认为美是精神的，是远离物质的；认为美是心理的，是远离生理的；认为人对美的感受与功利无关。这种观点忽视了另一个十分重要的事实，人类创造的艺术，不仅有视觉的、听觉的，而且还有味觉和嗅觉的。美食，就是人类创造的一门以味觉欣赏为主体的艺术。饮食艺术，就是人类味觉审美活动的必然产物，是人类在艺术创造中的一个独特领域。当品味成为一种审美活动和审美享受的时候，饮食就顺理成章地成为了艺术，饮食艺术是为味觉审美活动服务的。饮食艺术的所有创造和努力，只有一个目的，满足人们在饮食上求美的心理要求。当然，饮食艺术强调的是创造和操作，是做的艺术；味觉审美注重的是感受和欣赏，是吃的艺术。缺少了味觉艺术，人类创造的艺术世界是不完整的，人的味觉（包括嗅觉和触觉）不仅可以品尝到食物的滋味，而且通过味觉的感受能力，能得到超越于生理本能和功利目的的精神享受。

"食必求饱，然后求美。"这是两千多年前墨子说过的话。这同样也是每个人在日常生活中的共同体验，从视觉审美、听觉审美到味觉审美，这是人类审美活动的自然延伸。味觉审美无论从它的审美规律，还是它的审美性质来看，与传统的视觉和听觉审美相比，都有着明显的不同和本质的区别。正因为如此，味觉审美活动一直没有能够进入审美的层次，没有被人们所认识和理解，没有登堂入室，与视觉审美和听觉审美平起平坐。当人们一旦发现自己审美的触角指向曾经忽视了的味觉感受，发现味觉同样有审美的能力；当人们在品味的过程中，获得美的体验和享受，就会被这个有着独特魅力的审美所吸引。

对美食的追求，可以说是人类的一种本能，这种本能从本质上看，是生命的需要，是趋利避害、保存和繁衍生命的需要。美食对人的诱惑，是以主体的需要为前提的。这种需要是自然人的下意识的生理本能。美食有时候显得非常宽容，不论是稀有的珍禽异兽，还是普通的五谷菜蔬；不论是制作精致的宫廷佳肴，还是寻常的民间食品，都可以成为味觉审美的对象；美食有时候又表现得十分苛刻，即使集色香味形于一体的菜肴，也不一定能够成为审美对象。这说明，美食的存在，还需要审美主体的参与，它取决于主体的味觉审美能力。而味觉审美能力是主体对食物的适应和选择，是一种机体化了的历史积淀，最后就以一种本能或潜意识的形态出现。

总之，美食对人的诱惑，人的味觉审美能力，都不是抽象的超验的产物，也不是动物的本能，它是一种与人类的感受能力、认识能力、评价能力密切交织在一起的能力。

二、审美的渊源

人类的进化过程，与饮食的改变有直接的关系；因此我们不难想象，在人的各种器官和感觉的进化中，味觉的进化应该是首位的，否则，人类就无法通过食物来源的改观，促使自身的进化。恩格斯曾把人类从蒙昧时代、野蛮时代进化到文明时代的主要原因，归结为食物来源的扩大和动物蛋白摄入量的增加。因此我们不妨可以推断，食物的变化必然促使人的味觉感官的进一步发展，使味觉得以较早产生愉快的感觉和审美的意识。

由此可见，在饮食活动中追寻快乐的满足，对一切人来说，它的意义是最简单的，也是最深远的。正因为如此，中国古代才有"民以食为天"的说法，这里的"食"，不管是不是美食，至少它同人类的密切关系，以及它给人类带来的愉快，是其他方式所无法替代的。没有饮食活动，便没有人类的文化，便没有人类的一切文明。

正是从饮食的这一至高无上的特点出发，从味觉的愉悦感出发，我们的祖先惊喜地发现了一种可以概括为"美"的感受，创造了"美"的概念，并且以这一概念来涵盖性质相似的所有非味觉感受。

从上述的前提出发，我们可以想象一下原始社会的饮食活动。原始人首先面临的是饥饿，首先要解决的是食物。饮食的满足应该是原始人最美好的感觉和享受。在这个基础上原始人才有可能产生其他方面的审美意识。从人类审美意识产生和发展的历史进程，以及人类今天的审美实践来看，人的味觉审美活动应当先于其他审美，说味觉审美是人类审美活动的源渊是并不夸张的。迄今为止，人类的一切生产活动和科学文化等创造活动，归根结蒂，无非都是为了人类生活得更美好，都是为了不断地提高人类的生存质量。而饮食则是衡量生存质量的重要要素。在任何时候，人类的饮食活动都应该是最基本的实践活动。

根据《说文解字》，"美"字"从羊从大"，本义为"甘"。"美"字的结构是"羊"和"大"的组合。显然，它表达了中国古代人对"羊大"的感受。值得注意的是，这种感受并不来自羊的体形的肥硕、毛皮的柔软，或者羊的姿态的美观，而仅仅限于对羊的味觉上的感受。这从"美"的本义是"甘"可得到证明。而"甘"又是什么呢，"甘"者，"从口含一"也；也就是说，口含食物，或用口去尝食物，可以产生"甘"。饶有趣味的是，与"甘"有关、由"甘"组成的几乎所有的词汇，都属于味觉的专利。如甜、甘露、甘蔗、甘美等。由这种味觉的感受引伸开去，中国文字中的"甘"又同时有"悦"、"乐"、"快"的意思。因此，我们把"美"的最初的本义，理解为味觉的快感，不能算牵强附会。

无独有偶的是，不仅中国古代的美意识来源于味觉活动，而且在西方也存在同样的现象。英语中的"美"，同时有"美"和"美味"的意思。法语中的"美味"，同样有"愉快"的含义。此外，英语和德语中的"美味"一词，都是从拉丁语"喜悦"和"迷人"而来的。

这样看来，"美"字所包含的最初的美意识，即味觉审美意识，无疑成了人类其他审美的先导。对味觉审美的崇拜，成为人类审美活动的源泉。

三、味觉审美的特性

人类生命意识中的审美化倾向，最大量地体现在味觉审美之中。从根本上看，审美是人的生命欲望的合理满足，人生通过审美而获得意义。味觉审美的要求，则是最直接、最强烈地表达了这种欲望。味觉审美几乎平等地钟情于每一个生命个体：人们一方面满足了生理上的要求，另一方面又得到基本的愉悦。对于缺少其他审美活动的人来说，这种基本的愉悦是尤为珍贵的。

作为人类经验的组成部分，味觉审美具有超越于其他审美的普遍性。人类审美机制的形成，既不在于客观对象，也不是一种先验的能力。把对象和主体联系起来的纽带，是人的审美体验。这种审美体验是个体经验的产物，又是历史的沉淀。那么，经验又是从何而来呢？尼采说："一切经历物是长久延续着的。"经验来自人的经历。人们的生活经历各不相同，人们的审美经历同样各呈异态，由此产生不同的审美趣味。然而人们只有一种经历是共同的、相似的，这就是饮食的经历。也许人们在视觉和听觉方面由于经历不同形成不同的趣味，但人们在味觉审美的经验方面，在追求味觉审美的欲望方面，总是容易找到共同的语言。因此，唯有味觉审美，对人们才能最终摆脱主体不同经历而具有普遍的意义。

味觉审美采取的形式，与其他审美相比，是最为大众化的。审美总是有条件的，一个缺少音乐修养的人，很难接受交响乐的美感；一个不懂书法艺术的人，对再好的书法作品也不会产生兴趣；文盲不可能读小说；舞盲当然也不会欣赏舞蹈。可是当我们把眼光移到味觉审美的领域，情况就起了变化。在这里，审美的种种条件几乎不再存在，审美的个体差异虽然没有消除，但差距缩小了。不管是孩子还是老人，不管是贵族还是平民，以至国家不同、民族不同，以及职业、文化程度、性格爱好等都不同的人，在味觉审美上，却有着惊人的相似。他们很容易找到相同或相近的感受。味觉审美的普遍性，抹平了人与人之间的某些鸿沟。美食，成了全人类不需翻译的世界语言。味觉审美的大众化形式，使它成为人类最为普遍的审美活动。

味觉审美具有永恒性。人类的审美活动是一个历史的范畴。各种审美形式都处于不断的萌生、形成、发展和演变之中，都有它的兴盛和衰落。然而在世界上也有万古不变的审美对象，这就是美食。美食的形式和内容会随着历史的发展而发生变化，但美食本身总是长存不衰的，具有永久的魅力。生命的永恒性决定了味觉审美的永恒性；生命的普遍性，决定了味觉审美的普遍性。只要生命之树长青，味觉审美就永远不会衰亡。

第二节　饮食味觉审美与心理审美

审美是人类特有的高级精神活动。这种精神活动具有从生理走向心理的过程特点。人的感官，不仅是接受外界信息的中介，而且也是审美的起端。

不同的审美活动，所使用的感官是不同的，或者说有着不同的侧重。味觉审美依靠的主要是味觉、嗅觉和触觉。

一、味觉

1. 味觉感受器

人们对五官的认识，味觉器官最迟。19 世纪初期，著名生物学家贝尔才第一次发现，舌的味蕾是味觉的器官。1925 年，科学家才进一步证实，人的舌面上不同部位的味蕾掌管不同的滋味，才初步揭开了味觉感受器的构造。

舌头是感受味道的主要器官。舌上覆盖着很多小的突出部位，即乳头。乳头有两种，一种不感受味道，只具有防滑的作用；另一种负责感受味道。每一个味觉乳头有一个或多个味蕾——真正的味觉感受器。味蕾不仅分布在舌头上，而且还分布在软硬腭以及口腔和咽喉的区域。因此人们吃食物时，除了舌头接受味道的刺激外，口腔的其他部位一直到咽喉都能受到不同程度的刺激。一般来说，儿童的味蕾分布较成人更广、更多；随着年龄的增长，味蕾的数目逐渐减少。

味蕾有一个味孔与舌面相通，每个味觉细胞有一根味毛经味孔伸入口腔，与来自皮下神经丛的神经纤维相接。味蕾的这一构造，要求味觉的刺激必须具备一个基本条件，即溶于水。只有带有滋味的液体物质，或者能够溶解于唾液的有滋味的物质，才能与味觉细胞的神经末梢接触从而产生兴奋或者抑制。一块糖，当它未曾与口腔内的唾液拌和时，人们无法感觉到它的甜；只有当它溶化于唾液中时，人们才能逐渐体味出它的味道。由此可以看出，唾液不仅是消化的媒介，而且也是味觉感觉所不可缺少的中介。

味觉感受器获得的刺激，沿着味觉神经传入大脑皮质内的有关部位，于是，大脑皮层就会产生相应的味觉感受，品味的初始阶段才告一段落。

2. 味觉的感受

人们从各种食物中感受到的千差万别的滋味，一般认为，是由四种基本的味组合成的。这四种基本味就是：咸、甜、苦、酸。

从味觉的分工来看，舌尖对甜味最为敏感，舌根对苦味最为敏感，舌的两侧前部对咸味最为敏感，舌的两侧中后部对酸味最为敏感。

从味觉对不同呈味物质的感受能力来看，也不是相同的。例如，人对苦味物质最敏感，溶液中有0.00005％的苦味物质就产生味感。这也许与原始人为了识别有毒物质而长期积累的经验有关，是出于本能的选择。甜味物质以蔗糖为例，要在溶液中达到5％才会被感知，醋酸需要达到0.0012％能感到酸味，咸味需要2％的食盐含量能感觉到。

除了滋味的感觉外，人们还常常会产生其他的味感。如涩感、粉末感、烧灼感、油腻感、黏稠感等，这些感觉其实并不是依靠味蕾来获得的，而是借助于嗅觉、触觉来完成的。

3. 味觉感受的变化

人们对味觉的感受，并不是固定不变的。不同的个体存在差异，同一个体的味感在不同的时候和不同的条件下也会有所不同。例如，上面所提及的对各种滋味的感受，是最低的浓度，如超过一定的浓度，味感会产生变化。因此人们常有“咸得发苦”、“甜得发腻”、“鲜得发涩”等说法。

温度对味感也会造成影响。一般来说，味觉感受器对滋味的分辨力和敏锐程度，以10～40℃为佳，尤以30℃最佳。

再如，滋味在不同情况下，会互为对比、相互转化和相互增强。互为对比：如15％的蔗糖与0.1％的食盐混和在一起，味觉感受就会产生比单纯的蔗糖溶液更甜的感觉。相互增强：糖、醋、盐的适当比例的混和，会产生酸甜的感觉。相互增强：对苦味适应后，白开水也会有甜味；甜的味道适应后，酸的味道会觉得更酸。

二、嗅觉

从生物演化来看，嗅觉是一种原始的感觉。人类的祖先借助嗅觉提供的信息，一方面可以搜索或者捕获用来作为食物的动植物；另一方面则可以防御和逃避野兽的袭击。如今，人类已不再需要像野生动物那样依靠嗅觉来维持生存，按照进化的原则，人类嗅觉的作用应该减弱，嗅觉可以退化。但事实上并非如此。

嗅觉与人类的关系，比人们所设想和理解的要复杂得多。即使局限于饮食中与味觉感官的配合，嗅觉的作用也是不可或缺的。据研究，人们享受各种食物和饮料的滋味，至少有80％来自于嗅觉，只有20％来自味觉。这一点也许出乎人们的意料，但却为大量的饮食实践所证实。一旦失去或削弱了嗅觉的功能，再美味的佳肴也会变得索然无味。

对于嗅觉的重要地位，恩格斯说过：“嗅觉和味觉早已被认为是两种相近的同类的感觉，它们所感知的属性即使不是同一的，也是同类的。”

1. 嗅觉器官

嗅觉器官位于鼻腔。鼻腔的范围并不限于在面部突出的那一部分，鼻腔要往里延伸六七厘米，与咽喉上部相通。把鼻子分为左右两个鼻腔的隔板叫鼻中隔。从左右两个鼻腔的侧壁都有鼻甲向鼻中隔延伸。人的嗅觉器官在鼻子上部的上鼻甲与鼻中隔之间，称为鼻裂的地方。在鼻裂壁上所覆盖的黏膜中包含着嗅觉感受细胞。嗅细胞向外界的一端为嗅杆，嗅杆末端为嗅结，每个嗅结上有嗅毛。正是这些浸在黏液中的嗅毛是接受有气味的分子的结构。

2. 嗅觉的刺激

能够引起嗅觉的物质是千差万别的，但作为能够刺激嗅觉的物质又有着共同的特征。最显著的一点就是挥发性。给嗅觉以刺激的前提，是必须存在能够飘逸在空气中的很小的微粒。只有当这些载有气味的微粒作用于嗅觉时，人才会有嗅觉感受获得。一般的固体物质，除非在日常气温下能把分子释放到周围空气中去，否则是不能引起嗅觉的。液体的气味同样只有变成蒸汽后才能刺激嗅觉。因此，人们感受到强烈的气味，往往都具有较高的蒸汽压力。如对于温度高的汤和菜、对刚刚揭开锅盖的菜肴，嗅觉感到的香气就特别明显。

对于不能挥发的固体食物来说，其香气一般不在饮食之前就被感知，而是在咀嚼之后才能通过喉部返回到鼻腔内后被感知，这也就是为什么干香一类的冷菜在吃之前并没有什么香味，而吃时却会愈嚼愈香的缘故。

嗅刺激的另一个共同点，就是它们的可溶解性。有气味的物质在引起嗅觉前，必须被鼻黏膜所捕捉。这意味着物质的微粒进入了溶液，也就是必须溶于水或溶于脂类。

3. 影响嗅觉的因素

人的嗅觉是十分敏锐的，能够分辨出成千上万种不同的气味。然而，长时期接受同一种气味，会钝化嗅觉的感受力。“入芝兰之室，久而不闻其香。”不是由于香气的减弱，而是嗅觉感受力的弱化。所以在味觉审美过程中，不同香气的菜肴食品放在一起，往往更能增强感受的强度，引起更强烈的快感。

人的嗅觉感受还制约于嗅觉记忆。人们常常把嗅觉得到的信息与贮存的嗅觉记忆相对照，唤起相似的美好体验。嗅觉是引起回忆的最重要的媒介。

三、从感觉到审美

人的味觉感受能力不是天生的。它是在味觉活动的长期实践中，由低级向高级发展起来的。作为人体最先接触食物的部分，在反复的刺激中，逐步形成对食物化学性质的反映功能。食物化学性质的最直接体现，就是味道。这就是味觉的感受能力。随着人类的进化，味觉感受的功能不仅仅是为了维持生命而进行食物的选择，而且增加了享受性的功能，也就是说，在饮食的感受中同时得到愉悦。

从生存需要到享受美味，从生存目的、饱腹目的上升为审美目的，对于这种变化发展，可以从三个方面来进行分析。

① 长期的饮食实践，必然使人类的味觉感受器产生新的组织结构变化和功能变化。人类今天的味蕾结构肯定不同于原始人的味蕾结构；人类今天的味觉敏感，同样也不同于原始人的水平。在追求美食和品尝美食的漫长过程中，人们一方面提高了自身的机体

素质，另一方面也必然促使了味觉感受器的进化。正是从这个意义上，马克思说"五官感觉的形成是以往全部世界历史的产物。"

② 人类的饮食活动，虽然有生存和享受两方面的目的，但从本质上看，两者是一致的。一般说来，富有营养的食物总是鲜美的，也就是说审美的本源是实用，这在味觉审美中表现得尤其明显。人类今天的食物范围是亿万年选择的结果，其所以适口、味美，所以能引起味觉的愉悦，无非是因为符合生存的目的。在人类对环境的适应中，由于长时期从机体需要出发食用某类食物，就逐步形成了对该类食物的味觉美感。如果饮食的生存目的与美感目的相冲突，机体就会自行纠正和适应。因此，人类的味觉美感结构，从根本上说，是在长期的生存实践中形成的，与生存相悖的食物（即有害的食物），就不可能进入味觉美感结构。

③ 在饮食中，从感觉到审美的历史进程是漫长的，也是复杂的。生理学意义上的味感与美学意义上的美感，两者是紧密相连的，是交融在一起的。

四、味觉审美中的心理效应

品尝美食是一种审美。在这种常见的审美活动中，往往伴随着各种各样的心理活动的参与。饮食中的心理效应，是构成饮食审美的重要环节。品尝美食产生的愉悦感，与饮食中出现的各种不同的心理效应有着十分密切的联系。把很难说清的品味感觉，置于不同的心理效应的背景之下，找出产生它的机缘，这对于认识味觉审美的活动规律，揭开味觉愉悦的奥秘，是一条重要的途径。

1. 首次效应

人生经历中的首次总是难忘的。首次品尝某种食物的体验同样如此。第一次品尝的食物，由于其传递的信息特别新鲜，因此可以最大限度地唤起主体的审美注意，调动起积极的审美情绪，构成十分活跃的审美感觉。这样，机体所激发的审美动力也就比一般情况下更多。因此首次品尝给人留下的新鲜感、新奇感和惊讶感，会使有关信息的痕迹保留得特别持久，从而印象特别深刻。

2. 心境效应

"心境"反映了人的一种精神状态、情绪状态、情感状态。它既是抽象的、无形的，又是具体的、有轨迹可循的。在心境效应下，人们甚至会有意无意地把品味的菜肴看作愉快心境的组成部分。这样的例子比比皆是。喜庆的筵席、亲友的相聚、久别重逢的小酌、佳节良辰的欢饮，以及在愉快旅途上的进餐，都会由于心境的快适、心情的舒畅，使菜肴食品变得特别美味。与此相反，人在精神低落时，纵有山珍海味、佳肴美酒，也会由于精神因素而影响味觉的感受程度，甚至食而不知其味。在人们的饮食活动中，创造一个良好的心境条件，不仅从生理卫生来看有益于人体的消化吸收，有利于健康，而且从心理卫生来看，也是十分必要的。在愉快、平和、没有思想负担和不良情绪的心情下就餐，人们更容易进入美味的佳境，获得有益于身心的精神愉悦。

3. 环境效应

人总是置身于一定的环境之中，任何客观的环境都会表达出一种超出环境的语言和情调，并影响人的心理。人的心境和环境，是一个双向的相互作用的关系。人的不同心理会给环境蒙上一层主观色彩，而环境的客观规定性又会给人以情绪上的干扰和影响。正因为如此，人们十分注重工作、学习和生活的环境，其中包括就餐的环境。进餐环境的好坏，直接作用于人的情绪，也就间接作用于对菜肴的品味效果。如果在一个拥挤不堪、人声嘈杂的环境里就餐，人们自然很难获得品味的愉悦。相反，高雅宜人的环境可以改善人的心理，美化气氛，激发和提高人的味觉感受能力。宜人的就餐环境并无固定的模式，也并不仅仅指物质设施的豪华，关键在于和谐协调、恰到好处。

4. 回忆效应

托尔斯泰说过："音乐可以使人产生回忆。"能够叩响回忆之门的，又何止是音乐，在这里，美食具有同样的魅力。回忆是一种美好的情感。人们在品尝特定的菜肴食品时，有时会带来深切、缠绵的回忆活动，从而使味觉审美充满动人心弦的韵味。当美食通过感官的触发，唤醒了沉睡多年的饮食记忆，饮食者得到的美味的陶醉是无可比拟的。味觉审美中的回忆效应，其心理机制和表达形式与欣赏音乐有某些相仿之处。当一个人储存于大脑的昔日的味觉信息程序，由于外界的刺激被重新唤起，于是逝去了的与之有关的生活内容和情感内容也就会一起得到复活。美味的感觉形式虽然是抽象的，但激起的情感内容和精神愉悦却是具体的。

5. 联想效应

与艺术审美相比，饮食中的浮想联翩，并不是十分普遍的。但这种现象一旦发生，也会给饮食活动增添审美的色彩。通过联想，可以扩充味觉的审美空间，强化饮食的审美内涵。

6. 启迪效应

美食的美，远不限于美食自身。有时，通过美食的感性特征，还能透视出某种思辨之美、启迪之美、智慧之美。这些，都是比美食的感性美更为深邃的理性美。老子曰："治大国若烹小鲜。"看似平常的饮食技艺，居然蕴含着高深的治国之道，那么与饮食对应的饮食活动，其内涵之深、之广也就不难想象了。其实，饮食活动中的理性内容渗透在中国文化的各个领域、各个方面，与中国人的文化心理结构息息相关。启迪效应的产生，与主体的经历、修养、气质等因素是分不开的。当人们具备了多方面的知识修养后，就有可能使有限的饮食活动产生出无限的意蕴，就可以在饮食中获得更多的美感。

7. 变异效应

变异是一个重要的审美范畴。美常常存在于变异之中。在饮食中，变异带来的美感是十分普遍的。一种新的味觉信息，由于新异和突然，会产生强烈的心理反应。久食荤腥者，会特别想吃粗饭淡菜。经常赴宴者，对家常菜肴倍感兴趣。正所谓久甜慕咸，久鲜趋淡，久厚喜薄。要是让人天天吃北京烤鸭，天天吃鱼翅燕窝，恐怕不仅会乏味，而且会望而生畏的。

8. 整体效应

作为一次完整的饮食审美过程，应当具有整体性。也就是说，过程的自始至终要给人留下完整的而不是割裂的、全面的而不是局部的美感。整体美是美的基本原则，残缺美不过是一种特殊形式的美。一道菜肴是一个整体，一桌菜肴更是一个整体。菜肴与相关的桌面摆设、环境布置、服务艺术等组合成又一种意义上的整体。因此饮食中的整体效应有着不同的层次和内涵。菜肴的色香味形，构成了味觉美的基本整体，缺少了其中的任何一个要素，都会损伤菜肴的美感。因为在饮食过程中，人的各种感觉之间常常会产生转换、移位和沟通，也就是通感现象。任何能够长久流传的名菜名点，一般都具备相对完美的色香味形，甚至是无可挑剔的。

9. 知识效应

马克思说："如果你想得到艺术的享受，你本身就必须是一个有艺术修养的人。"在饮食中，精于食道的美食家、专业的饮食工作者之所以具备高于一般人的味觉审美能力，这同他们具有更多美食方面的知识是分不开的。知识是味觉审美得以飞跃的羽翼，是感觉的亲密伴侣。有了多方面的知识，人们就可以在美食文化的广阔天地里，左右逢源，融汇贯通，饱览无限胜景。

10. 回味效应

回味，是一种令人心驰神往的境界。缺少回味的生活，是单调寂寞的；没有回味的艺术，是令人失望的；不能引起回味的菜肴，同样是使人遗憾的。美味诚然是一种美，回味则更是一种大美、至美。

味觉审美是一个独特的审美领域。在生活中，它离我们最近；在思辨中，它离我们最远。在世界上，有一辈子没有出过远门的人，有一辈子没有接触过艺术的人，但不会有一辈没有饮食活动、没有味觉审美体验的人。味觉审美的普遍性，掩盖了它的特殊性；味觉审美的特殊性，又使它长期不被人们所认可、所理解。确实，自然美和艺术美，视觉美和听觉美的审美规律，很难在味觉审美中得到相应的体现。从感官与心灵的距离看，味嗅感官可能比视听感官离心灵要远一些。也正因此，味觉审美的感受方式和审美方式，不能不具有自身的特点。表现在：感受的综合性、反应的直接性、过程的即时性、审美效应的相对性。

第三节　饮食情趣审美

中国饮食文化是最具中国特色的文化门类之一，也是长期居于世界领先地位的一种文化。有少数人由于对中国文化不甚了解，便把中国文化概括为饮食文化，甚至武断地说，中国人活着的目的就是为了"吃"。这实在是一种以偏概全的误解。鉴于此，有必要透过吃喝的外在形式，来透视分析中国饮食文化的深层品位。这种品位在美学上也有突出表现。中国人在饮食方面讲究"色香味俱佳"，"色"就是要好看，"香与味"是强调好吃，合起来就是又要好看又要好吃，眼福、口福都要享受。在"好看"的追求中，就有审美意识在起作用。审美意识是人在审美、创造美活动中的思想、情感、意志。它包含着审美感受、审美趣味、审美判断、审美态度、审美情感、审美能力、审美观念、审美理想等，以审美感受为基础和核心。

俄罗斯作家车尔尼雪夫斯基提出"美就是生活"的命题，中国人把"吃喝"看作是生活的头等大事，因而在饮食文化中讲究美感是非常自然和合乎情理的事。中国有许多文化名人对中国饮食文化都有相当的研究，他们对饮食的看法绝不同于一般百姓仅仅是为了果腹求生而已。他们把饮食当作人生的乐趣和人生的艺术。享誉中外的大画家张大千先生曾说过："吃是人生最高艺术"。这虽很夸张，但不无道理。

中国人的饮食审美情趣，主要表现住食物形象、饮食环境、饮食器具、食物的香味名音等方面，现分论于后。

一、食物的形象美

食物形象美包括有色彩和造型。在中国较特殊而丰富的是食雕、花馍、油香、点心等的造型及色彩。

中国菜肴，是用食品天然色彩调色的，即利用蔬菜、肉食、水产品等食物本身具有的天然色彩进行调色。蔬菜的色彩很多，如红的有蕃茄、胡萝卜、红辣椒；黄的有冬笋、黄花菜、老姜；绿的有菠菜、韭菜、蒜苗；青的有青葱、青椒、青笋（即莴笋）；白的有白菜、白萝卜；黑的有黑芝麻、黑木耳等。色的配合非常重要，配色虽然不会直接影响菜的口味和香气，但会影响人的食欲。一个菜，应有主色与副色。一般副料色只起点缀、衬托作用，以突出主料。如“芙蓉鸡片”是以白色鸡片为主料，配料用绿色的菜心、红色的火腿之类加以点缀、衬托，就显得鲜艳而和谐。

色有暖色与冷色之分。红黄色称为暖色，蓝青色称为冷色，绿色与紫色称为中性色。在烹调中可通过调味品的作用增加菜肴的色彩。如金黄色和红色的菜肴，多用酱油、面酱、豆瓣酱等酱色调味品，在烹制上多用烤、烧、炸的方法。暖色可使人兴奋，刺激食欲，还可以增加宴席的热烈气氛。蔬菜以青绿色为多，这种冷色菜肴只要点缀其他色彩，还是好看的。特别在宴席配菜上，必须红、黄、青、白的菜都有，才能显示出丰富多彩。一个菜如果色彩单一，那就显得单调、乏味，如果是“万绿丛中一点红”那就别有情趣了。贵州苗族在过“吃姊妹饭”节时，主食是染成彩色的米饭，和过节人的心情一样热烈喜庆。

蔬菜和肉类在加热过程中色彩都会发生变化。如炸鱼、炸肉，初炸是黄色，再炸是焦黄色，久炸就变成黑棕色。又如“炒猪肝”，初下锅是暗红色，后是灰色，久炒就变为焦黄色。所以蔬菜的色彩如何，在很大程度上取决于厨师的烹制技巧。

菜肴“形”的优美，不仅使人精神愉快，赏心悦目，增加食欲，而且起着潜移默化的审美教育作用，使人产生美的联想，激励人们热爱生活。早在2500多年前，孔子就有“割不正不食”、“食不厌精、脍不厌细”之说。形美的菜肴，往往刀工精细，要求粗细一致，厚薄均匀，长短相等，互不拖连，干净利落。根据烹饪的要求可以切成段、块、片、丝、丁、茸、丸等。现在随着人们生活水平的提高和烹饪技术的发展，对菜肴“形”的要求也不断提高。在形态上并不局限于一般的段、块、片、丝、丁、茸、丸、条、粒、泥等，搭配上也不仅仅是块配块、片配片、丁配丁、丝配丝的一般搭配方法；而是在块、片、条、丝、丁、粒、茸、泥、整只、整条的基础上，用巧妙的艺术构思和细致的操作手法，使这些常用的形态变成丰富多彩、形象悦目的花色形态，这就是“配型”。行业中又称“配花色菜”。

菜肴的点缀、拼摆对一席菜肴的食用价值起着不容低估的作用。点缀是把蔬菜（花叶生菜、萝卜、紫菜头等）雕刻成各种花卉和形态逼真、生动活泼的动物形象，镶围在菜肴周围，加以陪衬，增添美感。如香酥鸡、黄酒煨鸡、果汁煽鸡，配以色泽艳鲜、形象逼真的月季花、菊花等上席，会使菜肴显得清新素雅，美观大方，从而令食者满心喜悦、爱不释口；软炸类菜肴和其他炸的菜肴，如软炸大虾、软炸腰花、油炸仔鸡等所配用的是花叶生菜，清鲜碧绿和主料的金黄色相配，便显得黄的自然，绿的招人喜爱，更有清新素雅之感。蒙古族和维吾尔族的烤全羊也口衔翠绿的香菜或芹菜叶。以上的点缀方法，一般适用于没有汤汁的菜肴，因为这些配料如此入馔，不会沾污菜肴的洁净和有异味浸入。带有汤汁的菜肴，应以能直接入口食用为宜，取胡萝卜、白萝卜、黄瓜等块根原料制成各种形状的片，如寿字、棱形、花瓣、梅花、蝴蝶等，放入开水中焯一下，放入凉水浸凉，用少许精盐稍腌，围在盘边即可，观赏价值与食用价值并存。

配花色菜，除掌握上述配料的方法外，还应注意：选料要精，要有利于造型；色、香、味、形、器和谐统一；构成图案和形态要美观大方，引人喜爱；注意营养成分搭配。

食物的造型美（形态）一般分为食雕、冷花热菜造型、面塑、烘烤食品造型等类。

食雕是以食品为原材料雕刻出花、鸟、山水、人物等形象，如用心里美萝卜（萝卜心是玫瑰红色）刻削成花朵，用白萝卜刻出白花，用南瓜刻木器、船，用西瓜和冬瓜刻瓜盅，甚至可用火腿、面包、蛋糕来刻切造型。有不少造型是用食物拼摆出来的，有点类似儿童玩积木。

中国北方民间在过节和祭祀活动中有做花馍的习俗，花馍是一种面塑，它的特点是又好看又好吃。

山东烟台民间面（食）塑艺术已有几千年的历史，至今不衰。它与当地的生活习俗紧密相关，纯属自做自用的乡民生活艺术用品。

在胶东一带，制做面塑的时节很多，如烟台东县乡民俗称：“清明燕，端午蛋，正月十五捏豆面。”而烟台西县又称：“做春燕，捏龙凤，描花画叶欢吉庆。”这些面塑主要用于人生礼仪、岁时节令、婚丧嫁娶及信仰民俗，以此来象征丰收吉庆、幸福长寿。

烟台民间面塑用的面可以是发酵的，也可以是死面的；其色彩有单色点红的，也有彩色描绘的。陕西合阳、澄城结婚礼馍艳丽多彩，很是壮观，有非牛非虎、兼牛兼虎之造象，表现的似乎是一种远古的图腾形象。而山东民间婚嫁之时，亲朋好友多用精白面粉制作出龙、凤、百足虫等祥瑞动物造象，用油炸之，作为贺禧之礼品，其烹技之高，艺术造诣之深，非一日之功。

春节期间，礼馍的运用更是到处可见，千姿百态。常见的有鱼，寓意连年有余财，其造象有鲤鱼、金鱼等，形象逼真；有蛇，民间称为小龙、盘龙；有刺猬、公鸡、玉兔、龙、虎、元宝等，其制作之精美生动，令人叹为观止。很显然，没有一定的烹饪技艺和艺术生活体验是创造不出如此完美的礼馍造象的。

地处汾河流域的晋南地区，每当孩子过生日的时候，做母亲的（或奶奶、姥姥）都要做一种生日礼馍，这种礼馍俗称“圆食”，当地又叫“箍拦”。

圆食大小各异，多为素面的，蒸熟后，在它的上端用桃红色点一个点儿，表示喜庆吉利。有的还在上面塑各种花朵、动物，如芍药、牡丹、十二生肖、麒麟送子、二龙戏珠、凤凰戏牡丹等。也有的在素面上塑项圈锁，在锁面上塑有“长命富贵”、“长命百岁”的字样。这种圆食叫插花儿箍拦。这些面塑精致逼真，大都是请本村老奶奶中间的高手做的。在这些圆食中包有糖、核桃仁或枣泥，也有包油盐、花椒粉、芝麻面的。

小孩过生日蒸的礼馍做成圆形的，其意是希望小孩儿能够圆圆满满地成长，使其长命富贵，成人后顶门立户，成龙成风。圆食上吉祥如意的塑形，蕴含着长辈对儿孙们的厚望。

少数民族的食物造型美，较独特的是广西毛南族在春节期间做的“百鸟”。他们先用菖蒲叶编织出山鸡、鹧鸪、春燕、鹭鸶等各种鸟形外壳，除夕早晨，各家将泡好的香糯米灌进“鸟”的腹中，有的还在香糯中拌上泡好的杂豆及芝麻，然后扎捆好，人锅蒸煮。待熟了之后，先给家中孩童每人一个，其余用麻线绳系在一根长的甘蔗上，将甘蔗横悬于香火堂前，谓之“槽鸟”，那时天寒地冻，百鸟归巢。待到正月十五，将“百鸟”形的香糯粽重新人锅蒸熟，全家分享，名曰“放鸟飞”。人与自然相依共存的情趣表现得很明显，而且有很丰富的艺术想象力。

月饼是最有中华民族特点的烘焙食品，炎黄子孙称它为“国饼”或“龙饼”。只要身为炎黄子孙，无论在家乡还是在天涯海角，到了中秋之夜都要吃饼赏月。月饼不仅表现了色、香、味、形综合的特点，更是一种能表现节令、民俗和大自然景观的文化美食。它充分显示了中华民族把艺术、文化与美食巧妙结合的创新思想。

蛋糕是由西方传入中国的一种食品，其进入中国后也融入了中国文化的特点，成为表现大自然美的烘焙食品，自然界中的各种动物、植物、花草、树木、山水等自然景观，经过制作者的巧妙布局和精心组合，在蛋糕表面上构成了一幅惟妙惟肖、栩栩如生的大自然景观图案。如形象完美、精神饱满、色彩鲜艳的月季花、莲花、荷花、菊花、梅花等花卉；水中漫游的鱼，正在戏水的鸳鸯以及“二龙”戏珠，天空中飞翔的白鹤，腾飞的“巨龙”，高耸入云的山峰，林鸟和潺潺流水，开屏的孔雀，飞奔的骏马，挺拔苍劲的松树，闹梅的喜鹊以及丹凤朝阳，园林风格的亭、台、楼、阁等。这些优美的造型图案，结构合理，层次分明，简洁明快，生动活泼，形象鲜明，让人陶醉在自然和生活的美景中。

生日蛋糕中的松鹤图，将傲然挺拔的青松与超凡脱俗、高雅秀丽的白鹤合为一体，将自然界中植物的静态美与动物的生动美结合起来，形成了动中有静、静中有动、情趣盎然的美好意境。

糕点造型中的仿动植物图案，是人们“移情于物”、表达美好的愿望、寄托或传达情感的重要方式。如各种动物造型的饼干、面包和糕点，象征着儿童的天真烂漫；松鹤延年象征着吉祥长寿；鸳鸯龙凤象征着夫妻恩爱等。这种象征、寓意和谐音都是中国文化的典型特点。它不仅能满足人们生活的需要，而且还可以培养人们高尚的审美情趣，陶冶人们的道德情操。

二、饮食环境美

讲究优雅和谐、陶情怡性的宴饮环境，是中国人的饮食审美的重要指标。饮食环境包括三种：一是自然环境，二是人造环境，三是二者的结合。

在幽美的山水间饮食，或于田园风光中饮宴，中国自古有之。魏末“陈留阮籍，谯国嵇康，河内山涛，河南向季，籍兄子咸，琅讶王戎，沛人刘伶，相与友善，常宴集于竹林之下，时人号为‘竹林七贤’”（《三国志》）。东晋大诗人陶渊明也是诗中有酒、酒中有诗的名家，他“采菊东篱下，悠然见南山”，“盥濯息檐下，斗酒散襟颜”。他在《饮酒二十首》之中写道：“故人赏我趣，挈壶相与至。班荆坐松下，数斟已复醉。父老杂乱言，觞酌失行次。不觉知有我，安知物为贵？悠悠迷所留，酒中有深味。”唐代诗人多，诗人中饮酒者亦多。其中名气最大的当数李白，他的《月下独酌》和《九日龙山饮》都写的是在野外饮酒。后一首中写道：“九日龙山饮，黄花笑逐臣。醉看风落帽，舞爱月留人。”《荆楚岁时记》中云：“九月九日，士人并藉草宴饮。”可见许多文人都有此举，并非李白一人之爱好。孟浩然在《和贾主簿弁九日登岘山》诗中有句“共乘休沐暇，同醉菊花杯”可证。宋代著名文学家欧阳修也是位名气很大的醉翁，他的名篇《醉翁亭记》，句句有酒气，满篇溢醇香。“醉翁之意不在酒，在乎山水之间也。山水之乐，得之心而寓之酒也。”若没有对青山秀水的深爱，若没有酒酣神驰的体会，是无法写出这样精妙的文章的。他在《丰乐亭游春三首》中写道：“绿树交加山鸟啼，晴风荡漾落花飞。鸟歌花舞太守醉，明日酒醒春已归。”又《啼鸟》中道：“花开鸟语辄自醉，醉与花鸟好交朋。花能嫣然顾我笑，鸟劝我饮非无情。身闲酒美惜光景，唯恐鸟散花飘零。”他在《别情》中写道：“花光浓烂柳轻明，酌酒花前送我行。我亦且如常日醉，莫教弦管作离声。”苏东坡在游杭州西湖时，登望湖楼上饮酒，醉书五首绝句。其中一首是“黑云翻墨未遮山，白雨跳珠乱入船。卷地风来忽吹散，望湖楼下水如天”。又如大家熟知的《饮湖上初晴后雨二首》之一：“水光潋滟晴方好，山色空蒙雨亦奇。欲把西湖比西子，淡妆浓抹总相宜。”与苏东坡同时代的诗人黄庭坚说：“苏东坡饮酒不多，即烂醉如泥。醒来落笔如风雨，虽谑弄皆有意味，真神仙中人。”笔者以为能写出如此好诗，是好风景和好酒在有才情者身上共同作用的结果。

目前注重在郊外和山水间聚饮欢宴的主要是我国的少数民族。比如西北地区的“花儿会”，藏族的林卡节、沐浴节，蒙古族的那达慕大会，布依族的查白歌节，羌族的祭山大典，黎族的三月三，苗族的斗牛节、龙船节，彝族的火把节，侗族的花炮节等传统节日，几乎都要在露天或山野间歌舞饮宴。智者乐山，仁者乐水，各得其乐，都可尽欢尽兴。长期生活在闹市里的人，若能到民族地区的农村生活一段时间，或去参加他们的节日活动，与之同歌同舞同吃同喝，肯定会留下终生难忘的美好印象。那清澈的蓝天，纯洁的白云、令人陶醉的空气，以及郁郁葱葱的山川和烂漫的山花，比美酒佳肴更让人心旷神怡。农民之所以喜欢这种饮食方式，是因为他们的生活与自然息息相关，要靠山吃山，靠水吃水，住在草原要靠畜牧。

人造的饮食环境主要指餐厅饭店的环境布置。比如北京展览馆的莫斯科餐厅，它的建筑和布置就是俄罗斯风格；颐和园万寿山山腰面向昆明湖的“听鹂馆”，使许多外宾陶醉于中国美食与皇家苑林之中；友谊宾馆的中餐包间摆设华丽的中式桌椅；“腾格里塔拉”自助餐馆装修得像宏大的蒙古包，演出的节目是内蒙古鄂尔多斯草原的艺术风格；一些傣味餐馆挂的照片是泼水节场面、竹楼；新疆风味餐馆放的是维吾尔族乐曲；苗族餐馆的墙上挂有芦笙，屏风是用苗族制绣和蜡染绷的屏布；藏族餐厅装有转经筒；蒙古族餐厅里悬挂着成吉思汗织锦像；东坡餐厅中有书法家写的苏东坡诗词等。这都是为了营造一个与饮食和谐一致的文化氛围，让那些远离家乡的游子有种宾至如归的回家的感觉；让那些没到过某地的人有种真实的身临其境的体会；让那些曾经到过某地的人，在异地进了他们的风味餐馆有旧地重游的美好回忆。

特别值得一提的有北京西藏大厦藏餐席间的民歌演唱，阿凡提餐厅的新疆歌舞，蒙古族餐厅里的敬酒歌，苗族餐厅中的芦笙舞，都给人一种永生难忘的美好享受。

中国历史上这种人工宴饮环境的美学追求，主要是上层社会的私家宫室、市井饮食楼店以及名胜风景点的楼、榭、亭、阁等。而后者则一般属于兼用性的。白居易《湖上招客送春泛舟》：“欲送残春招酒伴，客中谁最有风情。两瓶箸下新开得，一曲霓裳初教成。排比管弦行翠袖，指麾船舫点红旌。慢牵好向湖心去，恰似菱花镜上行。”是诗情画意的天工自然之境。良辰、美景、赏心、乐事“四美具”的王勃会饮之滕王阁，欧阳修笔下的环山、临泉翼然而立的醉翁亭，则是集自然和人工于一体的绝妙之境。袁宏道《觞政》中“醉花”、“醉雪”、“醉楼”、“醉水”、“醉月”、“醉山”之说，可谓对宴饮之境作了最传神的描写。

其实坐在农村的敞廊屋檐下，或坐在庭院的葡萄架下，甚或坐在竹楼和木楼的楼上，满目青山，把酒临风，其餐饮环境更是人工与自然的巧妙结合。中国人自古热爱田园风光，如今又兴起“农家乐”旅游项目，究其根源，是对人们小农生活的依恋和欣赏，是追求“宁静致远”、“安享太平”的心理反映。久处闹市之忙碌，偶得农舍之闲适，当然是一种调解和享受。

三、饮食器具美

饮食器具可分为食器、饮器两类。饮具又可分为酒具与茶具两种。中国菜肴在餐具的选择使用上，是十分考究的。古语云，“美食不如美器”。人们从来就把使用和欣赏制作讲究、美观淡雅、朴素大方、配备合理的餐饮具，视为一种享受。金器、银器、铜器、玉器、玻璃、不锈钢餐饮具，均为贵。瓷器虽平常，但艺术品位高低悬殊，又因用途广、影响大、历史久而广受欢迎，如景德镇、佛山石湾、唐山等烧瓷胜地所制餐饮具被视作瓷具中的名牌上品。精制的美器可以把菜肴衬托得更加美观生动，给人悦目爽心之感，使食欲大大增加。中国菜肴在餐具和菜肴的配合使用上，有以下几个原则。

① 餐具的大小应与菜肴的量相适应。菜肴量小，餐具过大，使人见之便有不“庄重”之感。反之，菜肴量大，餐具过小，使人见后，顿生食欲不振、不食即饱之念。一般的原则是装盘时菜肴不应装到盘边盛装线外，更不能使汤汁溢出，以占盘中的 2/3 面积为宜；盛碗时，不能装得过满，七成满为宜。

② 餐具的品种应与菜肴的形状相适应。汤菜宜碗，如奶汤素烩、酸辣鱼羹、仔鸡豆花汤菜，这些菜的性质以汤为主，上席时，用碗较为适宜。有的菜肴宜用平盘，这主要是以炒菜、爆菜和汤汁较少菜肴，如酱爆鸡丁加桃仁、宫保鸡丁、熘三白、网油虾卷等。还有些菜肴要求保持原有的形状，那么最好是使用长盘和圆形平盘，如香酥鸡、油淋子鸡、黄酒煨鸡等。

③ 餐具的色泽应与菜肴色泽相协调。餐具色彩有深浅之别，菜肴的色泽又多种多样，两者搭配得当，就能把菜肴衬托得更加逗人喜爱，引人食欲。一般情况下，白底浅蓝花边的盘子，对大多数菜肴都是适用的。也有些菜肴要选用适当的带有色泽的餐具，才能衬托出菜肴的特色，如浅色的菜肴宜配深色餐具，如鸡油冬瓜、芙蓉鸭片、翡翠虾仁等，深浅相配，菜肴色彩就不致浅得那样淡薄，深色起着以深补浅的作用。深色的菜肴宜用色调浅的餐具，以浅衬深，显得活泼而不呆板，清新而不混杂。

美器不仅早已成为中国古人重要的饮食文化审美对象之一，而且很早便已发展成为独立的工艺品种类，有独特的鉴赏标准。举凡金属的铜、青铜、铁、锡、金、银、钢、铝，非金属的陶、瓷、玉、琥珀、玛瑙、琉璃、水晶、翡翠、骨、角、螺、竹、木、漆等皆可成器材，且均具特色。瓷、陶要名窑名款，其他质地亦须优质精工。明朝中叶以后，中国传统家具的品类式样和制作工艺都进入了黄金时代，作为饮食活动的基础器具餐（宴、茶、酒）桌椅的质地、式样、工艺也都伴随着中国饮食文化的鼎盛发展而形成了崭新的时代风格，乌柏、檀水、楠水、相思水等珍贵木质及镂雕镶嵌的精工，不仅极大地突出了这些器具的专用性，且使它们以自己的工艺特点和观赏性充分地显示出美学价值。

从古至今，中国餐饮具从质地上来分，有陶器、青铜器、漆器、竹木器、瓷器等。不同时代以不同的器皿为主。原始社会以陶器为主，奴隶社会统治阶级以青铜器为主，封建时代逐渐以瓷器为主，直到现代中国，仍然是瓷器居主要地位。

1. 陶器

陶制饮食器具之美，不仅表现在造型上，而且表现在器物的装饰图案上。新石器时代陶器上的主要纹饰有线细绳纹、网状交叉绳纹、纺织纹、席纹、压印点状纹、划纹、指甲纹、篦点纹、剔刺纹、乳钉纹、锯齿纹、圆圈纹等。

目前在云南、西藏藏族地区仍生产的黑陶，在新疆维吾尔族地区和贵州少数民族地区仍流行的泥陶大都是深受群众喜爱的餐具。江苏宜兴、安徽界首、四川荣昌、山东博山等地的陶器都久享盛名，有的已有一千多年历史。

2. 青铜器

青铜艺术是中国优秀的古代文化遗产，素以品类繁多及制作、装饰精美而著称。它们造型美观，装饰典雅，雄浑凝重。在1500余年的发展历史中，形成了自己特有的风格和传统，在世界美术史上占有重要地位。

龙纹在商周时代青铜餐饮具上也很多见。龙是中国古代的神话题材，是动物神灵和自然神灵的混合物，龙又是威严、吉祥的化身，是黄河文化的象征之一。

地纹装饰图案以云雷纹为主。云雷纹是由连续的回旋形线条构成的螺旋纹样，其构图圆转的，称为云纹；而构图方折的，称为雷纹。云雷纹呈S形、T形及三角形等多种变化形式，是商周时代黄河青铜餐饮器具装饰纹样中最为典型最为常见的一种几何形纹样，其沿用时间基本贯穿于整个青铜器时代的始终。

这一时期，还出现了在图案上重叠加花的三层花装饰。所谓三层花，又称三叠法，即除主纹、地纹外，在主纹上再加饰花纹。三层花装饰更增加了装饰图案的层次感、立体感，颇有近似于浮雕的装饰效果；许多餐饮器具的器身还有凸起的扉棱和牺首等装饰，精致而复杂，从而在青铜餐饮器具上形成了繁缛富丽、雍容华贵的新风尚。

春秋中期开始，中国青铜艺术进入第二个发展高峰，著名学者郭沫若称之为“中兴期”。餐饮器具的装饰逐渐复兴了繁复缛丽的风格，精细工巧的蟠螭纹成为这一新的装饰风格形成的标志。蟠螭纹，是东周一代青铜餐饮器具上最为流行的装饰纹样。

这一时期，作为青铜餐饮器具上辅助性的装饰纹样，主要有陶索纹、贝纹、垂叶纹等。陶索纹是由两条、四条或更多条波形线交错组结而成的一种装饰纹样，有绳索形、麻花形、辫形等多种形式。贝纹，是将贝壳状图形一个个串连一起组成的图案。

红铜制作的茶炊具和火锅，至今在云南纳西族与藏族地区仍于民间普遍流行。

3. 漆器

流行于春秋战国至秦汉时期的漆制餐饮器具和隋唐至两宋时代的金银餐饮器具，曾在黄河先民的饮食生活中发挥过重要的作用，是黄河古代餐饮器中重要的组成部分，其装饰艺术也有着自己独特的风格。

春秋战国至秦汉时期，漆器手工业空前繁荣，漆制餐饮器具成为统治阶级餐桌上的必备之物。其装饰艺术与当时处于发展高峰阶段的青铜餐饮器具有着互相影响的关系，装饰纹样、装饰手法也常常彼此借鉴。

4. 金银器

隋唐至两宋时期，是中国封建社会经济空前繁荣的时期，为适应贵族官僚追求豪华生活享受的需求，黄河金银餐饮器具的制作更为发达，其装饰工艺技巧也达到了更高的境界。

隋代及唐代前期的中国金银餐饮器具，从器型到纹饰多带有波斯萨珊朝风格，从唐代后期开始，这些外来因素逐渐同传统风格融为一体，使中国金银餐饮具从此走上了独立发展的道路。

隋唐时代金银餐饮器具大都有精致的装饰花纹，纹饰以鸟兽、花草、人物故事为主。这些纹饰或毛雕，或浅浮雕，均纤巧、工整，衬之以精细的鱼子纹地，更显出华美富丽的风格。而宋代金银餐饮具，无论造型还是纹饰，都与唐代有较大的不同。宋人崇尚造型美，金银餐饮器具一般造型或新颖奇巧，别致美观；或素雅大方，朴实无华。少数有纹饰的，也一反唐代的富丽之风，而以清新典雅、富有生活气息而见长。

5. 瓷器

瓷器是中国人民的伟大发明，瓷质的餐饮器具更为中国人民乃至世界人民所共同喜爱。它们不但改善了人们饮食生活的条件，而且以其丰富的造型、精美的纹饰及绚丽的釉色，给人们带来了美的享受，成为人们日常生活不可缺少的用品。

以各类餐饮器具为主的中国瓷器，发端于商周而盛于唐宋，源远流长，历久不衰，赏心悦目，誉满中外。其装饰艺术也以造型、款式之丰富，釉色、彩绘之精美，而独步于世界艺术之林。

值得一提的是藏族和蒙古族特别讲究的瓷制茶碗，图案尤其华贵多彩。另外，过去只有贵族和上层才使用的里外都包镶嵌有金质银质花的木碗，现在已普遍进入广大牧民和农民家庭，其工艺十分精湛，被许多旅游者当作工艺品买来作纪念。

四、食物的香、味、名、音等美

饮食艺术是一门特殊的艺术形式，具有独特的艺术特征。

菜肴、点心是烹调师运用娴熟的烹饪艺术技法创造的艺术品，然而菜馔不是仅供人们欣赏的纯粹艺术品，更重要的是为了食用。因而，烹饪艺术首先必须具有实用（食用）价值，即可供人们进食。没有食用价值的烹调艺术品无疑算不得是烹饪艺术。

在中国，连普通百姓都知道菜肴要讲究色、香、味俱佳皆美。动口吃之前，一般人的习惯总是先观色，再闻香，继而品味，眼睛、鼻子、嘴巴都得到了美的享受之后，心理精神上还要鉴赏菜名。耳朵也不能闲着，还得听菜的声音和丝竹管弦之妙音。五官都得到了享受，才有全都美的愉悦和舒服，那才叫十全十美。千万不要认为中国的美食家只是靠舌头来览赏美食的。中国的美食家讲究全方位的综合分析，中国的老百姓也把全面享受美食作为一种追求的境界。

1. 闻香美

这里的“香”，指肴馔散发出来的刺激食欲的气味。所谓不见其形，先闻其香，很早以来，“闻”就成了中国古代肴馔美的一个重要的审鉴标准了。闻香同时也是古代鉴别美质、预测美味的重要审美环节和判断烹调技艺的感观检测手段。袁枚的一首《品味》诗很能说明这个道理：“平生品味似评诗，别有酸成世不知。第一要看香色好，明珠仙露上盘时。”

2. 味觉美

欣爱和追求美味是人之共性，但真正能达到“知味”的人是不多见的。中国人很早就对肴馔味美有了很高的审鉴和独到的领悟。2000 多年前的著名政治家晏婴就曾讲过：“和如羹焉。水火醯醢盐梅，以烹鱼肉，焯之以薪。宰夫和之，齐之以味，济其不及，以泄其过。君子食之，以平其心。”烹饪艺术首先是一种味觉艺术。味，是烹饪艺术的核心。菜肴是供人食用的，是通过舌的味觉而使人得到美的享受。味不美，即使形态、色调再美也算不得是佳肴，算不得精妙的艺术品。

任何一品肴馔都会给人一定的口感，即它的理化属性给进食者的口腔触觉。从饮食审美的角度来认识这种口腔触觉——食物口感，称之为“适口性”，简称之“适”。今天，人们可以细微和具体地区分出酥、脆、松、硬、软、嫩、韧、烂、糯、柔、滑、爽、润、绵、沙、疲以及冷、凉、温、热、烫等不同的口感。这些不同的适口性，给人以不同的美感，因而有“美味”之说。美味的产生，取决于原料先天之质和烹调处理两个因素，从烹调角度说，就是取决于“火候”的利用和掌握。

3. 菜名美

中餐味美，名更美。菜名要经过人们反复推敲，不能牵强附会，力求雅致切题，名副其实，以菜名可以窥出菜的特色和反映菜的全貌。菜的命名有以下几种方法。

① 以色彩命名。特别是以菜肴用料本身的色泽和菜肴成熟后的颜色而命名。如翡翠虾仁的“翡翠”，主要是对豌豆之绿色而言，碧绿清新，和洁白虾仁色泽搭配，使人看来有爽心悦目之感。

② 以花卉定名。花卉深受人们喜爱，和菜肴巧妙结合，有的是以真实花卉入馔，取其美名，如兰花入馔与肚丝烹制，便为“兰花肚丝”；有的虽然在菜肴中没有花卉出现，但成菜后的色彩形状如某一种花卉，亦可以花命名，如“桂花干贝”。

③ 以形命名。菜肴制成后，依所形成的形状而定名，既形态逼真，又富有诗情画意；既有实用价值，又有美的享受。如蝴蝶海参，见其菜名，便马上意识到菜的形态犹如蝴蝶一般。

④ 以盛器命名。如小笼蒸牛肉，就是以盛装牛肉的“小笼”而得名的。

⑤ 以味命名。以菜肴的主要口味来命名。菜未入口，而味先知，如著名的鱼香肉丝，其主要味型属鱼香味。

⑥ 以调味品命名。如麻辣鸭掌，人们一听到菜名，马上会想到鸭掌的麻辣香鲜味。

⑦ 以原料和烹调方法命名。如芹菜炒牛肉丝、海参炖鸡、豌豆烩生鸡丝等。

⑧ 以入馔中药命名。如枸杞牛鞭汤，枸杞为中药。

⑨ 象形性命名。主要是通过菜名来引起食者对菜肴产生丰富的联想，使菜肴更富有趣味性，如神仙鸭子，能食到神仙才能吃到的鸭子当然很得意！再有著名川菜“灯影牛肉”，成菜后，片如纸薄，通红映亮，灯影都可映出（隔肉看灯光），给食者以新鲜奇巧的美感。

4. 音响美

中国古代所说的王公贵族之“钟鸣鼎食”，“钟鸣”指的是编钟演奏的音乐。宴饮中的歌舞当然属于音响美，但这里要着重说的是菜肴茶酒在宴席上发出的声音。如白族的“三道茶”，先把茶叶放在小砂罐中焙炒，当茶微黄时注入少量开水，便可听到嚓嚓的响声。中国南方有道菜叫浇汁锅巴，当把调料汤汁浇到盘中的米饭锅巴上时，便可听到噼噼叭叭的响声。铁板牛肉也能发出吱吱丝丝的声音。酒席上猜拳碰杯的声音让人感到热烈融洽的气氛，但是最好不要太嘈杂。凡事不能极端而论。若餐桌上鸦雀无声，只有咀嚼和吮吸的声音，给人尤其是给客人的感觉肯定是沉闷而压抑的。古人说的“食不语”，主要指的是不要在口中有食时说话。

此外，饮食的美学还表现在质地美、节奏美、情趣美等方面。质地美指的是原料和成品的质地精粹、营养丰富，是美食的前提、基础和目的。“凡物各有先天……物性不良，虽易牙烹之，亦无味也。”原料的质美是其他诸美的基础，俗话说：“巧妇难为无米之炊”即是这个道理。

节奏美指的是顺序和起伏。体现在台席面或整个筵宴肴馔在原料、温度、色泽、味型、适口性、浓淡的合理组合，肴馔进行的科学顺序，宴饮设计及进食过程的和谐与节奏化程序等。序的注重，是在饮食过程中寻求美的享受的必然结果。它的最早源头，可以追溯到史前人类劳动丰收的欢娱活动和原始崇拜的祭祀典礼中。袁枚认为“上菜之法：成者宜先，淡者宜后；浓者宜先，薄者宜后；无汤者宜先，有汤者宜后”。

情趣美可理解为感情与志趣两方面。感情中有亲情、友情。亲情是亲人间在长期共同生活中形成的血浓于水的深情，它会自然地流露于言谈举止和饮食冷暖之中。友情包括的内容很多，有乡里情、同学情、战友情、师生情、病友情、酒友情、文友情等；建立友情往往以共同志趣为基础。在饮食文化中最讲究感情氛围的是少数民族，他们在节日里或婚丧大事及新房落成时，几乎都要举村寨歌舞宴饮。仅以饮酒来说，就有同心酒、连心酒、团圆酒，还有丰富多彩的酒歌和宴席曲等，真是：“酒不醉人情醉人，如此陶醉暖人心。”不论什么情，都得讲真诚，讲体谅和理解，在小事上要谦让宽容，在大事中要风雨同舟，休戚与共。在这样的感情氛围中餐饮才淋漓痛快，尽情尽兴，终生难忘，回味无穷。这种美的感受，来源于人际关系之和谐，又增进了社会的和谐。

第十二章
饮食流通

【饮食智言】

节饮食，养体之道也。

——《吕氏春秋》

第一节　中华饮食文化的圈内流通及引入

实践证明，饮食文化流通的主要障碍已经不在于饮食的本身，而在于该饮食文化所根植的社会、历史文化知识的土壤，以及对其文化的适应性。饮食生活是动态的，饮食文化是流动的。在全球化的今天，无论多大范围的人群聚合，其饮食文化都是处在内部或外部多元的、多渠道、多层面的、持续不断地传播、渗透、吸收、整合、流变之中。

一、从食物品种互通审视饮食文化

一个民族饮食生活习惯的形成，有其社会根源和历史根源。在中国古代社会，由于各民族的历史背景、地理环境、社会文化及饮食原料的不同，各民族的饮食习惯就有明显的差异。《礼记·王制》中说："中国戎夷，五方之民，皆有其性也，不可推移。东方曰夷，被发文身，有不火食者矣。南方曰蛮，雕题交趾，有不火食者矣。西方曰戎，被发衣皮，有不粒食者矣。北方曰狄，衣羽毛穴居，有不粒食者矣。中国、夷、蛮、戎、狄，皆有安居、和味、宜服、利用、备器。五方之民，言语不通，嗜欲不同。"从这段记载中可以清楚地看出，生活在内地的华夏民族在饮食上有着区别于其他民族的特点，这些不同地区的饮食习俗都有鲜明的民族性和地域性，是一个民族的文化和共同心理素质的具体表现。同时，这段记载还反映了一个民族的饮食习俗，是植根于该民族的自然环境和饮食原料之中的，受一定的经济状况所制约。

迄今为止，由于自然生态和经济地理等诸多原因的决定作用，中国人主副食主要原料的分布，基本上还是漫长历史上逐渐形成的作物或食料物产所制约的格局。

历史上各民族间饮食文化的交流，除了和平条件下那种零星渐进、潜移默化的方式之外，特殊情况下短期内大批移民的方式则具有特别重要的意义。中国历史上西晋末年所谓"五胡乱华"的大量和大面积涌入黄河流域的匈奴、羯、鲜卑、氐、羌族自然也带来了他们各自民族的饮食文化。而当某个移入民族挟着政治优势，甚至取得至尊的统治者地位时，往往会通过一些政令给这种交流以重大影响。当历史上那些徙入民族因为某种原因而返回故地或向新的居留地再次迁徙时，他们自然便将自己吸收了新因素的文化或已经改变了的本民族的文化带回了故地或新的地区，这无疑是更新意义上的饮食文化交流。例如：长江上游的巴、楚饮食习俗虽然存在着一定的差异性，但是巴、楚毕竟是两个相邻的文化区，不仅在邻近地区其饮食习俗往往相互渗透，难分彼此，即使在巴、楚腹地，常常由于战争迁徙、民间往来、商品贸易等原因，相互交融，你中有我，我中有你。古代巴人以山区特产如木品、果品、竹品、草品、药品、干货、野味及盐等通过长江、清江，运往荆楚，换回江汉平原的粮食、丝绸、麻类及地方食品，以互通有无。清代改土归流，大量汉民及其他民族人口迁入巴地，给巴地带去了先进的生产技术、优良的作物种子和烹调技术，也给巴地饮食习俗带来一定的冲击和影响。及至近代，巴、楚饮食文化交流达到水乳交融的境地，从土家族民间歌手载歌载舞的民歌《端公招魂词》中即可窥视一斑，歌词唱道：堂屋为你设宴席，火坑为你把汤熬；武昌厨子调甜酱，施南厨子烹菜肴；熊掌是你枪下物，团鱼（鳖）是你各人钓；山珍海味办得齐，川厨子专把麻辣焦；白狸子尾巴炖板栗，小米年肉五指膘；仔鸡合渣酸酢肉，尺鱼斤鸡鲜羊羔；半百猪娃儿五香烤，獐麂兔肉配合酸广椒；梳子扣肉炸得皮香脆，斑鸠竹鸡儿卤得香味飘；高粱苞谷酿美酒，山泉美酒把参药泡……歌词中既有“武昌厨子”献艺，又有楚地食物原料，同时在烹调方法、菜点味型等方面都体现了楚地饮食文化对巴地的影响。解放以后，随着交通条件的改善、国家政治的稳定、民族政策的改善，特别是近些年旅游事业的发展，巴、楚饮食文化交流进一步密切。楚地居民逐渐开始接受麻、辣、酸，巴地辣椒、花椒源源不断运往楚地城镇。巴地的辣子鸡丁、缠蹄、天麻炖鸡、酸菜鱼、和菜火锅在楚地城市十分盛行。作为巴、楚结合点的宜昌市，其饮食风俗更是分不清巴、楚，巴中有楚，楚中有巴，难辨你我。总之，巴、楚饮食习俗的交融一方面有利于本地人民生活水平的提高，促进了饮食文化的发展；另一方面，融合后的巴、楚食俗其地方特色并没有被抹灭，反而更增添了它的独特风韵。

二、从相邻文化区位食俗审视饮食文化

同一饮食文化区内或邻近文化区位间不同民族的饮食生活，可能会表现出相当程度的相同或相似性，这一般主要归于自然生态与食生产方面的原因。而在饮食文化意义上的同一或相近性，就不能完全由物质层面的原因来说明。无论是前者还是后者，都无一例外存在着各民族间食生产经验、食生活好尚、食文化习俗等饮食文化各个层面上各种方式的通有无、补优益、趋共利、尚同俗现象和趋向，这应当是漫长历史上文化运动的不可避免地要发生的事。

很少有哪些文化区域是完全不受任何外来文化影响的纯粹本土的单质文化，中华民族饮食文化圈内部，自古以来都是域内各子属文化区位之间互相通融补益的关系与结果。而中华民族饮食文化圈的历史和当今形态，同时也是不断吸纳外域饮食文化更新进步的结果。仅以西北饮食文化区为例说明之。西北地区，众所周知，自汉代以来直至公元7世纪一直是佛教文化的世界。正是来自阿拉伯地区的影响，使佛教文化在这里几乎扫地以尽了。当然，西北地区还有汉、蒙古、锡伯、达斡尔、满、俄罗斯等民族成分。西北多民族共聚的事实，就是历史文化大融汇的结果，这一点，同样是西北地区饮食文化独特性的又一鲜明之处。作为通往中亚的必由之路，举世闻名的丝绸之路的几条路地线路都经过这里。东西交汇，丝绸之路饮食文化是该地区的又一独特之处。中国饮食文化通过丝绸之路吸纳域外文化因素，确切的文字记载始自汉代。张骞（？～公元前114年）于汉武帝建元三年（公元前138年）、元狩四年（公元前119年）的两次出使西域，使内地与今天的新疆及中亚的文化、经济交流进入到了一个全新的历史阶段。葡萄、苜蓿、胡麻、胡瓜、蚕豆、核桃、石榴、胡罗卜、葱、蒜等菜蔬瓜果，及天马、汗血马、

孔雀、狮子、犀牛等畜兽禽也随之来到了中国。同时进入中国的还有植瓜、种树、屠宰、截马等类技术人员。其后，西汉军队为能在西域长久驻扎，便将中原的挖井技术，尤其是河西走廊等地的坎儿井技术引进了西域，促进了灌溉农业的发展。

中国古代民族间的交往融洽及对外交流，改变了中国人的饮食结构，同时也影响了中国的饮食文化。战国时，秦始皇“驰道”沟通中原人南下，岭南人北上，自然促成了南北饮食文化的交流。外国人落籍广州，使粤菜增添了“洋味”；汉代闽越人入江淮，使苏菜具有一定闽菜风格；阿拉伯人大批进入我国南部及西北部，一方面形成回族及清真菜系，另一方面使我国各大地方菜系得到有益补充。

① 北奶南流。奶食是我国北方、西北方的少数民族日常生活里不可或缺的主食。《汉书·百官公卿表》记载，宫廷中有专门搅拌奶制作马奶酒的部门，有令一人，丞五人，尉一人负责这项工作。唐代颜师古注释说，马酒就是以马奶搅动而成的酒。元代蒙古族入主中原，带来了北方游牧民族的饮食品、饮食原料，制作方法等，其中一些还是成吉思汗西征时获得的西域民族饮食文化。如元代北京正月初一太庙荐新的时候就使用酥酪、马奶子，二月二太庙荐新时神厨御板中有秃秃麻、酪解粥，八月十五洒马奶子。

② 南茶北浸。茶在中国产在南方，主要生长在北纬35°以南地区。茶俗是从南方少数民族起源的，因此南方少数民族还保持着某些古代的形式，而经汉族传到北方少数民族地区，茶俗还没有变化为泡茶，直到现在基本上保留着泡茶产生前的形态。

③ 胡食东渐。过去把今天新疆一带和由此及西的地区称为“胡地”或西域。这是明代以前主要的东西贸易通道，称为“丝绸之路”。汉代张骞出使西域，打通了中原与西域的交通，使西域的许多水果、蔬菜源源不断输入中国。《汉书》引《史记·大宛列传》说张骞从大宛得到葡萄（“蒲桃”）和一种作为“天马”饲料的苜蓿。此后进来的还有无花果、石榴、胡桃、黄瓜、大蒜、芫荽、胡麻（芝麻）等，都是随张骞的脚迹而来的。其中葡萄和葡萄酒从西域的传入，在中国内地的饮食文化史上具有非常重要地位，也是一项比较重要的内容。晋代张华在《博物志》中谈到葡萄酒的时候，还作为一种奇异的东西记载下来：“西域有葡萄酒，积年不败。彼俗云可十年饮之，醉弥万解。所食逾少，心开逾益；所食逾多，心逾塞，年逾损焉。”贾思勰在《齐民要术》中对葡萄的栽种讲得头头是道，最后还谈及摘葡萄和制作干葡萄及藏葡萄的方法。到唐代的时候，葡萄酒的饮用就已经很普遍了。从王翰的著名诗句“葡萄美酒夜光杯，欲饮琵琶马上催”；李白的“葡萄酒，金笸箩，吴姬十五细马驮”；刘禹锡的“自言我晋人，种此如种玉，酿之如美酒，令人饮不足”等可见一斑。明代人高启有一首《尝葡萄酒歌》比较全面地歌颂了葡萄酒从西域传入的历史和对内地饮食的影响。“西域几年归使隔，汉官遗种秋萧瑟。谁将马乳压瑶浆，远饷江南渴吟客。赤霞流髓浓无声，初疑豹血淋银罂。吴都不数黄柏酿，隋殿虚传美玉名。闻道轮台千里雪，猎骑弓弦冻皆折。试唱羌歌劝一觞，毡房夜半天日热。绝味今朝喜得尝，犹含风露万珠香……”

④ 洋食入中。许多历史学者认为明朝以后，中国逐渐走向自我封闭的道路，可就在这个时期，大量的产于南洋、西洋的食品却传入我国。番薯是明中叶是一个叫林怀芝的名医从南洋传入我国的。玉米原产于美洲，哥伦布发现新大陆后最先传入欧洲、非洲，后经中东流入我国。李时珍在《本草纲目》中已有记载。这时传入我国的粮食作物还有原产于非洲的高粱，它耐旱耐涝，被人们誉为“铁杆庄稼”，在东北、华北地区曾被视为主要食品。花生又名落花生，或名长生果，原产于美洲巴西，果实既可熟食，亦

可用于榨油。花生油口味纯正，是植物油中的上品。北方食用的葵花籽油，也是从美洲传入的。今日食用广泛的辣椒原产于美洲，明末清初从南洋传入我国，在四川、湖广等地人食之成癖，并有“辣椒是穷人的肉”、“辣椒当盐”的说法，言其如肉和盐一样下饭。它开胃醒脾，促进食欲，还能除湿祛寒。如果没有世界各民族之间的交流，现在的中国饮食文化不会如此多姿多彩，现在人们的餐桌上不会有如此多的可口饭菜。

三、从豆腐、烟草审视饮食文化

1. 豆腐

豆腐，如同茶一样也是中国人的发明，今天几乎所有中华民族成员都没有不吃豆腐的。茶称“国饮”，黄酒称“国酒”，豆腐则称“国菜”，此说丝毫也不过分。

南北朝梁代建康（今南京）人诸葛颖曾著《淮南王食经》130 卷，毗邻淮南的江苏显然是“近水楼台先得月”，首先受到豆腐文化的影响。一直到现在，江苏人还把豆腐、面筋、菌蕈、笋芽列为素菜四大金刚。宋明以后，豆腐文化更加广为流传，许多文人名士也走进传播者的行列。北宋大文豪苏东坡善食豆腐，元佑二年至无佑四年任杭州知府期间，曾亲自动手制作东坡豆腐。南宋诗人陆游也在自编《渭南文集》中记载了豆腐菜的烹调。更有趣的是清代大臣宋荦关于康熙皇帝与豆腐的一段记载。时值康熙南巡苏州，皇帝赐与大臣的不是金玉奇玩，而是颇具人情味、乡土气的豆腐菜。

随着豆腐文化的传播，各地人民依照自己的口味，不断发展和丰富着豆腐菜的制作方法。流传至今的有四川东部的“口袋豆腐”，以汤汁乳白、状若橄榄、质地柔嫩、味道鲜美为特色；成都一带享誉海内外的“麻婆豆腐”，独具麻、辣、鲜、嫩、烫五大特点；湖北名食“荷包豆腐”、杭州名菜“煨冻豆腐”、无锡“镜豆腐”、扬州“鸡汁煮干丝”、屯溪“霉豆腐”，以及以豆腐衣为原料的“腐乳糟大肠”等。当豆腐菜走向更遥远的边疆时，独特风味也就更为丰富。如吉林盛行“素鸡豆腐”，色泽美观，五香味浓；又有“蛤蜊杏仁豆腐”，杏仁止咳润肠，雪蛤清头明目，豆腐软嫩细腻，色泽纯洁乳白，菜味甘美爽口。此外，朝鲜族人民用牛肉、粉条、鸡蛋、豆腐制成“梅云汤”；广西壮族有名菜“清蒸豆腐圆”，云南大理白族有“腊味螺豆腐”，香嫩麻辣，腊香扑鼻；而“冰糖螺豆腐”则为滋阴降火、怡疗神经衰弱的民间风味补品……

2. 烟草

烟草进入人类社会生活始于拉丁美洲的原始社会。当时拉丁美洲的当地居民（印第安人）还处于以采集和狩猎为主要生产活动的时期，人们在摘尝植物时，尝到烟草的辣舌味，闻到醉人的香气，能提神解乏，于是把它当作刺激物来咀嚼，烟草迈出了进入人类生活的第一步。咀嚼烟叶演变成吸烟，与原始社会的祭祀有关。在人类学的著作中，前苏联柯斯的《原始文化始纲》和美国摩尔根的《古代社会》都曾指出，美洲印第安人早在原始社会时代就有吸烟嗜好。当地居民吸食烟草，据说主要是为了祛邪治病，颇有迷信色彩，后来慢慢成了一种癖好。

烟草“祛邪治病”的神话是个古老的传说。在很早很早以前，在美洲印第安人的部落里，有一个大首领的公主死了。按照传统习俗，她被抬到野外天葬，等待飞鸟啄食。过了几日，公主不但没有被飞鸟啄食，反而复活回来了，大首领差人探其原因，发现天葬时公主身边有一种茎肥大并带一种特有辛辣气味的植物，公主就是凭借着种植物的特别辛辣气味避开飞鸟和走兽，并且得以苏醒过来的。古代美州印第安人从此把烟草视作能祛邪治病、使人死而复活的“神草”。

原始印第安人部落在每年召开的各部落尊长会议的时候，照例都要举行隆重的敬烟仪式。仪式开始，司仪人把手制烟卷折纳入烟管，用火点燃后，连续喷烟三次：第一次喷天空，表示感谢圣明的“天神”在过去一年里保佑他们的生命；第二次喷向大地，感谢哺育他们的“兹母”生产各种食物，恩赐他们生活美好幸福；第三次喷向太阳，表示感谢阳光永远普照人间大地，使人间万物生长不息。接着，把烟管依次递给每个与会酋长，然后才正式开会议事。每当印第安人部落之间发生纠纷，甚至武斗的时候，为了解决争端，双方酋长先坐下来吸“和平烟”，然后各诉原委，再由另一酋长作为第三者作出解决争端的裁决。此外，当陌生人进入部落村社，也要先敬“和平烟”，表示欢迎和友好。这可能是人类以烟敬客习俗的起源。

我国古代无烟草，其传入时间无从查到确切记载。有的说是在明朝万历年间（公元1573～1620年）。我国历史学家吴晗所著《灯下集·烟草》记：“烟草传入中国其道有三：一是从吕宋（即今菲律宾）传入我国福建。二是从朝鲜传入我国东北。三是从南洋传入我国广东。”其中，大宗烟草传入福建后，最初根据欧洲人音译为“淡巴菰”、“担不归”、“淡肉果”等；后来日本人始称烟草。黎士宏编著《仁恕堂笔记》：“烟之名始于日本，传于漳州之石马（石码）。”明代中叶，月港（海澄之前称）兴起，作为我国东南沿海对外贸易商港，与外国商人频繁贸易。石码与月港毗邻，烟草再从石码传往别处。查阅康熙《海澄县志》中“物产”篇记载：“淡巴菰，种出东洋，俗名烟……今为北边所重，其种流入江西、湖广，推漳其最。”此说可为烟草传播途径的佐证。

明代中叶到清初，月港是我国东南地区海外交通和海外贸易的中心，也是我国经马尼拉通往美洲的海上“丝绸之路”启航港。明成化至弘治年间（公元1465～1505年），月港已有“小苏杭”之称。隆庆至万历年间，吕宋岛是海澄旅外华侨分布、出入的重点地区，长年有商船往来，促进了国内与海外在生产技术、科学文化、物种引进等方面的交流。万历三年（1575年），烟草从吕宋（今菲律宾）传入月港，过后就遍及各地。这在有关史书中都有记载，例如《上海之菸与菸业》一书记载：“明万历三年（1575年）西班牙人并有菲律宾后，由吕宋传入中国福建漳州（为龙溪县辖区），次入澳门，再入台湾，尚未入我国内地也。”《露书》亦记载：“吕宋国出一草曰淡巴菰……有人携漳州种之，今反多于吕宋，载其国售之。”我国最早记载烟草是明代名医张介宾在其所著的《景岳全书》记及：“烟草自古未闻，近自我万历时，出于闽广之间，自后吴楚地土皆种植之。”烟草传入后，先向闽西、闽北传播，后逐渐远播至江浙等内地。同治年间江西出版的《广信府志》载：“烟草本名淡巴菰，俗称石马（今之石码）、小溪、皆闽地……”江西省《广丰县志》载：“石马紫老”红烟，清顺治年间（公元1644～1661年）在关里引种。到嘉庆年间由上海进入国际市场，行销英国、美国、法国、德国、意大利、日本等10个国家，在国际市场享有很高的声誉。“石码紫老”的牌名一直沿用到20世纪90年代，现在国际烟商看到烟叶包装上盖有“石马紫老”大印，便放宽检验或免于检验。由此可以认定，“石马紫老”红烟是漳、码一带北上移民引种的。

四、从面条、饺子和筷子审视饮食文化

面条和饺子都是中国人的“国食”，这是世所公认的；而筷子是中国式的助食具，世界食文化界也基本无异议。但面条和饺子成为各民族普遍习食的传统主食品，筷子成

为各民族普遍使用的助食具，都有一个逐渐传习普及的历史过程。这一过程，也正是中华民族共同体中各成员间饮食文化补益互助的交流史，当然同时也是民族共同体结构不断更新加固的历史。

1. 面条

直至今天，面条，包括小麦面粉及其他各类麦面粉、谷粉、芋薯粉面条和南方各民族习食的“米粉”面条，都是中国人习食的主要主食品种。元代见于文献记载的“挂面”，是传统手擀面条的精制和方便品种。可以说没有一个民族不是尚食面条的，而且大多有本民族的食俗习尚。

据 2005 年 10 月 13 日的《自然》杂志报道，中国考古学家在青海喇家遗址发现了迄今为止世界上最古老的面条实物，从而证明了面条起源于中国，而不是意大利或者阿拉伯。

在中国，关于面条的最早记载是东汉年间。古时民间卫生条件差，常因饮食不洁而患胃肠病，面条用水沸煮，相对卫生，可大大减少疾病的发生。中国古时各时期对面条的称谓也不尽相同：东汉称之为“煮饼”；魏晋则名为“汤饼”；南北朝谓之“水引”；唐朝叫做“冷淘”。在国外，普遍的观点是面条最早在中东地区发明，后通过阿拉伯人传播到意大利，经由意大利人进一步把面条食品传播到欧洲以及全世界。由于面条作为柔软的面食极难保存，长期以来世界上并没有发现过早期面条的直接证据，更缺乏机会研究早期面条的制作材料及加工过程。从已有的证据看，喇家遗址中这碗面条的发现，可以说明中国人发明并制作面条的时间要大大早于世界上的其他地方。但喇家遗址发现的面条究竟是不是阿拉伯面条或者意大利面条的祖先，还需要更多的证据加以证明。

2. 饺子

今天，馄饨（主要流行于南方）、饺子（多为北方人所习食）两种形态并存，而就各民族的普及率来说，饺子则更胜一筹。它们都是各民族在彼此间饮食生活接触和饮食文化交流过程中逐渐认知趋同（同中又有异）的明证和结晶。

饺子原名“娇耳”，是我国医圣张仲景首先发明的。

东汉末年，各地灾害严重，很多人身患疾病。南阳有个名医叫张机，字仲景，自幼苦学医书，博采众长，成为中医学的奠基人。张仲景不仅医术高明，什么疑难杂症都能手到病除，而且医德高尚，无论穷人和富人，他都认真施治，挽救了无数的性命。

张仲景在长沙为官时，常为百姓除疾医病。有一年当地瘟疫盛行，他在衙门口垒起大锅，舍药救人，深得长沙人民的爱戴。张仲景从长沙告老还乡后，走到家乡白河岸边，见很多穷苦百姓忍饥受寒，耳朵都冻烂了。他心里非常难受，决心救治他们。张仲景回到家，求医的人特别多，他忙的不可开交，但他心里总挂记着那些冻烂耳朵的穷百姓。他仿照在长沙的办法，叫弟子在南阳东关的一块空地上搭起医棚，架起大锅，在冬至那天开张，向穷人舍药治伤。

张仲景的药名叫“祛寒娇耳汤”，其做法是用羊肉、辣椒和一些祛寒药材在锅里煮熬，煮好后再把这些东西捞出来切碎，用面皮包成耳朵状的“娇耳”，下锅煮熟后分给乞药的病人。每人两只娇耳，一碗汤。人们吃下祛寒汤后浑身发热，血液通畅，两耳变暖。吃了一段时间，病人的烂耳朵就好了。

张仲景舍药一直持续到大年三十。大年初一，人们庆祝新年，也庆祝烂耳康复，就仿娇耳的样子做过年的食物，并在初一早上吃。人们称这种食物为“饺耳”、“饺子”或

"偏食"，在冬至和年初一吃，以纪念张仲景开棚舍药和治愈病人的日子。

清代何耳的《水饺》诗："略同汤饼赛新年，荠菜中含著齿鲜。最是上春三五日，盘餐到处定居先。"诗中把当时水饺的制作、食用情况作了生动的描写。有一位社会名流品尝了西安饺子后，情不自禁地题诗赞道："一餐饺子宴，尝尽天下鲜，美味甲寰宇，疑是作神仙。"这似乎有些夸张，但却写出了饺子这一传统佳肴之妙趣，惹人先尝为快。

饺子与人们生活息息相关，随着岁月的流逝，在民间便流传著许多饺子俗语，如："坐轿不如躺着，好吃莫过饺子"、"水饺人人都爱吃，年饭尤数饺子香"、"送行的饺子，接风的面"等，这些俗语通俗易懂，朗朗上口，别有情趣。而一首描写饺子的乡谣："夏令去，秋季过，年节又要奉婆婆，快包煮饽饽。皮儿薄，馅儿多，婆婆吃了笑呵呵，媳妇费张罗。"写得自然风趣，让人读后平添食慾。

千里不同风，百里不同俗。同是饺子，各地吃法却各异。如北京人包饺子吃得实惠，饺馅肉多菜少，一口一个肉丸子；天津人喜欢拌水饺，香油、酱油、蛋液齐全，要吃个美味水灵劲；东北人独出心裁，将肉剁碎之后，用好汤浸泡，待肉末吸足汤汁起冻后再包，别有风味。冰箱不普及的年头，各家都在过年前几天把饺子包好，放在雪地上冻着，成为冻饺子，以后随吃随煮。

小小的饺子蕴含着隽永的饮食文化内涵。除夕零点，古称"子时"，人们要吃除夕晚上包好的饺子，取其"更岁交子"（新旧年交替自子时起）之意。饺子形如元宝，人们在春节吃饺子取"招财进宝"之意。饺子有馅，便于人们把各种吉祥的东西包进馅里，用以寄托人们对新年的祈望。如在饺子馅中放红糖，意味着日后"生活甜蜜"；在饺子馅中放花生，寓意"长生不老"。而有的地方过年饺子与面条同煮，称之"银线吊葫芦（葫芦象征长寿）"，或呼作"金线穿元宝"，意即"有金有宝"，以讨个彩头。

3. 筷子

筷子，作为中国人发明的一种能充分发挥脑、手技巧功能的助食具，是中华民族饮食文化的典型代表，也是中华民族历史文化的骄傲。筷子是农业发展和谷物粒食的结果，是由中国肴馔的形态所决定的。在长期的食生产与食生活实践交往中各民族共同创造了中华民族的肴馔文化，才最大限度地认可了其必然结果——筷子助食具的使用。今天，除了珞巴族以外，中华民族的其他55个民族成员基本都是以筷助食。

第二节　对外饮食文化的流通

一、丝绸之路上的饮食文化流通

随着中国统一局面的完全诞生，强大的汉王室在饮食方面比秦朝更进一步了。汉朝皇帝拥有当时全国最为完备的食物管理系统。在此时期中国饮食文化的对外传播加剧了。据《史记》、《汉书》等记载，西汉张骞出使西域时，就通过丝绸之路同中亚各国开展了经济和文化的交流活动。张骞等人除了从西域引进了胡瓜、胡桃、胡荽、胡麻、胡萝卜、石榴等物产外，也把中原的桃、李、杏、梨、姜、茶叶等物产以及饮食文化传到了西域。今天在原西域地区的汉墓出土文物中，就有来自中原的木制筷子。我国传统烧烤技术中有一种啖炙法，也很早通过丝绸之路传到了中亚和西亚，最终在当地形成了人们喜欢吃的烤羊肉串。

同一时期，中国人卫满曾一度在朝鲜称王，此时中国的饮食文化对朝鲜的影响最深。朝鲜习惯使用筷子吃饭，朝鲜人使用的烹饪原料及朝鲜人在饭菜的搭配上，都明显地带有中国的特色。甚至在烹饪理论上，朝鲜也讲究中国的“五味”、“五色”等说法。

唐代的长安就是当时世界文化的中心，中国逐渐形成为一个民族众多的国家，这就为各民族饮食文化的交流与融合提供了便利。西域的特产先后传入内地，大大丰富了内地民族的饮食文化生活；而内地民族精美的肴馔和烹饪技艺也逐渐西传，为当地人民所喜欢。

各民族在相互交流的过程中，不断创新中华民族的饮食文化。这一时期，西部和西北部少数民族还在和汉族杂居中慢慢习惯并接受耕作农业这一生产与生活方式，开始过上定居的农业生活，而内地的畜牧业也有较快的发展，得益于胡汉民族的频繁交流。这种变化也使胡族和汉族传统的饮食结构发生了重大变化，“食肉饮酪”开始成为汉唐时期整个北方和西北地区胡汉各族的共同饮食特色。

今天人们日常吃的蔬菜，大约有160多种。在比较常见的百余种蔬菜中，汉地原产和从域外引入的大约各占一半。在汉唐时期，中原内地通过与西北少数民族交流，引入了许多蔬菜和水果品种，如蔬菜有苜蓿、菠菜、芸薹、胡瓜、胡豆、胡蒜、胡荽等，水果有葡萄、扁桃、西瓜、安石榴等，调味品有胡椒、沙糖等。与此同时，西域的烹饪方法也传入中原，如乳酪、胡饼、胡烧肉、胡羹等都是从西域传入中原地区的。

二、佛教传播中的饮食文化流通

自佛教于两汉之际进入中土，其后自南北朝至宋极为隆盛，这一历史文化主脉约传承了二千多年之久。在这一漫长的历史上，印度等地弘法者的来华，中国求法者的西去和传法者的东行，域外求法者的前来中国，献身佛教的无数人流汇成了绵绵一脉，中外饮食文化也因之浸润扩散、息息不绝。

例如：东晋僧人法显，俗姓龚。平阳郡武阳（今山西襄丘）人。3岁出家，20岁受大戒。为求取佛律，于东晋安帝隆安三年（公元399年）自长安出发，西渡流沙，越葱岭至天竺求法，先后于北、西、中、东天竺和狮子国（斯里兰卡）获多部经书梵本；并由海路经耶婆提国（在今印度尼西亚爪哇），于义熙八年（公元412年）抵青州长广郡牢山（今山东青岛崂山）。历时13年，游历29国，历尽艰险。次年达建康（今江苏南京），于道场寺翻译所获经书。另撰有《佛国记》，记录了他的行程及见闻，记述了中亚、印度及南海地理风俗，其中有许多关于饮食文化的珍贵资料。

三、使者、商人的饮食文化流通

中国历代皇朝统治者不惜国力以优待厚赐换取来访者恭维言辞的一贯做法，极大地刺激了外域商人涉利而来。所谓“贡使”，许多实则为商人——取得某种官方凭信或干脆是伪造某种官方凭信的商人。因为有了这种中国政府或地方政权最感兴趣的凭信之后，他们不仅可以获得入境权，而且中方还会提供绝对安全保障、一切免费的奢华优待、厚重的赐礼和官私贸易的特惠等。由于长途跋涉和交通不便，许多使节都要在中国滞留数年或更长时间，他们往往周游许多通都大邑，长时间接受中国食品和深刻感受中国的饮食文化。

宣宗时，贡使随员由二百人增至三百人，贡船两艘增为三艘，实际来华的人数、船只经常超出这一限制。一些贡使和随员夹带十倍于贡品的私货，在中国市场出售，购买中国货物回国，牟取高额差价。他们携带武器，经常强买强卖，遇到中国官兵便亮出贡使身份。景泰四年（公元1453年），临清地方的指挥使为劝阻贡使抢劫百姓货物，几乎被打死，景帝宽大为怀，不予追究。弘治九年（公元1496年），贡使在济宁杀人，孝宗下旨，此后日本贡使只许五十人进京，其他人在港口原地等候。

在明代，“丝绸之路”是中国与外界联系与交往的主要通道之一。当时，外国商人以贡使的名义，通过丝绸之路与中国进行着广泛而频繁的商贸活动。对于他们带来的所有物品，除粗劣之物外，明朝一概准许入境。其主要物品有马匹、骆驼、狮子、钻石、卤砂、宝石、地毯、纸张、葡萄干、金银器皿、宝刀等。西域商人以此来换取中国的瓷器、红玉、丝绸、布匹、棉花、花毯、茶叶、乌梅、麝香、大黄、颜料、金箔、桐油等。正如《明史西域传》所载：“回人善营利，虽名朝贡，实图贸易。”

明朝为了体现对朝贡贸易的高度重视，对于合法的商人，在其入关之时，由甘肃镇官员设宴而举行隆重的接待仪式。丰盛的酒席使那些长途跋涉、历经千难万险的外商对明代中国油然产生敬仰之情。在其入关以后，明朝为其免费提供食宿和驿递。为了维护明朝的形象和确保丝路贸易的顺利进行，明廷要求丝绸之路沿线的各级官员廉洁自律，不得敲诈外商，一旦被外商告发，且查证属实，将予以严厉的惩处。

四、郑和下西洋的饮食文化流通

郑和世称三保太监，十五世纪初叶著名的航海家。自永乐三年（公元1405年）至宣德八年（公元1433年）的二十八年间，郑和率众七次远航。据《明史》记载，郑和第一次下西洋时所率部众就有二万七千多人，船舶长四十四丈、宽十八丈的就有六十二艘，规模之大，史所未有。前后七次所经国家凡三十余国。这样的空前壮举，较之葡萄牙的达·伽马由伊斯兰教徒导航横渡阿拉伯到达科泽科德早八十多年，也加深了中国和所到各地贸易和文化交流。而郑和远航对东南亚地区的开发，贡献尤大。

据郑和的航海笔录，郑和七下西洋目的之一是进行贸易活动。以中国的手工业品换取各国的土特产品，使各国为中国的精美、完好的手工业品所吸引，从而愿意来中国称臣纳贡，进行贸易活动。中国出口的丝织品和瓷器等，早就在亚非各国享有盛誉。亚非的很多国家早就想同中国发展贸易关系。只是由于朱元璋的“海进政策”才限制了这种贸易的发展。朱棣取消“海进政策”，派遣郑和出使，表明中国恢复了同海外各国的正常贸易。海外各国同时也认为，向中国纳贡称臣，进行贸易，建立友好关系，是有利可图的事。

五、传教士的饮食文化流通

16世纪中叶以后，西方文化以天主教传教士（随后又有基督教传教士）为媒体相继进入中国。传教士不仅给中国带来了饮食文化的时代文明、异域习尚及饮食文化理论和知识，而且许多具体食品品种及其制作工艺也都被中国人掌握了。如汤若望，原名约翰·亚当·沙尔·冯·贝尔，1592年生于德国莱茵河畔的科隆城，1618年从里斯本启程，于1619年到达澳门，用了一段时间学习汉文化之后，他于1623年抵达北京，其时明神宗在位。经过几次皇位的更替和变迁，明思宗崇祯皇帝即位后，汤若望受委托从事撰写崇祯历书等工作。顺治元年（1644年），八旗兵入关之后，汤若望获新朝信任，掌钦天监信印；终顺治一世，汤若望深受皇家赏识，当时的孝庄皇太后和年轻的顺治皇帝都对他非常尊敬，从他身上吸收了来自西方的自然科学知识和部分人文思想，并在医学上得到他的帮助。

六、华侨的饮食文化流通

第二次世界大战以后，海外华人华侨大多数已经加入居住国国籍，身份上从“客人”变成了“主人”，文化认同和心态上也已经实现了从“落叶归根”到“落地生根”的质的转变。尽管如此，在血缘上、文化上，他们仍然同祖籍国有着千丝万缕的联系，中华文化在海外华人社会仍然得到某种形式的传承。海外华族是中华民族的一个分支，是住在国的少数民族。移民要想在新居住地生存下去，并获得较好、较快的发展，就必须调整自己，适应当地社会，即“入乡随俗”。早期的“唐城”、“唐人街”等华人生活区，给初来乍到的移民提供了生活上的方便和精神上的安全感，对海外华人具有极大的凝聚力。

例如，福建泉州是我国最著名的侨乡和海外华人祖籍地，有着巨大的海外游客市场。早在唐朝中叶，由于海上丝绸之路的兴起，泉州商人就开始频繁往返于东南亚和阿拉伯国家，以及朝鲜、日本，不少人定居他国。19世纪末到20世纪初，在旱灾、战乱等交相逼迫下，又有一批泉州人移居海外谋生或去当苦劳力。至今，在海外的泉州籍华侨、华人分布于菲律宾、新加坡、马来西亚、印度尼西亚、越南、柬埔寨、泰国、缅甸、日本和美国、英国、澳大利亚等110多个国家和地区，有670多万人，其中90％居住在东南亚各国。今天，在海内外金融业、房地产业、贸易业、橡胶业中经常活跃着泉州华侨的身影。

第三节　中国饮食的未来之路

一、继承与创新

继承和创新是一个永远的话题。需要指出的是，继承和创新并不是对立的范畴，从本质上看它们两者始终是不可分离的。

对饮食来说，不存在离开了继承的创新，同样不存在没有丝毫创新的继承。在饮食发展的漫长过程中，继承和创新可以说是一对孪生姐妹。饮食的每一次创新都包含着继承，因为创新不可能凭空而来；而每一次继承都不可能是对传统的重复，它总会或多或少地渗透进继承者的理解和能动的阐释。这，就是继承和创新的辩证关系。

1. 传统流淌在创新之中

中国饮食有着悠久的传统。传统不是凝固和静止的东西，它永远活在人们的创新之中。

（1）传统是一种程式　饮食的一招一式是由一代一代的厨师传授下来的。这种传授形成了一条长长的链条，从过去延续到今天。饮食的每一道环节、每一项工序，都是从传统中继承来的。选料、切配、烹调、挂糊、上浆、勾芡，以及各种不同的烹调方法，都来自中国饮食的传统。如今的饮食离不开对这一切的继承。包括今天的菜肴品种，可以说绝大多数都有着传统的印记。

(2) 程式不是一成不变的　饮食的程式既有相对稳定的特点，同时又处于一种缓慢的变化之中，没有一成不变的程式。对于程式我们要尊重，这就是继承。但对于饮食程式中不一定合理的或者不适应当今时代要求的东西，应该进行必要的改进，这就是扬弃。在这一过程中，程式就不断被赋予了新的生命，而不致成为僵死的东西。

(3) 对传统最好的继承是创新　传统的生命在于创新。因为没有孤立的、静止状态的传统。一切传统都体现在创新之中。创新是继承传统的最好最完美的方式。在创新中体现出来的必然是传统的精华部分，传统中的不合理或不适应的部分在创新中被放弃了，这就是对传统的最好的继承。于是，僵化的传统被激活了，有了新的生命。

2. 创新贵在适应

社会在发展，时代在变化，人们的生活方式和饮食需求也在变化。饮食的创新首先应该认识和适应这种变化。

(1) 适应求新的需求　随着社会经济水平的提高，人们在饮食上不再满足于原来的水准，产生了求新的愿望。饮食的创新正是为了满足人们的这一要求，对传统的饮食，包括菜肴点心进行某种改进，以新的面貌来适应需求。

(2) 适应方便的需求　方便是现代人在饮食上的一大选择。快餐的出现和受人欢迎就是这种需求的直接反映。方便不仅在于饮食方式，而且在于品种的更合理、更简约。

(3) 适应营养的需求　对营养和养生的考虑是现代人饮食的主要目的。特别是由于肉类摄入量过多引起的“富贵病”的增多，使人们更注重饮食的营养合理。这对于饮食来说也提出了新的要求。适应这一需求，就要在饮食的各个环节进行必要的改进，放弃某些对健康不利的传统做法。

3. 创新的思路

(1) 以原料和调料创新　引进新的饮食原料和调料能给人以新鲜感。随着科技的发展和市场的扩大，新的原料和调料必定愈来愈多。厨师应该尽快地熟悉和利用这些新的原料和调料，使之成为菜肴创新的重要手段。

(2) 以设备和器皿创新　火锅、铁板、烤炉这些设备可以产生新的烹调方法和新的菜肴品种。新的器皿，如分食用的小的陶罐也可以演变出新的菜肴。

(3) 以营养为指导的创新　在菜肴中加进富有营养或者具有药用价值的原料或调料，可以作为菜肴创新的思路之一。

(4) 洋为中用的创新　吸收西餐的长处，洋为中用，是提高和改进中国饮食的一个可行的方法。西菜的注重营养搭配，清洁卫生，分食制，以及某些烹调特色，都可以借鉴到中国饮食中来。中式快餐借鉴西式快餐的环境、卫生、规格化、就餐形式、连锁经营等，就是一种行之有效的创新。

(5) 挖掘家常菜　饮食的返璞归真使昔日极普通的家常菜异军突起。其实，源远流长的家常菜集中了饮食的不少精华，千锤百炼而达到炉火纯青。在家常菜的基础上略作改进，往往会取得意想不到的创新效果。

二、饮食文化的走向

(一) 饮食追求的形式

追求是无止境的，21 世纪人类对饮食方面的追求可能出现下面几种形式。

① 荤素搭配，以植物性食物为主，动物性食物为辅。植物中的纤维素可降低消化系统的患病率，这种荤少素多的食品结构能够平衡人体营养素。

② 五谷杂食，不拘一格。如《黄帝内经》中食物搭配原则为“五谷为养，五果为助，五畜为益，五菜为充，气味合服，充益精气”，提出了科学的饮食原则和特色，食物的多样性是生命的调味品。

③ 医食同源，药补不如食补。人体在新陈代谢的过程中需要各种各样的营养素，如果从食物中能够获得均衡的营养素及人体所需的微量元素，可以从营养学的角度来预防各种疾病，增强人体免疫力。所以古人说“圣医治未病”，就是从食品结构的角度来达到提供营养、防病、治病的目的。

④ 讲究调味，喜好复合味。许多用餐佐料如蒜、姜、葱、醋等本身不仅有丰富的营养，同时还具有杀菌、消脂、增香、开胃、助消化等功能，如四川卤水，中草药就多达 35 味，可谓五味纷呈，独具一格。

⑤ 提倡新鲜食品，现做现食。人们将更加注重于新鲜，新鲜的食品含大量的汁液、丰富的矿物质和维生素。无论是肉食还是素食，人们将远离各种防腐剂、抗氧化剂等添加剂。

⑥ 传统的饮食文化将更受欢迎，清凉的消闲食品如茶、瓜果将比冰琪淋等甜食更受青睐。

追求安全、卫生、营养、保健、便捷、天然、味美、无污染的生态食品是新世纪人类的食品结构，将使人类的饮食文化更加健康地发展。

（二）关于中国饮食的思考

立足于社会功业与长远发展的决策和经营，才称得上是具有时代意义的。合理的市场定位，是餐饮企业生存、发展的至关重要的基点，是具有战略意义的第一层面决策。餐饮企业市场定位，有三个基本要素不容忽略，即经营目标、品种特色和消费群体，三者是相互关联的一个制动整体。没有明确、科学和立足长远发展的经营目标，企业便很难在瞬息万变、起伏难测的市场大海中把握正确的航向，难以及时有力地发现和捕捉商机，甚至有难免搁浅触礁之虞。品种特色是企业的品牌，是开拓市场和企业发展的物质依据，市场如战场，具有特色的品牌则是最易克敌制胜的优良武器。消费群体的设定，是目标市场选择的核心，是国内餐饮市场完善发展必然引起的细划分工的客观要求。

一个社会的经济从凋敝衰微走向上升发展，首先兴旺发达起来的便是餐饮业。因为饮食总是人生的基本要求和极大兴趣的倾注目标。中国则更尤其是如此。中国餐饮企业因之有极其广阔的发展空间与前途。其中餐饮企业的经营风格、企业文化，具有很强的个性，在很大程度上是运行中“自然”形成的，很难预先设定。因为“风格”属于艺术范畴，是难于以技术操作与制度规范的。但是，这并不是说，企业运行和文化建设中的风格形成是排斥自觉、主动和创造精神，事实上它同样是有规律可认识，有原则可遵循的。餐饮企业欲兴旺发达，可从以下几个方面多下功夫。是取决于有远见卓识的最高决策者的谋略胆识。

① 独特性。一个餐饮企业经营风格的独特性，是其在全国以百万、千万计，至少所在省区、市区内以数千上万计的各餐饮企业星阵中能够引人注目、令人瞩目的特殊魅力。这种特殊魅力，使一个企业具有开拓市场、招徕顾客的巨大能量，慕名闻风而至的

源源消费群在张扬企业声誉的同时，也为之带来了滚滚财源。

② 真实性。真实性不仅指产品的货真价实，同时，甚至更为重要的是经营理念与生产、销售过程的真诚。这种真实的核心，是经营者人格、社会责任、职业道德的高尚、正直、诚实和热情。“收百年之利，而不谋一时之利”，此即中国历史上商业的优良传统。有品位、有大抱负的企业家当忌诈、欺、骗一类“奸商”行为，因为这是惑于眼前一时之利的短见和短期行为。无信不立，无誉不行，真诚和真实才是安身立命、求大求长远的事业之本。既往，由于餐饮企业从业人员的杂芜，市场发育过程中存在种种欠缺，顾客们的批评抱怨比较普遍，“被宰”、“挨宰”，甚至“不是熟人不宰”一类的说法，时所见闻。成品名实不符、制作减料偷工、原料以次充好（或冒名顶替）、标榜哗众取宠、经营噱头招徕，可谓司空见惯；至于标价不确、虚假让利，也是许多店的习用手法。在“包装”、“推销”等技巧性市场营销概念已经被普泛成全社会一般价值观念与大众行为准则的今天，一些餐饮企业奉行见利就上、无利即掉头换旗（以中小型饭店居多）的极端功利主义，他们小聪明、大胆量，花样变幻，口号翻新，却少见真诚、真实的大气度。这也正是一些饭店长期陷于举步唯艰、聊以支撑局面的重要原因之一。

③ 长久性。长久性是指餐饮企业为大效益、长远利益设定企业发展的远大目标，脱出趋势逐利短期行为方式的原则。没有远大目标，即忽略长久性原则的企业，是没有大发展的，甚至是难以长久维系得过且过的生存状况的。

④ 品种特异性。餐饮企业的经营成果和市场竞争成败，从根本上说都决定于品种的质量和其在市场上的销售情况。而对于“一切食品都具有可食性和一般来说适用于所有人”这一食品属性来说，品牌优势，即品种的特异性对于餐饮企业的成功经营就不能不是至关重要的了。中国传统烹饪因是手工操作、个体经验的一种手工业者的技术和技巧，而传统烹调方式下制作出来的大众习见品种一般又都是绝大多数厨工都可以操作的，因此成品一经走上餐台，内行人一眼就知就里，仿制立刻开始，技术保护几乎无从谈起。今天餐饮市场上滥用、冒用、盗用传统名食、时尚食品的现象所以如此之多，重要的原因之一恐怕即在于此。而欲走出中国烹饪或中国饭店经营这一历史性樊篱，努力提高成品科技含量和注人适应时代潮流的文化蕴涵，并通过有关法规政策的保护，以打造品牌是势在必行的。

⑤ 文化属性。这里的文化性是指餐饮企业在各个管理环节和全部经营过程中体现的某种风格。在顾客眼中，这首先表现为企业建筑、装饰和具体宴饮环境所表现的格调；其次是由服务工作所体现的企业（团队而非个人）精神、管理水平；食品制作和消费设计的独到成功也具有同等重要的作用。努力营造企业的高雅格调，追求茫茫商海中一帜独新的企业形象，将成为企业长足发展的无穷后劲。前些年，台北等台湾一些大城市餐饮业极富创意地于传统的“七夕节”期间打出“中国情人节”的营销招牌，造成了十分热烈的社会节日氛围和旺气繁荣的商业气氛。近年中国内地的一些中心城市商家也开始取法台湾同行的成功先例，这无疑是一个值得人们深思的。

⑥ 地域性。任何文化都是具有一定时空的，地域是其主要的属性之一。餐饮企业经营的地域性，不仅是指某一具体企业品种风味和饮食文化风格的地域性，而且同时也指这种风味、风格与企业所在地传统习尚、风味和饮食文化地域性两者的差异性。因为异质和不同类型文化更易引起人们的新鲜感与猎奇动机。当然，这种风味、风格的差异性的认识和操作，应当是严肃和真实的，并且是变通有理的、巧妙的，否则不易成功。

⑦ 民族性。每个民族的饮食文化都有自己的独特之处，每个民族也都有本民族特有的习食爱尚的食品。突出饮食文化和食品的民族性无疑是企业经营风格设定的选项原则之一。事实上，民族性和地域性（尤其是后者），是许多餐饮企业长久以来普遍实践着的方式，并且取得了相当的效益。两者实行的原则是相通的，但"民族性"在操作中更有民族政策或可能还有某些民族禁忌需要认真对待。要做到既展示某一民族食品与饮食的特有魅力，又要尊重该民族的礼俗心理。对于中华民族的56个民族来说应如此，对于更大范围的世界各民族来说亦当如此。

⑧ 时潮性。人们都是喜欢向前看的，新颖的文化很容易成为时尚，食品更尤其如此。中国有句俗语"希罕吃穷人"，意思是未曾吃过的食品人们总愿意尝一尝，但希罕的食品太多，尝来尝去便把钱袋尝空了。可见，时潮食品和饮食文化是很能开拓市场的。餐饮企业把握时潮性原则就是要注重食品科技新成果的采用，关注大众消费心理、观念的变化。

⑨ 开拓性。开拓性是指餐饮企业在经营目标设定、品种研制与推销、管理思想与手段等全部企业行为中不因循守成，不安于因势收利的一时市场顺利，而是时时保有竞争、危机意识，以创意和更新建树为理念，使企业具有勃勃生机和发展活力。没有开拓思想和成功的开拓行为，企业的不断发展是无从谈起的。

⑩ 外延功能性。餐饮企业的传统模式或中国传统式餐饮企业的功能基本是单纯的餐饮——至多不过是广义的"食事"。"饭店就是吃饭的地方"，这是人们习惯性的理解，当然只是普通民众对一般饭店的理解。而随着人们生活和思维方式的时代变革，这种人们习惯性的理解也在开始同步变化；餐饮企业功能的传统界限也随之突破，扩展增生出聚会、交际、娱乐、休闲、会议、庆典、影视、艺演、笔会、沙龙、博物、商务等功能。当然，这并不是说每个餐饮企业都要具有诸如此类的功能，而是说具有相当规模和实力的企业应当向适宜本企业风格和发展需要的功能外延。当代餐饮企业，尤其是各类星级规模的饭店、酒店等早已经注重这种以餐饮为中心的多功能作用的发挥，可以说这是现代餐饮企业的时代模式。不过，要特别指出的是，多功能外延这一餐饮企业文化的时代趋势并非只属于星级企业，事实上绝大多数各类餐饮企业都可以进行此类建构装饰和开拓经营。这一切都源于这样一个基本事实：仅仅满足于肚皮和嘴巴的顾客越来越少了。

（三）饮食的产业化

中国饮食的产业化是时代发展的必然趋势。对此，钱学森同志作过高屋建瓴的评价，他说，"快餐业就是饮食业的工业化，饮食工业化将引发一场人类历史上的又一次产业革命。""把古老的饮食操作用现代科学技术和经营管理技术变为像工业生产那样组织起来，形成饮食产业，犹如出现于18世纪末西欧的工业革命用机器和机械动力取代了手工人力操作。这是快餐业的历史涵义。"钱学森同志还说："饮食产业的兴起并不会取消今天的餐馆，这就像现代工业生产并没有取消传统工艺品生产。今天的餐馆、餐厅和酒家饭店，今日的饮食大师将会继续存在下去，并会进一步发展提高成为人类社会的一种艺术活动。"

1. 饮食产业化是社会的需要

餐饮的社会化是一个国家、一个地区发达的标志。在发达国家，人们所消耗的食品中，加工品与半加工品的比重达到90%以上，而在我国仅占40%左右。随着经济的发展和生活水平的提高，在我国，饮食的社会化、产业化程度必将有一个大的发展。例如，为大、中、小学生设计和配制各种有特色的营养餐，为现代企业供应不同档次的工作午餐，为饭店酒家准备各种半成品或成品的饮食原料，以及为普通家庭提供成品或半成品的餐饮食品等方面，饮食的产业化都大有用武之地，大有发展的必要。

2. 饮食产业化是饮食自身发展的需要

从中国饮食的发展来看，产业化是必由之路。传统的中国饮食是纯粹的手工操作，是一种个体操作的工艺。这是中国饮食的特点，同时也正因为这一点，限制了饮食的进一步发展。大量的菜肴点心很难规格化、定量化，更无法进入机械化的大生产。这样，既难保证质量，也很难适应现代社会的需求。

饮食的产业化是实行饮食机械化的前提，只有把饮食纳入一项产业，在产业化的前提下，才有可能使饮食逐步从手工操作走向一定规模的批量生产。在这一基础上，中国饮食才有可能得到新的发展和提高。

3. 饮食产业化的方式

(1) 超市餐饮　超市餐饮的特点是批量生产、连锁经营。顾客可以直接到货架或柜台前自由挑选所需要的食品。超市餐饮品种多样、质量稳定，清洁卫生、选择方便、价格合理，环境舒适。这是一种具有很大发展前途的餐饮方式。

(2) 中式快餐　快餐是一种大众化的食品，它制作快捷，营养均衡，价格低廉，方便实惠。快餐也是一种特别适合工厂化生产的食品。中式快餐的工厂化生产就是按菜点成品要求和所提供的原料，用一定的加工工序来生产出合乎要求的标准化产品。这种工厂化生产的最大优点在于可以严格地控制生产成本和质量。同时在生产中逐步地推广半机械化生产和机械化生产，改变传统饮食的手工操作。

(3) 连锁经营　连锁经营是发挥规模效益的一种经营方式。它的好处是可以最大限度地降低成本，保证产品质量，使饮食生产从粗放型向集约型转变。大众化的日常点心、小吃都可以搞连锁经营，集中生产，分散经营，从规模中取得效益。

参 考 文 献

[1] 王学泰．中国饮食文化史．桂林：广西师范大学出版社，2006.
[2] 朱鹰．饮食——中国民俗文化系列读本．北京：中国社会出版社，2005.
[3] 赵荣光．中国饮食文化概论．北京：高等教育出版社，2008.
[4] 杜莉．筷子与刀叉：中西饮食文化比较．成都：四川科学技术出版社，2007.
[5] 徐吉军，姚伟钧．二十世纪中国饮食史研究概述．中国史研究动态，2000，8.
[6] 陈苏华．中国烹饪工艺学．上海：上海文化出版社，2006.
[7] 高启东．中国烹调大全．哈尔滨：黑龙江科学技术出版社，1990.
[8] 杨东起．中国名菜谱·浙江风味．北京：中国财政经济出版社，1991.
[9] 杨春丽．面点制作技术．济南：山东科学技术出版社，2006.
[10] 张仁庆．烹饪基础理论．北京：中国时代经济出版社，2006.
[11] 苏华．中国美食游——饮食自助游地图完全指南．北京：中国林业出版社，2005.
[12] 郑奇，陈孝信．烹饪美学．昆明：云南人民出版社，1989.
[13] 季鸿崑．烹调工艺学．北京：高等教育出版社，2003.
[14] 张菁．烹饪工艺美术．成都：四川大学出版社，2004.
[15] 何秀范，罗军．中国第一发明筷子及其哲学．北京：中国东方出版社，2008.
[16] 顾仲义．餐旅实用美学．大连：东北财经大学出版社，2000.
[17] 历时千年网．http：//www. lsqn. cn
[18] 中国民俗网．http：//www. chinesefolklore. com/index. asp
[19] 中国烹饪协会网．http：//www. ccas. com. cn/Article/List _ 89. html